蔬菜品质调控原理与策略

徐卫红　著

U0287156

科学出版社

北京

内 容 简 介

本书在作者大量研究和实践的基础上，详细介绍了蔬菜品质内涵与调控原理，蔬菜营养品质(蛋白质、氨基酸、糖、维生素 C 等)、蔬菜风味品质(挥发性物质、茄碱、番茄红素、辣椒素和黄酮等)、蔬菜卫生品质(重金属、硝酸盐、抗生素等)的影响因素与调控策略，总结了作者和课题组20 多年在蔬菜品质方面的阶段性研究成果，系统介绍了蔬菜品质调控的方法，阐述了光照、温度、水分、肥料运筹、外源物质、蔬菜种类及品种选育等对蔬菜品质的影响及其生理生化和分子机制。

本书可供蔬菜营养学、蔬菜栽培学、土壤学及环境科学专业的专家学者、科技工作者、研究生和相关领域政府部门管理人员参考。

图书在版编目(CIP)数据

蔬菜品质调控原理与策略 / 徐卫红著. —北京：科学出版社，2020.2
ISBN 978-7-03-064390-2

Ⅰ.①蔬⋯　Ⅱ.①徐⋯　Ⅲ.①蔬菜园艺-产品质量-质量控制-研究
Ⅳ.①S63

中国版本图书馆CIP数据核字(2020)第022482号

责任编辑：李秀伟　闫小敏 / 责任校对：郑金红
责任印制：赵　博 / 封面设计：无极书装

科学出版社 出版
北京东黄城根北街 16 号
邮政编码：100717
http://www.sciencep.com

北京厚诚则铭印刷科技有限公司印刷
科学出版社发行　各地新华书店经销

*

2020 年 2 月第　一　版　开本：720 × 1000　1/16
2025 年 1 月第二次印刷　印张：18 1/8
字数：365 000

定价：158.00 元
(如有印装质量问题，我社负责调换)

著 者 名 单

主 任：

徐卫红　西南大学资源环境学院

副主任：

胡小凤　辽宁农业职业技术学院农学园艺系

严宁珍　西南大学资源环境学院

前　言

　　蔬菜含有丰富的维生素、矿物质、碳水化合物、蛋白质和纤维素等，是人类日常生活中的主要副食品。自 20 世纪 30 年代以来，育种学家一直致力于提高蔬菜产量，忽视了蔬菜品质，导致了蔬菜品质的降低和风味的丧失。为提高蔬菜产量，蔬菜生产中普遍存在不科学地施用化学肥料等现象，导致养分比例失调，菜园土壤酸化，土壤性质不良，磷、钾、钙、钼等养分缺乏等，胁迫蔬菜生长，因此产量降低、品质恶化，引起蔬菜尤其是叶类和根类蔬菜硝酸盐积累。此外，我国菜园土壤还长期大量使用磷肥、城市垃圾、污泥及污灌等，蔬菜重金属污染问题也不容乐观，对蔬菜消费产生了一定的负面影响。

　　在国家现代产业技术体系专项、国家重点研发计划项目、国家科技支撑计划项目、国际合作项目等课题支持下，本课题组开展了 20 多年的蔬菜品质相关研究，发表了相关 SCI 论文 33 篇。本书运用前沿的蔬菜营养学、栽培学、环境科学、土壤学、生理学、分子生物学等科学研究方法，详细论述了蔬菜营养品质(蛋白质、氨基酸、糖、维生素 C 等)、蔬菜风味品质(挥发性物质、茄碱、番茄红素、辣椒素和黄酮等)、蔬菜卫生品质(重金属、硝酸盐、抗生素等)的调控原理、方法和阶段性研究成果，为蔬菜优质、清洁、安全生产提供了理论参考和实际可操作的策略、方案、方法。

　　本书共分六章：第一章，蔬菜品质内涵与调控原理；第二章，蔬菜营养品质的影响因素与调控策略；第三章，蔬菜风味品质的影响因素与调控策略；第四章，蔬菜重金属镉积累与调控策略；第五章，蔬菜硝酸盐积累与调控策略；第六章，蔬菜抗生素污染与调控策略。本书第一章、第四章、第六章由徐卫红撰写，第二章、第三章、第五章由徐卫红、胡小凤、严宁珍撰写。书中所用素材主要来自作者及课题组在相关领域所发表的学术论文和硕博论文等，特别感谢王宏信、李文一、刘吉振、韩桂琪、张海波、陈贵青、张晓璟、刘俊、张明中、周坤、王崇力、杨芸、江玲、谢文文、熊仕娟、陈蓉、王卫中、陈永勤、陈序根、迟苏琳、秦余丽、赵婉伊、李桃、张春来、李彦华、贺章咪、冯德玉等多位研究生为数据的获取所付出的辛勤劳动，同时感谢胡晓婷、贺章咪、彭秋、焦璐琛、邓继宝等几位研究生在数据核对及参考文献整理方面给予的帮助。特别感谢西南大学王正银教授、柴友荣研究员，中国科学院生态环境研究中心焦文涛副研究员对本书相关研究的大力支持。

本书以作者和课题组的科研工作为重点撰写而成，难免有疏漏或不妥之处，一些观点也是一家之言，尚祈读者和相关领域专家惠予批评指正。

徐卫红

2019 年 12 月

目　　录

第一章　蔬菜品质内涵与调控原理

第一节　蔬菜品质内涵

蔬菜品质是指能够满足人们某一特定需要的目标产品的所有特征，包括营养品质(蛋白质、糖、维生素等)、风味品质(醇、醛、酯等)、卫生品质(硝酸盐、重金属等)、外观品质、贮藏品质等。蔬菜含有的糖、有机酸、氨基酸和维生素等代谢产物决定了其营养品质。蔬菜风味品质是指蔬菜入口后产生的味觉和嗅觉的综合感觉，是基本的味道特征(酸、甜、苦、咸等)与咀嚼和吞咽时从蔬菜中进入鼻腔的挥发性物质相结合而在脑中产生的中心感觉，取决于蔬菜本身所含有的非挥发性呈味物质(糖、酸等)和挥发性物质(volatile matter，VM)(醇、醛、酯等)(Reineccius，2016)。根据许多报道，挥发性物质包括氨基酸、脂肪酸、类胡萝卜素(Linnewielhermoni et al.，2015)、酚类化合物(Ayseli M T and Ayseli Y İ，2016；Lv et al.，2017)等一系列营养素，其分布及含量决定了各种食物不同的风味且提供了有关蔬菜营养组成的重要信息。

自 20 世纪 30 年代以来，育种学家一直致力于提高产量，基本上忽视了蔬菜品质，包括消费者感兴趣的风味、营养特性(Gascuel et al.，2017)。这是因为：一是很难培育出复杂的多基因性状，如风味品质；二是我们对蔬菜品质的分子遗传基础缺乏了解(Lim et al.，2014)。这导致了蔬菜品质的降低和风味的丧失，间接对蔬菜消费产生负面影响。尽管近几十年来生物技术不断发展，但是在处理复杂的品质性状时，育种方案往往会失败(Mattoo et al.，2014)。生物技术和组学技术的进步可能有助于我们解码复杂性状的潜在遗传基础，随后可通过杂交、基因工程、转基因技术或新植物育种技术(NPBT)等将最佳等位基因转入蔬菜，以提高蔬菜质(Gascuel et al.，2017)。目前，各种生物技术在作物品质改良领域广泛应用。在盐胁迫下，采用 RNA-Seq、qRT-PCR 等技术分别筛选了番茄在适应盐胁迫过程中扮演重要角色的 7 个氨基酸和 6 个糖代谢途径中的 17 个与 19 个关键基因(Zhang et al.，2017b)；在连续低压直流电处理下，采用 qRT-PCR 筛选了采后番茄中可增加次级代谢产物的 9 个候选基因(Leelatanawit et al.，2017)，为改善蔬菜抗逆能力及品质提供了有价值的信息。农作物的各种重要特征可以通过特定的、高效的和新颖的基因编辑技术(如 CRISPR/Cas9 系统)加以改进，从而产生新的有价值的产品(Zhang et al.，2016；Sharma et al.，2017)。RNA 沉默机制的发现已允许采用基因沉默技术在植物中开发新的性状(Kamthan et al.，2015)。同时为了抑制不良基因的表达，RNA 沉默可能比直接突变基因更可取，这有助于直接筛选所需的表型(Dalmay，2017)。此外，李家洋院士领衔的团队通过对主要数量性状位点(QTL)进行合理设计成功开发了更高产和更优质的水稻新品种(Zeng et al.，2017)，这一突破性研究以及大白菜、黄瓜、辣椒等越来越多蔬菜基因组测序的完成，为合理生产优质蔬菜提供了新思路。

　　蔬菜是人类日常生活中的主要副食品，含有丰富的维生素、矿物质、碳水化合物和蛋白质等，是人类重要的植物性食品，但同时蔬菜是喜硝态氮且极易富集硝酸盐的作物。长期以来为提高蔬菜产量，蔬菜生产中普遍存在不科学地施用化学肥料等现象，尤其是氮肥，导致养分比例失调，菜园土壤酸化，物理性质不良，磷、钾、钙、钼等养分缺乏等，胁迫蔬菜生长，出现产量降低、品质恶化，引起蔬菜尤其是叶类和根类蔬菜硝酸盐积累。参考姚春霞等(2005)关于蔬菜硝酸盐分级评价标准(表 1-1)，2005 年对湖南省蔬菜硝酸盐调查的结果表明，在检测的 10 种蔬菜中，达到四级或四级以上严重污染的蔬菜高达 40%，根类和叶类蔬菜污染最为严重(唐建初等，2005)。2013 年我们对重庆市售蔬菜的调查结果显示，73 种蔬菜全部受到了不同程度的硝酸盐污染，其中以叶类蔬菜最为严重，重度污染率高达 61%。人体摄入的硝酸盐 72%～94% 来自蔬菜。现已证明，硝酸盐在人体内可被还原成对人体有毒的亚硝酸盐，引起高铁血红蛋白血症；亚硝酸盐还可以与人胃肠中的含氮化合物结合成致癌的亚硝胺，诱导消化系统癌变。世界卫生组织(WHO)和联合国粮食及农业组织(FAO)1973 年规定的硝酸盐每日允许摄入量(ADI)为 3.6mg/kg，按中国人的平均体重 60kg，人均日食蔬菜 0.5kg(鲜重)，蔬菜经过盐渍、煮熟后硝酸盐含量分别减少 45% 和 60%～70% 计算，人体中毒的硝酸盐浓度限量为 3099mg/kg。

表 1-1　蔬菜硝酸盐分级评价标准(姚春霞等，2005)

分级	含量/(mg/kg)	卫生性	污染程度
一级	<432	生食允许	轻
二级	<785	生食不宜，盐渍、熟食允许	中
三级	<1234	生食和盐渍不宜，熟食允许	重
四级	<3100	生食、盐渍、熟食均不宜，但不中毒	严重

　　蔬菜为高重金属积累型作物。我国菜园土壤由于长期大量使用磷肥、城市垃圾、污泥及污灌等，重金属污染问题日趋严重。有研究表明，我国污灌农田已达到 140 万 hm^2，其中 1.4 万 hm^2 耕地受到 Cd 污染，涉及 11 个省市的 25 个地区(崔力拓等，2006)，每年被重金属污染的粮食多达 1200 万 t，导致粮食减产高达 1000 多万吨，合计经济损失至少 200 亿元(Wu et al.，2010)。更为严重的是，这些污染土壤绝大多数仍然被用于从事农业生产活动，农产品镉超标报道日益增多(詹杰

等，2012)。重金属在土壤系统中的污染过程具有隐蔽性、潜伏性、积累性和长期性，能通过食物链进入人体，产生致癌、致畸、致突变的作用。

第二节 蔬菜品质调控原理

蔬菜的生理代谢途径涉及诸多代谢酶，控制这些酶的基因以及调控基因表达的转录因子最终决定着蔬菜营养、风味物质的多少，而基因表达又受到外界因素的影响。

一、代谢调控与品质

(一)糖代谢主要途径

糖在果蔬发育、成熟中起着重要作用(Kanayama，2017)，与果蔬风味品质密切相关(Gago et al.，2017)，其生物合成是植物中最重要的代谢过程之一(Zhang et al.，2017a)。植物的糖代谢过程可为自身各种生物反应提供碳骨架(Buchanan et al.，2003)。蔗糖(Suc)是大多数植物光合作用的最终产物，植物非光合组织中几乎所有的碳水化合物都来源于蔗糖(Pontis，2016)，其通过韧皮部的筛分子-伴胞复合体(SE/BC)和胞间连丝(PD)从"源"运输卸载到"库"(Kühn et al.，1999；Ruan，2014)，运输和卸载产生的压差，是推动携带营养物质、信号分子等的水流从源输入到分生库(包括根茎顶端分生组织)的主要动力，而后 Suc 进一步分解/合成为葡萄糖(Glc)、果糖(Fru)、果聚糖、淀粉和纤维素等(Ruan et al.，2010，2012；O'Hara et al.，2013；Ruan，2014)。

1. "源"中糖的合成与转化

在水的参与下，光合叶片利用太阳能固定二氧化碳，在叶绿体中产生丙糖-磷酸(Triose-P)。丙糖-磷酸输出到细胞质作为其他物质新陈代谢的基石，也可以转化为腺苷二磷酸葡萄糖(ADP-Glc)用于叶绿体内淀粉的合成(Buchanan et al.，2002)。淀粉在夜间降解为 Glc 或麦芽糖输出到细胞质，Glc 可被己糖激酶磷酸化产生葡萄糖-6-磷酸(Glc-6-P)，后者可通过 Glc-6-P 异构酶转化为果糖-6-磷酸(Fru-6-P)(Pontis，2016)。蔗糖磷酸合成酶(SPS)利用 Fru-6-P 和尿苷二磷酸葡萄糖(UDP-Glc)作为底物来合成蔗糖-磷酸(Suc-P)，然后在蔗糖-磷酸酯酶(SPP)作用下转化为 Suc(Ruan，2014)。Suc 合成的同时也可以合成少量的海藻糖(T)：利用 UDP-Glc 和 Glc-6-P 作为底物，在海藻糖-6-磷酸(T6P)合成酶(TPS)作用下合成 T6P，后者通过 T6P 磷酸酶(TPP)转化为海藻糖，海藻糖最终可以被海藻糖酶(Tl)水解为两分子 Glc(Ruan，2014)(图 1-1)。

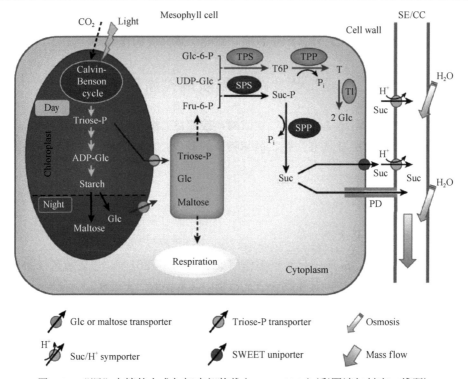

图 1-1　"源"中糖的合成与韧皮部装载(Ruan，2014)(彩图请扫封底二维码)

Mesophyll cell，叶肉细胞；Day，白天；Light，光照；Calvin-Benson cycle，卡尔文-本森循环；Chloroplast，叶绿体；Night，夜晚；Triose-P，丙糖-磷酸；ADP-Glc，腺苷二磷酸葡萄糖；Starch，淀粉；Glc，葡萄糖；Maltose，麦芽糖；Respiration，呼吸；Glc-6-P，葡萄糖-6-磷酸；UDP-Glc，尿苷二磷酸葡萄糖；Fru-6-P，果糖-6-磷酸；TPS，海藻糖磷酸合成酶；T6P，海藻糖-6-磷酸；TPP，海藻糖磷酸磷酸酶；T，海藻糖；Tl，海藻糖酶；SPS，蔗糖磷酸合成酶；SPP，蔗糖磷酸酯酶；Suc，蔗糖；Cell wall，细胞壁；SE，筛管；CC，伴胞；PD，胞间连丝；Cytoplasm，细胞质；Glc or maltose transporter，葡萄糖/麦芽糖转运子；Suc/H+ symporter，蔗糖转运子；Triose-P transporter，丙糖-磷酸转运子；SWEET uniporter，SWEET 单向转运子；Osmosis，渗透；Mass flow，质量流

2. "库"中糖的转化与合成

通过糖转运体导入的蔗糖可被细胞壁蔗糖转化酶(CWIN)水解为葡萄糖和果糖，然后被摄取到细胞质中；通过胞间连丝或蔗糖转运蛋白导入的蔗糖可被细胞质蔗糖转化酶(CIN)和蔗糖合成酶(Sus)降解为 1-磷酸葡萄糖与果糖，前者进入造粉体，成为淀粉合成的底物，后者直接进入液泡储存起来；从细胞质中被液泡吸收的蔗糖通过液泡蔗糖转化酶(VIN)进行水解(Pontis，2016)。葡萄糖、果糖等用于淀粉、纤维素和果聚糖等的合成与糖酵解代谢过程，其中 SS、SPS、SPP 是蔗糖合成的关键酶(Ruan，2014)，CWIN、CIN、VIN 是蔗糖分解的关键酶(张玲等，2017)，腺苷二磷酸葡萄糖焦磷酸化酶(AGPase)是淀粉合成的关键酶(Tiessen et al.，2002)，纤维素合成酶(CesA)是纤维素合成的关键酶(田爱梅等，2017)(图 1-2)。

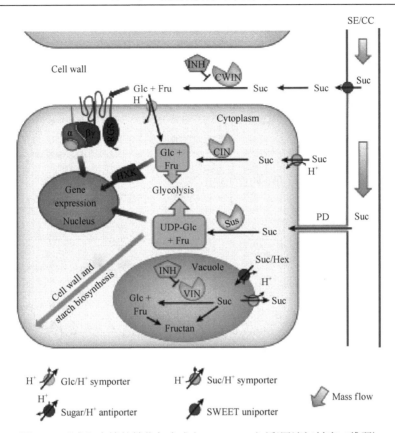

图 1-2 "库"中糖的转化与合成(Ruan,2014)(彩图请扫封底二维码)

Cell wall,细胞壁;Cytoplasm,细胞质;RGS,G 蛋白信号转导调节蛋白;Glc,葡萄糖;INH,转化酶抑制子;Hex,己糖;Fru,果糖;HXK,己糖激酶;Gene expression,基因表达;Nucleus,细胞核;UDP-Glc,尿苷二磷酸葡萄糖;Glycolysis,糖酵解;Cell wall and starch biosynthesis,细胞壁和淀粉合成;Vacuole,液泡;Fructan,果聚糖;PD,胞间连丝;SE,筛管;CC,伴胞;Suc,蔗糖;Glc/H$^+$ symporter,葡萄糖转运子;Suc/H$^+$ symporter,蔗糖转运子;Sugar/H$^+$ antiporter,糖反向转运子;SWEET uniporter,SWEET 单向转运子;Mass flow,质量流

(二)有机酸代谢主要途径

有机酸是植物中的重要成分,其与糖之间保持平衡,是果蔬味道的主要贡献者之一(Gago et al.,2017),强烈影响果蔬口感和整体品质(Mibei et al.,2018),主要包括丙酮酸、柠檬酸、异柠檬酸、α-酮戊二酸、琥珀酸、富马酸、苹果酸和草酰乙酸等(Sweetlove et al.,2010)。有机酸主要通过三羧酸循环(也称柠檬酸循环、TCA 循环或 Krebs 循环)在线粒体中产生,也可通过乙醛酸循环在乙醛酸循环体中形成,由于三羧酸循环的催化性质,有机酸存在于非常小的线粒体库中,且优先储存在液泡中(Lopez-Bucio et al.,2000)(图 1-3)。尽管参与有机酸合成途径的一系列酶早已为人所知,但对其调控机制不甚了解(Tang et al.,2010),这些

酶包括磷酸烯醇丙酮酸羧化酶(PEPC)、柠檬酸合成酶(CS)、顺乌头酸酶(AC)、异柠檬酸脱氢酶(IDH)、α-酮戊二酸脱氢酶(OGDC)、琥珀酸脱氢酶(SDH)、富马酸水合酶(FH)、苹果酸脱氢酶(MDH)和苹果酸酶(ME)等(Tang et al.，2010)。

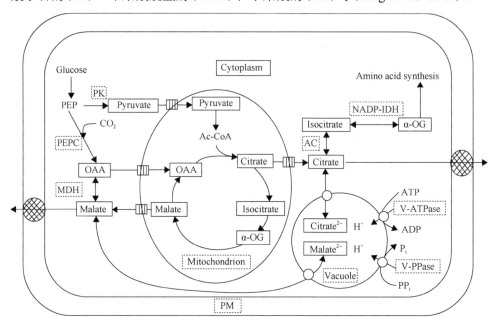

图 1-3 植物细胞有机酸代谢途径(汪建飞和沈其荣，2006)

Cytoplasm，细胞质；PM，细胞膜；Mitochondrion，线粒体；Vacuole，液泡；OAA，草酰乙酸；Citrate，柠檬酸；Isocitrate，异柠檬酸；α-OG，α-酮戊二酸；NADP-IDH，NADP 异柠檬酸脱氢酶；Pyruvate，丙酮酸；PK，丙酮酸激酶；PEPC，磷酸烯醇丙酮酸羧化酶；MDH，苹果酸脱氢酶；Malate，苹果酸；AC，顺乌头酸酶；V-ATPase，液泡膜 H^+-ATP 酶；V-PPase，液泡膜 H^+-焦磷酸化酶；Glucose，葡萄糖；PEP，磷酸烯醇丙酮酸；Ac-CoA，乙酰辅酶 A；Amino acid synthesis，氨基酸合成

(三)氨基酸代谢主要途径

果蔬中存在的脂肪族、芳香族的醇类、醛类和酯类等酯香型、果香型特征香气成分主要是由丙氨酸、缬氨酸、亮氨酸、异亮氨酸和蛋氨酸等氨基酸或其生物合成过程中的中间体衍生而来(Reineccius，2016)。氨基酸经氨基转移酶催化进行初始脱氨或转氨基形成相应的支链酮酸(Li and Sheen，2016)，这些酮酸可在脱羧酶作用下进一步脱羧，然后在脱羧酶、磷酸转移酶、乙醇脱氢酶、醇酰基转移酶等作用下进行还原、氧化或酯化形成醛、酸、醇和酯类等(Reineccius，2016)。转氨基、脱羧基作用是各种氨基酸代谢途径中均存在的两个酶反应，其关键酶分别为转氨酶和丙酮酸脱氢酶(Muhlemann，2013)(图 1-4)。番茄果实中独有的芳香物质如 2-异丁基噻唑等就是通过氨基酸代谢途径来合成的(Wang et al.，2016)。苯丙

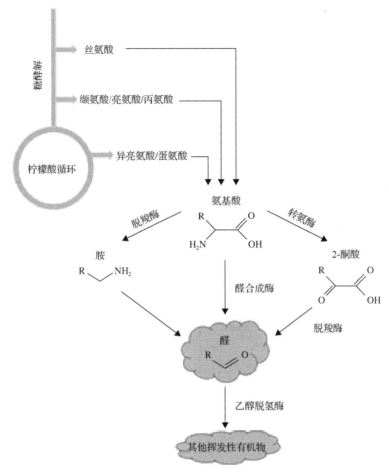

图 1-4 支链氨基酸代谢途径(Muhlemann，2013)

烷类/苯环类化合物来源于芳香族氨基酸苯丙氨酸(Phe)(Muhlemann，2013)，是由 L-苯丙氨酸解氨酶(PAL)将 Phe 分解成反式肉桂酸(CA)，然后经过氧化途径将 CA 的丙基侧链缩短两个碳原子而形成的(王星等，2017)(图 1-5)。

(四)脂肪酸代谢通路

果蔬中特有的清香型香气成分主要是由 C18 不饱和脂肪酸(亚油酸或亚麻酸)衍生而来(Muhlemann，2013)。不饱和脂肪酸经脂氧合酶(LOX)催化生成 9-氢过氧化物和 13-氢过氧化物中间体(Feussner and Wasternack，2002)，再通过 LOX 途径的两个分支(丙二烯氧化物合酶分支和氢过氧化物裂合酶分支)进一步代谢产生挥发性化合物,其中丙二烯氧化物合酶分支仅利用 13-氢过氧化物中间体形成茉莉

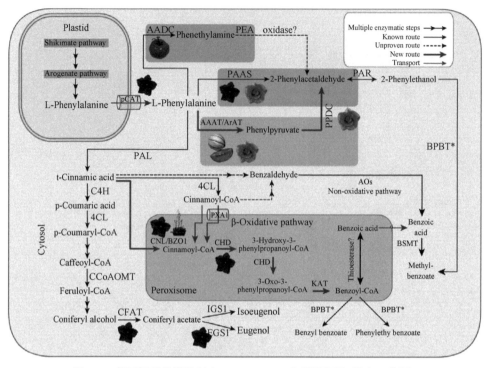

图 1-5　苯丙氨酸代谢途径(Sun et al.，2016)(彩图请扫封底二维码)

Plastid，质体；Shikimate pathway，莽草酸路径；Arogenate pathway，阿罗酸路径；L-Phenylalanine，L-苯丙氨酸；
pCAT，质粒；AAAT，氨基酸氨基转移酶；ArAT，芳香族氨基酸氨基转移酶；AADC，氨基酸脱羧酶；Phenethylamine，
苯乙胺；2-Phenylacetaldehyde，2-苯基乙醛；PAAS，苯乙醛合成酶；Phenylpyruvate，苯丙酮酸；PAR，苯乙醛还
原酶；2-Phenylethanol，2-苯基乙醇；BPBT，苯乙醇苯甲酰转移酶；PAL，苯丙氨酸解氨酶；AOs Non-oxidative pathway，
非氧化途径；Cytosol，细胞溶胶；t-Cinnamic acid，t-肉桂酸；Benzaldehyde，苯甲醛；C4H，肉桂酸-4-羟基化酶；
p-Coumaric acid，p-香豆酸；4CL，4-香豆酸辅酶 A 连接酶；p-Coumaryl-CoA，p-香豆酰辅酶 A；Caffeoyl-CoA，咖
啡酰辅酶 A；CCoAOMT，咖啡酰辅酶 A-O-甲基转移酶；Feruloyl-CoA，阿魏酸辅酶 A；Coniferyl alcohol，松柏
醇；CFAT，松柏醇酰基转移酶；Coniferyl acetate，乙酸松柏酯；IGS1，异甲基丁子香酚合成酶 1；Isoeugenol，
异丁子香酚；EGS1，丁子香酚合成酶 1；Eugenol，丁子香酚；Peroxisome，过氧化物酶体；CNL，肉桂酰-辅酶 A
连接酶；BZO1，拟南芥突变体 BZO1；Cinnamoyl-CoA，肉桂酰辅酶 A；CHD，环己二酮类；β-Oxidative pathway，
β-氧化过程；3-Hydroxy-3-phenylpropanoyl-CoA，3-羟基-3-苯丙酰-辅酶 A；3-Oxo-3-phenylpropanoyl-CoA，3-氧
代-3-苯丙酰-辅酶 A；Benzoic acid，苯甲酸；BSMT，苯甲酸羧基甲基转移酶；Thioesterase，硫酯酶；KAT，赖
氨酸乙酰基转移酶；Benzoyl-CoA，苯甲酰-辅酶 A；Benzyl benzoate，苯甲酸苄酯；Phenylethy benzoate，苯甲酸
苯乙酯；Methyl-benzoate，甲基-苯甲酸酯；Multiple enzymatic steps，多个酶促步骤；Known route，已知过程；
Unproven route，未证过程；New route，新过程；Transport，转运

酸(JA)，JA 又被茉莉酮酸羧基甲基转移酶转化为茉莉酮酸甲酯(Min et al.，2005)，
氢过氧化物裂合酶分支将两种类型的氢过氧化物转化成 C6/C9 醛，后者通常通过
醇脱氢酶还原为醇(Gigot et al.，2010)，随后进一步转化成酯(D'auria et al.，2007)。
这些饱和及不饱和的 C6/C9 醛与醇通常称为绿叶挥发物(Muhlemann，2013)，C6
化合物产生青草香气，C9 化合物呈现出黄瓜、甜瓜的香气(Borge et al.，1997)。

LOX 是脂肪酸代谢途径中的关键酶,乙醇脱氢酶(ADH)、脂氢过氧化物裂解酶(HPL)、醇酰基转移酶(AAT)等在香气物质形成的过程中也起到了重要作用(Reineccius,2016;梁馨元等,2017)(图1-6)。

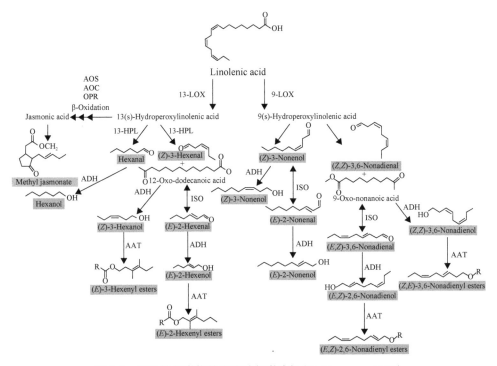

图1-6 挥发性代谢物的脂肪酸代谢途径(Muhlemann,2013)

Linolenic acid,亚麻酸;LOX,脂氧合酶;Hydroperoxylinolenic acid,氢过氧化亚麻酸;AOS,丙二烯氧化合成酶;AOC,丙二烯氧化环化酶;OPR,12-氧-植物二烯酸还原酶;ADH,脱氢酶;HPL,脂过氧化物裂解酶;β-Oxidation,β-氧化;Jasmonic acid,茉莉酸;Methyl jasmonate,茉莉酸甲酯;Hexanol,己醇;Hexanal,己醛;Hexenal,己烯醛;Hexenol,己烯醇;Hexenyl esters,己烯基酯;12-Oxo-dodecanoic acid,12-氧代十二烷酸;ISO,支链脂肪酸;Nonenal,壬烯醛;Nonadienal,壬二烯醛;Nonadienol,壬二烯醇;Nonenol,壬烯醇;Nonadienyl esters,非二烯基酯;9-Oxo-nonanoic acid,9-氧代壬酸;AAT,醇酰基转移酶

(五)萜类挥发性代谢物

萜类化合物是植物体内最多样化的一类次级代谢物,来源于两种常见的 C5 前体——异戊烯基焦磷酸(IPP)和二甲基烯丙基焦磷酸(DMAPP)。在植物中,这些 C5 的异戊二烯结构单元由两个独立分隔的途径——甲羟戊酸(MVA)途径和 2-c-甲基-D-赤藓糖醇-4-磷酸酯(MEP)途径形成,其中 MVA 途径产生挥发性倍半萜烯(C15)、不规则萜烯等,而 MEP 途径产生挥发性半萜烯(C5)、单萜烯(C10)和二萜烯(C20)等(Muhlemann,2013)。基于前人的试验证据可知,MEP 途径全套相应的酶仅存在于质体中(Hsieh et al.,2008)。相比之下,MVA 途径的亚细胞定

位并不清楚，历史上这条途径被认为是胞质型，然而新的证据表明，MVA 途径在细胞质、内质网和过氧化物酶体中都有发现(Muhlemann，2013)。

　　MVA 途径由 6 个酶促反应组成，通过三分子乙酰辅酶 A 到 3-羟基-3-甲基-戊二酰辅酶 A 的逐步缩合来启动，之后还原成 MVA，接着进行磷酸化和脱羧作用，最终产生 IPP(Muhlemann，2013)。MEP 途径则涉及 7 个酶促反应，从 D-甘油醛 3-磷酸(GAP)和丙酮酸(PYR)的缩合开始，产生 1-脱氧-D-木酮糖-5-磷酸，然后再由特征中间体 MEP 进行还原或异构化。MVA 途径仅产生 IPP，MEP 途径则使 IPP 和 DMAPP 以 6∶1 的比例合成(Rohdich et al.，2003)。两种途径都依赖于异戊烯基焦磷酸异构酶(IDI)，其可逆地将 IPP 转化为 DMAPP 并控制两者之间的平衡(Nakamura et al.，2001)(图 1-7)。

二、遗传改良与品质

　　上述生理代谢途径涉及诸多代谢酶，控制这些酶的基因以及调控基因表达的转录因子最终决定着蔬菜营养、风味物质的多少，而基因表达又受到外界因素的影响。基因型是风味品质的决定性因素(王利斌等，2017)，但由于风味品质涉及许多化合物的味道和香味的感知，因此改良风味品质比其他品质因素更具挑战性(Kader，2008)，这可能是生物技术专家对果蔬风味品质改善的关注度远远低于其营养和安全品质的原因之一。果蔬的感官特征(如多汁性、膨胀性、松脆性等)会影响人类对风味的感知，进行这方面的研究有助于人们更好地理解风味物质的物理和化学变化，从而促进果蔬口感和风味的改善，同时为育种专家提供更多的信息和分析方法来选择更佳的风味品质。有学者认为，使用放射性标记化合物和前体物质，是研究有关风味物质潜在的生物合成途径导致风味形成信息的重要途径(Bood and Zabetakis，2002)。利用生物化学技术进行研究已经提供了关于风味物质合成途径中所涉及的关键酶的信息，分子生物学技术则被用来克隆这些酶及其控制基因(Rasouli et al.，2018)，进而说明果蔬风味物质生物合成过程所涉及的基因如何表达，以及过度表达或沉默这些基因以最大限度地加大提高风味品质的可行性(Savoi et al.，2017)。

　　减少食物中硝酸盐和重金属含量最经济、最有效的方法就是通过选育低积累作物品种来降低作物可食部位的硝酸盐和重金属含量。高等植物有两种细胞质膜硝酸盐转运蛋白(nitrate transporter，NRT)，NRT1 和 NRT2。NRT2 是高亲和硝酸盐转运系统(high-affinity transport system，HAT)，而大部分 NRT1 是低亲和硝酸盐转运系统(low-affinity transport system，LAT)，其中作为 NRT1 家族的首要成员之一的 CHL1(*AtNRT*1.1)是双亲和硝酸盐转运蛋白(Liu et al.，1999)，其主要在根的细胞壁表达(Huang et al.，1996)。一方面，CHL1 表达可受到硝酸盐诱导(Tsay et al.,

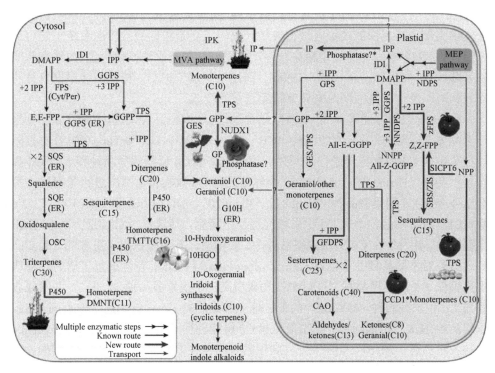

图 1-7 植物中萜烯的生物合成途径(Sun et al., 2016)(彩图请扫封底二维码)

Cytosol,细胞溶胶;DMAPP,二甲烯丙基焦磷酸;Cyt/Per,细胞质/过氧化物酶体;E,E-FPP,E,E-法尼基二磷酸;SQS(ER),角鲨烯合成酶;FPS,法尼基焦磷酸合成酶;GGPP,牻牛儿基牻牛儿基焦磷酸;TPS,萜烯合酶;GGPS(ER),牻牛儿基牻牛儿基焦磷酸合酶;Squalence,角鲨烯;SQE(ER),鲨烯氧化酶;Oxidosqualene,氧化鲨烯;OSC,氧化鲨烯环化酶;Triterpenes,三萜;P450(ER),P450酶系/多功能氧化酶;Homopetene,萜烯同系物;DMNT,(E)-4,8-二甲基-1,3,7-壬三烯;TMTT,(E,E)-4,8,12-三甲基-1,3,7,11-十三碳四烯;IPK,异戊烯基单磷酸激酶;GPP,牻牛儿基二磷酸盐;NUDX1,焦磷酸水解酶;G10H(ER),香叶醇-10羟化酶;10-Hydroxygeraniol,10-羟基香叶醇;10HGO,香叶醇10-羟基氧化还原酶;10-Oxogeranial,(E,E)-2,6-二甲基-2,6-辛二烯二醛;Iridoid synthases,环烯醚萜合酶;Iridoids,环烯醚萜类;cyclic terpenes,环状萜烯;Monoterpenoid indole alkaloids,单萜类吲哚生物碱;Phosphatase,磷酸酶;Plastid,质体;MVA pathway,甲羟戊酸途径;IPP,异戊烯焦磷酸;IP,戊烯基磷酸;IDI,异戊烯基焦磷酸异构酶;MEP pathway,2-c-甲基-D-赤藓糖醇-4-磷酸酯途径;NNDPS,多聚核苷酸焦磷酸化酶;NNPP,D-橙花酰二磷酸;zFPS,焦磷酸合酶;Z,Z-FPP,Z,Z-法尼基二磷酸;SBS,檀香烯和佛手柑油烯合酶;ZIS,姜烯合酶;SICPT6,顺-异戊烯基转移酶基因家族中一员;GPS,牻牛儿基焦磷酸合成酶;GES,香叶醇合成酶;Geraniol/other monoterpenes,香叶醇/其他单萜;GFDPS,香叶基法尼基焦磷酸酯合成酶;Sesterterpenes,二倍半萜;Diterpenes,二萜;SBS,倍半萜合成酶;Sesquiterpenes,倍半萜;Carotenoids,类胡萝卜素;NDPS,橙花基焦磷酸合成酶;NPP,橙花基焦磷酸;Monoterpenes,单萜;CCD,类胡萝卜素裂解双加氧酶;CAO,叶绿素酸酯a氧化酶;Aldehydes,醛类;Ketones,酮类;Multiple enzymatic steps,多个酶促步骤;Known route,已知过程;New route,新过程;Transport,转运

1993),另一方面,CHL1 能调节细胞 pH(Meraviglia et al.,1996)。*LeNRT*1 作为 *NRT*1 的另一成员,与 *AtNRT*1.1 的同源性达 65%,其 mRNA 只在根中表达(茎叶中不表达),*LeNRT*1 也是硝酸盐诱导基因,并且局限在根毛区表达,此外,

*AtNRT*3（*NTL*1）与 *AtNRT*1.1 也具有相似序列，同源性达 36%（都韶婷，2008）。*NRT*2 家族中大部分基因都能在根内进行转录，编码了高亲和硝酸盐转运系统中的可诱导组分。*NRT*2 基因均能被硝酸盐诱导，并受到几种还原性氮化合物（如铵态氮或谷氨酰胺）的抑制（Krapp et al.，1998）。通过这些调节机制，植株能够根据自身的需氮状况以及土壤氮的情况来调节转运蛋白的合成。

Wang 等（2017）通过对 35 个白菜品种进行 Cd 安全品种筛选，获得 Cd 含量符合食品安全标准的低 Cd 富集品种'CB'和'HLQX'。Dai 和 Yang（2017）对不同品种萝卜的 Cd 积累差异进行了研究，筛选出 3 个 Cd 低积累型品种和 5 个 Cd 高积累型品种。Huang 等（2015）对 30 个红薯品种 Cd 吸收转运情况进行了研究，筛选出 4 个低 Cd 积累型品种'Nan88'、'Xiang20'、'Ji78-066'和'Ji73-427'。Xu 等（2018）对不同品种番茄 Cd 积累特性进行了研究，筛选出'Xin402'等 Cd 低积累型品种，并发现在 Cd 低积累型品种中，樱桃型比普通型积累了更多的 Cd。Guo 等（2018）对不同品种芥蓝菜（*Brassica alboglabra*）耐 Cd 的特性进行了研究，筛选出典型低 Cd 积累型品种'DX102'和典型高 Cd 积累型品种'HJK'，并发现典型低 Cd 积累型品种'DX102'的根、地上部细胞壁 Cd 含量均高于典型高 Cd 积累型品种'HJK'。目前对部分蔬菜低积累 Cd 机制进行了较深入的研究（Huang et al.，2019；董如茵，2015），但有关低 Cd 积累基因存在差异的分子机制尚不明确。

三、生理调控技术与品质

水分供应状况对蔬菜生长发育及品质的优劣意义重大，一个很好的例子就是当水分供应较低时，植物体内钙的移动性降低，就会形成生理性缺钙，进而导致脐腐病的发生（Hochmuth，2015）。全球缺水是当今农业面临的主要挑战之一，而农业是全球淡水的主要消费者，占总数的 80%～85%（Ruggiero et al.，2017；Antonacci et al.，2018），因此，节水灌溉势在必行。包括氮（N）、磷（P）、钾（K）、钙（Ca）、镁（Mg）、硫（S）等在内的 16 种矿质元素是植物生长所必需的元素，其对于蔬菜品质建成具有重要作用（潘瑞炽，2012），因此，合理施肥是生产优质蔬菜必不可少的环节。此外，农药、植物激素、种植密度、杂草和病虫害等也会对蔬菜风味品质建成产生巨大影响。

蔬菜中的硝酸盐是人类摄入硝酸盐的主要来源，尤其是绿叶蔬菜，其主要代谢副产物为亚硝酸盐（Santamaria，2006），亚硝酸盐与仲、叔氨基化合物反应生成高度致癌的 *N*-亚硝基化合物，并且可引发高铁血红蛋白血症（Campanella et al.，2017；Ding et al.，2018）。有趣的是，最近的研究表明，硝酸盐摄入适中对于维持血管稳态、保持心血管健康、保护心脏等有益（Jonvik et al.，2016），但是硝酸盐摄入过量导致癌症风险的健康问题仍然存在。

参 考 文 献

崔力拓, 耿世刚, 李志伟. 2006. 我国农田土壤镉污染现状及防治对策. 现代农业科技, (21): 184-185.

董如茵. 2015. 喷施锌肥对镉低积累油菜吸收积累镉的影响及生理生化机理. 北京: 中国农业科学院硕士学位论文.

都韶婷. 2008. 蔬菜硝酸盐积累机理及其农艺调控措施研究. 杭州: 浙江大学博士学位论文, 13-88.

李恕艳, 李吉进, 张邦喜, 等. 2017. 施用有机肥对番茄品质风味的影响. 中国土壤与肥料, (2): 114-119.

李彦华. 2019. 纳米硅酸钾调控不同蔬菜营养和风味品质的机理研究. 重庆: 西南大学硕士学位论文.

梁馨元, 郭星秀, 齐红岩. 2017. 乙烯与脂氧合酶在番茄果实香气合成中的作用. 园艺学报, 44(11): 2117-2125.

潘瑞炽. 2012. 植物生理学. 7版. 北京: 高等教育出版社: 33-34.

唐建初, 刘钦云, 吕辉红, 等. 2005. 湖南省蔬菜硝酸盐污染现状调查及食用安全评价. 湖南农业大学学报(自然科学版), 31(6): 672-676.

田爱梅, 许丽爱, 陶贵荣, 等. 2017. 植物纤维素合酶. 中国细胞生物学学报, (3): 356-363.

汪建飞, 沈其荣. 2006. 有机酸代谢在植物适应养分和铝毒胁迫中的作用. 应用生态学报, 17(11): 2210-2216.

王利斌, 李雪晖, 石珍源, 等. 2017. 番茄果实的芳香物质组成及其影响因素研究进展. 食品科学, 38(17): 291-300.

王星, 罗双霞, 于萍, 等. 2017. 茄科蔬菜苯丙烷类代谢及相关酶基因研究进展. 园艺学报, 44(9): 1738-1748.

杨芸. 2015. 不同小白菜品种硝酸盐积累差异及光照、温度和湿度调控机理研究. 重庆: 西南大学硕士学位论文.

姚春霞, 陈振楼, 陆利民, 等. 2005. 上海市郊菜地土壤和蔬菜硝酸盐含量状况. 水土保持学报, 19(1): 84-88.

詹杰, 魏树和, 牛荣成. 2012. 我国稻田土壤镉污染现状及安全生产新措施. 农业环境科学学报, 31(7): 1257-1263.

张玲, 王延秀, 高清华, 等. 2017. 蔗糖转化酶家族基因进化、表达及对草莓果实糖分积累的影响. 园艺学报, 44(6): 1049-1060.

Antonacci A, Arduini F, Moscone D, et al. 2018. Nanostructured(Bio)sensors for smart agriculture. TrAC Trends in Analytical Chemistry, 98: 95-103.

Ávila F W, Yang Y, Faquin V, et al. 2014. Impact of selenium supply on Se-methylselenocysteine and glucosinolate accumulation in selenium-biofortified *Brassica* sprouts. Food Chemistry, 165: 578-586.

Ayseli M T, Ayseli Y İ. 2016. Flavors of the future: health benefits of flavor precursors and volatile compounds in plant food. Trends in Food Science & Technology, 48: 69-77.

Barrameda-Medina Y, Lentini M, Esposito S, et al. 2017. Zn-biofortification enhanced nitrogen metabolism and photorespiration process in green leafy vegetable *Lactuca sativa* L. Journal of the Science of Food and Agriculture, 97(6): 1828-1836.

Bood K G, Zabetakis I. 2002. The biosynthesis of strawberry flavor(II): biosynthetic and molecular biology studies. Journal of Food Science, 67(1): 2-8.

Borge G I A, Slinde E, Nilsson A. 1997. Long-chain saturated fatty acids can be α-oxidised by a purified enzyme(Mr 240 000)in cucumber(*Cucumis sativus*). Biochimica et Biophysica Acta (BBA)-Lipids and Lipid Metabolism, 1344(1): 47-58.

Buchanan B B, Jones R, Vickers K, et al. 2002. Biochemistry and Molecular Biology of Plants. Weinheim: Wiley-VCH Press: 27-31.

Buchanan B B, Miginiac-Maslow M, Vidal J. 2003. Metabolic networks in plants. Plant Physiology & Biochemistry, 41(6): 503.

Campanella B, Onor M, Pagliano E. 2017. Rapid determination of nitrate in vegetables by gas chromatography mass spectrometry. Analytica Chimica Acta, 980: 33-40.

D'auria J C, Pichersky E, Schaub A, et al. 2007. Characterization of a BAHD acyltransferase responsible for producing the green leaf volatile (Z)-3-hexen-1-yl acetate in *Arabidopsis thaliana*. The Plant Journal, 49 (2): 194-207.

Dai H W, Yang Z Y. 2017. Variation in Cd accumulation among radish cultivars and identification of low-Cd cultivars. Environmental Science and Pollution Research, 24 (17): 15116-15124.

Dalmay T. 2017. Plant Gene Silencing: Mechanisms and Applications. Oxfordshire: CABI: 128-140.

Ding Z, Johanningsmeier S D, Price R, et al. 2018. Evaluation of nitrate and nitrite contents in pickled fruit and vegetable products. Food Control, 90: 304-311.

Feussner I, Wasternack C. 2002. The lipoxygenase pathway. Annual Review of Plant Biology, 53 (1): 275-297.

Gago C, Drosou V, Paschalidis K, et al. 2017. Targeted gene disruption coupled with metabolic screen approach to uncover the *LEAFY COTYLEDON1-LIKE4* (*L1L4*) function in tomato fruit metabolism. Plant Cell Reports, 36 (7): 1065-1082.

Gascuel Q, Diretto G, Monforte A J, et al. 2017. Use of natural diversity and biotechnology to increase the quality and nutritional content of tomato and grape. Frontiers in Plant Science, 8: 652.

Gigot C, Ongena M, Fauconnier M L, et al. 2010. The lipoxygenase metabolic pathway in plants: potential for industrial production of natural green leaf volatiles. Biotechnologie Agronomie Société et Environnement, 14 (3): 451-460.

Guo J J, Tan X, Fu H L, et al. 2018. Selection for Cd pollution-safe cultivars of Chinese kale (*Brassica alboglabra* L. H. Bailey) and biochemical mechanisms of the cultivar-dependent Cd accumulation involving in Cd subcellular distribution. Journal of Agricultural and Food Chemistry, 66 (8): 1923-1934.

Hochmuth G J. 2015. Irrigation of greenhouse vegetables-florida greenhouse vegetable production handbook. Horticultural Sciences, (3): 1-4.

Hsieh M H, Chang C Y, Hsu S J, et al. 2008. Chloroplast localization of methylerythritol 4-phosphate pathway enzymes and regulation of mitochondrial genes in ispD and ispE albino mutants in *Arabidopsis*. Plant Molecular Biology, 66 (6): 663-673.

Huang B F, Xin J L, Dai H W, et al. 2015. Identification of low-Cd cultivars of sweet potato (*Ipomoea batatas* (L.) Lam.) after growing on Cd-contaminated soil: uptake and partitioning to the edible roots. Environmental Science and Pollution Research, 22 (15): 11813-11821.

Huang B, Dai H, Zhou W, et al. 2019. Characteristics of Cd accumulation and distribution in two sweet potato cultivars. International Journal of Phytoremediation, 21 (4): 391-398.

Huang N C, Chiang C S, Crawford N M, et al. 1996. CHL1 encodes a component of the low-affinity nitrate uptake system in *Arabidopsis* and shows cell type-specific expression in roots. Plant Cell, 8 (12): 2183-2191.

Jonvik K L, Nyak Ayiru J, Pinckaers P J, et al. 2016. Nitrate-rich vegetables increase plasma nitrate and nitrite concentrations and lower blood pressure in healthy adults. Journal of Nutrition, 146 (5): 986-993.

Kader A A. 2008. Flavor quality of fruits and vegetables. Journal of the Science of Food and Agriculture, 88 (11): 1863-1868.

Kamthan A, Chaudhuri A, Kamthan M, et al. 2015. Small RNAs in plants: recent development and application for crop improvement. Frontiers in Plant Science, 6: 208.

Kanayama Y. 2017. Sugar metabolism and fruit development in the tomato. Horticulture Journal, 86 (4): 417-425.

Krapp A, Fraisier V, Scheible W R, et al. 1998. Expression studies of *Nrt2:1Np*, a putative high-affinity nitrate transporter: evidence for its role in nitrate uptake. The Plant Journal, 14 (6): 723-731.

Kühn C, Barker L, Bürkle L, et al. 1999. Update on sucrose transport in higher plants. Journal of Experimental Botany, 50 (special): 935-953.

Leelatanawit R, Saetung T, Phuengwas S, et al. 2017. Selection of reference genes for quantitative real-time PCR in postharvest tomatoes (*Lycopersicon esculentum*) treated by continuous low-voltage direct current electricity to increase secondary metabolites. International Journal of Food Science & Technology, 52 (9): 1942-1950.

Li L, Sheen J. 2016. Dynamic and diverse sugar signaling. Current Opinion in Plant Biology, 33: 116-125.

Li S Y, Li J J, Zhang B X, et al. 2017. Effect of different organic fertilizers application on growth and environmental risk of nitrate under a vegetable field. Scientific Reports, 7 (1): 17020.

Lim W, Miller R, Park J, et al. 2014. Consumer sensory analysis of high flavonoid transgenic tomatoes. Journal of Food Science, 79 (6): S1212-S1217.

Linnewielhermoni K, Khanin M, Danilenko M, et al. 2015. The anti-cancer effects of carotenoids and other phytonutrients resides in their combined activity. Archives of Biochemistry & Biophysics, 572: 28-35.

Liu C, Tu B, Li Y, et al. 2017. Potassium application affects key enzyme activities of sucrose metabolism during seed filling in vegetable soybean. Crop Science, 57 (5): 2707-2717.

Liu K H, Huang C Y, Tsay Y F. 1999. *CHL1* is a dual-affinity nitrate transporter of *Arabidopsis* involved in multiple phases of nitrate uptake. Plant Cell, 11 (5): 865-874.

Lopez-Bucio J, Nieto-Jacobo M F, Ramirez-Rodriguez V, et al. 2000. Organic acid metabolism in plants: from adaptive physiology to transgenic varieties for cultivation in extreme soils. Plant Science, 160 (1): 1-13.

Lv J, Wu J, Zuo J, et al. 2017. Effect of Se treatment on the volatile compounds in broccoli. Food Chemistry, 216: 225-233.

Mattoo A, Nath P, Bouzayen M, et al. 2014. Fruit Ripening: Physiology, Signalling and Genomics. Oxfordshire: CABI: 259-290.

Meraviglia G, Romani G, Beffagna N. 1996. The chl1 *Arabidopsis* mutant impaired in nitrate-inducible NO_3^- transporter has an acidic intracellular pH in the absence of nitrate. Journal of Plant Physiology, 149 (s 3-4): 307-310.

Mibei E K, Ambuko J, Giovannoni J J, et al. 2018. Metabolomic analyses to evaluate the effect of drought stress on selected African eggplant accessions. Journal of the Science of Food and Agriculture, 98: 205-216.

Min S S, Dong G K, Sun H L. 2005. Isolation and characterization of a jasmonic acid carboxyl methyltransferase gene from hot pepper (*Capsicum annuum* L.). Journal of Plant Biology, 48 (3): 292-297.

Muhlemann J K. 2013. Biosynthesis, function and metabolic engineering of plant volatile organic compounds. New Phytologist, 198 (1): 16-32.

Nakamura A, Shimada H, Masuda T, et al. 2001. Two distinct isopentenyl diphosphate isomerases in cytosol and plastid are differentially induced by environmental stresses in tobacco. FEBS Letters, 506 (1): 61-64.

O'Hara L E, Paul M J, Wingler A. 2013. How do sugars regulate plant growth and development? New insight into the role of trehalose-6-phosphate. Molecular Plant, 6 (2): 261-274.

Pontis H G. 2016. Methods for Analysis of Carbohydrate Metabolism in Photosynthetic Organisms: Plants, Green Algae and Cyanobacteria. New York: Academic Press: 3-26.

Rasouli O, Ahmadi N, Monfared S R, et al. 2018. Physiological, phytochemicals and molecular analysis of color and scent of different landrace of *Rosa damascena* during flower development stages. Scientia Horticulturae, 231: 144-150.

Reineccius G. 2016. Flavor Chemistry and Technology. New York: CRC Press.

Rohdich F, Zepeck F, Adam P, et al. 2003. The deoxyxylulose phosphate pathway of isoprenoid biosynthesis: studies on the mechanisms of the reactions catalyzed by IspG and IspH protein. Pure & Applied Chemistry, 100 (4): 1586-1591.

Ruan Y L. 2014. Sucrose metabolism: gateway to diverse carbon use and sugar signaling. Annual Review of Plant Biology, 65: 33-67.

Ruan Y L, Jin Y, Yang Y J, et al. 2010. Sugar input, metabolism, and signaling mediated by invertase: roles in development, yield potential, and response to drought and heat. Molecular Plant, 3 (6) : 942-955.

Ruan Y L, Patrick J W, Bouzayen M, et al. 2012. Molecular regulation of seed and fruit set. Trends in Plant Science, 17 (11) : 656-665.

Ruggiero A, Punzo P, Landi S, et al. 2017. Improving plant water use efficiency through molecular genetics. Horticulturae, 3 (2) : 31.

Santamaria P. 2006. Nitrate in vegetables: toxicity, content, intake and EC regulation. Journal of the Science of Food & Agriculture, 86 (1) : 10-17.

Savoi S, Wong D C J, Degu A, et al. 2017. Multi-omics and integrated network analyses reveal new insights into the systems relationships between metabolites, structural genes, and transcriptional regulators in developing grape berries (*Vitis vinifera* L.) exposed to water deficit. Frontiers in Plant Science, 8: 1124.

Sharma S, Kaur R, Singh A. 2017. Recent advances in CRISPR/Cas mediated genome editing for crop improvement. Plant Biotechnology Reports, 11 (4) : 193-207.

Sun P, Schuurink R C, Caissard J C, et al. 2016. My way: noncanonical biosynthesis pathways for plant volatiles. Trends in Plant Science, 21 (10) : 884-894.

Sweetlove L J, Beard K F M, Nunes-Nesi A, et al. 2010. Not just a circle: flux modes in the plant TCA cycle. Trends in Plant Science, 15 (8) : 462-470.

Tang M, Bie Z L, Wu M Z, et al. 2010. Changes in organic acids and acid metabolism enzymes in melon fruit during development. Scientia Horticulturae, 123 (3) : 360-365.

Tiessen A, Stitt M, Branscheid A, et al. 2002. Starch synthesis in potato tubers is regulated by post-translational redox modification of ADP-glucose pyrophosphorylase: a novel regulatory mechanism linking starch synthesis to the sucrose supply. Plant Cell, 14 (9) : 2191-2213.

Tsay Y F, Schroeder J I, Feldmann K A, et al. 1993. The herbicide sensitivity gene CHL1 of arabidopsis encodes a nitrate-inducible nitrate transporter. Cell, 72 (5) : 705-713.

Wang J J, Yu N, Mu G M, et al. 2017. Screening for Cd-safe cultivars of Chinese cabbage and a preliminary study on the mechanisms of Cd accumulation. International Journal of Environmental Research and Public Health, 14 (4) : 395.

Wang L, Baldwin E A, Bai J. 2016. Recent advance in aromatic volatile research in tomato fruit: the metabolisms and regulations. Food & Bioprocess Technology, 9 (2) : 203-216.

Wu G, Kang H B, Zhang X Y, et al. 2010. A critical review on the bio-removal of hazardous heavy metals from contaminated soils: issues, progress, eco-environmental concerns and opportunities. Journal of Hazardous Materials, 174 (1-3) : 1-8.

Xu Z M, Tan X Q, Mei X Q, et al. 2018. Low-Cd tomato cultivars (*Solanum lycopersicum* L.) screened in non-saline soils also accumulated low Cd, Zn, and Cu in heavy metal-polluted saline soils. Environmental Science and Pollution Research, 25 (27) : 27439-27450.

Zeng D, Tian Z, Rao Y, et al. 2017. Rational design of high-yield and superior-quality rice. Nature Plants, 3 (4) : 17031.

Zhang W, Lunn J E, Feil R, et al. 2017a. Trehalose 6-phosphate signal is closely related to sorbitol in apple (*Malus domestica* Borkh. cv. Gala) . Biology Open, 6 (2) : 260-268.

Zhang Y, Liang Z, Zong Y, et al. 2016. Efficient and transgene-free genome editing in wheat through transient expression of CRISPR/Cas9 DNA or RNA. Nature Communications, 7: 12617.

Zhang Z, Mao C, Shi Z, et al. 2017b. The amino acid metabolic and carbohydrate metabolic pathway play important roles during salt-stress response in tomato. Frontiers in Plant Science, 8: 1231

第二章　蔬菜营养品质的影响因素与调控策略

蔬菜含有的糖、有机酸、氨基酸、蛋白质、维生素等代谢物决定了其营养品质。施肥是提高蔬菜营养品质的重要措施之一。例如，施用硫酸钾肥可显著提高菜用大豆中蔗糖磷酸合成酶和蔗糖合成酶活性与蔗糖含量，降低转化酶活性，且叶面喷施效果更佳(刘长锴等，2016)。施用通过沤肥、厌氧发酵、高温堆肥三种方式制作的有机肥可显著提高番茄和芹菜中抗坏血酸含量 3%～48.1%、可溶性糖含量 9.9%～55.6%，且高温堆肥被认为是"番茄-芹菜"轮作体系下产量最高、品质最好、环境风险最小的最佳有机肥制作方式(Li et al.，2017)，且施用有机肥可显著提高醛酮类、酯类、有机酸等风味化合物的种类和数量，其中施用中量(38t/hm^2)的精制有机肥最有利于增加番茄产量，提高番茄品质风味(李恕艳等，2017)。此外，生物强化方案也在蔬菜品质调控中发挥重要作用，其中锌(Zn)、硒(Se)等的应用取得一定效果。在 80μmol/L 的 Zn 剂量下，莴苣中亮氨酸(Leu)、异亮氨酸(Ile)和苏氨酸(Thr)等必需氨基酸浓度与锌含量显著增加，且 NO$_3^-$ 水平降低(Barrameda-Medina et al.，2017)；在 50μmol/L 硒酸钠(Na$_2$SeO$_4$)剂量下，6 种芸薹属蔬菜(西蓝花、花椰菜、青菜、大白菜、羽衣甘蓝和抱子甘蓝)芽均能合成并积累大量的抗癌化合物——甲基硒代半胱氨酸和硫代葡萄糖苷，其中花椰菜芽含有约 2 倍于其他芸薹属蔬菜的硫代葡萄糖苷(Ávila et al.，2014)。

第一节　蔬菜蛋白质组分和含量的影响因素及调控策略

蛋白质是人体必需的营养物质。大部分蔬菜中蛋白质含量比较少，有几种蔬菜含有较丰富的天然蛋白质，如菠菜、西兰花、南瓜等。

一、光照对蔬菜蛋白质组分和含量的影响

随着设施园艺的迅速发展，越来越多的光源植物工厂开始出现(刘文科和杨其长，2014)，光源植物工厂通过对光源的调控，实现在光照强度不够、时间不足情况下使作物高效高质量的生产。近年来，关于 LED 光源调控对番茄生长发育和果实品质影响的研究居多，通常是在智能人工气候室内或者冬季等日光条件不足的情况下进行的。而在大田设施环境下，如大棚条件下，在光线很强、棚内温度很高时，番茄的气孔因温度过高而关闭，导致其净光合速率降低、干物质积累减少，最终影响番茄的产量和品质(苏春杰，2018)。

　　试验在重庆市璧山区八塘镇进行，于 2018 年 5 月 4 日移栽，6 月 7 日挂网，7 月 23 日收获并采集样品。供试作物为番茄(*Lycopersicon esculentum*)。试验设置 5 个不同颜色遮阳网(红、白、蓝、黑、绿)，覆盖面积为 $3 \times 4 = 12m^2$，共 5 个小区，每个小区 18 株，田间管理按照常规管理进行，成熟期采集样品进行测定，采收期间对每个小区分别进行称重计产。

　　由图 2-1 可以看出，在青熟期，总氮含量：黑色>绿色>蓝色>白色>红色；非蛋白氮含量：黑色>蓝色>绿色>白色>红色；蛋白氮含量：除白色外其余颜色大致相等，白色含量略低于其余 4 种颜色含量。在转色期，总氮含量：红色>绿色>白色>黑色>蓝色；非蛋白氮含量：红色>绿色>白色>蓝色>黑色；蛋白氮含量：黑色>蓝色>白色>红色>绿色。在成熟期，总氮含量：蓝色>绿色>黑色>白色>红色；非蛋白氮含量：蓝色>绿色>黑色>白色>红色；蛋白氮含量：红色>黑色>绿色>蓝色>白色。从青熟期到成熟期，对于总氮含量，在白色和红色光质下有所增加，其中红色增加最明显，在蓝色、黑色和绿色光质下有所下降，其中黑色光质下降低效果最明显；从转色期到成熟期，在红色光质下，总氮含量下降，在其余 4 种光质下，总氮含量均有不同程度增加，其中在蓝色光质下，总氮含量增加效果最明显。从青熟期到转色期，除黑色非蛋白氮含量下降外，其余 4 种颜色的非蛋白氮含量均有增加，其中红色含量增加最明显；从转色期到成熟期，除红色非蛋白氮含量下降外，其余 4 种颜色含量均有增加，其中蓝色含量增加最明显。对于蛋白氮，从青熟期到转色期，5 种颜色的含量均下降，其中绿色含量下降最明显；从转色期到成熟期，白色、蓝色和黑色蛋白氮含量均下降，红色和绿色蛋白氮含量均增加。由此可见，从转色期到成熟期，红光光质可以促进番茄果实非蛋白氮向蛋白氮转化。

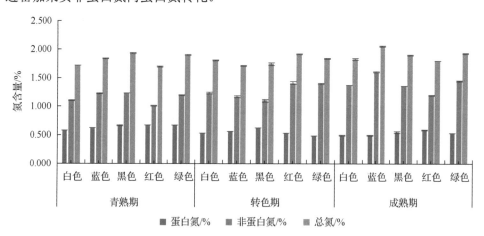

图 2-1　不同光质对番茄蛋白质组分的影响(彩图请扫封底二维码)

二、不同形态钾肥对蔬菜蛋白质组分和含量的影响

盆栽试验于 2016 年 10 月至 2017 年 1 月在西南大学 1 号玻璃温室内进行。供试土壤为采自重庆市北碚区的中性紫色土，其基础理化性质如表 2-1 所示。供试大白菜品种为'丰抗 90'（F）和'新太原二青'（X）。试验设置纳米硅酸钾（NKSi）和普通硅酸钾（OKSi）两种形态，4 个钾水平（K₂O）分别为 100mg/kg、150mg/kg、200mg/kg 和 250mg/kg，并设置不施钾空白对照（CK），共 9 个处理（表 2-2）。每个处理 3 次重复，随机排列。盆栽试验采用塑料盆（上口直径 25cm，下底直径 15cm，高 17cm），每盆装土 5kg。每盆移栽生长一致的两个品种大白菜幼苗各 3 株。氮（N）和磷（P₂O₅）肥分别以尿素[CO（NH₂）₂]和磷酸二氢铵（NH₄H₂PO₄）的形式加入，用量分别为 180mg/kg 和 100mg/kg，其中氮肥以 60%为基肥，40%分 2 次追施，磷肥作基肥施用。试验期间，用去离子水浇灌，采用称重法使土壤含水量保持田间最大持水量的 60%～70%。大白菜生长 65 天收获。

表 2-1　盆栽试验土壤基础理化性质

pH（水/土=1/2.5）	有机质/（g/kg）	全氮/（g/kg）	有效氮/（mg/kg）	速效磷/（mg/kg）	有效钾/（mg/kg）
6.80	13.9	0.777	53.3	17.1	84.8

表 2-2　盆栽试验设计和施肥量　　　　　　（单位：mg/kg）

处理	基肥	追肥（2 次）
	N-P₂O₅-K₂O	N-P₂O₅-K₂O
CK	108-100-0	36-0-0
OKSi-100	108-100-100	36-0-0
OKSi-150	108-100-150	36-0-0
OKSi-200	108-100-200	36-0-0
OKSi-250	108-100-250	36-0-0
NKSi-100	108-100-100	36-0-0
NKSi-150	108-100-150	36-0-0
NKSi-200	108-100-200	36-0-0
NKSi-250	108-100-250	36-0-0

由图 2-2 可知，'丰抗 90'可溶性蛋白含量随普通硅酸钾（OKSi）和纳米硅酸钾（NKSi）施用量的增加呈逐渐上升趋势，非可溶性蛋白含量随 OKSi 和 NKSi 施用量的增加呈逐渐降低趋势，且相同施用量下，'丰抗 90'可溶性蛋白含量表现为 NKSi 高于 OKSi，非可溶性蛋白含量表现为 NKSi 低于 OKSi，而'新太原二青'的蛋白质含量变化与'丰抗 90'则呈相反的趋势。'丰抗 90'和'新太原二青'可溶性蛋白与非可溶性蛋白含量为"此消彼长"的关系，即负相关关系：与

对照相比，'丰抗 90'的 OKSi-100、OKSi-150、OKSi-200 和 OKSi-250 处理可溶性蛋白含量分别提高了 2.42%、4.12%、5.21%和 6.55%，非可溶性蛋白含量分别降低了 10.2%、13.9%、15.7%和 19.5%；'丰抗 90'的 NKSi-100、NKSi-150、NKSi-200 和 NKSi-250 处理可溶性蛋白含量分别提高了 6.30%、8.85%、9.09%和 21.2%，非可溶性蛋白含量分别降低了 8.98%、18.0%、30.7%和 31.3%；'新太原二青'的 OKSi-100、OKSi-150、OKSi-200 和 OKSi-250 处理可溶性蛋白含量分别降低了 5.36%、14.3%、15.5%和 19.0%，非可溶性蛋白含量分别提高了 12.2%、17.2%、23.4%和 24.8%；'新太原二青'的 NKSi-100、NKSi-150、NKSi-200 和 NKSi-250 处理可溶性蛋白含量分别降低了 22.6%、25.0%、26.8%和 27.4%，非可溶性蛋白含量分别提高了 17.8%、20.5%、23.5%和 29.4%；在硅酸钾 100mg/kg、150mg/kg、200mg/kg 和 250mg/kg 施用量下，'丰抗 90'的可溶性蛋白含量较'丰抗 90'OKSi 分别提高了 3.79%、4.54%、3.69%和 13.8%，非可溶性蛋白含量降低了 4.72%～17.8%；'新太原二青'NKSi 处理的可溶性蛋白含量较 OKSi 处理分别降低了 18.2%、12.5%、13.4%和 10.3%，非可溶性蛋含量提高了 0.116%～4.98%。

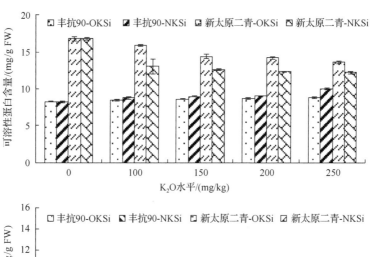

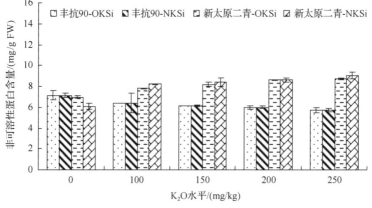

图 2-2　盆栽试验不同硅酸钾处理大白菜可溶性和非可溶性蛋白含量

第二节　蔬菜氨基酸组分和含量的影响因素及调控策略

蔬菜氨基酸种类包括甜味氨基酸(甘氨酸、丙氨酸、丝氨酸和苏氨酸)、鲜味氨基酸(天冬氨酸、谷氨酸和赖氨酸)和苦味氨基酸(缬氨酸、亮氨酸、异亮氨酸、蛋氨酸、精氨酸、组氨酸和苯丙氨酸)。氨基酸的品质性状与蔬菜的食用品质密切相关,可影响其口感和味道等。

一、土壤肥力对蔬菜氨基酸组分和含量的影响

课题组在2018年7～9月分别采集了云南曲靖、四川成都、北京、黑龙江哈尔滨、吉林长春和重庆蔬菜基地不同栽培模式下的黄瓜及土壤样品,分别检测了黄瓜氨基酸组分和土壤主要理化性质。由表2-3和表2-4可知,黄瓜-萝卜-玉米(北京)、黄瓜-白菜-番茄(曲靖)和黄瓜连作(哈尔滨)模式下黄瓜的天冬氨酸、丙氨酸、亮氨酸、赖氨酸明显高于其他栽培模式,氨基酸总量较其他地区的黄瓜增加了18.1%～65.9%。对比各地土壤主要理化性质发现,北京、曲靖、哈尔滨土壤镁的含量均显著高于其他地区,推测可能与其氨基酸含量较高有关。

二、光照对蔬菜氨基酸组分和含量的影响

光是影响植物生长发育的重要因子,光可调控植物的光合作用、生长发育、新陈代谢以及基因表达。在植物的一生中,植物感知光环境并且调节自身以适应光环境的变化。不同光质(280～750nm)的光信号经过植物的特定受体传导并与植物内源激素等相互作用,调控植物光形态建成;同时可见光(400～700nm)可对光合作用中光合色素和光系统等进行调控。近年来,随着光生物学研究取得巨大进展,越来越多的光质调控技术被广泛应用于蔬菜作物的生产中。在不同光质、不同光强及不同光照时间下,蔬菜品质差异较大。在红色光质和红蓝混合光质下,番茄的碳水化合物含量和番茄红素含量有明显提升;蓝光则有利于提高维生素C含量、蛋白质含量和有机酸含量(李岩等,2017;孙娜,2015)。另外,红光比例高的红蓝光还能促进多酚含量的增加并提高1,1-2苯基-2-三硝苯基肼(DPPH)自由基的清除率;而蓝光比例高的红蓝光可以有效促进氨基酸的积累,提高黄酮含量和总抗氧化能力(FRAP)值(陈田甜,2016)。由此可见,通过对光质的调整,可以改善番茄的品质。

试验在重庆市璧山区八塘镇进行,于2018年5月4日移栽,6月7日挂网,7月23日收获并采集样品。供试作物为番茄(*Lycopersicon esculentum*)。试验设置5个不同颜色遮阳网(红、白、蓝、黑、绿),覆盖面积为3×4=12m²,共5个小区,每个小区18株,田间管理按照常规管理进行,成熟期采集样品进行测定,采收期间对每个小区分别进行称重计产。

表 2-3 氨基酸组分及含量

(单位: g/100g)

栽培模式	天冬氨酸	苏氨酸	丝氨酸	谷氨酸	甘氨酸	丙氨酸	半胱氨酸	缬氨酸	蛋氨酸	异亮氨酸	亮氨酸	酪氨酸	苯丙氨酸	赖氨酸	组氨酸	精氨酸	脯氨酸	总量
黄瓜-白菜-番茄(曲靖)	1.319	0.570	0.528	3.570	0.790	1.137	0.108	0.790	0.411	0.733	1.276	0.513	0.799	0.943	0.037	0.643	0.128	14.805
黄瓜(C18-DA-1)-大豆(成都)	0.823	0.357	0.373	2.321	0.538	0.533	0.508	0.168	0.489	0.734	0.255	0.595	0.410	0.399	0.431	0.431	0.178	9.582
黄瓜(东皇SM03)-大豆(成都)	0.961	0.441	0.462	2.658	0.599	0.676	0.048	0.616	0.188	0.567	0.972	0.305	0.683	0.566	0.028	0.574	0.138	10.877
黄瓜-萝卜-玉米(北京)	1.449	0.751	0.592	1.988	0.858	1.156	0.080	0.869	0.599	0.831	1.723	0.673	0.961	0.958	0.071	0.711	1.131	15.899
黄瓜连作(哈尔滨)	1.143	0.649	0.524	2.453	0.718	1.004	0.085	0.716	0.665	0.672	1.365	0.606	0.734	0.920	0.078	0.621	1.263	14.702
黄瓜-茄子(长春)	1.026	0.588	0.450	1.839	0.647	0.877	0.077	0.656	0.509	0.596	1.255	0.471	0.669	0.710	0.056	0.501	1.090	12.447
黄瓜连作(重庆)	0.877	0.453	0.427	2.967	0.546	0.676	0.049	0.509	0.189	0.468	0.759	0.239	0.533	0.479	0.048	0.473	0.304	10.344

表 2-4 土壤主要理化性质

栽培模式	pH	有效 K/(mg/kg)	有效 P/(mg/kg)	碱解 N/(mg/kg)	有机质/%	全氮/(g/kg)	Ca/(mg/kg)	Mg/(mg/kg)	S/(mg/kg)
黄瓜-白菜-番茄(曲靖)	7.34	857.50	186.52	256.78	2.25	3.56	4606.25	992.50	40.44
黄瓜(C18-DA-1)-大豆(成都)	4.72	187.00	24.23	159.69	2.32	1.53	2234.38	380.00	318.61
黄瓜(东皇SM03)-大豆(成都)	5.42	92.50	20.14	127.75	1.67	1.32	1490.94	229.38	50.76
黄瓜-萝卜-玉米(北京)	7.71	246.50	38.04	103.48	1.94	1.02	6746.25	730.00	87.85
黄瓜连作(哈尔滨)	6.85	260.00	58.85	145.64	3.77	1.74	4593.13	791.88	23.29
黄瓜-茄子(长春)	7.29	957.50	145.90	157.13	3.61	2.12	6241.88	784.06	59.68
黄瓜连作(重庆)	6.38	752.50	110.56	287.44	2.77	2.57	2494.38	479.69	56.88

从表 2-5 可以看出，在白色光质下，从青熟期到转色期，大部分氨基酸含量降低，不能实现氨基酸的有效积累。在蓝色光质下，从青熟期到转色期，除了蛋氨酸和脯氨酸含量增加、甘氨酸和亮氨酸含量几乎不变外，其余 13 种氨基酸含量均下降；从转色期到成熟期，除了蛋氨酸和组氨酸含量降低外，其余 15 种氨基酸含量均增加。在黑色光质下，从青熟期到转色期，除了谷氨酸和蛋氨酸含量增加外，其余 15 种氨基酸含量均降低；而从转色期到成熟期，除了谷氨酸和蛋氨酸含量降低外，其余 15 种氨基酸含量均增加。在红色光质下，从青熟期到转色期，除了天冬氨酸、谷氨酸、脯氨酸外，其余 14 种氨基酸含量均降低；而从转色期到成熟期，除了天冬氨酸、谷氨酸、脯氨酸外，其余 14 种氨基酸含量均增加。在绿色光质下，从青熟期到转色期，天冬氨酸、苏氨酸、谷氨酸、苯丙氨酸和精氨酸含量增加，甘氨酸、缬氨酸、异亮氨酸、亮氨酸和组氨酸含量降低；从转色期到成熟期，除了组氨酸、脯氨酸外，其余 15 种氨基酸含量均增加。从氨基酸总量来看，从转色期到成熟期，氨基酸积累量：蓝色＞绿色＞黑色＞红色＞白色。

三、肥料对蔬菜氨基酸组分和含量的影响

(一)钾肥形态对蔬菜氨基酸组分和含量的影响

蔬菜中各种必需氨基酸之间有一定的比例，比例适当才能满足人体合成蛋白质的需要，日常膳食必须充分考虑氨基酸的构成与平衡问题，各种必需氨基酸之间搭配合理十分重要。田间试验于 2017 年 2 月 18 日至 5 月 19 日在重庆市北碚区三圣镇德圣村进行，供试黄瓜品种为'科喜节节早'。试验设置纳米硅酸钾(NKSi)和普通硅酸钾(OKSi)两种处理，3 个钾水平(K_2O)分别为 150kg/hm²、300kg/hm² 和 450kg/hm²，并设不施钾空白对照(CK)，共 7 个处理，每个处理设 3 次重复，所有处理氮(N)和磷(P_2O_5)施用量相同，按照农户习惯施肥用 600kg/hm² 氮磷复合肥(16-7-0)。试验小区面积为 $1.0×5.5=5.5m^2$，共 21 个小区，随机区组排列，小区间间隔 0.5m 宽，以方便管理，并在四周设保护行。每小区移栽 24 株生长状况一致的黄瓜幼苗，田间管理按照农户常规管理进行。

1. 氨基酸组分和含量

由表 2-6a 和表 2-6b 可知，'科喜节节早'黄瓜果实必需氨基酸总量(CI)、非必需氨基酸总量(CD)和氨基酸总量(CT)随普通硅酸钾(OKSi)施用量的增加呈逐渐升高的趋势，以 OKSi-450 处理含量最高，较对照分别提高了 22.4%、15.9% 和 17.9%；CI、CD 和 CT 随纳米硅酸钾(NKSi)用量的增加呈先增加后降低的趋势，以 NKSi-300 处理含量最高，较对照分别提高了 35.7%、8.80% 和 17.9%；与对照相比，OKSi 和 NKSi 处理必需氨基酸总量占氨基酸总量的比例(CI/CT)分别提高了 3.21%～8.16% 和 6.71%～14.87%，以 NKSI-300 处理占比最高，非必需氨基酸

表 2-5　不同光质对番茄氨基酸组分及含量的影响

（单位：g/100g）

时期	光质	天冬氨酸	苏氨酸	丝氨酸	谷氨酸	甘氨酸	丙氨酸	半胱氨酸	缬氨酸	蛋氨酸	异亮氨酸	亮氨酸	酪氨酸	苯丙氨酸	赖氨酸	组氨酸	精氨酸	脯氨酸	总量
青熟期	白	0.885	0.219	0.222	2.095	0.266	0.288	0.036	0.256	0.018	0.228	0.320	0.120	0.276	0.215	0.041	0.221	0.097	6.021
	蓝	0.712	0.209	0.196	1.554	0.232	0.265	0.028	0.257	0.010	0.228	0.290	0.103	0.252	0.190	0.033	0.145	0.109	4.985
	黑	0.952	0.227	0.238	1.810	0.271	0.301	0.040	0.255	0.013	0.242	0.320	0.119	0.271	0.238	0.049	0.206	0.145	5.914
	红	1.052	0.233	0.225	2.102	0.249	0.366	0.036	0.232	0.044	0.209	0.305	0.114	0.286	0.227	0.014	0.218	0.000	6.131
	绿	0.670	0.223	0.211	1.612	0.249	0.289	0.027	0.278	0.009	0.227	0.330	0.113	0.267	0.166	0.009	0.157	0.000	5.053
转色期	白	1.079	0.217	0.228	2.464	0.148	0.299	0.034	0.225	0.029	0.118	0.292	0.114	0.280	0.134	0.036	0.134	0.000	6.014
	蓝	0.581	0.190	0.183	1.100	0.233	0.251	0.020	0.232	0.045	0.203	0.290	0.102	0.236	0.159	0.031	0.131	0.135	4.293
	黑	0.661	0.160	0.164	1.959	0.198	0.208	0.022	0.195	0.085	0.162	0.250	0.102	0.186	0.134	0.024	0.117	0.000	4.746
	红	1.103	0.210	0.204	2.448	0.209	0.302	0.031	0.206	0.007	0.180	0.258	0.091	0.247	0.203	0.000	0.173	0.000	6.076
	绿	0.686	0.240	0.209	1.701	0.234	0.285	0.026	0.259	0.005	0.212	0.320	0.111	0.296	0.174	0.000	0.176	0.000	5.140
成熟期	白	0.912	0.174	0.163	2.866	0.217	0.301	0.030	0.203	0.010	0.170	0.247	0.077	0.224	0.131	0.013	0.108	0.000	6.046
	蓝	0.808	0.206	0.205	1.923	0.260	0.286	0.044	0.267	0.006	0.237	0.317	0.120	0.281	0.184	0.025	0.168	0.177	5.729
	黑	0.817	0.207	0.219	1.708	0.243	0.273	0.024	0.230	0.063	0.219	0.289	0.115	0.246	0.179	0.044	0.163	0.154	5.392
	红	1.063	0.238	0.238	2.350	0.244	0.348	0.036	0.247	0.012	0.214	0.310	0.108	0.284	0.244	0.016	0.231	0.000	6.401
	绿	0.940	0.265	0.283	1.978	0.299	0.386	0.036	0.338	0.011	0.290	0.382	0.151	0.360	0.274	0.000	0.215	0.000	6.370

表 2-6a　田间试验不同硅酸钾处理黄瓜果实氨基酸组分及含量

（单位：g/kg DW）

处理	赖氨酸*	蛋氨酸*	异亮氨酸*	亮氨酸*	苯丙氨酸*	缬氨酸*	苏氨酸*	组氨酸*	精氨酸*	谷氨酸	丝氨酸*	甘氨酸	丙氨酸	酪氨酸*	脯氨酸*	天冬氨酸	半胱氨酸*
CK	3.63	1.53	4.83	7.32	4.96	5.08	3.49	1.69	2.20	24.0	4.2	4.76	5.81	1.92	5.57	8.36	0.530
OKSi-150	3.14	1.45	5.11	8.03	5.76	4.77	3.66	1.85	2.43	23.8	4.71	5.15	6.67	1.91	1.80	9.36	0.440
NKSi-150	4.57	1.96	5.60	9.18	5.50	5.99	4.13	1.98	2.41	23.1	4.77	5.39	6.55	2.17	5.71	10.2	0.590
OKSi-300	4.30	2.03	5.38	8.33	5.89	5.82	4.02	1.99	2.50	26.1	4.63	5.23	6.87	2.26	1.36	9.30	0.440
NKSi-300	5.16	2.92	5.99	9.98	6.65	6.48	4.59	2.44	2.75	24.5	4.84	5.95	7.76	3.01	1.81	10.6	0.660
OKSi-450	4.19	1.93	5.86	9.01	6.02	6.23	4.41	2.02	2.64	25.7	5.4	5.71	7.36	2.37	6.20	10.4	0.640
NKSi-450	3.17	1.21	4.12	6.38	4.40	4.48	3.15	1.61	1.94	16.5	3.97	4.16	5.15	0.440	4.73	7.59	0.450

注：*表示成人必需氨基酸，◆表示条件必需氨基酸，下同

表 2-6b　田间试验不同硅酸钾处理黄瓜果实氨基酸组比例

处理	CI	CD	CT	CI/CT	CD/CT	CI/CD
CK	30.8	59.1	89.9	0.343	0.657	0.521
OKSi-150	31.9	58.1	90.0	0.354	0.645	0.549
NKSi-150	36.9	62.8	99.7	0.370	0.630	0.588
OKSi-300	35.8	60.7	96.5	0.371	0.629	0.590
NKSi-300	41.8	64.3	106.1	0.394	0.607	0.650
OKSi-450	37.7	68.5	106.2	0.356	0.646	0.550
NKSi-450	26.9	46.5	73.4	0.366	0.634	0.578

注：CI. 必需氨基酸总量，CD. 非必需氨基酸总量，CT. 氨基酸总量，CI/CT. 必需氨基酸总量占氨基酸总量的比例，CD/CT. 非必需氨基酸总量占氨基酸总量的比例，CI/CD. 必需氨基酸总量与非必需氨基酸总量的比值，下同

总量占氨基酸总量的比例(CD/CT)分别降低了 1.67%～4.45%和 3.50%～7.76%，以 NKSi-300 处理占比最低，必需氨基酸总量与非必需氨基酸总量的比值(CI/CD)分别提高了 5.17%～12.84%和 10.73%～24.52%，以 NKSi-300 处理占比最高；相同施用量下，OKSi-CI/CT 较 NKSi-CI/CT 提高了 3.31%～6.20%，OKSi-CD/CT 较 NKSi-CD/CT 降低了 1.71%～3.66%，OKSi-CI/CD 较 NKSi-CI/CD 提高了 5.09%～10.36%。以上分析表明，OKSi 和 NKSi 可提高'科喜节节早'黄瓜果实 CI、CD、CT 含量和 CI/CT，且提高幅度 NKSi 大于 OKSi，但降低了 CD/CT。

2. 氨基酸各组分相关性分析

采用主成分分析法对黄瓜氨基酸组分进行降维处理(张雨薇等，2017)。结果显示(表 2-7)，17 种氨基酸之间存在不同程度的相关性。17 种氨基酸之间相关系数最大的是精氨酸(Arg)和丙氨酸(Ala)，相关系数为 0.998**，其次为异亮氨酸(Ile)和甘氨酸(Gly)，相关系数为 0.991**，除脯氨酸(Pro)与其他氨基酸无显著相关性外，其他氨基酸均至少与两种氨基酸存在显著或极显著相关性，所有存在显著或极显著相关性的氨基酸之间均为正相关。以上分析表明，黄瓜果实中各氨基酸含量之间存在较强的相关性，可以通过主成分分析法研究不同硅酸钾处理主要影响黄瓜果实中的哪一种或几种氨基酸。

3. 氨基酸组分主成分分析

采用 SPSS 23.0 软件分别对田间试验不同硅酸钾处理'科喜节节早'黄瓜果实氨基酸(AA)组分进行主成分分析，得出各自的特征向量、特征值、方差贡献率和方差累计贡献率(表 2-8)。结果显示，按照特征值大于 1 和方差累计贡献率≥85%的提取条件(AA 方差累计贡献率为 90.010%)，从黄瓜果实 AA 中提取了 2 个主成分。AA-PC1 贡献率为 80.729%，其中甘氨酸(Gly)、异亮氨酸(Ile)和苏氨酸(Thr)有较大的正系数，只有脯氨酸(Pro)为负系数；AA-PC2 贡献率为 9.281%，其中脯氨酸(Pro)和半胱氨酸(Cys)有较大的正系数，苯丙氨酸(Phe)和谷氨酸(Glu)有较大的负系数。黄瓜果实氨基酸(AA)主成分得分及综合得分见表 2-9，AA 综合得分以 NKSi-300 处理最高，分值为 4.05，其次为 OKSi-450，分值为 2.45。综合得分越高说明硅酸钾处理增加 AA 含量的效果越好，因此说明 NKSi 处理能够提高黄瓜果实 AA 水平，且提高效果优于 OKSi。

4. 钾形态对 *GLN* 家族基因表达的影响

在拟南芥(*Arabidopsis thaliana*)数据库中获取拟南芥 *GLN* 家族基因的基因座编号，在 NCBI 网站进行 BLAST，限定 Organism 为 *Arabidopsis thaliana*、*Brassica rapa*，限定 Database 为 Reference RNA sequence(refseq_rna)、Reference genomic sequences(refseq_ genomic)和 Transcriptome Shotgun Assembly(TSA)。从 BLAST 结果中获得拟南芥 *GLN* 家族基因的参考 RNA 序列、参考染色体序列及 TSA 序列；

表2-7　田间试验不同硅酸钾处理黄瓜果实氨基酸组分（AA）间相关系数（r）

AA	赖氨酸	蛋氨酸	异亮氨酸	亮氨酸	苯丙氨酸	缬氨酸	苏氨酸	组氨酸	精氨酸	谷氨酸	丝氨酸	甘氨酸	丙氨酸	酪氨酸	脯氨酸	天冬氨酸	半胱氨酸
赖氨酸	1																
蛋氨酸	0.944**	1															
异亮氨酸	0.831*	0.835*	1														
亮氨酸	0.878**	0.889**	0.975**	1													
苯丙氨酸	0.734	0.856*	0.921**	0.910**	1												
缬氨酸	0.945**	0.889**	0.935**	0.921**	0.810*	1											
苏氨酸	0.884**	0.889**	0.982**	0.970**	0.913**	0.968**	1										
组氨酸	0.886**	0.973**	0.881**	0.932**	0.929**	0.871**	0.924**	1									
精氨酸	0.752	0.835*	0.965**	0.932**	0.986**	0.862**	0.951**	0.904**	1								
谷氨酸	0.516	0.543	0.791	0.673	0.764*	0.666	0.703	0.560	0.812*	1							
丝氨酸	0.533	0.536	0.881**	0.799*	0.789*	0.761*	0.855*	0.653	0.864*	0.701	1						
甘氨酸	0.804	0.849*	0.991**	0.975**	0.954**	0.903**	0.976**	0.910**	0.983**	0.770*	0.876**	1					
丙氨酸	0.747	0.841*	0.954**	0.928**	0.989**	0.856**	0.950**	0.916**	0.998**	0.775*	0.863*	0.978**	1				
酪氨酸	0.799**	0.850*	0.939**	0.913**	0.918**	0.857**	0.899**	0.860**	0.938**	0.876**	0.724	0.942**	0.916**	1			
脯氨酸	-0.127	-0.355	-0.142	-0.195	-0.483	-0.031	-0.146	-0.409	-0.344	-0.243	0.026	-0.212	-0.363	-0.284	1		
天冬氨酸	0.783*	0.790*	0.981**	0.977**	0.900**	0.889**	0.963**	0.869**	0.941**	0.695	0.903**	0.981**	0.937**	0.879**	-0.119	1	
半胱氨酸	0.749	0.702	0.737	0.752	0.550	0.798*	0.777**	0.683	0.624	0.349	0.623	0.730	0.622	0.646	0.361	0.739	1

注：AA. 氨基酸，*和**分别表示在0.05和0.01水平（双尾）相关性显著，下同

表 2-8　田间试验不同硅酸钾处理黄瓜果实氨基酸组分主成分特征向量及方差贡献率

氨基酸	主成分 1（PC1）	主成分 2（PC2）
赖氨酸	0.234	0.115
蛋氨酸	0.243	−0.061
异亮氨酸	0.267	0.055
亮氨酸	0.264	0.042
苯丙氨酸	0.257	−0.221
缬氨酸	0.254	0.169
苏氨酸	0.267	0.078
组氨酸	0.253	−0.105
精氨酸	0.263	−0.116
谷氨酸	0.205	−0.160
丝氨酸	0.225	0.131
甘氨酸	0.268	0.004
丙氨酸	0.262	−0.124
酪氨酸	0.256	−0.084
脯氨酸	−0.063	0.755
天冬氨酸	0.260	0.080
半胱氨酸	0.199	0.477
特征值	13.724	1.578
方差贡献率/%	80.729	9.281
方差累计贡献率/%	80.729	90.010

表 2-9　田间试验不同硅酸钾处理黄瓜果实氨基酸主成分得分及综合得分

处理	AA-Y_{PC1}	AA-Y_{PC2}	AA-Y
CK	−2.64	0.57	−2.08
OKSi-150	−1.10	−1.57	−1.04
NKSi-150	1.20	1.29	1.08
OKSi-300	0.78	−1.62	0.48
NKSi-300	5.07	−0.47	4.05
OKSi-450	2.88	1.43	2.45
NKSi-450	−6.18	0.37	−4.95

采用 Vector NTI Advance 11.5 创建序列，然后以拟南芥 *GLN* 家族基因序列作为基本序列，将以上各序列标签逐条添加比对，直至完成多重比对。参照 *GLN* 家族基因的电子克隆结果，根据物种之间的序列差异位点设计相应的 qRT-PCR 引物（表 2-10）。

黄瓜 *GLN* 家族基因退火温度梯度试验的琼脂糖凝胶电泳检测结果见图 2-3。

表 2-10　*GLN*家族基因的 qRT-PCR 引物

引物	引物序列（5′→3′）	预测退火温度 T_0/℃
*FCsGLN*1.1	CTGGCATCAACATTAGTGGCATC	60.0
*RCsGLN*1.1	TGTGTCTCAGTCCCAATTTATCG	60.0
*FCsGLN*1.2	GTATGCTGGAATTAACATCAGTGG	62.0
*RCsGLN*1.2	CTTGATTATCTCGTATCCTCCTTC	62.0
*FCsGLN*1.3	TCCGACCAACAAGAGGCACAA	62.0
*RCsGLN*1.3	CGAAGCTGACATTTACACCAGAGA	62.0
*FCsGLN*1.4	GTCTTTACGCCGGAATCAATGT	62.0
*RCsGLN*1.4	GTGTTCCTTGTGACGCAATCCA	62.0
*FCsGLN*2	CAGGTGATCATGTTTGGTGTGC	62.0
*FCsGLN*2	TGCTTTCCGGTCAACCTTCTC	62.0

注：*F*. 正向引物，*R*. 反向引物，*Cs*. 黄瓜

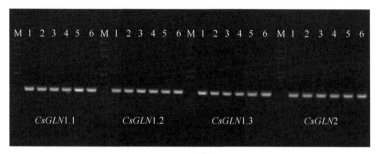

图 2-3　黄瓜果实 *GLN* 家族基因退火温度梯度试验的琼脂糖凝胶电泳检测结果
M、1、2、3、4、5 和 6 分别表示 CK、OKSi-150、OKSi-300、OKSi-450、
NKSi-150、NKSi-300 和 NKSi-450 处理

　　黄瓜果实 *GLN*1.1、*GLN*1.2、*GLN*1.3 和 *GLN*2 进行 qRT-PCR 检测，结果如图 2-4 所示，*GLN*1.1、*GLN*1.2、*GLN*1.3 和 *GLN*2 整体随普通硅酸钾（OKSi）与纳米硅酸钾（NKSi）用量的增加表现为逐渐上调，且 NKSi 处理下 *GLN* 家族基因上调幅度远大于对照（CK）和 OKSi 处理。OKSi 处理下，*GLN*1.1、*GLN*1.3 和 *GLN*2 仅在 OKSi-450 处理明显上调，较对照分别上调 0.888 倍、1.15 倍和 0.616 倍，*GLN*1.2 表现为下调；NKSi 处理下，*GLN*1.1、*GLN*1.2、*GLN*1.3 和 *GLN*2 均表现为上调，以 NKSi-450 上调幅度最大；NKSi-150、NKSi-300 和 NKSi-450 处理 *GLN*1.1 较 CK 分别上调 3.26 倍、6.90 倍和 8.28 倍，*GLN*1.2 较 CK 分别上调 0.916 倍、4.40 倍和 7.73 倍，*GLN*1.3 较 CK 分别上调 4.09 倍、4.73 倍和 9.26 倍，*GLN*2 较 CK 分别上调 1.57 倍、0.42 倍和 5.62 倍。以上分析表明，NKSi 处理可显著上调'科喜节节早'黄瓜果实中 *GLN* 家族基因表达量，且上调效果优于 OKSi。

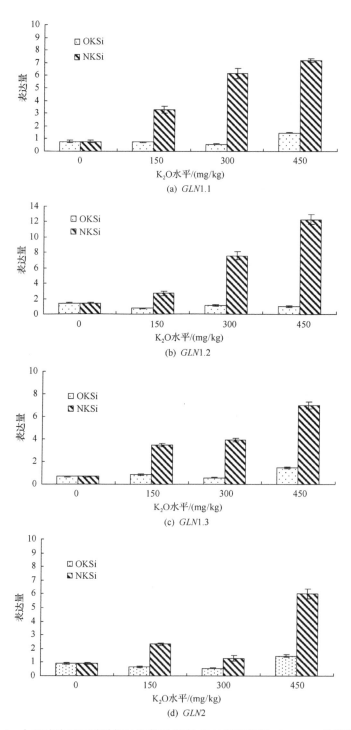

图 2-4　大田试验不同硅酸钾处理黄瓜果实 *GLN* 家族基因 qRT-PCR 检测结果

(二)硼对蔬菜氨基酸组分和含量的影响

我们于 2018 年 9～12 月在重庆西南大学 1 号玻璃温室进行试验。供试作物采用西南地区普遍使用的两种大白菜，品种为'华良早五号'和'脆甜白 2 号'。采用顶部直径为 27cm、底径为 19cm、高 20cm 的无孔塑料桶，每桶装填混合基质 10L，营养液参照日本园试营养液配制，具体配方如表 2-11 所示。试验共设 5 个硼水平，即 CK(0mg/L)、B1(0.5mg/L)、B2(1mg/L)、B3(2mg/L)和 B4(4mg/L)，对照不施硼素。营养液每 7 天更换一次。各处理重复 3 次，随机排列。

如表 2-11 所示，硼素对大白菜氨基酸含量具有明显的增加作用，对亮氨酸和脯氨酸效果最为明显，'脆甜白 2 号'和'华良早五号'的氨基酸总量分别增加了 8.00%～21.73%、11.15%～33.91%。

(三)有机肥料与无机肥料配施对蔬菜氨基酸组分和含量的影响

1. 秸秆与无机肥料配施

大田试验于 2009 年 10 月至 2010 年 2 月在重庆市涪陵区珍溪镇渠溪村进行。珍溪镇是涪陵区主要的水稻(玉米)-榨菜轮作区之一。该区属亚热带湿润季风区，具有春早、夏长、秋短、冬迟和秋凉、多绵雨的特点，年平均气温 16.7℃，≥10℃ 的年有效积温为 5000℃，无霜期多年平均为 295 天，年平均日照时数为 1100h，年降雨量为 885～950mm。其中榨菜生长期的总积温为 2449.8～2482.9℃，总降雨量为 343.9～355.3mm，总日照时数为 377.8～409.0h。供试土壤为紫色土，基本理化性状见表 2-12。供试秸秆为玉米秸秆和水稻秸秆，养分含量见表 2-13。供试蔬菜为榨菜(*Brassica juncea* var. *tumida*)，于 2009 年 10 月 22 日移栽，2010 年 2 月 24 日分小区收获。每小区面积为 2×4=8m^2，栽培规格为行距 40cm，株距 30cm，每小区种 66 株。榨菜试验共设置 7 个施肥处理(表 2-14)。试验分别以水稻秸秆 (9000kg/hm^2)、玉米秸秆(12 000kg/hm^2)作为有机肥原料(移栽前两个月将水稻和玉米秸秆按试验设计用量进行还田，并翻耕入土，翻耕前用 1%～2%的尿素溶液喷施秸秆以促进腐熟)，以基肥形式一次性施入。化肥(25-10-10)和有机无机专用复混肥(20-8-10)分一次基肥和两次追肥，按 30%、50%、20%施用。其中常规施肥(CK)与当地农民的传统施肥量(氮磷钾纯养分 450kg/hm^2)一致，且不施用秸秆，施肥方式与当地农民习惯施肥相同。处理 1～4 为在常规施肥量的 90%、80%、70%、60%基础上外加秸秆还田的减量施肥处理。处理 5、6 为在有机无机专用复混肥及减量施肥外加秸秆还田处理。试验设 3 次重复，随机排列。

表 2-11 不同硼水平对大白菜氨基酸组分的影响

品种	硼水平/(mg/L)	天冬氨酸	苏氨酸	丝氨酸	谷氨酸	甘氨酸	丙氨酸	半胱氨酸	缬氨酸	蛋氨酸	异亮氨酸	亮氨酸	酪氨酸	苯丙氨酸	赖氨酸	组氨酸	精氨酸	脯氨酸	总量
脆甜白 2 号	0	0.78	0.19	0.23	1.07	0.60	0.61	0.00	0.81	0.12	0.40	0.80	0.05	0.74	0.38	0.11	0.15	1.07	7.50
	0.5	0.82	0.29	0.24	1.10	0.51	0.73	0.00	0.70	0.07	0.53	1.22	0.04	0.80	0.43	0.05	0.12	1.22	9.06
	1	0.75	0.26	0.23	1.00	0.46	0.62	0.01	0.69	0.09	0.44	1.11	0.00	0.50	0.37	0.07	0.10	1.17	8.89
	2	0.75	0.29	0.25	1.01	0.48	0.61	0.00	0.54	0.35	0.45	0.99	0.03	0.70	0.37	0.05	0.10	0.96	8.10
	4	0.93	0.28	0.26	1.14	0.56	0.68	0.01	0.64	0.23	0.56	1.14	0.05	0.83	0.45	0.13	0.13	0.93	9.13
华良早五号	0	0.91	0.29	0.29	1.18	0.55	0.63	0.03	0.71	0.13	0.58	1.10	0.06	0.69	0.56	0.23	0.14	0.81	8.61
	0.5	0.99	0.30	0.31	1.29	0.59	0.68	0.03	0.67	0.23	0.57	1.08	0.02	0.85	0.52	0.24	0.13	0.90	9.57
	1	1.21	0.33	0.35	1.51	0.67	0.80	0.03	0.82	0.26	0.71	1.34	0.02	1.06	0.64	0.30	0.16	1.12	11.53
	2	1.12	0.30	0.31	1.50	0.64	0.76	0.03	0.78	0.17	0.68	1.31	0.02	1.08	0.64	0.18	0.18	1.11	11.06
	4	0.96	0.29	0.28	1.49	0.60	0.77	0.02	0.77	0.17	0.69	1.23	0.01	0.98	67	0.15	0.17	1.01	9.78

表 2-12　供试土壤基本理化性状

项目	pH	有机质/(g/kg)	全氮/(g/kg)	碱解氮/(mg/kg)	速效磷/(mg/kg)	速效钾/(mg/kg)
水稻-榨菜轮作田	7.6	30.7	1.8	79.0	14.1	109.9
玉米-榨菜轮作田	4.7	24.7	2.0	72.8	21.3	89.9

表 2-13　秸秆养分含量　　　　　　　　（单位：g/kg）

项目	有机质	全氮	全磷	全钾
水稻秸秆	435.2	7.5	0.7	25.9
玉米秸秆	405.7	5.9	0.8	12.8

表 2-14　试验处理

处理号	秸秆处理/(kg/hm²)	化肥处理	施肥量/(kg/hm²)
常规施肥(CK)	0 0	常规化肥 100%	1 000.5
1	9 000(水稻秸秆) 12 000(玉米秸秆)	常规化肥 90%	900.5
2	9 000(水稻秸秆) 12 000(玉米秸秆)	常规化肥 80%	800.4
3	9 000(水稻秸秆) 12 000(玉米秸秆)	常规化肥 70%	700.4
4	9 000(水稻秸秆) 12 000(玉米秸秆)	常规化肥 60%	600.3
5	9 000(水稻秸秆) 12 000(玉米秸秆)	有机无机专用复混肥100%	1 188.2
6	9 000(水稻秸秆) 12 000(玉米秸秆)	有机无机专用复混肥80%	950.6

　　蔬菜氨基酸含量是影响蔬菜品质的重要因素之一，榨菜氨基酸含量是衡量其营养价值和风味品质的一个重要指标。如表 2-15 所示，等量玉米秸秆(12 000kg/hm²)作基肥时，所有施肥处理的氨基酸含量均明显低于常规化肥 100%处理，降幅为 17.2%～39.8%，且差异显著。减量施用化肥的各处理(常规化肥 90%～60%)氨基酸含量呈现先降低后升高的趋势，常规化肥 80%处理的氨基酸含量最低。有机无机专用复混肥处理后的榨菜菜头中氨基酸含量随施肥量的减少略有下降，两处理间差异不显著。等量水稻秸秆(9000kg/hm²)作基肥时，只有常规化肥 90%处理增加了榨菜菜头氨基酸含量 0.6%，其他处理氨基酸含量均显著低于常规化肥 100%处理，降幅达 22.2%～49.5%。榨菜经有机无机专用复混肥处理后，100%处理氨

基酸含量较 80%处理提高 170.9mg/kg，两个处理间差异显著。

表 2-15 无机肥料与秸秆配施对榨菜氨基酸含量的影响

处理	玉米秸秆		水稻秸秆	
	氨基酸含量/(mg/kg)	增减百分率/%	氨基酸含量/(mg/kg)	增减百分率/%
CK	1212.2±82.6a		938.8±88.0a	
1	880.7±81.6bc	−27.3	944.4±61.6a	0.6
2	729.8±74.4c	−39.8	591.5±57.8bcd	−37.0
3	907.4±83.8b	−25.1	696.6±84.2bc	−25.8
4	996.7±54.7b	−17.8	473.9±44.9d	−49.5
5	1003.1±30.0b	−17.2	730.3±53.1b	−22.2
6	994.5±83.2b	−18.0	559.8±78.8cd	−40.4

注：同一指标小写字母不同表示不同处理之间差异达 0.05%显著水平，全书表格除特殊标注外，其他下同

2. 腐熟菌渣与无机肥料配施

我们于 2009 年 9 月至 2010 年 1 月在四川省成都市青白江区清泉镇的菜园中进行大田试验。其土壤全 N 含量为 0.18g/kg、有机质为 25.3g/kg、碱解氮为 56.6mg/kg、有效 P 为 12.5mg/kg、速效 K 为 111.6mg/kg、pH 为 7.16。供试作物为大头菜，供试有机肥料为食用菌菌渣，其有机质含量为 491.40g/kg，全 N、P、K 含量分别为 0.76%、0.07%和 1.40%。发酵后的菌渣作基肥一次性施用。化肥施肥量参照当地大头菜常规施肥量，即复合肥(15-15-15)675kg/hm²、尿素 150kg/hm²。基肥为 450kg/hm² 复合肥，150kg/hm² 尿素作第一次追肥，剩余 225kg/hm² 复合肥作第二次追肥。两种我们自制的大头菜专用肥(20-8-10)按 30%、50%和 20% 分 3 次施用。菌渣还田试验处理方案详见表 2-16。各处理 3 次重复，小区随机排列。

表 2-16 菌渣还田试验处理

处理号	菌渣/(kg/hm²)	化肥处理	施肥量/(kg/hm²)
常规施肥(CK)	0	常规化肥 100%	复合肥 2 026.1kg+尿素 450.3kg
1	9 000(菌渣低量)	常规化肥 90%	复合肥 1 823.4kg+尿素 400.2kg
2	12 000(菌渣中量)	常规化肥 80%	复合肥 1 620.8kg+尿素 360.2kg
3	15 000(菌渣高量)	常规化肥 70%	复合肥 1 418.3kg+尿素 315.15kg
4	12 000(菌渣中量)	有机无机专用肥(一)100%	复合肥 2 971.5kg
5	12 000(菌渣中量)	有机无机专用肥(一)80%	复合肥 2 377.5kg
6	12 000(菌渣中量)	有机无机专用肥(二)100%	复合肥 2 971.5kg
7	12 000(菌渣中量)	有机无机专用肥(二)80%	复合肥 2 377.5kg

由表 2-17 可以看出，在菌渣作基肥时，与常规化肥 100%处理相比，减量施用化肥并且增施菌渣的情况下，大头菜菜头氨基酸的含量先降低后显著增加，常规化肥 70%处理达最大值 1727.6mg/kg，增幅为 20.1%。在等量菌渣（12 000kg/hm^2）作基肥时，大头菜专用肥（一）处理后的菜头氨基酸含量随专用肥的减量施用而减少，而专用肥（二）处理后则增加。除大头菜专用肥（二）100%处理外，其他专用肥处理的菜头氨基酸含量较常规化肥 100%处理氨基酸含量提高了 0.9%～10.9%。

表 2-17　无机肥料处理与三种有机物料配施对大头菜氨基酸含量的影响

处理	菌渣还田	
	氨基酸/(mg/kg)	增减百分率/%
CK	1438.3±93.5bc	
1	1396.2±68.6cd	−2.9
2	1274.7±48.9d	−11.4
3	1727.6±76.7a	20.1
4	1495.0±14.1bc	3.9
5	1450.9±75.8bc	0.9
6	1341.4±79.1cd	−6.7
7	1595.5±75.6ab	10.9

四、其他调控策略

（一）硒对蔬菜氨基酸含量的影响

1. 硒对不同蔬菜作物 GSH-px 活性的影响

土培试验于 2014 年 11 月 4 日至 2015 年 2 月 25 日在西南大学资源环境学院玻璃温室内进行。设 5 个硒水平（0mg/kg、0.5mg/kg、1mg/kg、2.5mg/kg 和 5mg/kg），外源硒（亚硒酸钠）以营养液的形式加入土壤。蔬菜种植在黑色塑料盆中（直径 25cm，高 17cm），每盆装入过 5mm 筛风干土 5kg，瓢儿白（*Brassica rapa* var. *perviridis*）4 株/盆，甘蓝（*Brassica oleracea*）2 株/盆，青菜（*Brassica rapa* ssp. *chinensis*）、大头菜（*Brassica rapa*）、紫菜薹（*Brassica rapa* var. *purpuraria*）、大白菜（*Brassica pekinensis*）和榨菜（*Brassica juncea* var. *tumida*）3 株/盆，氮肥总施用量为 180mg/kg，磷肥为 100mg/kg，钾肥为 150mg/kg，氮肥、磷肥和钾肥分别以硝酸铵、磷酸二氢钾和硫酸钾为肥源。每个处理 3 次重复，随机排列。瓢儿白生长 45 天收获；青菜、紫菜薹和大白菜生长 65 天收获；大头菜、甘蓝生长 85 天收获；榨菜生长 100 天收获。培养期间用纯水保持土壤含水量为田间最大持水量的 60%～80%。供试土壤为微酸性紫色土，采自重庆市九龙坡区。土壤基本理化性状为：pH 6.70，有机质 9.08g/kg，全氮 0.64g/kg，碱解氮 72.77mg/kg，有效磷 54.81mg/kg，速效钾

216.7mg/kg，阳离子交换量 30.3cmol/kg，全硒 0.42mg/kg，有效硒 0.029mg/kg。盆栽作物为瓢儿白、青菜、紫菜薹、大白菜、甘蓝、大头菜、榨菜，种子购于重庆北碚区歇马农贸市场。供试亚硒酸钠为分析纯试剂。

土壤施硒对不同芸薹属蔬菜谷胱甘肽过氧化物酶（GSH-px）活性的影响如图2-5 所示。不同浓度的硒处理对 7 种芸薹属蔬菜叶片 GSH-px 活性的影响显著不同（图 2-5a）。随施硒水平的增加，瓢儿白和紫菜薹叶片 GSH-px 活性先升高，在1mg/kg 硒处理时最高，较未施硒处理分别增加 1.65 倍和 1.19 倍；然后急剧下降，较 1mg/kg 硒处理分别降低 57.56%和 42.22%；5mg/kg 硒处理下，GSH-px 活性较2.5mg/kg 硒处理有所增强。青菜叶片 GSH-px 活性随施硒水平的增加先有所降低，但各处理之间差异不显著，至硒浓度为 1mg/kg 时，活性最低，较未施硒处理降低

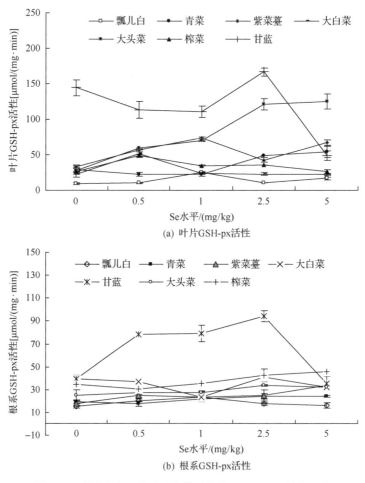

(a) 叶片GSH-px活性

(b) 根系GSH-px活性

图 2-5　不同硒处理对不同芸薹属蔬菜 GSH-px 活性的影响

25.16%；然后回升，2.5mg/kg 和 5mg/kg 硒处理较 1mg/kg 硒处理分别增高 1.22 倍和 1.51 倍。大白菜和榨菜叶片 GSH-px 活性在 0.5mg/kg 硒处理下最高，分别是未施硒处理的 2.37 倍和 1.86 倍；随土壤硒浓度的增加，叶片 GSH-px 活性较 0.5mg/kg 硒处理显著降低，分别降低 53.71%～57.75%和 27.02%～44.88%。甘蓝叶片 GSH-px 活性随施硒水平的增加逐渐降低，当土壤硒浓度为 1mg/kg 时，较未施硒处理降低 23.55%，但在 2.5mg/kg 硒浓度时显著增强，较 1mg/kg 硒处理增加 51.51%；而 5mg/kg 硒处理 GSH-px 活性较 2.5mg/kg 硒处理急剧下降，降低至 48μmol/(mg·min)，可见，甘蓝叶片 GSH-px 活性对 5mg/kg 硒处理更敏感。大头菜叶片 GSH-px 活性在各硒处理间差异显著，随施硒水平的增加，GSH-px 活性逐渐增强，且较未施硒处理增加 1.08～3.41 倍。由图 2-5a 可见，除 5mg/kg 硒处理外，7 种芸薹属蔬菜中以甘蓝叶片 GSH-px 活性最强，紫菜薹叶片 GSH-px 活性随硒浓度的增加变化最显著，说明紫菜薹叶片 GSH-px 活性对外源硒比较敏感。

　　土壤施硒对 7 种芸薹属蔬菜根系 GSH-px 活性的影响见图 2-5b。随施硒水平的增加，瓢儿白和甘蓝根系 GSH-px 活性均表现为先增加然后降低。当硒浓度为 1mg/kg 时，瓢儿白根系 GSH-px 活性最强，是未施硒处理的 1.53 倍；2.5mg/kg 和 5mg/kg 硒处理 GSH-px 活性分别较 1mg/kg 硒处理降低 24.99%和 31.70%。甘蓝根系 GSH-px 活性在 2.5mg/kg 硒浓度时最强，为 94.20μmol/(mg·min)，是未施硒处理的 2.41 倍，但在 5mg/kg 硒水平下降低至 35.72μmol/(mg·min)，较 2.5mg/kg 硒处理降低 62.08%。可见甘蓝根系 GSH-px 活性对 5mg/kg 硒处理较敏感，这与叶片的研究结果一致。土壤施硒增强了紫菜薹和大头菜根系 GSH-px 活性，分别较未施硒处理增加了 28.48%～86.75%和 9.74%～33.72%。随硒水平增加，青菜和榨菜根系 GSH-px 活性均表现为先降低，在硒浓度为 0.5mg/kg 时活性最低，较未施硒处理分别降低 7.77%和 11.11%；然后增强，分别较 0.5mg/kg 硒处理增加 20.08%～33.74%和 17.50%～49.59%。大白菜根系 GSH-px 活性随施硒水平的增加先降低然后增加，在硒浓度为 1mg/kg 时活性最低，较未施硒处理降低 40.92%；2.5mg/kg 和 5mg/kg 硒处理较 1mg/kg 硒处理活性分别增加 74.10%和 36.79%。由图 2-5b 可知，除 5mg/kg 硒处理外，7 种蔬菜中以甘蓝根系 GSH-px 活性最强。

　　GSH-px 是细胞内酶保护系统的主要成分之一，可降低或清除脂质过氧化物所产生的自由基，以免其对质膜造成伤害，保护膜结构和功能的完整性。硒的抗氧化作用是通过 GSH-px 的作用机制来实现的。本研究结果证实，不同蔬菜品种 GSH-px 对硒的响应存在差异，土壤施硒较对照不同程度地提高了瓢儿白、紫菜薹、大头菜、榨菜叶片和根系、大白菜叶片 GSH-px 的活性。本试验中，甘蓝叶片和根系在 5mg/kg 硒处理下 GSH-px 活性较 2.5mg/kg 硒处理分别降低 70.87%和 62.08%，出现这种现象可能是由于高浓度的硒对甘蓝产生了毒害作用，抑制了甘蓝的生长，该酶活性下降。

2. 硒对不同蔬菜氨基酸含量的影响

由图 2-6 可以发现，土壤施硒使瓢儿白体内游离氨基酸含量明显增加，在 2.5mg/kg 硒处理下，游离氨基酸水平最高，较未施硒处理增加 6 倍。大白菜游离氨基酸含量随硒水平的增加而降低，当土壤硒浓度为 2.5mg/kg 时降至最低，较未施硒处理减少 37.81%。紫菜薹游离氨基酸含量随施硒水平的增加先升高后降低，在 1mg/kg 硒处理下增加至最高，较未施硒处理增加 54.69%；当土壤硒浓度为 2.5mg/kg 和 5mg/kg 时，较 1mg/kg 硒处理显著降低，且低于未施硒处理。榨菜游离氨基酸含量随施硒水平的增加先降低，当土壤硒浓度为 0.5mg/kg 时降至最低，较未施硒处理减少 17.43%；随硒浓度的增加，游离氨基酸水平较 0.5mg/kg 硒处理显著增加，当土壤硒浓度为 2.5mg/kg 时含量最高。说明硒在一定浓度范围内可提高蔬菜游离氨基酸的含量，李登超等(2003)对小白菜的研究得出了类似结果。

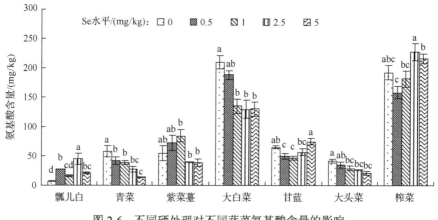

图 2-6　不同硒处理对不同蔬菜氨基酸含量的影响

3. 硒对蔬菜氨基酸组分的影响

盆栽试验于 2017 年 10～12 月在西南大学资源环境学院玻璃温室内进行，设置 0mg/L、0.1mg/L、0.2mg/L、0.4mg/L、0.8mg/L 5 个硒水平，外源硒采用亚硒酸钠($Na_2SeO_3 \cdot 5H_2O$)。供试作物为叶用莴苣。供试土壤采自重庆市九龙坡区，基本理化性状为：pH 5.92，有机质 24.77g/kg、碱解氮 138.6mg/kg、有效磷 64.68mg/kg、速效钾 116.7mg/kg、阳离子交换量 24.9cmol/kg、全硒 0.47mg/kg、有效硒 0.032mg/kg。称取 5kg 风干土装于塑料桶中，底肥(N 180mg/kg、P_2O_5 100mg/kg 和 K_2O 150mg/kg)以尿素、磷酸二氢铵和氯化钾的形式加入。每盆移栽四叶一心叶用莴苣幼苗 3 株，培养期间，土壤水分含量采用重量法测定，用去离子水使土壤含水量保持在田间最大持水量的 70%。每个处理设置 3 次重复，随机排列。移栽 30 天后，按照硒浓度设置要求叶面喷施硒，5 天一次，共喷 4 次。培养 60 天后收获。

如表 2-18 所示，在甜味氨基酸中，随硒水平的增加，甘氨酸和丙氨酸的含量先增加后减少再增加，在硒水平为 0.2mg/L 时达到最大值，分别比对照增加了 29.35%和 16.70%；丝氨酸和苏氨酸的含量先减少再增加再减少再增加，在硒水平为 0.2mg/L 时达到峰值，分别比对照增加了 6.02%和 6.83%。在鲜味氨基酸中，随硒水平的增加，天冬氨酸含量先增加后减少再增加，在硒水平为 0.2mg/L 时达到最大值，增加了 18.02%；谷氨酸和赖氨酸含量先减少后增加再减少再增加，在硒水平为 0.2mg/L 时达到最大值，分别较对照增加了 8.84%和 14.12%。在苦味氨基酸中，缬氨酸、亮氨酸等 7 种氨基酸变化规律相同，含量均先增加后减少再增加，当硒水平为 0.2mg/L 时达到峰值，与对照相比，分别增加了 30.17%、36.28%、32.53%、68.66%、30.70%、22.95%和 38.67%。

表 2-18　硒对叶用莴苣氨基酸组分及含量的影响

硒水平/(mg/L)	甜味氨基酸/(mg/kg)				鲜味氨基酸/(mg/kg)		
	甘氨酸	丙氨酸	丝氨酸	苏氨酸	天冬氨酸	谷氨酸	赖氨酸
0	0.770±0.006c	0.964±0.024b	0.598±0.012a	0.615±0.010a	1.265±0.012b	1.685±0.006b	0.956±0.003b
0.1	0.855±0.050b	0.972±0.075b	0.537±0.040b	0.523±0.033b	1.275±0.087b	1.605±0.114b	0.947±0.043b
0.2	0.996±o.039a	1.125±0.081a	0.634±0.045a	0.657±0.046a	1.493±0.097a	1.834±0.118a	1.091±0.051a
0.4	0.676±0.052d	0.777±0.052d	0.434±0.031c	0.426±0.017c	1.068±0.069d	1.288±0.037b	0.799±0.057c
0.8	0.829±0.059c	0.927±0.045c	0.508±0.023b	0.485±0.020b	1.250±0.075b	1.543±0.070b	0.939±0.053b

硒水平/(mg/L)	苦味氨基酸/(mg/kg)						
	缬氨酸	亮氨酸	异亮氨酸	蛋氨酸	精氨酸	组氨酸	苯丙氨酸
0	0.812±0.004c	1.235±0.005b	0.664±0.014c	0.067±0.000c	0.342±0.007c	0.305±0.000c	0.768±0.003c
0.1	0.910±0.057b	1.462±0.088a	0.750±0.372b	0.091±0.005a	0.374±0.018b	0.334±0.015b	0.919±0.037b
0.2	1.057±0.063a	1.683±0.044c	0.880±0.039a	0.113±0.005a	0.447±0.014a	0.375±0.013a	1.065±0.065a
0.4	0.755±0.042d	1.167±0.070b	0.626±0.044c	0.063±0.004d	0.300±0.013d	0.274±0.018d	0.716±0.030c
0.8	0.898±0.038b	1.427±0.091a	0.744±0.040b	0.079±0.004b	0.365±0.021ac	0.333±0.019b	0.885±0.042b

本试验中，叶面喷施硒水平为 0.1mg/L、0.2mg/L 和 0.8mg/L 时叶用莴苣氨基酸总量增加，其中当硒水平为 0.2mg/L 时，叶用莴苣甜味氨基酸、鲜味氨基酸和苦味氨基酸含量均达到最大值，说明叶面喷硒对作物氨基酸含量的增加具有积极促进作用。

(二)褪黑素对蔬菜氨基酸组分及含量的影响

褪黑素(melatonin)，化学名称 N-乙酰基-5-甲氧基色胺，为吲哚类色胺，是一种具有多种细胞活性和生理活性的多功能小分子。孙倩倩(2016)通过利用蛋白质非标记定量技术对番茄果实进行分析，发现褪黑素对氨基酸、糖代谢等途径中蛋白质的表达具有一定的影响，CM2、ALaAT2 和 HisC 参与氨基酸的合成代谢，褪黑素对这三种蛋白质的表达具有一定的上调作用，说明褪黑素对番茄果实中的氨基酸合成具有一定的影响。

　　盆栽试验于 2018 年 3 月 28 日至 6 月 28 日在西南大学资源院环境学院 1 号温室大棚内进行。供试蔬菜为灯笼椒（品种为'渝椒 13'）和牛角椒（品种为'渝椒 15'）。试验用顶部直径为 27cm、底径为 19cm、高 20cm 的无孔塑料桶，每桶装填混合基质 10L，营养液参照日本园试营养液配制。复合基质中草炭、珍珠岩、蛭石体积比例为 3∶1∶1）。褪黑素设置 5 个水平，包括对照 CK（0μmol/L）、M1（25μmol/L）、M2（50μmol/L）、M3（100μmol/L）、M4（200μmol/L）。每个处理设置 3 次重复，随机排列。每盆种植 3 株辣椒幼苗。辣椒开花期开始喷施褪黑素，7 天一次，连续喷施 5 次，90 天后收获辣椒。辣椒样品烘干后用 6mol/L 盐酸水解，用北京日立控制系统有限公司的 L-8800 氨基酸分析仪测定氨基酸组分。

　　已有研究表明，外源褪黑素处理可以增加植物果实中脯氨酸的含量，增强谷氨酸脱氢酶和谷氨酸合成酶的活性，使谷氨酸含量增加（Dakshayani et al.，2005）。本研究中，在褪黑素处理下，灯笼椒和牛角椒果实的氨基酸总量分别较对照增加了 2.0%～9.7% 和 12.7%～20.1%。其中，谷氨酸和脯氨酸的含量增加明显，谷氨酸分别较对照增加了 4.2%～17.8% 和 15.0%～22.7%，脯氨酸分别较对照增加了 7.1%～28.6% 和 16.4%～23.4%（表 2-19）。随褪黑素水平的增加，氨基酸总量基本呈上升趋势。相同褪黑素水平下，辣椒果实氨基酸总量表现为牛角椒＞灯笼椒。

第三节　蔬菜糖组分和含量的影响因素及调控策略

　　蔬菜糖含量高低对其食味品质极为重要，并对蔬菜采收后贮藏和运输过程中的营养品质有重要影响。在蔬菜的糖组分中，以果糖和蔗糖的甜度大且含量高，对风味品质的影响最大。

一、光照对蔬菜糖组分和含量的影响

　　大田试验在重庆市璧山区八塘镇进行，于 2018 年 5 月 4 日移栽，6 月 7 日挂网，7 月 23 日收获并采集样品。供试作物为番茄（*Lycopersicon esculentum*）。试验设置 5 个不同颜色遮阳网（红、白、蓝、黑、绿），覆盖面积为 $3 \times 4 = 12m^2$，共 5 个小区，每个小区 18 株，田间管理按照常规管理进行，成熟期采集样品进行测定，采收期间对每个小区分别进行称重计产。

表2-19 褪黑素对不同辣椒品种氨基酸组分及含量的影响

(单位: g/100g)

	褪黑素水平/(μmol/L)	天冬氨酸	苏氨酸	丝氨酸	谷氨酸	甘氨酸	丙氨酸	半胱氨酸	缬氨酸	蛋氨酸	异亮氨酸	亮氨酸	酪氨酸	苯丙氨酸	赖氨酸	组氨酸	脯氨酸	精氨酸	总量
灯笼椒	0	1.62	0.42	0.43	2.41	0.45	0.51	0.09	0.52	0.15	0.45	0.77	0.28	0.55	0.56	0.10	0.14	0.30	9.90
	25	1.79	0.51	0.48	2.51	0.45	0.53	0.10	0.55	0.07	0.44	0.77	0.27	0.57	0.57	0.08	0.17	0.24	10.10
	50	1.60	0.41	0.42	2.69	0.49	0.51	0.10	0.56	0.19	0.48	0.79	0.29	0.55	0.57	0.12	0.18	0.26	10.21
	100	1.68	0.48	0.45	2.83	0.47	0.53	0.08	0.55	0.15	0.46	0.78	0.28	0.56	0.56	0.11	0.17	0.28	10.42
	200	2.02	0.46	0.45	2.84	0.48	0.54	0.08	0.56	0.29	0.46	0.77	0.28	0.56	0.57	0.13	0.15	0.22	10.86
牛角椒	0	1.79	0.54	0.44	2.86	0.49	0.57	0.03	0.55	0.05	0.44	0.78	0.27	0.55	0.55	0.04	1.28	0.19	11.42
	25	1.99	0.58	0.49	3.39	0.54	0.58	0.13	0.60	0.05	0.47	0.81	0.32	0.58	0.57	0.07	1.49	0.21	12.87
	50	1.86	0.59	0.48	3.29	0.56	0.58	0.14	0.59	0.56	0.48	0.84	0.29	0.59	0.55	0.07	1.52	0.22	13.21
	100	2.07	0.60	0.48	3.32	0.52	0.59	0.15	0.63	0.04	0.50	0.90	0.34	0.63	0.63	0.07	1.57	0.24	13.28
	200	2.17	0.63	0.54	3.51	0.54	0.62	0.14	0.59	0.04	0.51	0.90	0.38	0.64	0.61	0.06	1.58	0.25	13.71

　　从图 2-7 可以看出，从青熟期到转色期，在白色光质下还原糖含量没有增加，其余 4 种光质的含量均有不同程度的增加，其中蓝色光质和绿色光质下还原糖含量增加最明显；从转色期到成熟期，白色、红色和绿色光质下还原糖含量均有不同程度的增加，而在蓝色和黑色光质下还原糖含量有不同程度的降低。从青熟期到转色期，在白色光质下总糖含量降低，其余 4 种光质的总糖含量均有不同程度的增加，其中蓝色和绿色光质下总糖含量增加最明显；从转色期到成熟期，白色、红色和绿色光质下总糖含量均有不同程度的增加，而在蓝色和黑色光质下总糖含量有不同程度的降低。因此，在青熟期用蓝色或者绿色光质照射番茄，在转色期到成熟期用白色、红色或绿色光质照射番茄，可以使番茄的总糖和还原糖含量增加。

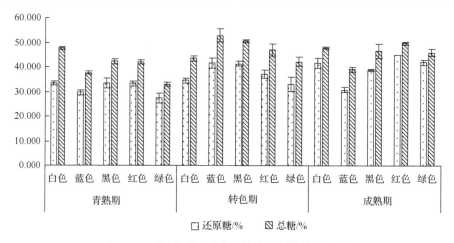

图 2-7　不同光质对番茄总糖和还原性糖的影响

　　王丽伟(2017)研究发现，在红色光质下，总糖含量有明显提升，在蓝色光质下，总糖和葡萄糖含量降低。而我们研究发现，番茄从青熟期到成熟期，红色光质促进总糖和还原糖含量的增加，而蓝色光质对总糖和还原糖含量无明显影响，这与王丽伟的研究结果不同。但从青熟期到转色期，红色和蓝色光质都能促进番茄总糖和还原糖含量的增加，并且蓝色光质的促进效果比红色光质好；从转色期到成熟期，红色光质能促进总糖和还原糖含量的增加，蓝色光质却使总糖和还原糖含量降低。这和李岩等(2017)的研究结果有差异，其研究结果表明无论是蓝色还是红色光质，从青熟期到转色期再到成熟期，还原糖含量都是先增加再减少。

二、土壤肥力对蔬菜糖组分和含量的影响

　　由表 2-20 可知，田间试验中莴笋叶总糖含量表现为碱性土＞酸性土，而莴笋茎总糖含量表现为酸性土＞碱性土(谷守宽等，2016)。酸性土壤氮钾肥配施较N1K0 处理显著提高莴笋叶葡萄糖、果糖(N1K1 处理除外)、还原糖和总糖含量，

其中果糖含量以 N1K2 处理最高，蔗糖和总糖含量以 N2K1 处理最高，莴笋叶的食用风味得到改善；氮钾肥配施各处理中 N2K1 显著提高莴笋茎果糖、蔗糖和总糖含量，大大提高莴笋茎的风味品质。碱性土壤氮钾肥配施处理较 N1K0 处理显著提高莴笋叶葡萄糖和还原糖及果糖含量(N1K1 处理除外)，N2K1 处理显著提高葡萄糖、果糖、还原糖、蔗糖和总糖含量，显著改善莴笋叶的食用风味；氮钾肥配施处理较 N1K0 处理显著提高莴笋茎葡萄糖含量(N2K1 处理除外)，除蔗糖含量以 N2K1 处理最高外，葡萄糖、果糖、还原糖含量均以 N1K1 处理最高，显示适量施用钾肥对莴笋茎的风味和营养品质有良好改善作用。酸性土和碱性土上莴笋叶与茎蔗糖、总糖含量均以 N2K1 处理最高，除了碱性土上茎以 N1K1 最高，表明适量增施氮肥有利于提高莴笋食用风味。供试两种土壤 N1K1 处理莴笋糖组分含量整体较 N1K0 处理均增加，表明钾肥能在一定程度上消除氮肥的负面影响，施钾效果随氮肥用量和供试土壤性状不同而有所改变。因此只有将氮、钾肥平衡施用，才最有利于蔬菜产量的提高和品质的改善。

表 2-20　不同土壤氮钾肥配施莴笋糖组分含量(%)

土壤	部位	处理	葡萄糖	果糖	还原糖	蔗糖	总糖
酸性土	叶	N1K0	0.185d	0.374c	0.559c	0.177b	0.748e
		N1K1	0.341ab	0.386c	0.726b	0.270a	1.010b
		N1K2	0.333b	0.436a	0.768a	0.121d	0.893d
		N2K1	0.311c	0.413b	0.726b	0.380a	1.120a
		N2K2	0.351a	0.426ab	0.781a	0.162c	0.945c
	茎	N1K0	0.0360d	0.579b	0.613a	0.986c	1.650c
		N1K1	0.0690a	0.545c	0.614a	1.330b	2.010b
		N1K2	0.0478b	0.511d	0.559b	1.020c	1.630c
		N2K1	0.0306e	0.620a	0.630a	1.630a	2.340a
		N2K2	0.0444c	0.428e	0.473c	0.914d	1.430d
碱性土	叶	N1K0	0.362d	0.511d	0.871d	0.352b	1.250c
		N1K1	0.491c	0.526cd	1.020c	0.229d	1.260c
		N1K2	0.521b	0.546bc	1.070bc	0.217e	1.300c
		N2K1	0.535ab	0.594a	1.130a	0.410a	1.560a
		N2K2	0.549a	0.571ab	1.12ab	0.313c	1.450b
	茎	N1K0	0.118c	0.483b	0.602b	0.362b	0.981bc
		N1K1	0.161a	0.509a	0.674a	0.369b	1.060a
		N1K2	0.131b	0.399d	0.533c	0.301c	0.849d
		N2K1	0.094d	0.435c	0.528c	0.466a	1.020ab
		N2K2	0.131b	0.462b	0.594b	0.355b	0.967c

三、肥料对蔬菜糖组分和含量的影响

（一）不同形态钾肥对蔬菜糖组分及含量的影响

大田试验于 2017 年 2 月 18 日至 5 月 19 日在重庆市璧山区八塘镇三元村进行。试验设置纳米硅酸钾（NKSi）和普通硅酸钾（OKSi）两种处理，3 个钾水平（K_2O）分别为 150kg/hm^2、300kg/hm^2 和 450kg/hm^2，并设不施钾空白对照（CK），共 7 个处理，所有处理氮（N）、磷（P_2O_5）施用量相同，按照农户习惯施肥用量以 750kg/hm^2 氮磷复合肥（15-15-0）折算成尿素（224.6kg/hm^2）和过磷酸钙（937.5kg/hm^2）采用沟施的方式施入土壤，后期追肥只施氮肥，用量为 300kg/hm^2 尿素。试验小区面积为 2×5=10m^2，共 21 个小区，每小区移栽 60 株生长状况一致的三叶一心大白菜幼苗。每个处理设 3 次重复，随机区组排列，供试大白菜品种为'良庆'（L）。小区间间隔 0.5m 宽，以方便管理，并在四周设保护行。田间管理按照常规管理进行。

由表 2-21 可知，'良庆'（L）茎还原糖、总糖含量表现为 CK＞OKSi-300＞OKSi-150＞OKSi-450＞NKSi-300＞NKSi-150＞NKSi-450，果糖表现为 CK＞OKSi-300＞OKSi-450＞OKSi-150＞NKSi-300＞NKSi-150＞NKSi-450，葡萄糖表现为 OKSi-150＞OKSi-450＞CK＞NKSi-450＞OKSi-300＞NKSi-150 和 NKSi-300，蔗糖表现为 OKSi-300＞CK＞OKSi-150＞OKSi-450＞NKSi-300＞NKSi-450＞NKSi-150；与对照相比，总体表现为硅酸钾降低了'良庆'茎中糖组分含量，其中 NKSi 降低效果显著大于 OKSi。而叶还原糖、果糖含量表现为 OKSi-300＞NKSi-450＞OKSi-450＞OKSi-150＞NKSi-150＞NKSi-300＞CK，葡萄糖表现为 OKSi-150＞NKSi-450＞OKSi-450＞NKSi-150＞NKSi-300＞OKSi-300＞CK，蔗糖表现为 NKSi-300＞OKSi-300＞NKSi-450＞OKSi-150＞OKSi-450＞NKSi-150＞CK，总糖表现为 OKSi-300＞NKSi-450＞NKSi-300＞OKSi-450＞OKSi-150＞NKSi-150＞CK，对照处理下，茎中还原糖、果糖、葡萄糖、蔗糖和总糖较叶中分别高 78.7%、101.2%、41.0%、53.6%和 66.2%，与对照相比，OKSi 和 NKSi 显著提高了叶中糖组分含量，以 OKSi-300 总糖含量最高，较对照提高了 93.9%，OKSi 对'良庆'叶中糖组分含量的提高作用优于 NKSi。以上分析表明，OKSi 和 NKSi 可能能够促进糖组分从茎到叶的转运，或能够改善大白菜光合性能，这也说明 OKSi 可能更适用于叶类蔬菜，但具体的生理和分子机制仍需深入研究。

（二）不同硼水平对蔬菜糖组分及含量的影响

硼肥的施用可显著提高甜瓜果实中还原糖含量、蔗糖含量、可溶性糖含量、葡萄糖含量和果糖含量，改善甜瓜果实的品质（孙爽等，2016）。我们研究发现，硼素施用能够增加大白菜中还原糖的含量，且对'脆甜白 2 号'的效果更加显著（图 2-8）。

表 2-21　田间试验不同处理大白菜不同器官糖组分及含量(以干重计，%)

器官	处理	CK	OKSi-150	NKSi-150	OKSi-300	NKSi-300	OKSi-450	NKSi-450
茎	果糖	4.85±0.426a	3.08±0.302b	1.83±0.665c	4.54±0.679a	1.97±0.228bc	3.09±0.027b	0.47±0.484d
	葡萄糖	2.03±0.756a	2.20±0.236a	1.68±0.668a	1.92±0.405a	1.68±0.296a	2.15±0.294a	1.98±0.485a
	蔗糖	5.73±0.006a	4.10±0.237b	2.61±0.345c	6.04±0.247a	2.95±0.068c	3.20±0.243c	2.70±0.345c
	还原糖	6.88±0.330a	5.28±0.066b	3.51±0.002c	6.46±0.274a	3.66±0.068c	5.24±0.267b	2.45±0.001d
	总糖	12.60±0.335a	9.38±0.171b	6.13±0.348d	12.50±0.521a	6.61±0d	8.43±0.510c	5.15±0.346e
叶	果糖	2.41±0.392d	3.46±0.109c	3.31±0.387c	6.32±0.081a	2.99±0.304cd	4.14±0.058b	5.92±0.067a
	葡萄糖	1.44±0.053c	2.39±0.173a	1.83±0.116bc	1.76±0.118bc	1.78±0.163bc	2.08±0.410ab	2.12±0.184ab
	蔗糖	3.73±0.339d	5.22±0.914bc	4.61±0.605cd	6.65±0.193a	7.03±0.380a	5.20±0.125bc	5.87±0.435ab
	还原糖	3.85±0.339d	5.86±0.064b	5.14±0.271c	8.08±0.199a	4.76±0.141c	6.22±0.468b	8.03±0.251a
	总糖	7.58±0d	11.10±0.849b	9.75±0.335c	14.70±0.006a	11.80±0.520b	11.40±0.343b	13.90±0.185a

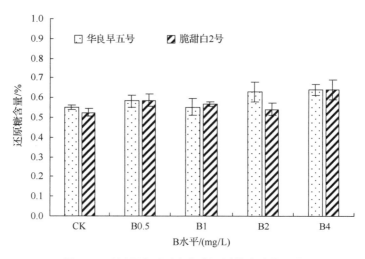

图 2-8　不同硼水平对大白菜还原糖含量的影响

与对照组相比，在 0.5mg/L、1mg/L、2mg/L 和 4mg/L 的硼素处理下，'华良早五号'的还原糖含量增加了 6.19%、0.73%、14.21%和 18.58%；'脆甜白 2 号'的还原糖含量分别增加了 12.24%、8.22%、3.44%和 22.18%。本次试验表明，硼素处理能够增加大白菜中还原性糖的含量，'脆甜白 2 号'对硼肥更加敏感，还原糖的增加效果更加显著。

四、褪黑素对蔬菜糖组分及含量的影响

我们的盆栽试验结果如图 2-9 所示，与对照相比，在 50μmol/L 的褪黑素处理下，灯笼椒总糖含量降低了 15.89%，当褪黑素浓度为 200μmol/L 时，灯笼椒总糖

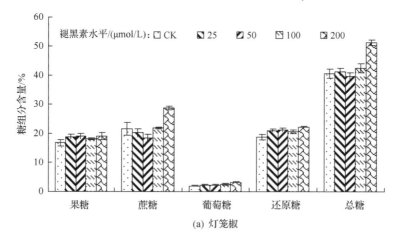

(a) 灯笼椒

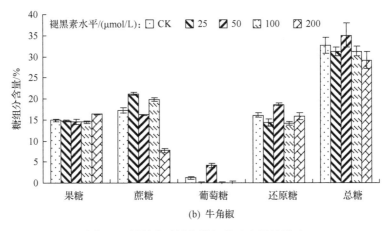

(b) 牛角椒

图 2-9　褐黑素对辣椒糖组分及含量的影响

含量增加了 11.53%。与对照相比，在 25μmol/L、100μmol/L 和 200μmol/L 的褐黑素处理下，牛角椒总糖含量分别降低了 4.57%、4.20% 和 10.76%，当褐黑素浓度为 50μmol/L 时，牛角椒总糖含量增加了 7.40%。灯笼椒和牛角椒还原糖和蔗糖含量相当，果糖含量远高于葡萄糖的含量。相同褐黑素水平下，辣椒果实蔗糖、果糖和葡萄糖含量表现为灯笼椒＞牛角椒。

第四节　蔬菜维生素 C 含量的影响因素及调控策略

维生素 C 是人体必需的营养物质，如果长期缺乏会导致牙龈出血、脸色苍白、伤口愈合慢、关节痛等疾病。人体不能够自己合成维生素 C，必须靠新鲜的蔬菜水果来源的膳食来补充。成人每日摄取 60mg 能够满足需要。维生素 C、氨基酸和可溶性糖含量可以反映蔬菜的口感与风味，而光照、施肥等措施可明显影响蔬菜中的这些营养品质指标。

一、光照对蔬菜维生素 C 含量的影响

我们的大田试验发现，从青熟期到转色期，在绿色光质下，硝酸盐和 VC 含量均下降，在其余 4 种光质下，硝酸盐和 VC 含量均有不同程度的增加，其中蓝色和黑色光质下，硝酸盐和 VC 增加量最高；从转色期到成熟期，在黑色和绿色光质下，硝酸盐含量有所增加，在白色、蓝色和红色光质下，硝酸盐含量均有不同程度的降低，其中红色光质下硝酸盐含量降低最多；在 5 种光质下 VC 含量都有增加，其中红色光质下 VC 含量增加效果最好(图 2-10)。本研究发现在 5 种光质下，从转色期到成熟期，VC 的含量均有所增加，其中红色光质下的 VC 增加量高于蓝色光质。这与张典勇(2014)的研究结果不一样，其结果是蓝色棚膜下 VC

含量高于红色棚膜下 VC 含量，其中原因还有待探讨。

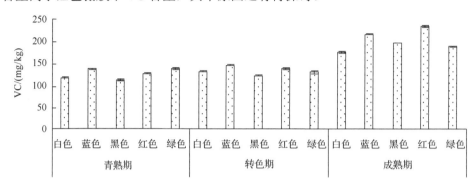

图 2-10　不同光质对番茄 VC 含量的影响

二、土壤肥力对蔬菜维生素 C 含量的影响

试验于 2000 年 3～5 月在西南大学资源环境学院玻璃温室进行。供试土壤为 3 种菜园土，采自重庆市郊区，采样深度为 0～20cm，土壤的基本性质见徐卫红等(2001)。供试作物为重庆地区大众蔬菜莴笋(*Lactic sativa*，品种为'尖叶')。将过 2mm 筛风干土样 800g 装入白瓷盆钵(直径×高=14cm×8cm)，每钵移栽莴笋(4 叶期)3 株。3 种土壤各设 4 个处理：CK(无肥)、N、NPK、NPK+双氰胺(DCD+M0)。除钼酸铵(浓度为 400mg/L)在莴笋移栽 15 天后进行叶面喷施外，其余肥料于莴笋移栽时用水(100mL/盆)溶解后，与土壤充分混匀作基肥一次性施入。肥料用量 N 120mg/盆、P_2O_5 60mg/盆、K_2O 120mg/盆，以尿素、磷酸二氢钾和硫酸钾作肥源。DCD 用量占施入纯 N 量的 10%(即 12mg/盆)。试验重复 4 次，随机排列。

由表 2-22 可以看出，相同处理下，莴笋叶 VC 含量表现为微酸性土＞酸性土＞中性土；CK 和施 N 处理中，莴笋茎 VC 含量表现为微酸性土＞酸性土＞中性土；NPK 和 NPK+DCD+M0 处理中，莴笋茎 VC 含量表现为中性土＞微酸性土＞酸性土。可见施肥有利于提高中性土上莴笋茎、叶 VC 含量，NPK 处理莴笋茎、叶 VC 含量较 N 处理增加 41.9%、14.9%，为各处理最高，但降低了酸性土、微酸性土上莴笋茎、叶 VC 含量。

表 2-22　不同土壤上施肥对莴笋 VC 含量的影响

	处理	酸性土		微酸性土		中性土	
		茎	叶	茎	叶	茎	叶
VC/(mg/kg)	CK	73.7	268.3	80.0	292.9	69.0	154.4
	N	70.4	211.1	78.4	265.1	61.3	157.5
	NPK	67.1	263.4	72.0	287.9	87.0	181.0
	NPK+DCD+M0	72.0	225.8	75.3	258.5	79.3	155.4

三、肥料对蔬菜维生素 C 含量的影响

(一)氮、磷、钾优化组合对蔬菜维生素 C 含量的影响

大田试验在西南大学教学试验农场进行,于 1994 年 12 月 14 日移栽,1995 年 4 月 18～21 日收获。供试土壤为酸性灰棕紫泥土,质地重壤,pH 4.3,有机质 1.435%,全氮 0.1%,碱解氮 80mg/kg,全磷 0.076%,速效磷 74mg/kg,全钾 1.592%,速效钾 137mg/kg,缓效钾 609mg/kg。小区面积 6.67m²(2.0m×3.34m),栽莴苣 48 株,6 个处理,即 PK、N1P、N2P、N1PK、N2PK 和 N3PK,各处理 3 次重复,随机排列。磷肥(过磷酸钙)、钾肥(硫酸钾)作基肥,氮肥(尿素)在移栽后分 4 次按 17%、33%、25%、25%施入。

从表 2-23 可以看出,各处理莴苣维生素 C 含量表现为 N2PK>N1PK>N2K>PK>N3PK>N2P。低 N(N1PK)和高 N(N3PK)处理 VC 含量比中 N(N2PK)处理低 6%和 26%。施 N2K 配施 P 可增加莴苣维生素 C 含量,可见氮磷钾养分均衡供应可提高莴苣维生素 C 含量。

表 2-23　氮、磷、钾优化组合对莴苣维生素 C 含量的影响

处理	VC/(mg/kg)
PK	45.3
N2K	50.2
N2P	41.8
N1PK	53.5
N2PK	56.9
N3PK	45.1

注:施肥量(g/m²):P 12, K 36, N1 20.7, N2 41.4, N3 62.1

(二)大量与中、微量元素组合对蔬菜维生素 C 含量的影响

我们的试验于 2018 年 9～12 月在重庆西南大学 1 号玻璃温室进行。供试作物采用西南地区普遍使用的两种大白菜,品种为 '华良早五号' 和 '脆甜白 2 号'。采用顶部直径为 27cm、底径为 19cm、高 20cm 的无孔塑料桶,每桶装填混合基质 10L,营养液参照日本园试营养液配制。试验共设 5 个硼水平,即 CK(0mg/L)、B1(0.5mg/L)、B2(1mg/L)、B3(2mg/L)和 B4(4mg/L),对照不施硼素。营养液每 7 天更换一次。各处理重复 3 次,随机排列。

由图 2-11 可知,硼素对 '脆甜白 2 号' VC 含量的增加具有促进作用,与对照组相比,在 0.5mg/L、1mg/L、2mg/L 和 4mg/L 的硼素处理下,VC 含量分别增加了 8.35%、62.47%、35.86%、58.29%;硼素含量为 0.5mg/L、1mg/L、4mg/L 时

对'华良早五号'大白菜含量的增加具有促进作用,分别增加了 13.54%、2.74%、16.58%,但在硼素为 2mg/L 时 VC 含量降低了 10.23%。

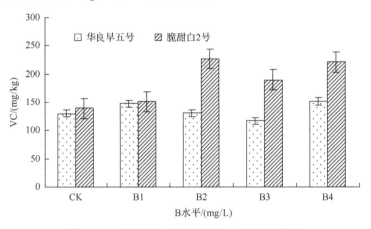

图 2-11　不同硼水平对大白菜 VC 含量的影响

（三）有机肥料与无机肥料配施对蔬菜维生素 C 含量的影响

1. 秸秆和腐熟菌渣

大田小区试验于 2009 年 9 月至 2010 年 1 月在四川省成都市青白江区清泉镇的菜园中进行。供试蔬菜为大头菜。小区面积为 3m×8m,栽培规格为行距 35cm,株距 30cm,每小区种 140 株。大头菜试验共设置 8 个施肥处理(表 2-14 和表 2-16)。试验分别以水稻秸秆(9000kg/hm²)、玉米秸秆(12 000kg/hm²)、菌渣(低、中、高量)作有机肥原料,以基肥形式一次性施入。化肥(15-15-15)和有机无机专用肥(20-8-10)分一次基肥与两次追肥按 30%、50%、20% 施用,且尿素作追肥与化肥一同施用。其中常规施肥(CK)与当地农民的传统施肥量一致,即氮磷钾纯养分为375kg/hm²,不施用秸秆。试验设 3 次重复,随机排列。大头菜采用育苗移栽,移栽前两个月将水稻和玉米秸秆按试验设计用量进行还田,并翻耕入土进行腐熟,菌渣用腐秆灵人工发酵后还田。施肥采用一次基肥和两次追肥并窝施的方式完成,以减少肥料的挥发损失,施肥后应用土将肥料覆盖。

由表 2-24 可以看出,等量玉米秸秆(12 000kg/hm²)作基肥时,与常规化肥100% 处理相比,所有处理的大头菜菜头 VC 含量明显降低,降幅为 2.3%～21.2%。减量化肥处理的大头菜菜头中 VC 含量随常规化肥施肥量的减少而减少,处理间差异显著。大头菜专用肥(一)处理后的菜头 VC 含量随专用肥施用量的减少而增加,处理间差异不显著;而专用肥(二)处理后则降低,差异显著。大头菜菜头 VC含量表现为专用肥(二)＞专用肥(一)。

表 2-24 无机肥料与三种有机物料配施对大头菜 VC 含量的影响

处理	玉米秸秆还田		水稻秸秆还田		菌渣还田	
	VC/(mg/kg)	增减百分比/%	VC/(mg/kg)	增减百分比/%	VC/(mg/kg)	增减百分比/%
CK	242.1±8.0a		159.2±3.5b		202.6±5.0a	
1	236.6±9.3a	−2.3	150.3±4.9bc	−5.6	161.6±2.9e	−20.0
2	217.2±6.2b	−10.3	145.3±2.7c	−8.8	178.6±2.6cd	−12.0
3	201.5±8.0c	−16.8	146.2±3.2c	−8.2	176.4±6.5d	−13.0
4	190.7±4.1c	−21.2	171.7±2.8a	7.8	193.1±4.8ab	−5.0
5	194.9±5.6c	−19.5	176.0±4.8a	10.5	189.9±9.0bc	−6.0
6	227.9±2.5ab	−5.9	174.0±6.9a	9.3	138.4±1.7f	−32.0
7	198.0±1.5c	−18.2	154.5±7.8bc	−3.0	167.2±7.2de	−17.0

在等量水稻秸秆(9000kg/hm²)作基肥时,减量化肥的各处理(常规化肥 90%~70%)菜头 VC 含量低于常规化肥 100%处理,且随着施肥量的减少,菜头 VC 含量降低,降幅为 5.6%~8.8%。而两种大头菜专用肥处理后,除专用肥(二)80%外,其他处理菜头 VC 含量均高于常规化肥 100%处理,增幅分别为 7.8%、10.5%和9.3%,且与常规化肥 100%处理间差异显著。菜头 VC 含量随专用肥(一)的减量施用而增加,随专用肥(二)的减量施用而减少。大头菜菜头 VC 含量表现为专用肥(一)＞专用肥(二)。

在菌渣作基肥时,与常规化肥 100%处理相比,所有处理均降低了大头菜菜头VC 含量。在等量菌渣(12 000kg/hm²)作基肥时,大头菜菜头中 VC 含量随着专用肥(一)的减量施用而减少,而专用肥(二)则增加。大头菜菜头 VC 含量表现为专用肥(一)＞专用肥(二)。

2. 沼液和沼渣

大田试验在重庆市沙坪坝区陈家桥镇双佛村蔬菜基地进行(李泽碧等,2006)。供试土壤为红棕紫泥土,理化性状为:pH 7.53,有机质 34.84g/kg,碱解氮102.5mg/kg,速效磷 13.5mg/kg,有效钾 84.7mg/kg。供试莴笋品种为'虎霸'。供试沼液、沼渣均采自重庆市沙坪坝区陈家桥镇双佛村九社,发酵原料以猪粪、牛粪为主,并添加少量绿肥,其养分状况和营养元素含量见表 2-25 和表 2-26。供试化学肥料为尿素(N 46%)、磷铵(N 10%,P₂O₅ 44%)、氯化钾(K₂O 60%)。2005 年1 月 8 日播种,露地开厢育苗 45 天,3 月 15 日移栽,移栽时三叶一心。试验共设8 个处理(表 2-27),4 次重复,共 32 个小区,随机排列,小区面积 6.67m²(4.45m×1.5m),保护行宽 0.5m,厢面 1m²,每小区移栽 3 行,每行 15 穴,即每小区栽植莴笋 45 株。按试验处理要求,沼渣和磷钾肥全部作基肥一次性施入,氮肥(尿素)在莴笋移栽后分 4 次按 20%、30%、20%和 20%施入。2005 年 5 月 14 日收获。

表 2-25 供试沼肥的养分状况

肥料	有机质/%	全氮/(g/kg)	全磷/(g/kg)	全钾/(g/kg)	速效氮/(g/kg)	速效磷/(g/kg)	速效钾/(g/kg)
沼渣	9.74	2.99	5.02	2.25	0.36	0.80	0.98
沼液		0.55	0.076	0.81			

表 2-26 供试沼肥的营养元素状况

肥料	Ca	Mg	Fe	Mn	Cu	Zn
沼渣/(mg/kg)	8544.30	550.91	642.31	364.10	31.21	109.83
沼液/(mg/L)	167.43	27.82	10.40	1.04	0.25	1.65

表 2-27 试验处理和施肥量

处理代号	处理	氮肥/(g/小区)		磷肥/(g/小区)		钾肥/(g/小区)	
		N	尿素	P_2O_5	磷铵	K_2O	氯化钾
T1	常规化肥(对照)	137.5	298.8	55	125	68	113.3
T2	沼液						
T3	沼液+N(100%)	103.6	225.2				
T4	沼液+N(50%)	23.8	51.7	21.1	48		
T5	沼液+P+N(100%)	92.6	201.2	48.6	110.5		
T6	沼渣						
T7	沼渣+P+N(100%)	124.9	271.6				
T8	1/2 沼渣+1/2 常规化肥	68.8	149.5	27.5	62.5	34	56.7

注：各处理的钾素含量基本一致(沼液和沼渣中的钾素含量丰富)；T3 处理添加了部分氮素使其含量与常规化肥 T1 处理基本一致(100%)；T5、T7 处理根据沼液、沼渣使用量添加了部分 N、P 使其含量与常规化肥 T1 处理基本一致(100%)；T4 处理添加氮素使其含量为常规化肥 T1 处理的 50%

表 2-28 表明，莴笋叶 VC 含量均高于茎，与常规化肥处理 T1 相比，除处理 T2、T4、T6 降低了叶中的 VC 含量外,其他处理都有所增加，增幅为 3.3%~11.2%，说明单施沼液或单施沼渣会降低莴笋叶中的 VC 含量，而配施一定比例的化学肥料时能提高莴笋叶中的 VC 含量。对茎而言，沼液配施一定比例的化学肥料能提高 VC 的含量，而施沼渣的处理都提高了茎中的 VC 含量，与 T1 相比，增加了 1.5%~6.1%。通常钾对果实品质影响很大，而经发酵后的沼液、沼渣除含有丰富的钾外，还含有大量微量元素，不仅有利于作物吸收，而且对果实品质的提高有一定的促进作用。

表 2-28　不同处理对莴笋叶、茎 VC 含量的影响

处理代号	叶		茎	
	VC/(mg/kg)	增减百分比/%	VC/(mg/kg)	增减百分比/%
T1	221.63	100	62.64	100
T2	197.54	89.1	58.78	93.8
T3	223.24	100.7	58.14	92.8
T4	223.86	97.8	62.2	99.3
T5	216.82	103.3	66.49	106.1
T6	200.75	90.6	65.85	105.1
T7	246.52	111.2	63.6	101.5
T8	234.48	105.8	65.21	104.1

四、其他调控策略

(一)硒对蔬菜维生素 C 含量的影响

VC 是广泛存在于新鲜蔬菜和水果及许多生物中的一种重要维生素,作为一种高活性物质,它参与许多新陈代谢过程,能帮助植物抵抗干旱、臭氧和紫外线,保护植物免受光合作用中有害作用的伤害。因此,其含量可作为衡量植物抗衰老及逆境能力的重要生理指标,同时对鉴别果蔬品质优劣、选育良种都具有重要意义。我们试验发现,适量浓度的硒增加了瓢儿白体内 VC 含量,当土壤硒浓度为 1mg/kg 时,VC 含量达到最高,随施硒水平的增加,VC 含量显著降低,较 1mg/kg 硒处理分别降低 14.57% 和 35.30%(图 2-12)。低浓度的硒对青菜 VC 含量的影响不显著,当硒水平大于 0.5mg/kg 时,青菜 VC 含量显著下降,在硒浓度为 5mg/kg 时降至最低。紫菜薹 VC 含量随施硒水平增加先升高,当土壤硒浓度为 0.5mg/kg 时最高,较未施硒处理增加 9.11%,然后降低,在 2.5mg/kg 硒水平下最低,较未施硒处理减少 12.20%,当硒水平增至 5mg/kg 时 VC 含量较未施硒处理略有回升。土壤施硒较未施硒处理降低了大白菜、大头菜、榨菜 VC 的含量,分别减少了 14.42%~46.01%、29.08%~45.78% 和 2.91%~39.91%。土壤施硒增加了甘蓝体内 VC 含量,较未施硒处理增加了 3.61%~37.11%。

(二)硼对蔬菜维生素 C 含量的影响

蒋欣梅等(2015)通过研究硼肥对黄瓜品质的影响发现,硼肥可显著提高黄瓜中 VC 含量。龙友华等(2015)发现 0.1%~0.5% 硼酸钠能极显著或显著增加猕猴桃维生素 C 和可溶性总糖含量,极显著降低可滴定酸含量,提高猕猴桃糖酸比,促进猕猴桃果实干物质的积累和蛋白质的增加,较好地改善猕猴桃内在品质。如图 2-13 所示,与对照组相比,在硼水平为 0.5mg/L、1mg/L、2mg/L 和 4mg/L 时,'脆甜

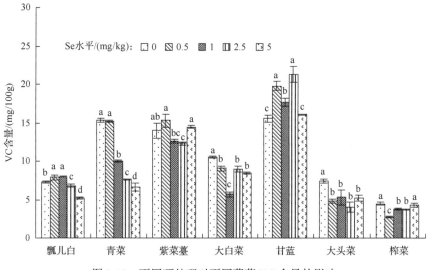

图 2-12 不同硒处理对不同蔬菜 VC 含量的影响

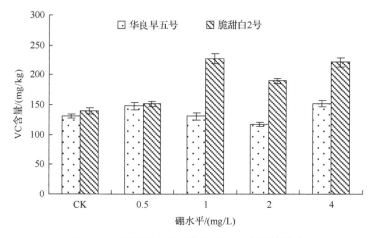

图 2-13 不同硼水平对大白菜 VC 含量的影响

白 2 号'大白菜 VC 含量分别增加了 8.35%、62.47%、35.86%和 58.29%；在硼水平为 0.5mg/L、1mg/L 和 4mg/L 时，'华良早五号'大白菜 VC 含量较对照处理分别增加了 13.54%、2.74%和 16.58%，但在硼水平为 2mg/L 时，'华良早五号'大白菜 VC 含量较对照降低了 10.23%。

第五节　蔬菜有机酸组分和含量的影响因素及调控策略

蔬菜含有多种有机酸，如柠檬酸、苹果酸、草酸，此外还有琥珀酸、酒石酸、

α-酮戊二酸和延胡索酸等。刘静(2014)发现番茄果实共有13种有机酸,含量较高的主要为柠檬酸和苹果酸。有机酸的组成成分和含量是蔬菜风味品质的重要影响因素之一。

一、光照对蔬菜有机酸组分和含量的影响

孙娜(2015)发现,蓝光和红蓝组合光有利于降低番茄果实可滴定酸含量。我们的大田试验结果显示,从青熟期到转色期,5 种颜色光质均促进苹果酸、柠檬酸和酒石酸含量的增加,其中白色光质促进效果最好;从转色期到成熟期,白色和蓝色的苹果酸、柠檬酸与酒石酸含量明显下降,红色的 3 种酸含量有略微下降,而黑色的 3 种酸含量均明显增加(图 2-14)。由此可见,番茄从青熟期到转色期过程中,白色光质可以最大效率地促进番茄果实苹果酸、柠檬酸和酒石酸的积累;从转色期到成熟期过程中,黑色光质可以促进苹果酸、柠檬酸和酒石酸的积累。

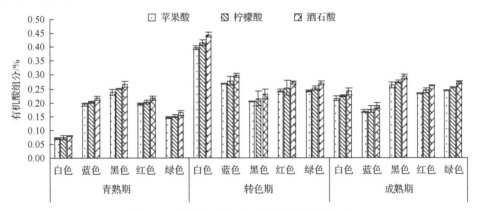

图 2-14　不同光质对番茄有机酸组分的影响

我们研究发现,从青熟期到转色期,有机酸含量在不同光质下都有所增加,而增加量白光远高于其他几种光;从转色期到成熟期,蓝光和白光有效降低了有机酸的含量,红光对有机酸含量影响不明显。而李岩等(2017)的研究表明,从青熟期到转色期,蓝光增加番茄有机酸的量大于其他光;而从转色期到成熟期,红光有效降低了有机酸的含量,蓝光则增加了有机酸的含量。结果不一样的原因可能是光照强度、温度及 CO_2 含量不一样。

二、不同形态钾肥对蔬菜有机酸组分和含量的影响

大田试验于2017年2月18日至5月19日在重庆市璧山区八塘镇三元村进行。试验设置纳米硅酸钾(NKSi)和普通硅酸钾(OKSi)两种处理,3 个钾水平(K_2O)分别为 $150kg/hm^2$、$300kg/hm^2$ 和 $450kg/hm^2$,并设不施钾空白对照(CK),共 7 个处

理，所有处理氮(N)、磷(P_2O_5)施用量相同，按照农户习惯施肥用量以 750kg/hm² 氮磷复合肥(15-15-0)折算成尿素(244.6kg/hm²)和过磷酸钙(937.5kg/hm²)采用沟施的方式施入土壤，后期追肥只施氮肥，用量为 300kg/hm² 尿素。试验小区面积为 2×5=10m²，共 21 个小区，每小区移栽 60 株生长状况一致的三叶一心大白菜幼苗。每个处理设 3 次重复，随机区组排列，供试大白菜品种为'良庆'(L)。小区间间隔 0.5m 宽，以方便管理，并在四周设保护行。田间管理按照常规管理进行。

由表 2-29 可知，大田试验'良庆'有机酸组分对硅酸钾的响应趋势与盆栽'丰抗 90'类似，表现为随硅酸钾用量增加有机酸组分含量降低，但降低幅度较小，且在 OKSi-300 和 NKSi-300 处理下，有机酸组分均表现为与对照无显著差异，而 OKSi-150、NKSi-150 和 OKSi-450、NKSi-450 处理下，柠檬酸较对照分别降低了 25.3%、19.4%和 29.3%、27.5%，苹果酸较对照分别降低了 24.9%、19.3%和 28.8%、27.0%，酒石酸较对照分别降低了 24.8%、19.4%和 28.8%、27.3%。'良庆'有机酸含量表现为酒石酸>苹果酸>柠檬酸。

表 2-29　田间试验不同硅酸钾处理大白菜有机酸组分的含量　　　　　(%)

处理	柠檬酸	苹果酸	酒石酸	有机酸总量
CK	0.273±0.0297a	0.285±0.0310a	0.319±0.0348a	0.877±0.0955a
OKSi-150	0.204±0.0222c	0.214±0.0233c	0.240±0.0261c	0.658±0.0716c
NKSi-150	0.220±0.0266bc	0.230±0.0279bc	0.257±0.0312bc	0.707±0.0857bc
OKSi-300	0.253±0.0129ab	0.265±0.0136ab	0.297±0.0152ab	0.815±0.0417ab
NKSi-300	0.254±0.0087ab	0.266±0.0092ab	0.297±0.0103ab	0.817±0.0282ab
OKSi-450	0.193±0.0088c	0.203±0.0092c	0.227±0.0103c	0.623±0.0284c
NKSi-450	0.198±0c	0.208±0c	0.232±0c	0.638±0c

综上所述，OKSi 和 NKSi 均可降低大白菜有机酸含量，且 NKSi 降低有机酸含量的幅度小于 OKSi。

三、硒对蔬菜有机酸组分和含量的影响

盆栽试验于 2017 年 10～12 月在西南大学资源环境学院玻璃温室内进行，设置 5 个硒水平，即 0mg/L、0.1mg/L、0.2mg/L、0.4mg/L 和 0.8mg/L。供试作物为叶用莴苣。如表 2-30 所示，叶面喷施硒不同程度地提高了有机酸总量及柠檬酸含量、苹果酸含量和酒石酸含量。当硒水平为 0.2mg/L 时，总酸含量、柠檬酸含量、苹果酸含量和酒石酸含量达到最大值，有利于提高叶用莴苣的营养品质。

表 2-30　硒对叶用莴苣有机酸组分及含量的影响

硒水平/(mg/L)	总量/%	柠檬酸含量/%	苹果酸含量/%	酒石酸含量/%
0	2.000±0.000b	0.128±0.000b	0.134±0.000b	0.150±0.000b
0.1	2.879±4.243a	0.173±0.272a	0.194±0.284a	0.211±0.318a
0.2	3.000±1.131a	0.192±0.072a	0.201±0.076a	0.225±0.085a
0.4	2.900±0.000a	0.186±0.000a	0.194±0.000a	0.218±0.000a
0.8	2.800±0.849a	0.179±0.054a	0.188±0.057a	0.210±0.064a

参 考 文 献

陈田甜. 2016. 不同光质对番茄果实品质形成的影响. 广东: 华南农业大学硕士学位论文.

董燕, 王正银, 丁华平, 等. 2004. 平衡施肥对生菜产量和品质的影响. 西南农业大学学报(自然科学版), 26(6): 740-744.

谷守宽, 陈益, 袁婷, 等. 2016. 不同土壤氮钾肥配施对莴笋产量和品质的效应研究. 水土保持学报, 30(3): 177-183.

蒋欣梅, 罗伟, 谷喜, 等. 2015. 硼肥不同施用方式对黄瓜生长的影响. 长江蔬菜, (12): 47-49.

李成琼, 唐阵武, 王正银. 2004. 肥料组合对茎瘤芥产量和营养品质的影响. 西南农业大学学报(自然科学版), 26(2): 95-99.

李登超, 朱祝军, 徐志豪, 等. 2003. 硒对小白菜生长和养分吸收的影响. 植物营养与肥料学报, 9(3): 353-358.

李岩, 王丽伟, 文莲莲, 等. 2017. 红蓝光质对转色期间番茄果实主要品质的影响. 园艺学报, (12): 2372-2382.

李彦华. 2019. 纳米硅酸钾调控不同蔬菜营养和风味品质的机理研究. 重庆: 西南大学硕士学位论文.

李泽碧, 王正银, 李清荣, 等. 2006. 沼液、沼渣与化肥配施对莴笋产量和品质的影响. 中国沼气, 24(1): 27-30.

刘芳, 李泽碧, 李清荣, 等. 2009. 沼气肥与化肥配施对甜玉米产量和品质的影响. 土壤通报, 40(6): 1333-1336.

刘静. 2014. 不同品种番茄风味品质分析. 农业科技与装备, (10): 1-2.

刘文科, 杨其长. 2014. LED 植物光质生物学与植物工厂发展. 科技导报, 32(10): 25-28.

龙友华, 张承, 吴小毛, 等. 2015. 叶面喷施硼肥对猕猴桃产量及品质的影响. 北方园艺, (5): 9-12.

苏春杰. 2018. 温室环境多因子耦合对番茄生长调控效应研究及模型构建. 杨凌: 西北农林科技大学硕士学位论文.

孙娜. 2015. 光质对番茄生长、生理代谢及果实产量品质的影响. 泰安: 山东农业大学硕士学位论文.

孙倩倩. 2016. 外源褪黑素对番茄果实采后成熟的影响. 北京: 中国农业大学博士学位论文.

孙爽, 廉华, 马光恕, 等. 2016. 硼营养对甜瓜果实品质形成的影响. 中国瓜菜, 29(5): 29-33.

王菲, 李会合, 王正银, 等. 2016. 缓释复合肥对不同品种莴笋光合特性和品质性状的影响. 西南大学学报(自然科学版), 38(7): 56-63.

王丽伟. 2017. 红蓝光质对番茄碳氮代谢和果实品质的影响机制研究与应用. 北京: 中国农业科学院博士学位论文.

徐利伟, 岑啸, 李林香, 等. 2011. 外源褪黑素对低温胁迫下桃果实蔗糖代谢的影响. 核农学报, 31(10): 1963-1971.

徐卫红, 何天秀, 杨力. 1996. NPK 配施对莴苣产量品质的影响研究. 西南大学学报(自然科学版), (4): 396-398.

徐卫红, 王正银, 刘飞. 2001. 不同土壤与施肥对莴笋硝酸盐和营养品质效应. 西南农业大学学报, 23(6): 553-556.

张典勇. 2014. 棚膜颜色和氮磷钾浓度对番茄产量和品质的影响. 泰安: 山东农业大学硕士学位论文.

张海波, 张晓璟, 徐卫红, 等. 2011. 减量化肥与有机材料配施对大头菜产量品质的影响. 西南大学学报(自然科学版), 33(4): 36-41.

张明中, 韩桂琪, 徐卫红, 等. 2013. 专用缓释肥氨挥发特性及对茄子产量、品质的影响. 中国蔬菜, (24): 37-45.

张晓璟. 2011. 西南主要栽培模式下有机无机肥料配施对蔬菜产量和品质的影响. 重庆: 西南大学硕士学位论文.

张雨薇, 景梦琳, 李小平, 等. 2017. 不同种荞麦发芽前后蛋白质及氨基酸变化主成分分析与综合评价. 食品与发酵工业, 43(7): 214-221.

朱小梅, 刘芳, 吴家旺, 等. 2008. 不同施肥处理对莴笋营养效应的研究. 水土保持学报, 22(6): 94-98.

Dakshayani K B, Subramanian P, Manivasagam T, et al. 2005. Melatonin modulates the oxidant-antioxidant imbalance during *N*-nitrosodiethylamine induced hepatocarcinogenesis in rats. Journal of Pharmacy & Pharmaceutical Sciences, 8(2): 316-321.

第三章　蔬菜风味品质的影响因素与调控策略

蔬菜的风味品质是指蔬菜入口后给予口腔的触、温、味和嗅的综合感觉印象的总和，取决于其本身所含有的挥发性芳香物质和一些非挥发性呈味物质(Kader，2008)。不同蔬菜具有各自特有的风味，这与蔬菜本身含有风味物质密切相关，蔬菜中的风味挥发性物质主要包括醛类、醇类、酮类、酯类、萜类等。有研究认为，并非所有风味物质都能决定蔬菜的特征风味，只有一种或几种化合物起决定性作用，这类化合物称为特征效应化合物(character impact compound)(刘春香等，2003)。

第一节　蔬菜挥发性物质组分和含量的
影响因素及调控策略

植物能够合成具有不同生物学特性和功能的数十至数十万种初级和次级代谢物。由初级和次级代谢物产生的植物挥发性有机化合物通常是低分子量亲脂性化合物。许多挥发物于特定发育阶段在植物组织中产生，如在开花或成熟过程中。虽然单一的水果或蔬菜合成了数百种挥发物，但只有一小部分产生了有助于动物和人类识别适当食物并避免选择不佳或危险食物的"风味指纹"(Goff and Klee，2006)。迄今为止，已有 1700 多种化合物被归类为植物来源的挥发性有机化合物(Muhlemann，2013)。根据其生物合成来源，植物挥发性有机化合物大致可以分为三大类：由 2-C-甲基-D-赤藓糖醇-4-磷酸酯(MEP)或甲羟戊酸(MVA)产生的萜类化合物；由芳香族氨基酸产生的苯丙素/苯环型化合物；由不饱和脂肪酸和氨基酸产生的醇/醛。尽管负责植物挥发性有机化合物合成的上游代谢酶已被详细地表征，但植物挥发性有机化合物生物合成途径的下游酶仍然在很大程度上没有得到表征，这可能是由于植物挥发性有机化合物具有结构多样性和物种特异性(Wei et al.，2016)。在植物生物学中，编码植物挥发性有机化合物合成酶的基因的功能表征是研究给定植物挥发性有机化合物生理功能的前提条件(Muhlemann et al.，2014)。因此，研究蔬菜风味挥发性物质不仅有助于蔬菜风味品质的改善，而且与人类健康息息相关。

一、光照对蔬菜挥发性物质组分和含量的影响

　　试验在重庆市璧山区八塘镇进行，于 2018 年 5 月 4 日移栽，6 月 7 日挂网，7 月 23 日收获并采集样品。供试作物为番茄(*Lycopersicon esculentum*)。试验设置 5 个不同颜色遮阳网(红、白、蓝、黑、绿)，覆盖面积为 3×4=12m^2，共 5 个小区，每个小区 18 株，田间管理按照常规管理进行，成熟期采集样品进行测定，采收期间对每个小区分别进行称重计产。

　　通过检测，我们发现番茄含有 28 种风味物质，主要为水杨酸甲酯、6-甲基-5-庚烯-2-酮、柠檬烯、反-2-己烯醛(＞30μg/kg)(图 3-1)。如图 3-2 所示，红光使番茄水杨酸甲酯、6-甲基-5-庚烯-2-酮和己烯醛较白光增加了 11.6%、20.2%和 17.2%。这与张现征(2018)报道番茄芳香物质含量较高的是反-2-己烯醛和己醛有一些不同。原因可能是番茄品种存在差异，导致风味物质的组成和含量也不一样。本研究发现，红光和蓝光均能促进番茄风味物质的增加，并且红光促进效果比蓝光好，这与董飞等(2019)的结论相似，其结果表明比例为 3∶1 的红蓝组合光可以有效改善番茄风味品质。但董飞发现，红光有利于番茄风味不利物质(水杨酸甲酯)含量减少，这和本研究中红光促进水杨酸甲酯含量增加的结论不同，其中原因有待进一步探讨。

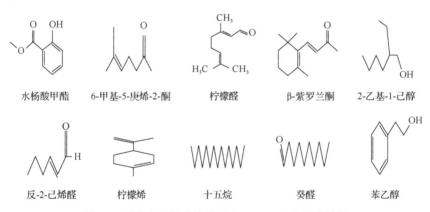

图 3-1　番茄主要挥发性物质(＞30μg/kg)化学结构图

二、肥料对蔬菜挥发性物质组分和含量的影响

(一)钾对蔬菜挥发性物质组分和含量的影响

1. 挥发性代谢物组分及含量

　　我们采用气相色谱-质谱联用仪(GC-MS)对经普通硅酸钾(OKSi)和纳米硅酸钾(NKSi)处理的黄瓜(品种'科喜节节早')果实挥发性物质(VM)进行分析，共

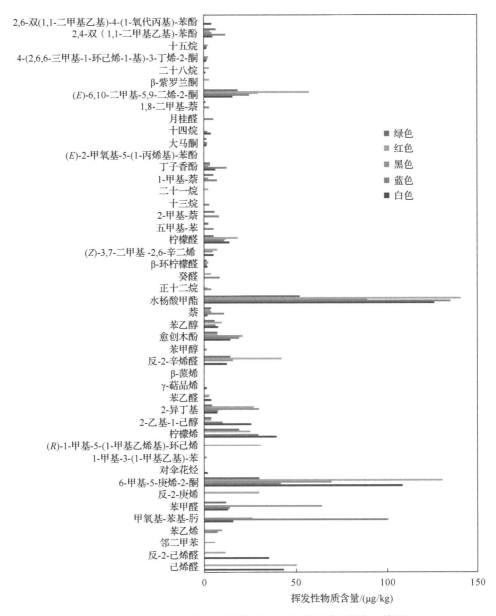

图 3-2 不同光质对番茄风味物质的影响(彩图请扫封底二维码)

检测出 16 种主要 VM(图 3-3 和表 3-1),分为醛、醇和萜烯 3 类,其中醛类 10 种,醇类和萜烯类各 3 种,含量的大小顺序为醛类>醇类和萜烯类。所有处理均以 (E,Z)-2,6-壬二烯醛和(E)-2-壬烯醛含量最高,两者分别占 VM 总量的 57.8%~68.8%和 25.4%~32.2%。醛类、醇类和萜烯类 VM 含量随普通硅酸钾(OKSi)与纳米硅酸钾(NKSi)施用量的增加呈逐渐增加的趋势,均以 NKSi-450 处理含量最高,较对照(CK)分别提高了 1.84 倍、20.2 倍和 1.34 倍；(E,Z)-2,6-壬二烯醛、(E)-2-壬烯醛、己醛、(E)-2-己烯醛、苯甲醛、癸醛、(E)-6-壬烯-1-醇、1-壬醇、2-乙基-1-己醇和石竹烯均以 NKSi-450 处理含量最高，D-柠檬烯、(E)-2-辛烯醛、(E)-6-壬烯醛和 1-壬醛以 NKSi-300 处理含量最高；硅酸钾施用量为 150kg/hm² 和 300kg/hm² 时，OKSi 处理的黄瓜醛类和 VM 总量分别比 NKSi 处理高 44.7%、25.8%和 42.7%、23.6%；硅酸钾施用量为 450kg/hm² 时，NKSi 处理的黄瓜醛类、萜类和 VM 总量分别比 OKSi 处理高 36.1%、22.5%和 38.5%；硅酸钾施用量为 150kg/hm²、300kg/hm² 和 450kg/hm² 时，NKSi 处理的黄瓜醇类分别比 OKSi 处理高 75.2%、84.7%和 84.4%。有趣的是，CK 中癸醛、(E)-6-壬烯-1-醇、1-壬醇和石竹烯未检出，经 OKSi 和 NKSi 处理后含量增加，其中(E)-6-壬烯-1-醇和 1-壬醇含量随 NKSi 用量增加显著升高，但在 OKSi-150 与 OKSi-300 处理未检出。

从黄瓜果实挥发性物质(VM)各种类含量占比和种类数来看，醛类和萜烯类占比随普通硅酸钾(OKSi)与纳米硅酸钾(NKSi)施用量的增加呈逐渐降低的趋势，且相同施用量下 NKSi 降幅大于 OKSi；硅酸钾施用量为 150kg/hm²、300kg/hm² 和 450kg/hm² 时，NKSi 处理黄瓜醛类占比分别比 OKSi 低 1.33%、1.75%和 3.59%；而 NKSi 处理黄瓜醇类占比与对照(CK)相比大幅增加，硅酸钾施用量为 150kg/hm²、300kg/hm² 和 450kg/hm² 时，NKSi 处理黄瓜醇类占比较 CK 分别提高 85.7%、185.7%和 628.6%，比 OKSi 处理分别高 550.0%、900.0%和 292.3%；NKSi 处理的黄瓜 VM 种类比对照多 33.3%；OKSi 处理的黄瓜 VM 种类在硅酸钾施用量为 150kg/hm²、300kg/hm² 和 450kg/hm² 时，分别比对照多 8.33%、16.7%和 33.3%。以上分析表明，OKSi 和 NKSi 处理可提高'科喜节节早'黄瓜果实中醛类、醇类与萜烯类含量，NKSi 可大幅提高黄瓜果实中醇类含量，并且增加代谢物种类。

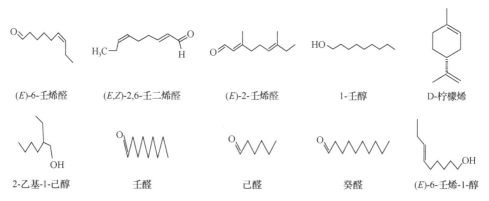

(E)-6-壬烯醛　　(E,Z)-2,6-壬二烯醛　　(E)-2-壬烯醛　　1-壬醇　　D-柠檬烯

2-乙基-1-己醇　　　　壬醛　　　　己醛　　　　癸醛　　　(E)-6-壬烯-1-醇

图 3-3　黄瓜果实主要挥发性物质(VM)的化学结构图

表 3-1　田间试验不同硅酸钾处理黄瓜果实挥发性代谢物（VM）组分及含量 （单位：μg/kg FW）

编号	挥发性代谢物	CK	OKSi-150	NKSi-150	OKSi-300	NKSi-300	OKSi-450	NKSi-450
	醛类	16 630.1±546.0e	33 942.8±1 769.0b	23 464.0±1 021.0d	45 023.3±1 624.0a	35 795.1±1 340.0b	30 166.7±1 180.0c	47 240.0±508.0a
1	己醛	113.9±10.8e	178.1±6.4cd	151.8±7.3d	245.5±24.2b	172.2±2.8cd	194.9±8.0c	327.4±4.6a
2	(E)-2-己烯醛	114.1±1.8d	148.4±1.9c	122.0±2.6d	198.1±20.2b	102.8±10.8d	156.3±9.6c	236.7±6.8a
3	苯甲醛	53.3±5.0b	51.2±3.3b	59.9±4.7b	63.2±1.1b	76.9±18.3b	136.0±1.4a	144.1±20.2a
4	(E,E)-2,4-庚二烯醛	84.3±0c	95.8±2.4b	52.2±8.2e	119.0±2.3a	63.7±3.3d	72.9±1.0d	87.2±7.8bc
5	癸醛	—	58.7±2.7d	32.8±9.5e	117.3±12.8b	52.4±0d	77.3±0c	158.3±3.0a
6	(E)-2-辛烯醛	33.6±0d	63.1±8.8b	46.7±2.2c	50.3±0.8c	95.3±6.4a	51.6±1.4c	88.4±4.3a
7	(E)-6-壬烯醛	88.9±2.5f	514.0±48.8cd	424.0±40.4de	828.1±29.3b	1204.8±159.0a	650.0±19.4c	281.9±47.2e
8	壬醛	86.4±0.9f	308.3±48.2cd	255.3±22.4de	458.8±58.5b	821.1±18.7a	380.3±19.4c	188.3±25.0e
9	(E,Z)-2,6-壬二烯醛	11 617.1±231.0e	23 352.7±880.0b	15 945.7±846.0d	31 359.2±1 840.0a	21 326.3±920.0bc	19 078.7±628.0c	32 423.1±1 124.0a
10	(E)-2-壬烯醛	4 437.6±314.0e	9 172.5±796.0c	6 372.6±172.0d	11 585.4±71.6b	11 880.2±277.0b	9 370.3±523.0c	13 305.0±563.0a
	醇类	120.3±9.2e	76.2±3.4e	307.0±0.9d	110.9±2.4e	728.0±10.7b	399.1±3.5c	2 549.3±85.5a
11	(E)-6-壬烯-1-醇	—	—	109.4±0.3c	—	263.3±40.9b	128.3±0c	1 132.7±3.4a
12	1-壬醇	—	—	135.8±7.4c	—	338.9±30.2b	151.1±6.3c	1 266.3±65.5a
13	2-乙基-1-己醇	120.3±9.2b	76.2±3.4c	62.2±6.3c	111.3±2.4b	126.1±0b	120.2±2.7b	150.2±16.6a
	萜烯类	204.8±7.9c	225.0±14.7c	232.0±13.0c	443.0±47.8a	351.8±0.2b	370.9±5.7b	478.8±38.5a
14	D-柠檬烯	121.2±16.7bc	151.3±13.4a	94.1±4.0d	136.8±0abc	154.1±0a	113.4±0cd	147.3±17.8ab
15	石竹烯	—	—	40.0±0.2d	65.4±6.2c	70.8±1.6c	89.3±2.9b	118.1±9.3a
16	α-石竹烯	83.5±8.9d	73.9±1.3d	97.9±9.2d	240.3±41.6a	127.0±1.4c	169.0±2.9b	214.0±11.4a
	总量	16 955.0±547.0f	34 243.7±1 787.0c	24 003.1±1 033.0e	45 577.4±1 574.0b	36 875.0±1 351.0c	30 938.1±1 178.0d	50 268.4±555.0a
	醛类总量/%	98.1±0.1c	99.1±0a	97.8±0.0d	98.8±0.2b	97.1±0.1f	97.5±0.1e	94.0±0g
	醇类总量/%	0.7±0.0d	0.2±0e	1.3±0.1c	0.2±0e	2.0±0b	1.3±0c	5.1±0.1a
	萜烯类总量/%	1.2±0.1a	0.7±0c	1.0±0.0c	1.0±0.1b	1.0±0b	1.2±0.1a	1.0±0.1b
	挥发性代谢物种类数	12	13	16	14	16	16	16

注："—"表示未检出

2. 挥发性代谢物各组分相关性分析

为明确硅酸钾处理主要影响'科喜节节早'黄瓜的哪些挥发性代谢物组分，拟采用主成分分析法对黄瓜挥发性代谢物组分进行降维处理。对经不同硅酸钾处理黄瓜的 16 种挥发性代谢物进行相关性分析，由表 3-2 可知，16 种挥发性代谢物之间存在不同程度的相关性。16 种挥发性代谢物之间相关系数最大的是 (E)-6-壬烯-1-醇(11)和 1-壬醇(12)，相关系数为 0.997**，其次为己醛(1)和癸醛(5)之间，相关系数为 0.981**，每种挥发性代谢物至少与两种挥发性代谢物存在显著或极显著相关性，所有存在显著或极显著相关性的挥发性代谢物之间均为正相关。以上分析表明，黄瓜果实中各挥发性代谢物之间存在较强的相关性，可以通过主成分分析法研究不同硅酸钾处理主要影响黄瓜果实中的哪一种或几种挥发性代谢物。

3. 挥发性代谢物组分主成分分析

采用 SPSS 23.0 软件分别对田间试验中不同硅酸钾处理下'科喜节节早'黄瓜果实挥发性物质(VM)组分进行主成分分析，得出特征向量、特征值、方差贡献率和方差累计贡献率(表 3-3)。结果显示，按照特征值大于 1 和累计贡献率≥85%的提取条件(VM 方差累计贡献率为 92.625%)，从黄瓜果实 VM 中提取了 4 个主成分。VM-PC1～4 的贡献率分别为 54.216%、17.782%、13.176%和 7.451%；VM-PC1 所有 VM 均为正系数，其中己醛和癸醛较大；VM-PC2 中 (E)-6-壬烯醛和壬醛有较大的正系数，(E)-2-己烯醛有较大的负系数；VM-PC3 中 (E,E)-2,4-庚二烯醛和 (E,Z)-2,6-壬二烯醛有较大的正系数，苯甲醛和 1-壬醇有较大的负系数；VM-PC4 中 D-柠檬烯有较大的正系数，α-石竹烯有较大的负系数。

不同硅酸钾处理挥发性物质(VM)主成分得分和综合得分如表 3-4 所示，VM 综合得分以 NKSi-450 处理最高，分值为 2.60，其次为 OKSi-300，分值为 1.26。综合得分越高说明硅酸钾处理增加 VM 含量的效果越好，因此可以说明，NKSi 处理能够提高黄瓜果实 VM 含量，且提高效果优于 OKSi。

(二)硼对蔬菜挥发性物质组分和含量的影响

我们的试验于 2018 年 9～12 月在重庆西南大学 1 号玻璃温室进行。供试作物采用西南地区普遍使用的两种大白菜，品种为'华良早五号'和'脆甜白 2 号'。采用顶部直径为 27cm、底径为 19cm、高 20cm 的无孔塑料桶，每桶装填混合基质 10L，营养液参照日本园试营养液配制。试验共设 5 个硼水平，即 CK(0mg/L)、B1(0.5mg/L)、B2(1mg/L)、B3(2mg/L)和 B4(4mg/L)，对照不施硼素。营养液每 7 天更换一次。各处理重复 3 次，随机排列。

表 3-2　田间试验中不同硅酸钾处理下黄瓜果实挥发性物质 (VM) 组分间的相关系数 (r)

VM编号	1	2	3	4	5	6	7	8	9	10	11	12	13	14	15	16
1	1															
2	0.938**	1														
3	0.653*	0.585*	1													
4	0.401	0.563*	-0.128	1												
5	0.981**	0.928**	0.648*	0.458	1											
6	0.525	0.240	0.431	-0.148	0.505	1										
7	0.045	-0.193	-0.045	-0.041	0.134	0.489	1									
8	-0.003	-0.264	-0.042	-0.123	0.073	0.559*	0.974**	1								
9	0.902**	0.829**	0.366	0.603*	0.925**	0.524	0.269	0.194	1							
10	0.829**	0.633*	0.525	0.305	0.854**	0.789**	0.551*	0.521	0.882**	1						
11	0.778**	0.643*	0.715**	-0.063	0.698*	0.652*	-0.178	-0.130	0.550*	0.599*	1					
12	0.768**	0.624*	0.713**	-0.083	0.688*	0.674**	-0.159	-0.100	0.542*	0.604*	0.997**	1				
13	0.524	0.426	0.608*	0.216	0.489	0.434	0.049	0.113	0.379	0.508	0.621*	0.628*	1			
14	0.392	0.273	0.083	0.419	0.394	0.657*	0.372	0.396	0.553*	0.653*	0.307	0.304	0.373	1		
15	0.776**	0.618*	0.855**	-0.062	0.786**	0.570*	0.292	0.276	0.595*	0.755**	0.723**	0.728**	0.620*	0.141	1	
16	0.819**	0.797**	0.555*	0.464	0.852**	0.249	0.247	0.170	0.758**	0.708**	0.448	0.438	0.556*	0.187	0.789**	1

注：1. 己醛；2. (E)-2-己烯醛；3. 苯甲醛；4. (E,E)-2,4-庚二烯醛；5. (E,E)-2,4-壬二烯醛；6. (E)-2-辛烯醛；7. (E)-6-壬烯醛；8. 壬醛；9. (E,Z)-2,6-壬二烯醛；10. (E)-2-壬烯醛；
11. (E)-6-壬烯-1-醇；12. 1-壬醇；13. 2-乙基-1-己醇；14. D-柠檬烯；15. 石竹烯；16. α-石竹烯

表 3-3　不同硅酸钾处理下黄瓜果实挥发性物质 (VM) 主成分特征向量及方差贡献率

挥发性代谢物	主成分1 (PC1)	主成分2 (PC2)	主成分3 (PC3)	主成分4 (PC4)
己醛	0.325	−0.108	0.094	−0.017
(E)-2-己烯醛	0.282	−0.248	0.226	−0.045
苯甲醛	0.245	−0.152	−0.299	−0.220
(E,E)-2,4-庚二烯醛	0.107	−0.062	0.617	0.122
癸醛	0.323	−0.065	0.143	−0.091
(E)-2-辛烯醛	0.231	0.288	−0.258	0.316
(E)-6-壬烯醛	0.072	0.555	0.023	−0.245
壬醛	0.065	0.566	−0.057	−0.162
(E,Z)-2,6-壬二烯醛	0.296	0.050	0.283	0.054
(E)-2-壬烯醛	0.309	0.226	0.056	0.018
(E)-6-壬烯-1-醇	0.275	−0.173	−0.282	0.235
1-壬醇	0.274	−0.158	−0.297	0.233
2-乙基-1-己醇	0.227	−0.036	−0.132	0.061
D-柠檬烯	0.171	0.272	0.160	0.572
石竹烯	0.292	0.011	−0.219	−0.354
α-石竹烯	0.275	−0.032	0.191	−0.415
特征值	8.675	2.845	2.108	1.192
方差贡献率/%	54.216	17.782	13.176	7.451
方差累计贡献率/%	54.216	71.998	85.173	92.625

表 3-4　田间试验不同硅酸钾处理黄瓜果实挥发性物质 (VM) 主成分得分及综合得分

处理	VM-Y_{PC1}	VM-Y_{PC2}	VM-Y_{PC3}	VM-Y_{PC4}	VM-Y
CK	−3.62	−1.58	−0.01	0.72	−2.19
OKSi-150	−1.44	0.47	1.29	1.45	−0.42
NKSi-150	−2.83	−0.73	−1.04	−0.78	−1.86
OKSi-300	1.60	0.56	2.75	−0.98	1.26
NKSi-300	0.54	3.39	−1.39	0.39	0.74
OKSi-450	0.26	−0.30	−0.78	−1.60	−0.14
NKSi-450	5.48	−1.79	−0.84	0.80	2.60

　　硼素能改善蔬菜的风味品质，缺硼条件下，芳香物质的种类减少，醇类物质、酮类物质、萜烯类物质也有所减少 (李梅兰等，2009)。徐炜南 (2017) 施用硼肥增加了番茄果实中挥发性物质种类与含量，不同施硼水平和不同施硼方式对番茄果实香气的影响不同。我们发现'脆甜白 2 号'有 23 种挥发性物质，主要是反-2-己烯醛、苄腈、β-紫罗兰酮 (>50μg/kg)，'华良早五号'有 25 种风味物质，主要是反-2-己烯醛、苯甲醛、柠檬醛 (>50μg/kg) (图 3-4)。施用 0.5mg/L 硼素后明显增加了大白菜风味挥发性物质的种类和含量，主要增加了图 3-5 中物质含量。'华

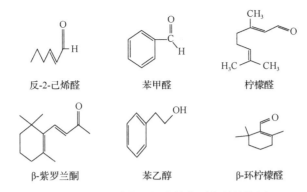

图 3-4 大白菜主要挥发性物质化学结构图

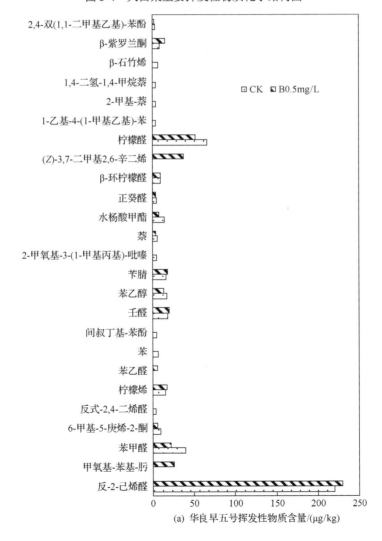

(a) 华良早五号挥发性物质含量/(μg/kg)

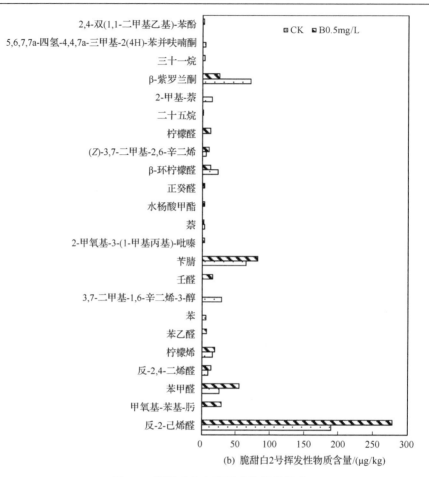

(b) 脆甜白2号挥发性物质含量/(μg/kg)

图 3-5　硼素对大白菜风味物质的影响

良早五号'增加了 β-紫罗兰酮,'脆甜白 2 号'增加了苯甲醛、反-2,4-二烯醛。风味物质总量增加了 7.6%～25.7%。'脆甜白 2 号'使用硼素后挥发性物质增加种类更多,且风味物质总量增加幅度更大。

三、其他物质对蔬菜挥发性物质组分和含量的影响

(一)硒对蔬菜挥发性物质组分和含量的影响

盆栽试验于 2017 年 10～12 月在西南大学资源环境学院玻璃温室内进行,设置 0mg/L、0.1mg/L、0.2mg/L、0.4mg/L、0.8mg/L 5 个硒水平,外源硒采用亚硒酸钠($Na_2SeO_3 \cdot 5H_2O$)。供试作物为叶用莴苣。供试土壤采自重庆市九龙坡区,基本理化性状为:pH 5.92,有机质 24.77g/kg、碱解氮 138.6mg/kg、有效磷 64.68mg/kg、速效钾 116.7mg/kg、阳离子交换量 24.9cmol/kg、全硒 0.47mg/kg、有效硒 0.032mg/kg。

每盆称取 5kg 风干土分装于塑料桶中，底肥(N 180mg/kg、P_2O_5 100mg/kg 和 K_2O 150mg/kg)以尿素、磷酸二氢铵和氯化钾的形式加入。每盆移栽四叶一心叶用莴苣幼苗 3 株，培养期间，土壤水分含量采用重量法测定，用去离子水使土壤含水量保持在田间最大持水量的 70%。每个处理设置 3 次重复，随机排列。移栽 30 天后，按照硒浓度设置要求叶面喷施硒，5 天一次，共喷 4 次。培养 60 天后收获。

如表 3-5 所示，与对照相比，叶面喷 0.1mg/L 硒后风味物质总量增加了 100.4%。其中 2-辛醇、(3Z)-3-己烯基乙酸酯、二壬基酮、7-十七烷酮、4-羟基-4-甲基环己酮主要风味物质含量分别高达 252.588μg/g、104.789μg/g、107.182μg/g、207.287μg/g

表 3-5 硒对叶用莴苣挥发性物质含量的影响

挥发性物质名称	挥发性物质含量/(μg/g)		
	0mg/L Se	0.1mg/L Se	0.8mg/L Se
2-庚酮	1.427	1.538	1.450
1-庚醇	2.837		
2-辛醇	189.995	252.588	280.683
(3Z)-3-己烯基乙酸酯	84.545	104.789	
乙酸己酯	50.765	89.224	91.627
右旋柠檬烯	20.090	30.838	
2-甲基-2-戊基环氧乙烷	13.390	28.866	24.337
2,3-二甲基戊醛	1.429		
十一烷	0.507		
异戊酸-2-甲基丁酯	2.299	3.522	3.985
乙酸-2-辛酯	1.619		
对薄荷烷-1,2-二醇	1.223		
4-十六烷基酯己酸	11.173	16.390	5.144
庚酸庚酯	3.210	9.605	
庚酸酐	13.895	31.982	11.060
1-甲基戊酸酐	2.648		
二壬基酮	39.362	107.182	58.853
7-十七烷酮	78.481	207.287	104.736
4-羟基-4-甲基环己酮	114.543	310.256	161.026
6-十六烷酮	2.970		
2-壬酮		14.903	
3,5-二甲基-2-辛醇		14.463	
乙酸-2-甲基庚酯		2.021	
6-十五烷酮		5.266	
4H-3-甲基-5-氧代-2-呋喃甲酸		6.456	
6-十二烷酮		9.313	4.252
(6Z)-6-辛烯-2-酮			2.152
2-甲基丁酸-2-甲基丁酯			13.345

和 310.256μg/g。叶面喷 0.8mg/L 硒后，风味物质总量增加了 44.15%，风味物质的主要成分有 2-辛醇、4-羟基-4-甲基环己酮、7-十七烷酮和乙酸己酯，较对照组分别增加了 47.73%、40.58%、33.45%和 80.49%。

目前国内外关于外源硒影响作物风味品质的研究很少，因此本试验进行了相关研究。采用固相微萃取-气相色谱-质谱联用方法分析莴苣的挥发性成分，得出莴苣挥发性成分主要为醛类、酮类、烯烃类化合物。喷硒 0.8mg/L 显著增加了叶用莴苣风味物质含量，风味物质的主要成分有 2-辛醇、4-羟基-4-甲基环己酮、7-十七烷酮、乙酸己酯等，较未喷硒分别增加了 47.73%、40.58%、33.45%和 80.49%，风味物质总量增加了 44.15%。研究结果表明，适量补充外源硒能增加作物的风味物质含量，提高作物的风味品质。

(二)褪黑素对蔬菜挥发性物质组分和含量的影响

盆栽试验于 2018 年 3 月 28 日至 6 月 28 日在西南大学资源院环境学院 1 号温室大棚内进行。供试蔬菜为灯笼椒(品种为'渝椒 13')和牛角椒(品种为'渝椒 15')。试验用顶部直径为 27cm、底径为 19cm、高 20cm 的无孔塑料桶，每桶装填混合基质 10L，营养液参照日本园试营养液配制。复合基质采用草炭、珍珠岩、蛭石，体积比例为 3：1：1。褪黑素设置 5 个水平，包括对照 CK(0μmol/L)、M1(25μmol/L)、M2(50μmol/L)、M3(100μmol/L)和 M4(200μmol/L)。每个处理设置 3 个重复，随机排列。每盆种植 3 株辣椒幼苗。辣椒开花期开始喷施褪黑素，7 天一次，连续喷施 5 次。90 天后收获辣椒。氨基酸组分采用北京日立控制系统有限公司 L-8800 氨基酸分析仪测定。

从辣椒果实中检测出来了 48 种风味物质，主要有水杨酸甲酯、2-甲基-十三烷、Δ-3-蒈烯、芳樟醇、β-紫罗兰酮(＞200μg/kg)等(图3-6)。由图3-7 可知，

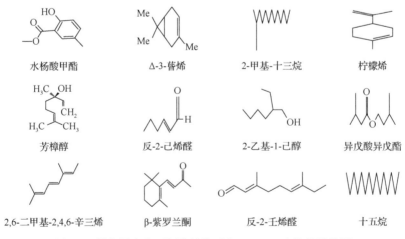

| 水杨酸甲酯 | Δ-3-蒈烯 | 2-甲基-十三烷 | 柠檬烯 |

| 芳樟醇 | 反-2-己烯醛 | 2-乙基-1-己醇 | 异戊酸异戊酯 |

| 2,6-二甲基-2,4,6-辛三烯 | β-紫罗兰酮 | 反-2-壬烯醛 | 十五烷 |

图 3-6　辣椒果实主要挥发性物质(＞200μg/kg)化学结构图

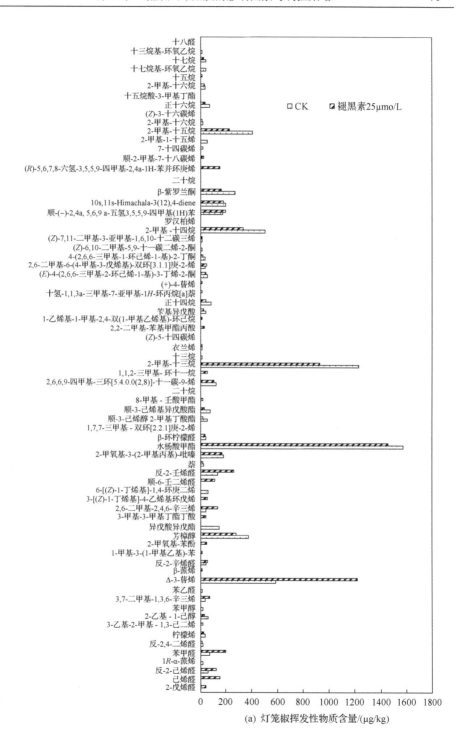

(a) 灯笼椒挥发性物质含量/(μg/kg)

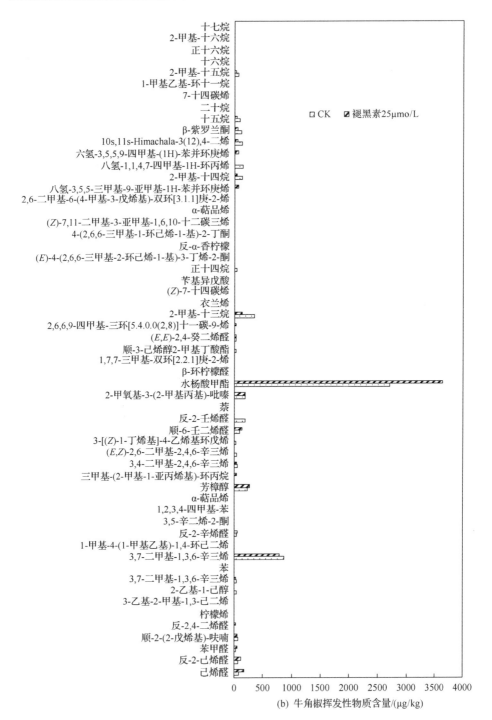

(b) 牛角椒挥发性物质含量/(μg/kg)

图 3-7　褪黑素对不同辣椒品种挥发性风味物质的影响

25µmol/L 褪黑素处理辣椒后在辣椒果实中发现了 68 种风味物质，主要增加了己烯醛、3-乙基-2-甲基-1,3-己二烯、2-甲氧基-苯酚、3-[(Z)-1-丁烯基]-4-乙烯基环戊烯等风味物质。其中，灯笼椒 Δ-3-蒈烯含量增加了 1.1 倍，牛角椒水杨酸甲酯含量增加了 34.5%。

风味物质的种类和含量对于蔬菜的品质与口感、香气有重要影响。孙倩倩(2016)研究了褪黑素对番茄风味品质的影响，发现褪黑素能够促进番茄果实成熟、变红和软化，参与芳香物质产生过程中关键基因的表达，对风味品质提高具有一定的积极作用。杜天浩和周小婷(2016)对番茄也做了类似研究，发现施加一定浓度的褪黑素有利于提高番茄芳香挥发性成分的含量。本研究中施用 25µmol/L 褪黑素后明显增加了辣椒风味挥发性物质的种类和含量。可能是由于经过褪黑素处理后，辣椒果实中酶等的含量都有所增加，并对乙烯的合成、感知和信号转导产生一定的影响，褪黑素可能通过乙烯生物合成以及信号转导完成了对辣椒风味品质的积极影响。

第二节　茄碱含量的影响因素及调控策略

茄子(*Solanum melongena*)含有葫芦巴碱、水苏碱、胆碱、茄碱(龙葵碱)等多种生物碱，其中茄碱具有强心降压、平喘镇痛等生物活性。适量的茄碱对人体健康有良好的保健作用(Lu et al.，2010)。但茄碱是茄子苦味的主要来源，茄碱含量过多不仅仅会影响茄子的口感和风味，甚至会导致食用者中毒。利用施肥措施控制茄子茄碱的形成和积累，从而达到改善茄子品质的目的具有重要意义。目前，国内外关于农业措施特别是施肥措施对生物碱影响的研究报道较少。

一、不同钾水平对茄子茄碱含量和分配的影响

利用盆栽试验研究了不同钾水平对盆栽茄子生物量和茄碱含量、积累量及分配的影响(王菲等，2015b)。结果表明，施用钾肥后茄子各器官以果实增产效果最为明显。施钾处理可使茄子果实中茄碱含量显著降低，果蒂、根、茎、花等器官的茄碱含量总体上也表现为降低。两个采收期茄子果实茄碱积累量均在施用钾肥后升高，以中量和高量钾处理影响最大，而果蒂、茎、花的茄碱积累量呈下降趋势。茄子果实中茄碱分配最多，其次为叶片，花分配最少。两个采收期果蒂、花等器官茄碱分配系数随钾水平增加而降低。施用钾肥能降低果实茄碱含量，但对茄碱在果实中积累和分配有促进趋势。

(一)不同钾水平对茄子各器官茄碱含量的影响

由表 3-6 可知，第 2 个采收期的茄子果实茄碱含量高于第 1 个采收期，这可能是由第一个采收期受高温环境的影响以及植物次生代谢物增加所致(阎秀峰等，2007)。施用钾肥后两个采收期果实茄碱含量均显著降低，第 1 个采收期以低量钾处理降低幅度最大，而第 2 个则以高量钾处理降低幅度最大。与果实相反，果蒂茄碱含量以第 1 个采收期较高，施用钾肥后两个采收期果蒂茄碱含量也显著降低。叶片茄碱含量较根和茎高，整体来看，施钾处理未明显改变叶片茄碱总量，但使茄碱含量的叶位分布发生了一定变化。各器官茄碱含量以花最高，达 300mg/kg 以上。低量和中量钾处理可以显著降低茄子花茄碱含量。由此可以看出，施用低量钾肥均可以显著降低 2 个采收期茄子各器官的茄碱含量。

表 3-6 钾对茄子各器官茄碱含量的影响

采收期	钾素水平	茄碱含量/(mg/kg)								
		果实	果蒂	根	茎	上部叶	中部叶	下部叶	花	整株
第 1 次	K0	270a	278a	93a	109.0a	236a	215a	159a	401a	237a
	K1	201c	172b	70b	68.1d	198b	169c	126b	316b	183c
	K2	216b	172b	60c	81.4c	151d	215a	162a	324b	197b
	K3	216b	112c	47d	94.3c	188c	198b	154a	381a	194b
第 2 次	K0	331a	161a	168a	128.0a	224a	167c	148a		251a
	K1	293b	123c	151c	109.0b	175b	136d	118c		224c
	K2	281bc	135b	169b	102.0c	110d	190a	141ab		239ab
	K3	274c	108d	198a	123.0a	163c	178b	137b		237b

注：K0. 对照；K1. 钾水平为 80mg/kg；K2. 钾水平为 160mg/kg；K3. 钾水平为 320mg/kg；下同

(二)不同钾水平对茄子各器官茄碱积累量的影响

由表 3-7 可知，施钾处理可显著增加两个采收期果实茄碱积累量(第 2 个采收期低量钾处理除外)，是由施钾后果实生物量增加大于茄碱含量降低所致。果蒂茄碱积累量在两个采收期均以高量钾处理降低作用最大。施钾显著降低两个采收期上部叶茄碱积累量，其中以中量钾降低作用最大，而中、下部叶茄碱积累量在两个采收期均以低量钾处理降低最多。施钾处理显著降低花茄碱积累量，且随着钾水平增加而显著降低。茄子各器官以果实茄碱积累量最高，花最低。茄子整株的茄碱积累量以中、高量钾处理增加幅度最大，且第 2 个采收期低于第 1 个采收期。

表 3-7　钾对茄子各器官茄碱积累量的影响

采收期	钾素水平	茄碱积累量/(mg/kg)								
		果实	果蒂	根	茎	上部叶	中部叶	下部叶	花	整株
第1次	K0	136d	11.10a	5.46a	5.60a	10.40a	6.71b	4.88c	0.746a	181c
	K1	145c	6.24c	3.63b	3.60b	8.02b	4.82c	4.21d	0.690b	176c
	K2	195b	6.64b	3.79b	4.09c	5.27d	7.18a	5.80b	0.410c	228b
	K3	238a	3.83d	3.73b	5.02b	7.16c	6.67b	7.32a	0.370d	272a
第2次	K0	102c	4.41a	12.9b	7.37a	8.09a	7.26b	5.39a		147b
	K1	100c	3.41c	10.9c	6.28b	6.25b	5.83c	3.93c		137c
	K2	170a	3.62b	13.0b	6.12b	3.60d	9.16a	4.15c		210a
	K3	160b	3.02d	17.3a	7.12b	4.94c	7.19b	4.48b		204a

(三)不同钾水平对茄子各器官茄碱分配系数的影响

由表 3-8 可知，施钾处理使得果实茄碱分配系数显著提高，这与果实茄碱积累量增加相关。第 1 个采收期以高量钾处理分配系数最大(87.5%)，而第 2 个采收期以中量钾处理最大(81.1%)。果蒂茄碱分配系数在两个采收期均随着钾水平增加而显著降低。第 1 个采收期根茄碱分配系数随着钾水平增加而显著降低，第 2 个采收期以中量钾水平分配系数最小。两个采收期均以中量钾处理茎茄碱分配最少。施钾处理可以显著降低两个采收期上部叶和中部叶茄碱分配系数；下部叶茄碱分配系数在第 1 个采收期以低、中量钾处理显著降低，而在第 2 个采收期各处理茄碱分配系数均显著降低。花茄碱分配系数以中量和高量钾处理显著降低。茄子各器官以果实茄碱分配最多，花分配最少。

表 3-8　钾对茄子各器官茄碱分配系数的影响

采收期	钾素水平	茄碱分配系数/%								
		果实	果蒂	根	茎	上部叶	中部叶	下部叶	花	整株
第1次	K0	75.2c	6.12a	3.02a	3.10a	5.74a	3.71a	2.70a	0.410a	100
	K1	82.3b	3.54b	2.06b	2.04b	4.55b	2.74c	2.39c	0.390a	100
	K2	85.5ab	2.91c	1.66c	1.79c	2.31d	3.15b	2.54b	0.180b	100
	K3	87.5a	1.41d	1.37d	1.84c	2.63c	2.45d	2.69a	0.140c	100
第2次	K0	69.2c	2.99a	8.74a	5.00a	5.49a	4.93a	3.66a		100
	K1	73.2b	2.50b	7.96b	4.60b	4.58b	4.27b	2.88b		100
	K2	81.1a	1.73c	6.21c	2.92d	1.72d	4.37b	1.98d		100
	K3	78.4a	1.48d	8.47a	3.49c	2.42c	3.52c	2.20c		100

试验中钾对茄子次生代谢物茄碱含量的降低作用显著，但仍未达到茄碱安全推荐值标准(<200mg/kg FW)(Aziz et al.，2012)，显示出了钾在降低茄子茄碱含

量方面具有局限性。钾元素与其他养分的适宜量比、茄子不同品种生育期的养分需求特性及其与茄碱形成关系还有待进一步深入研究。

二、缓释复合肥对茄子茄碱含量的影响

利用田间试验研究缓释复合肥采用不同施用方式对茄子产量和不同果期茄碱的影响(王菲等，2015a)。缓释复合肥各处理在茄子各采收期较化肥处理降低茄子茄碱含量 33.9%～47.7%、36.8%～49.0%和 18.7%～35.4%(表 3-9)，化肥处理茄子茄碱含量较缓释复合肥处理高，口感较差。SRF3 处理在茄子盛果初期茄碱含量显著高于缓释复合肥其他处理，但与普通复合肥处理无显著差异，这可能是因为在一定范围内适当的养分胁迫可以增加次生代谢物的形成；但在盛果后期 SRF3 处理茄碱含量显著低于普通复合肥处理，显示该处理可能在茄子生长后期因养分(特别是氮素)释放不足反而不利于茄碱的形成。而 SRF2 处理与普通复合肥处理在盛果后期无显著差异，表明适量减少缓释复合肥用量对茄子盛果后期茄碱含量的影响与普通复合肥相似，能使该品种茄子茄碱保持在适宜的水平(每 1g 果实 0.6mg 左右)。

表 3-9　缓释复合肥对茄子茄碱含量的影响

采收期	处理	茄碱	
		含量/(mg/kg)	相对百分比/%
盛果初期	化肥(CF)	1.050a	100
	普通复合肥(CCF)	0.691b	65.8
	缓释复合肥全量(SRF1)	0.571d	54.4
	缓释复合肥减量 5%(SRF2)	0.638c	60.8
	缓释复合肥减量 10%(SRF3)	0.694b	66.1
	缓释复合肥 70%+化肥 30%(SRF4)	0.549d	52.3
盛果中期	化肥(CF)	1.080a	100
	普通复合肥(CCF)	0.895b	82.9
	缓释复合肥全量(SRF1)	0.648c	60.0
	缓释复合肥减量 5%(SRF2)	0.551d	51.0
	缓释复合肥减量 10%(SRF3)	0.682c	63.2
	缓释复合肥 70%+化肥 30%(SRF4)	0.604d	55.9
盛果后期	化肥(CF)	0.923a	100
	普通复合肥(CCF)	0.632c	68.5
	缓释复合肥全量(SRF1)	0.678c	73.5
	缓释复合肥减量 5%(SRF2)	0.648c	70.2
	缓释复合肥减量 10%(SRF3)	0.596d	64.6
	缓释复合肥 70%+化肥 30%(SRF4)	0.750b	81.3

研究中化肥处理释放太多无机态氮使得茄子的茄碱含量较高，降低了茄子果实的食用口感，而施用缓释复合肥的 4 个处理的茄子茄碱含量在整个果期均值为 0.612～0.657mg/kg。表明缓释复合肥缓慢释放无机氮适应了茄子的营养需求，可使茄碱含量保持在一个适量水平，有利于改善茄子果实的食用风味和提高其保健作用。

第三节　番茄红素、辣椒素和黄酮的调控研究

番茄红素是蔬菜一种重要的功能性色素，主要存在于茄科植物番茄的成熟果实中。番茄红素清除自由基的功效远胜于其他类胡萝卜素和维生素 E，其淬灭单线态氧的速率常数是维生素 E 的 100 倍，是目前在自然界植物中发现的最强抗氧化剂之一，因其抗氧化能力强，所以能降血脂、防癌以及抗癌，对人类健康十分重要。辣椒素是辣椒的重要品质成分，辣椒的果实因果皮含有辣椒素而有辣味，能增进食欲。黄酮类化合物是一类供氢型自由基清除剂，广泛存在于蔬菜、水果、谷物等中，具有较强的生物活性和重要的药用价值，如抗衰老、抑菌、抗氧化、抗癌、防癌以及护肝等保健功能，甚至还能护肤、美容等。

一、光照对番茄红素含量的影响

番茄中番茄红素含量居各种果蔬之首。郭金耀和杨晓玲(1990)曾报道番茄红素对光照敏感。我们进行大田试验发现，从青熟期到转色期再到成熟期，5 种不同光质均能促进番茄红素含量的增加，其中从转色期到成熟期促进效果最明显：红色＞黑色＞绿色＞蓝色＞白色(图3-8)。由此可以得出，在番茄转色期到成熟期，红色光质可以最有效地促进番茄红素含量增加。我们研究发现从转色期到成熟期，红色光质有效促进了番茄红素含量的增加，这与孙娜(2015)、黄薪历等(2018)的结论一致。

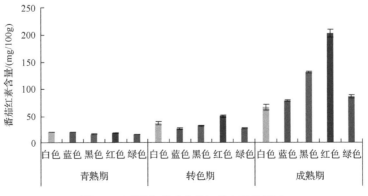

图 3-8　不同光质对番茄红素含量的影响

二、褪黑素对辣椒素含量的影响

我们进行盆栽试验发现，相同褪黑素水平下，辣椒果实辣椒素含量表现为灯笼椒＞牛角椒(图 3-9)。与对照相比，采用 25μmol/L、50μmol/L、100μmol/L 与 200μmol/L 的褪黑素处理使灯笼椒和牛角椒的辣椒素含量分别降低了 13.93%、24.64%、63.90%、22.71% 和 76.72%、6.51%、5.18%、37.56%。使用褪黑素处理降低了辣椒果实中辣椒素的含量，原因有待进一步研究。

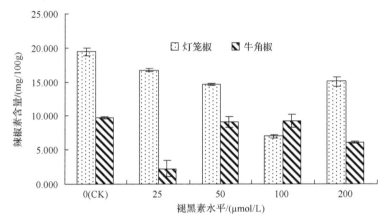

图 3-9　褪黑素对不同辣椒品种辣椒素含量的影响

三、肥料对茄子黄酮含量的影响

(一)锌对茄子黄酮含量的影响

采用土壤盆栽试验和化学分析方法，研究缺锌土壤上增施锌肥对 2 个品种茄子('黑紫茄'和'竹丝茄')黄酮含量的影响及品种间差异(王小晶等，2011)。从表 3-10 可以看出，随着锌肥用量的增加，2 个品种茄子果实中黄酮含量都呈典型的抛物线形变化趋势。'黑紫茄'1 苔果在锌肥用量为 20mg/kg 时黄酮含量达到最高，2 个品种茄子其余各采摘期均在施锌量为 40mg/kg 时黄酮含量达到最高(比对照提高 29.6%～52.0%)。随着采摘期的延迟，茄果黄酮含量呈上升趋势，3 苔果含量最高。产生这一结果的原因可能是 3 苔果的采摘期恰逢重庆地区的高温期，而黄酮的含量与温度呈显著正相关。在同等施锌条件下，2 个品种茄果中黄酮含量也有显著性差异，本试验中'黑紫茄'3 次采收果平均黄酮含量较'竹丝茄'高 16.4%。

表 3-10　不同锌水平下茄子果实黄酮含量 　（单位：mg/kg）

品种	Zn 水平	果实类型	黄酮
黑紫茄	0	1 苕果	5.93d
		2 苕果	9.24d
		3 苕果	10.20c
		$\bar{x} \pm S$	8.46±2.20
	10	1 苕果	6.15d
		2 苕果	10.28c
		3 苕果	11.71b
		$\bar{x} \pm S$	9.38±2.89
	20	1 苕果	9.89a
		2 苕果	11.94b
		3 苕果	12.44b
		$\bar{x} \pm S$	11.42±1.35
	40	1 苕果	9.00b
		2 苕果	12.04a
		3 苕果	13.22a
		$\bar{x} \pm S$	11.42±2.18
	80	1 苕果	7.95c
		2 苕果	8.56c
		3 苕果	10.55c
		$\bar{x} \pm S$	9.02±1.36
竹丝茄	0	1 苕果	5.66c
		2 苕果	8.08c
		3 苕果	9.42c
		$\bar{x} \pm S$	7.72±1.91
	10	1 苕果	5.99bc
		2 苕果	8.40c
		3 苕果	9.95c
		$\bar{x} \pm S$	8.11±2.00
	20	1 苕果	6.25b
		2 苕果	9.62b
		3 苕果	11.61b
		$\bar{x} \pm S$	9.16±2.71
	40	1 苕果	7.26a
		2 苕果	10.29a
		3 苕果	13.63a
		$\bar{x} \pm S$	10.39±3.19
	80	1 苕果	6.42b
		2 苕果	7.97c
		3 苕果	8.86d
		$\bar{x} \pm S$	7.25±1.23

注：表中数据均为 3 次重复平均数

(二)缓释复合肥对茄子黄酮含量的影响

植物中的黄酮能通过抗氧化和清除氧自由基来达到抗癌、防癌的功效，还可通过增强机体的免疫系统功能而起到护肝的效果(王菲等，2015a)。由表 3-11 可知，缓释复合肥各处理在盛果初期茄子果实黄酮含量低于化肥和普通复合肥处理，而在盛果中、后期前者(缓释复合肥)高于后者(化肥和普通复合肥)(王菲等，2015b)。SRF1 处理和 SRF4 处理在盛果中期相比化肥处理增加茄子黄酮含量12.0%和 5.0%，而缓释复合肥的两个减量处理茄子黄酮含量高于普通复合肥处理。除 SRF3 处理茄子黄酮含量在盛果后期与普通复合肥处理无显著差异外，其余缓释复合肥处理的黄酮含量均显著高于化肥和普通复合肥处理，以 SRF1 处理和SRF4 处理增幅最大(与化肥处理相比分别增加 30.0%和 27.0%)。

表 3-11　缓释复合肥对茄子黄酮含量的影响

采收期	处理	黄酮	
		含量/(mg/g)	相对百分比/%
盛果初期	化肥(CF)	10.3a	100
	普通复合肥(CCF)	8.76b	85.1
	缓释复合肥全量(SRF1)	7.54c	73.2
	缓释复合肥减量 5%(SRF2)	6.96d	67.6
	缓释复合肥减量 10%(SRF3)	8.67b	84.2
	缓释复合肥 70%+化肥 30%(SRF4)	7.60c	73.8
盛果中期	化肥(CF)	4.65b	100
	普通复合肥(CCF)	4.19c	90.1
	缓释复合肥全量(SRF1)	5.21a	112
	缓释复合肥减量 5%(SRF2)	4.74b	102
	缓释复合肥减量 10%(SRF3)	4.70b	101
	缓释复合肥 70%+化肥 30%(SRF4)	4.90a	105
盛果后期	化肥(CF)	3.50d	100
	普通复合肥(CCF)	3.69c	105
	缓释复合肥全量(SRF1)	4.57a	130
	缓释复合肥减量 5%(SRF2)	4.25b	121
	缓释复合肥减量 10%(SRF3)	3.77bc	108
	缓释复合肥 70%+化肥 30%(SRF4)	4.50a	127

施肥(氮、磷、钾等营养元素)措施可以调控黄酮类化合物的形成。有研究认为，施磷和施钾对甘草总黄酮含量产生负效应，而施氮则产生正效应(诸姮等，

2007)。研究中缓释复合肥的多种形态氮素可能较普通化肥和复合肥料的单一形态氮素更有利于茄子吸收与利用，从而有利于盛果中、后期茄子果实中黄酮的形成和积累（王菲等，2015a）。

参 考 文 献

董飞, 王传增, 孙秀东, 等. 2019. 基于蛋白质组学研究光质对番茄果实挥发性物质的影响机理. 园艺学报, 46(2): 280-294.

杜天浩, 周小婷. 2016. 褪黑素处理对盐胁迫下番茄果实品质及挥发性物质的影响. 食品科学, 37(15): 69-76.

郭金耀, 杨晓玲. 1990. 温度光照氧气对番茄红素稳定性的影响. 山西农业大学学报, 10(1): 124-127.

黄薪历, 于捷, 艾楷棋, 等. 2018. 红光和远红光对番茄生长发育的影响. 西北农林科技大学学报（自然科学版）, 46(3): 111-118.

李梅兰, 吴俊华, 李远新, 等. 2009. 不同供硼水平对番茄产量及风味品质的影响. 核农学报, 23(5): 875-878.

李恕艳, 李吉进, 张邦喜, 等. 2017. 施用有机肥对番茄品质风味的影响. 中国土壤与肥料, (2): 114-119.

李彦华. 2019. 纳米硅酸钾调控不同蔬菜营养和风味品质的机理研究. 重庆：西南大学硕士学位论文.

刘长锴. 2016. 钾素营养对菜用大豆籽粒蔗糖积累关键酶活性的影响. 哈尔滨：东北农业大学硕士学位论文.

刘春香, 何启伟, 付明清. 2003. 番茄、黄瓜的风味物质及研究. 山东农业大学学报（自然科学版）, 34(2): 193-198.

孙娜. 2015. 光质对番茄生长、生理代谢及果实产量品质的影响. 泰安：山东农业大学硕士学位论文.

孙倩倩. 2016. 外源褪黑素对番茄果实采后成熟的影响. 北京：中国农业大学博士学位大学.

王菲, 李银科, 王正银, 等. 2015a. 缓释复合肥对茄子产量和不同采果期品质的影响. 土壤学报, 52(2): 355-363.

王菲, 李银科, 叶学见, 等. 2015b. 不同钾水平对茄子茄碱含量和分配的影响. 中国蔬菜, (10): 47-52.

王小晶, 王慧敏, 王菲, 等. 2011. 锌对两个品种茄子果实品质的效应. 生态学报, 31(20): 6125-6133.

徐炜南. 2017. 硼对番茄生长及果实风味品质的影响. 杨凌：西北农林科技大学硕士学位论文.

阎秀峰, 王洋, 李一蒙. 2007. 植物次生代谢及其与环境的关系. 生态学报, (6): 2554-2562.

张现征. 2018. 光质调控番茄植株生长及果实品质的机理研究. 泰安：山东农业大学硕士学位论文.

诸姮, 胡宏友, 卢昌义, 等. 2007. 植物体内的黄酮类化合物代谢及其调控研究进展. 厦门大学学报, 46(1): 136-143.

Aziz A, Randhawa M A, Butt M S, et al. 2012. Glycoalkaloids (α-chaconine and α-solanine) contents of selected pakistani potato cultivars and their dietary intake assessment. Journal of Food Science, 77(3): 58-61.

Barrameda-Medina Y, Lentini M, Esposito S, et al. 2017. Zn-biofortification enhanced nitrogen metabolism and photorespiration process in green leafy vegetable *Lactuca sativa* L. Journal of the Science of Food and Agriculture, 97(6): 1828.

Goff S A, Klee H J. 2006. Plant volatile compounds: sensory cues for health and nutritional value. Science, 311(5762): 815-819.

Kader A A. 2008. Flavor quality of fruits and vegetables. Journal of the Science of Food and Agriculture, 88(11): 1863-1868.

Li S, Li J, Zhang B, et al. 2017. Effect of different organic fertilizers application on growth and environmental risk of nitrate under a vegetable field. Scientific Reports, 7(1): 17020.

Lu M K, Shih Y W, Chang C T T, et al. 2010. Alpha-solanineinhibits human melanoma cell migration and invasion by reducing matrix metalloproteinase-2/9 activities. Biological and Pharmaceutical Bulletin, 33(10): 1685-1691.

Muhlemann J K, Klempien A, Dudareva N. 2014. Floral volatiles: from biosynthesis to function. Plant Cell & Environment, 37(8): 1936-1949.

Muhlemann J K. 2013. Biosynthesis, function and metabolic engineering of plant volatile organic compounds. New Phytologist, 198(1): 16-32.

Wei G, Tian P, Zhang F, et al. 2016. Integrative analyses of non-targeted volatile profiling and transcriptome data provide molecular insight into VOC diversity in cucumber plants (*Cucumis sativus* L.). Plant Physiology, 172(1): 603-618.

William F A, Yang Y, Valdemar F, et al. 2014. Impact of selenium supply on Se-methylselenocysteine and glucosinolate accumulation in selenium-biofortified Brassica sprouts. Food Chemistry, 165: 578-586.

第四章　蔬菜重金属镉积累与调控策略

农田重金属污染已成为全球问题,其中 Cd 污染较为严重。在西欧,140 万个测试点受到重金属影响。在美国,有 60 万 hm^2 遭受重金属污染的区域需要修复(Gabrielsen et al.,2011)。尼日利亚北部灌溉区的 Cd 含量平均值达到 9.83mg/kg(Hong et al.,2014)。在新西兰的一些牧场调查发现,土壤中的 Cd 含量在其背景值之上(René et al.,2014)。我国环境保护部和国土资源部公布的 2014 年全国土壤污染状况调查公报显示,我国土壤 Cd 的点位超标率达到 7%,居各种重金属污染之首,其中轻微、轻度、中度和重度污染点位超标率分别为 5.2%、0.8%、0.5% 和 0.5%(环境保护部和国土资源部,2014)。刘意章等(2013)调查表明,三峡库区巫山建平地区土壤存在严重的 Cd 污染问题,表层耕作土壤中的 Cd 含量范围为 0.42~42.00mg/kg,为我国土壤环境质量二级标准值(0.3mg/kg)的 1.4~140 倍。

土壤中 Cd 的来源总体可归结为自然来源和人为来源,前者主要来自大自然中的岩石和矿物,后者主要指通过工农业生产活动直接或间接地将 Cd 排放到环境中。未污染的土壤中 Cd 主要来源于成土母质,其 Cd 含量极低,一般情况下不会威胁人类健康。但随着现代工农业生产的迅速发展,伴随矿山开采、金属冶炼和含 Cd 工业废水违规排放、工业污水灌溉、固体废弃物不断增加,再加上农药、化肥持久性使用产生的面源污染等,土壤中重金属 Cd 含量急剧增加(Wang et al.,2015a)。人类工农业生产活动早已成为土壤 Cd 的最主要来源,大气 Cd 沉降,污水灌溉,污泥、化肥使用等是造成土壤 Cd 污染的主要途径。

第一节　重金属镉主要有毒形态和在蔬菜体内的分布

一、菜田重金属镉主要有毒形态

Cd 在土壤中的迁移、转化及表现出的生物毒性与其形态有着密切的关系。Cd 形态的多级提取法有 Tessier 五步连续提取法(简称 Tessier 法)、欧共体标准物质局 BCR 法和 Shuman 法等,其中 Tessier 法是国际上普遍公认的 Cd 形态分类法,根据吸附基质的不同可将土壤中的 Cd 分为可交换态(EX-Cd)、碳酸盐结合态(CAB-Cd)、铁锰氧化物结合态(FeMn-Cd)、有机结合态(OM-Cd)和残渣态(R-Cd)5 种形态(Tessier et al.,1979)。普遍来说,土壤各形态 Cd 含量顺序为可交换态＞碳酸盐结合态＞残渣态＞铁锰氧化物结合态＞有机结合态(邓朝阳等,2012)。Cd 在土壤溶液中只能以+2 价简单离子或简单配位离子的形式存在,与有机配体形成配合物的能力很弱，也很难与铁锰氧化物结合，所以这两种形态含量较低，导致交换态含量升高(王慧萍，2010)。徐卫红等(2007)研究发现，根际土壤中各种形态镉含量占土壤镉总量的比例表现为可交换态＞碳酸盐结合态＞铁锰氧化物结合态＞残渣态＞有机结合态。可交换态 Cd 对环境变化敏感，容易发生迁移转化且可对植物产生较大毒性。碳酸盐结合态、铁锰氧化物结合态和有机结合态 Cd 为生物潜在可利用态，在低 pH 和低氧化还原电位(Eh)条件下有效性提高，其中碳酸盐结合态 Cd 易受水溶液和根际分泌物的影响，特别是对 pH 变化十分敏感；铁锰氧化物结合态 Cd 具有较强的离子键作用力，生物有效性较低，但受 Eh 干扰较大；有机物结合态 Cd 由各种有机物及矿物颗粒包裹层等与 Cd 螯合而成，受微生物活动和根际效应干扰相对较大；残渣态 Cd 在土壤中迁移较弱，基本不受环境因素的影响，对生物毒性贡献不大。

我们研究了不同土壤 pH(4.0、5.0、6.0、7.0 和 8.0)条件下，土壤各形态 Cd 分配比例(FDC，指土壤中 Cd 的某种形态含量与总 Cd 含量的比值)随时间的变化情况，如图 4-1～图 4-5 所示。在 28 天的培养过程中，不同 pH 条件下各处理土壤镉整体主要以可交换态(EX-Cd)存在。不同土壤 pH 条件下，土壤各形态镉 FDC 随时间的变化各不相同。对于可交换态镉，在 pH 为 4.0、5.0 和 6.0 的土壤中，FDC 在培养 0～1 天明显下降，在培养 4 天时增加，至培养 28 天时轻微下降；在 pH 为 7.0 和 8.0 的条件下，FDC 在培养 0～4 天下降，培养 7 天时上升，随后至 14 天变化平缓，21 天时增加，至 28 天下降。碳酸盐结合态镉 FDC 随培养时间增加没有表现出明显的变化规律，但所有处理碳酸盐结合态镉 FDC 在培养 1～4 天时最低。铁锰氧化物结合态镉 FDC 在不同 pH 条件下，变化规律略有不同：在 pH 为 4.0 和 5.0 的土壤中，FDC 在培养 0～7 天变化不大，在培养 14 天时增加，此时的分配比例明显高于其他时间点，随后降低并趋于平稳；在 pH 6.0 土壤中，FDC 的变化规律不明显；在 pH 为 7.0 和 8.0 的土壤中，FDC 在培养 0～4 天增加，随后降低，在 7～28 天轻微增加。有机结合态镉在整个培养过程中含量最低，仅在培养 14～28 天较多地被检测出。不同 pH 条件下残渣态镉 FDC 在培养 0～14 天变化规律不一，但在 14～28 天所有处理 FDC 逐渐增加。

在 3 周的镉老化结束时，即培养第 0 天，pH 为 4.0、5.0、6.0、7.0 和 8.0 的土壤中可交换态 Cd FDC 为 88.3%、83.0%、81.1%、76.2%和 72.0%，随土壤 pH 的增加其呈降低趋势，其他 4 种形态分配比例仅为 0.9%～14.7%，此时土壤中 Cd 具有较高活性。培养 1 天后，土壤可交换态 Cd 分配比例明显下降，在 pH 为 4.0、5.0、6.0、7.0 和 8.0 的土壤中，分别降至 53.6%～71.0%、42.3%～56.0%、35.8%～46.1%、44.3%～56.2%和 37.7%～49.8%；此时在 pH 为 4.0、7.0 和 8.0 的土壤中，铁锰氧化物结合态 Cd 和残渣态 Cd 分配比例增加；在 pH 为 5.0 和 6.0 的土壤中，

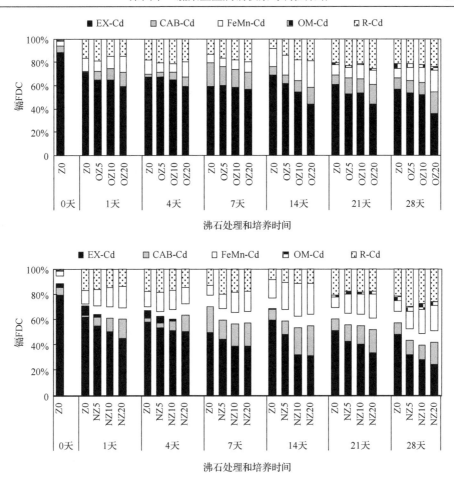

图 4-1　pH 4.0 条件下土壤各形态镉分配比例(FDC)随培养时间的变化

Z 为沸石；OZ 为普通沸石；NZ 为纳米沸石；0、5、10 和 20 分别为沸石施用量(g/kg)；下同

除了铁锰氧化物结合态和残渣态 Cd FDC 增加外，碳酸盐结合态 Cd 分配比例也明显增加。值得注意的是，至培养第 4 天，pH 7.0 和 pH 8.0 土壤中可交换态 Cd FDC 仍继续降低，分别低至 29.6%～50.4%和 20.1%～39.1%，残渣态 Cd FDC 分别增至 20.8%～26.2%和 22.3%～25.8%，铁锰氧化物结合态 Cd FDC 分别增至 21.4%～32.6%和 26.5%～36.1%，可交换态 Cd FDC 明显低于其他 pH 土壤，铁锰氧化物结合态和残渣态 Cd FDC 高于其他 pH 土壤。至培养结束(28 天)时，pH 为 4.0、5.0、6.0、7.0 和 8.0 的土壤可交换态 Cd FDC 分别为 33.0%～56.9%、29.4%～42.0%、31.2%～46.2%、29.7%～45.7%和 25.4%～36.6%，分别比培养 0 天时降低了 39.7%～62.7%、52.5%～64.6%、41.5%～61.5%、50.4%～61.1%和 50.0%～64.8%，所有处理土壤各形态 Cd 分布均表现为 EX-Cd＞R-Cd＞FeMn-Cd＞CAB-Cd＞OM-Cd，仍主要以可交换态存在。

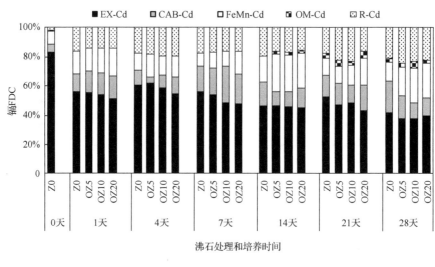

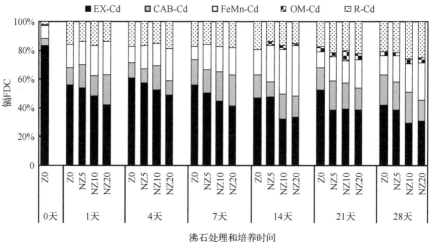

图 4-2　pH 5.0 条件下土壤各形态镉分配比例 (FDC) 随培养时间的变化

与对照相比,施用纳米沸石和普通沸石有效降低了土壤可交换态 Cd 含量和分配比例,增加了其余 4 种形态 Cd 的含量和分配比例。培养结束时,在 pH 为 4.0、5.0、6.0、7.0 和 8.0 的土壤中,施用纳米沸石和普通沸石使土壤可交换态 Cd FDC 分别降低了 27.7%~42.0% 和 6.3%~37.1%,8.7%~30.1% 和 6.1%~11.2%,28.2%~32.5% 和 2.4%~10.7% (除 OZ10 处理),26.3%~35.0% 和 17.2%~28.9%,17.0%~30.6% 和 1.6%~18.8%;在 pH 为 4.0、5.0、7.0 和 8.0 的土壤中,施用纳米沸石和普通沸石使土壤铁锰氧化物结合态 Cd FDC 分别增加了 30.9%~71.9% 和 44.4%~63.0%,37.8%~45.0% 和 1.1%~30.2%,58.4%~105.1% 和 6.0%~19.7%,59.4%~97.4% 和 11.6%~64.2%。在整个培养过程中,土壤可交换态 Cd FDC 随纳

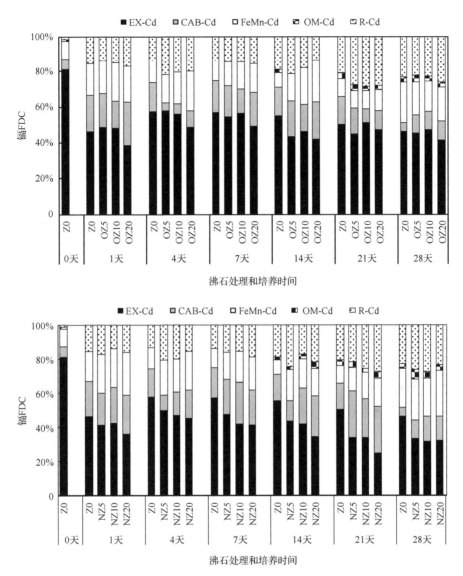

图 4-3　pH 6.0 条件下土壤各形态镉分配比例(FDC)随培养时间的变化

米沸石和普通沸石施用量的增加而降低，且纳米沸石降低 Cd FDC 的幅度高于普通沸石。此外，铁锰氧化物结合态 Cd 含量和分配比例随纳米沸石与普通沸石施用量的增加呈增加的趋势，碳酸盐结合态、有机结合态和残渣态 Cd 随沸石施用量增加则没有表现出明显的变化规律(熊仕娟等，2015a；熊仕娟，2016；秦余丽等，2017a)。

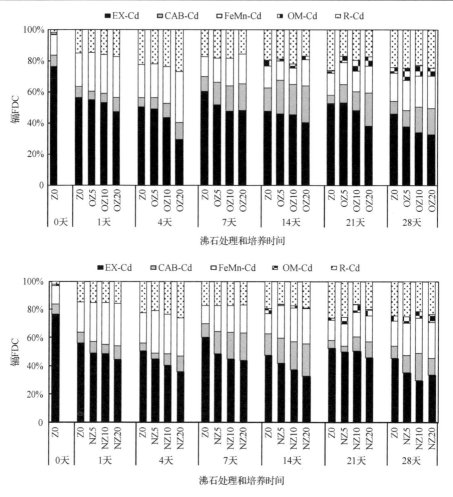

图 4-4　pH 7.0 条件下土壤各形态镉分配比例(FDC)随培养时间的变化

二、重金属镉在蔬菜体内的分布

　　大部分植物体内各器官镉的分布基本符合根＞茎＞叶＞果实(籽粒等幼嫩组织)的规律(Rizwan et al., 2016)。小麦根镉含量为茎的数倍至数十倍，是籽粒的数十倍乃至数百倍，籽粒中积累的大部分镉主要通过根直接吸收转运获得，相对较少的一部分来源于其他营养器官(镉通过再活化途径再分配至籽粒中)。烟草和胡萝卜则是叶中的镉含量更高(娄伟，2010)。水稻、小麦等禾本科作物，除根、叶、茎等部位积累镉之外，一些特殊部位如叶轴、颖片等也能截获并积累大量的镉。植物体内镉的积累及分配在品种间也存在显著性差异(Rizwan et al., 2016)。Wang 等(2017a)通过对 35 个白菜品种筛选获得了低 Cd 积累品种 'CB' 和 'HLQX'。2017年 Dai 和 Yang 对不同品种萝卜筛选获得了 3 个低 Cd 积累型品种和 5 个高 Cd 积累

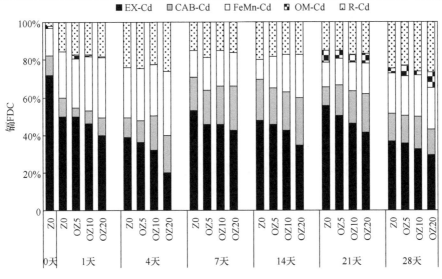

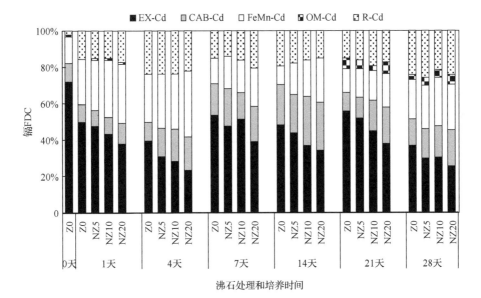

图 4-5 pH 8.0 条件下土壤各形态镉分配比例(FDC)随培养时间的变化

型品种。2015 年 Huang 等从 30 个红薯品种中筛选出了 4 个低 Cd 积累型品种('Nan88'、'Xiang20'、'Ji78-066'和'Ji73-427')。Guo 等(2018)筛选出了芥蓝菜(*Brassica alboglabra*)典型低 Cd 积累型品种'DX102'和典型高 Cd 积累型品种'HJK',并发现典型低 Cd 积累型品种'DX102'的根、地上部细胞壁 Cd 含量均高于典型高 Cd 积累型品种'HJK'。

我们对两个黄瓜品种研究发现,Cd 主要积累于茎和叶中,根和果实中积累量较低，而与之前报道的黄瓜 Cd 含量以根和叶较高、茎和果实含量较低不同(陈蓉等，2015；熊仕娟等，2015b)。此外，重金属在植物体内的化学形态分为活性态和非活性态，活性态有去离子水提取态、离子交换态等，非活性态有氯化钠提取态(NaCl-Cd)、盐酸提取态(HCl-Cd)、醋酸提取态(HAC-Cd)、残渣态(R-Cd)等。我们的研究结果显示，黄瓜果实中 Cd 主要以残渣态(R-Cd)存在，其平均含量为0.608mg/kg，占 Cd 提取总量的 41.5%(陈蓉等，2015；熊仕娟等，2015b)。去离子水提取态(W-Cd)和乙醇提取态(E-Cd)活性较高，但黄瓜果实中两者之和只有0.038mg/kg，占 Cd 提取总量的 2.6%。黄瓜果实中 Cd 活性较高的形态含量低，减少了 Cd 对黄瓜的毒害(陈蓉等，2015；熊仕娟等，2015b)。为了进一步研究重金属镉在蔬菜体内的分布与形态，我们在 2017 年 9 月至 2018 年 6 月采用大田试验研究了 Cd 污染(全 Cd 2.38mg/kg)土壤条件下萝卜和大白菜可食部位 Cd 含量及形态特征。从表 4-1 和图 4-6 可见，萝卜茎 Cd 以 HAC-Cd 为主，其次是 NaCl-Cd，而大白菜地上部 Cd 以 NaCl-Cd 为主，其次为 HAC-Cd，两者主要形态均是活性较低的 Cd 形态。

表 4-1　镉污染菜园土壤上大白菜和萝卜可食部位镉含量　　　(单位：mg/kg)

蔬菜种类	E-Cd	W-Cd	NaCl-Cd	HAC-Cd	HCl-Cd	R-Cd	Cd 总量
大白菜	0.055±0.001	0.042±0.025	1.615±0.273	0.487±0.050	0.021±0.013	0.009±0.004	2.229±0.364
萝卜	0.007±0.001	0.007±0.000	0.260±0.003	0.433±0.014	0.015±0.001	0.020±0.002	0.742±0.015

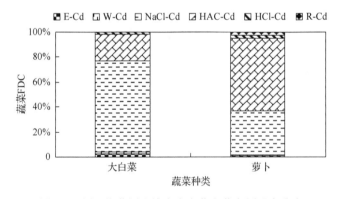

图 4-6　镉污染菜园土壤上大白菜和萝卜镉形态分布

第二节　蔬菜吸收重金属镉的特点

土壤中的镉可通过扩散、质流或截获迁移到植物根表面，再从根表面进入根内部(Rizwan et al.，2016)。镉从根表面进入根内部一是通过细胞壁和细胞间隙等质外体空间进行传递,属于被动吸收,不需要消耗能量,其动力来源一般为介质与植物体内外的离子浓度差异及植物的蒸腾作用;二是通过胞间连丝及原生质流动进行细胞间传递,主要依靠其他离子的载体蛋白并借助能量代谢进行转运,属于主动吸收,需要消耗能量(图 4-7)。但是对于镉进入根部细胞的机制目前仍没有统一的定论,一些学者认为镉与植物中其他营养元素可以共用细胞膜上的离子通道,如 Ca^{2+} 通道,*Arabidopsis thaliana* 细胞膜上的 K^+ 通道对 Cd^{2+} 比较敏感,Ca^{2+} 通道则能够转运 Cd^{2+}(He et al.,2017)。低钙胁迫促进了东南景天体内镉的韧皮部运输以及幼嫩组织对镉的吸收与积累,进一步从组织和细胞水平上证实了超积累生态型东南景天体内镉的吸收、运输及积累与钙运输体系密切相关(廖星程,2015)。此外,影响植物根吸收镉的其他重要因素还包括土壤中镉的浓度和形态、土壤理化性质(氧化还原电位、pH、有机质、温度、其他养分元素等)、根际微域生态环境(根系分泌物、微生物群落的种类和数量)等,它们通过影响土壤中有效镉的含量进一步影响植物对重

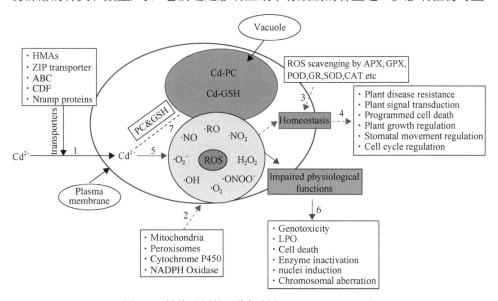

图 4-7　植物对镉的吸收机制(Shahid et al.,2017)

Vacuole,液泡;PC,植物螯合肽;GSH,谷胱甘肽;ROS scavenging,活性氧的清除;APX,抗坏血酸过氧化物酶;GPX,谷胱甘肽过氧化物酶;POD,过氧化物酶;GR,谷胱甘肽还原酶;SOD,超氧化物歧化酶;CAT,过氧化氢酶;ROS,活性氧;·RO,脂质过氧化物;H_2O_2,过氧化氢;·$ONOO^-$,过氧亚硝基阴离子;·OH,羟自由基;·O_2^-,超氧阴离子自由基;·NO,一氧化氮自由基;Homeostasis,内环境稳定;Plant disease resistance,植物抗病性;Plant signal transduction,植物信号传导;Programmed cell death,细胞程序性死亡;Plant growth regulation,植物生长调节;Stomatal movement regulation,气孔运动调节;Impaired physiological functions,生理功能受损;Genotoxicity,遗传毒性;LPO,脂质过氧化物;Cell death,细胞死亡;Enzyme inactivation,酶失活;nuclei induction,细胞核诱导;Chromosomal aberration,染色体畸变;Mitochondria,线粒体;Peroxisomes,过氧化物酶体;Cytochrome P450,细胞色素 P450;NADPH Oxidase,NADPH 氧化酶;Plasma membrane,细胞膜;Transporters,转运因子;HMAs,金属转运蛋白;ZIP transporter,锌铁转运蛋白;ABC,ATP 结合盒转运蛋白;CDF,阳离子转运促进蛋白;Nramp Proteins:自然抗性相关巨噬细胞蛋白

金属的吸收。根系分泌物一方面可以通过改变土壤 pH 和 Eh 等理化性质间接影响重金属的活性，另一方面，有机酸、氨基酸、多肽等根系分泌物可与重金属螯合，从而直接影响重金属在土壤中的结合形态及活性(徐卫红等，2007)。Cd 胁迫下高镉积累型水稻品种'Lu527-8'根分泌物中各有机酸的含量是正常系'Lu527-4'的 1.76～2.43 倍，仅在高镉积累型水稻品种'Lu527-8'根分泌物中发现了苯丙氨酸(Fu et al.，2011)。2011 年 Bao 等报道 Cd 超积累植物龙葵根系分泌的乙酸、柠檬酸、苹果酸、酢浆草酸、酒石酸的含量显著高于非超积累植物番茄，使其对 Cd 的吸收显著多于番茄。土壤中的 Cd^{2+} 能与东南景天的根际分泌物螯合，从而使 Cd^{2+} 生物有效性增加的同时，植物体对 Cd^{2+} 的吸收增加。

一、蔬菜吸收的主要镉形态

我们通过对小白菜各部位 Cd 含量与土壤中各形态 Cd 含量的相关性进行分析得出，小白菜根和地上部 Cd 与 EX-Cd 呈极显著正相关，相关系数分别为 0.944、0.934(表 4-2)。小白菜根和地上部 Cd 与 FeMn-Cd、CAB-Cd 及 OM-Cd 呈极显著负相关，与 R-Cd 呈显著负相关，说明小白菜吸收的主要镉形态为 EX-Cd。

表 4-2　小白菜各部位镉含量与土壤全镉以及镉形态的相关系数

	根-Cd	地上部-Cd	EX-Cd	CAB-Cd	FeMn-Cd	OM-Cd	R-Cd
根-Cd	1						
地上部-Cd	0.993**	1					
EX-Cd	0.944**	0.934**	1				
CAB-Cd	−0.902**	−0.901**	−0.96**	1			
FeMn-Cd	−0.922**	−0.913**	−0.967**	0.877**	1		
OM-Cd	−0.764**	−0.768**	−0.695*	0.602*	0.792**	1	
R-Cd	−0.657*	−0.642*	−0.614*	0.665*	0.632*	0.690*	1

二、不同种类蔬菜对重金属镉的吸收差异

不同种类蔬菜对 Cd 的吸收及积累存在较大的差异。欧阳喜辉等(2008)报道，叶类蔬菜对 Cd 的吸收能力高于果类蔬菜；叶类蔬菜的吸收变异性大，而果类蔬菜则较小。李明德等(2005)对长沙蔬菜基地的调查发现，不同类型蔬菜对重金属的富集系数表现为叶类＞茄果类＞豆类＞瓜类。陈玉成等(2003)的研究显示，不同类型蔬菜对重金属的富集能力表现为叶类＞茄果类＞豆类＞块茎类＞瓜类。

我们于 2011 年 5～8 月调查了重庆市北碚、沙坪坝、两路、学田湾 4 个地方的主要农贸市场。采集主售蔬菜样品，每种蔬菜 2～6 个样品，每一样品由 5～10 株混合组成，共计 73 个样品。重庆市主要农贸市场主售的不同蔬菜可食部分的重金属含量差异显著(表 4-3)。Cd 含量大小顺序为根茎类($\bar{X}$=0.118mg/kg)＞葱蒜类

（$\overline{X}$=0.107mg/kg）＞叶类（$\overline{X}$=0.102mg/kg）＞茄果类（$\overline{X}$=0.093mg/kg）。Cd 含量以根类最高，以茄果类最低。不同种类蔬菜可食部分重金属含量的变异系数不同，Cd 含量的变异系数大小顺序为根茎类（C.V.=110.43%）＞茄果类（C.V.=96.28%）＞叶类（C.V.=78.67%）＞葱蒜类（C.V.=54.12%）。

表4-3　重庆市主要农贸市场蔬菜鲜样中重金属含量

蔬菜类别	蔬菜名称	样本数	范围/(mg/kg)	均值/(mg/kg)	标准差/(mg/kg)	变异系数/%
叶类	冬苋菜	4	0.039～0.117	0.092	0.036	38.70
	生菜	4	0.047～0.093	0.072	0.019	26.91
	空心菜	4	0.044～0.359	0.142	0.148	103.98
	瓢儿白	4	0.030～0.057	0.044	0.014	31.99
	小白菜	4	0.024～0.333	0.110	0.149	136.25
	莴苣叶	4	0.044～0.402	0.138	0.176	128.31
	大白菜	4	0.031～0.406	0.147	0.174	118.11
	菜薹	4	0.025～0.087	0.058	0.026	43.88
	菠菜	4	0.028～0.251	0.103	0.100	97.46
	甘蓝	4	0.033～0.313	0.134	0.131	97.44
	西兰花	4	0.026～0.047	0.035	0.009	25.87
	花菜	4	0.022～0.306	0.155	0.148	95.16
根茎类	莴苣茎	5	0.037～0.324	0.108	0.122	112.44
	芹菜	6	0.131～0.367	0.126	0.137	108.43
茄果类	番茄	4	0.038～0.339	0.120	0.147	122.70
	茄子	4	0.023～0.080	0.044	0.026	60.47
	黄瓜	4	0.035～0.133	0.066	0.046	70.06
	尖椒	4	0.024～0.213	0.078	0.090	114.48
	樱桃果	4	0.039～0.296	0.123	0.121	98.30
	甜椒	3	0.039～0.319	0.140	0.156	111.65
葱蒜类	大葱	4	0.029～0.358	0.135	0.155	114.36
	蒜苗	2	0.287～0.351	0.319	0045	14.16
	蒜薹	2	0.028～0.057	0.042	0.021	49.04
	韭菜	6	0.025～0.068	0.039	0.015	38.93

我们于 2016 年 10～11 月在重庆市潼南桂林、新胜、玉溪、柏梓中渡村和樊家坝，璧山七塘、八塘，涪陵大木，渝北关兴（玉峰山），九龙坡含谷，江津支坪、仁沱，北碚区龙凤桥13 个主要蔬菜基地采集了成熟期蔬菜样品。研究发现，重庆市主要蔬菜基地蔬菜鲜样中 Cd 含量顺序为叶类（$\overline{X}$=0.090mg/kg）＞茄果类

（$\bar{X}$ =0.061mg/kg）＞根茎类（$\bar{X}$ =0.049mg/kg）（表 4-4）。从整体上看，叶类蔬菜中
Cd 的含量显著高于其他两类蔬菜，其中空心菜、莴苣叶、甘蓝的含量较高。Cd
含量的变异系数大小表现为叶类（C.V.=85.34%）＞茄果类（C.V.=58.68%）＞根茎类
（C.V.=43.59%），即蔬菜 Cd 含量的变异系数表现为叶类高于其他两类蔬菜。

表 4-4　重庆市主要蔬菜基地蔬菜鲜样中重金属含量

蔬菜类别	蔬菜名称	样本数	范围/(mg/kg)	均值/(mg/kg)	标准差/(mg/kg)	变异系数/%
	空心菜	4	ND～0.088	0.046	0.048	103.06
	水白菜	5	0.012～0.086	0.042	0.027	65.16
叶类	甘蓝	11	0.023～0.355	0.096	0.096	100.77
	莴苣叶	11	0.048～0.522	0.134	0.132	98.40
	大白菜	3	0.021～0.075	0.048	0.027	56.23
根茎类	萝卜	7	0.020～0.083	0.049	0.021	43.59
茄果类	茄子	4	0.028～0.111	0.061	0.036	58.68

注：ND 表示低于检出限，下同

三、不同品种蔬菜对重金属镉的吸收差异

同种蔬菜不同基因型（品种）间 Cd 吸收和积累也有所差异（Wang et al., 2017b）。
黄志熊等（2014）的研究结果显示，不同基因型水稻镉抗蛋白基因家族的成员
OsPCRI 的表达水平存在显著差异，说明该种基因可能参与调控水稻体内 Cd 的积
累，这为培育低镉积累型水稻（*Oryza sativa*）品种提供了一定的理论依据。有研究
表明，不同品种白菜（*Brassica rapa pekinensis*）和甘蓝（*Brassica oleracea*）间 Cd 积
累差异显著，高积累型品种显著高于低积累型品种（韩超等，2014）。我们在前期
筛选试验的基础上，根据辣椒营养器官 Cd 积累量筛选出高镉积累型品种 'X55'
（线椒，由重庆市农业科学院蔬菜花卉研究所提供）、中镉积累型品种 '大果 99'
（牛角椒，购于湖南湘研种业有限公司）、低镉积累型品种 '洛椒 318'（牛角椒，
购于洛阳市诚研种业有限公司），于 2017 年 3～7 月种植于中性菜园土壤上，采用
土培试验研究了在 0mg/kg、5mg/kg 和 10mg/kg Cd 胁迫下三个品种辣椒对重金属
镉的吸收差异。如表 4-5 所示，辣椒各部位 Cd 含量随 Cd 处理水平的增加而增加
（'X55' 的茎和 '洛椒 318' 的果实除外）。同一 Cd 处理水平下，根、茎、叶的 Cd
含量在品种间存在显著差异，且品种间表现为 'X55' ＞ '大果 99' ＞ '洛椒 318'
（10mg/kg Cd 处理的茎除外）。果实 Cd 含量在品种间差异不显著。

表 4-5　不同镉处理对辣椒镉含量的影响

镉处理水平/(mg/kg)	品种	镉含量/(mg/kg)			
		根	茎	叶	果实
0	洛椒 318	ND	ND	ND	ND
	大果 99	ND	ND	ND	ND
	X55	ND	ND	ND	ND
5	洛椒 318	14.474±0.747c	0.499±0.027c	0.831±0.018c	2.280±0.005a
	大果 99	28.591±1.512b	5.628±0.208b	6.240±0.261b	1.967±0.253a
	X55	54.736±2.044a	6.384±0.061a	8.786±0.047a	1.946±0.065a
10	洛椒 318	26.468±0.546c	0.538±0.026c	0.877±0.012c	1.962±0.003b
	大果 99	45.515±1.043b	6.808±0.228a	6.436±0.136b	2.329±0.189ab
	X55	58.859±2.962a	5.789±0.123b	11.191±1.014a	2.610±0.078a

　　不同 Cd 处理下 3 个品种辣椒根、茎、叶、果实的 Cd 积累量如表 4-6 所示,辣椒茎、叶和果实 Cd 积累量随 Cd 处理水平的增加呈先增加后降低的趋势,在 5mg/kg Cd 处理下达到最大值。同一 Cd 水平下,辣椒根、茎、叶、地上部和植株 Cd 总量在品种间均表现为'X55'>'大果 99'>'洛椒 318',其中'X55'地上部 Cd 积累量在 5mg/kg Cd 处理下分别是'洛椒 318'和'大果 99'的 8.551 倍和 1.692 倍,在 10mg/kg Cd 处理下分别是'洛椒 318'和'大果 99'的 8.574 倍和 1.537 倍。而同一 Cd 处理水平下果实 Cd 积累量在品种间则表现为'大果 99'>'洛椒 318'>'X55',在 5mg/kg Cd 处理下,'X55'果实 Cd 积累量分别比'洛椒 318'和'大果 99'少 19.39%和 65.07%,在 10mg/kg Cd 处理下分别少 25.74%和 69.61%。

表 4-6　不同镉处理对辣椒镉积累量的影响

镉处理水平/(mg/kg)	品种	植株镉积累量/(μg/盆)					
		根	茎	叶	果实	地上部	Cd 总量
0	洛椒 318	ND	ND	ND	ND	ND	ND
	大果 99	ND	ND	ND	ND	ND	ND
	X55	ND	ND	ND	ND	ND	ND
5	洛椒 318	16.981±1.211b	1.645±0.075c	5.823±0.195c	2.280±0.089b	9.748±0.359c	26.730±0.852c
	大果 99	21.202±3.142b	18.439±1.594b	25.553±0.753b	5.262±0.142a	49.253±0.699b	70.455±3.841b
	X55	28.544±0.783a	33.436±1.792a	48.077±1.755a	1.838±0.007c	83.352±0.030a	111.896±0.813a
10	洛椒 318	12.306±0.066c	1.149±0.117c	4.059±0.393c	1.950±0.000b	7.158±0.510c	19.464±0.444c
	大果 99	22.088±0.209b	10.717±0.217b	24.458±0.209b	4.765±0.122a	39.940±0.305b	62.029±0.513b
	X55	29.041±2.280a	22.909±2.188a	37.019±0.359a	1.448±0.025c	61.376±1.854a	90.417±0.426a

第三节 重金属在蔬菜体内的运移分配规律

一、重金属镉在蔬菜体内的运移规律

重金属 Cd 从植物根运输到地上部主要经过 4 个步骤：①通过根吸收土壤中的 Cd；②通过木质部装载运输到地上部；③通过维管束在节点重新定向转运；④通过韧皮部在叶重新活化，最后运输到果实(图 4-8)。Cd 进入植物主要通过根吸收，而根对 Cd 的固持一定程度限制了 Cd 往地上部的运输。有研究表明，在植物运输重金属的过程中，大部分重金属被区隔在根部细胞壁中，这就解释了 Cd^{2+} 主要是被保留在根中，只有少部分被转移到地上部(Monteiro et al.，2012)。

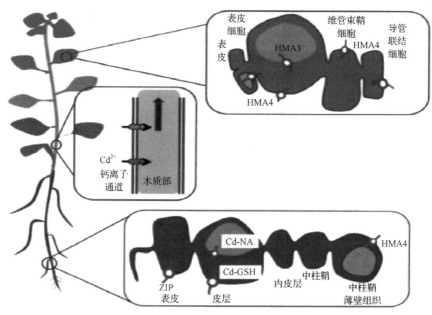

图 4-8 植物镉吸收与转运机制(Verbruggen et al.，2009)

HMA 为重金属 ATP 酶；Cd-GSH 为镉-谷胱甘肽；ZIP 为铁锌转运蛋白；Cd-NA 为镉-尼克烟酰胺

我们的土培试验显示，3 个品种辣椒果实的 Cd 迁移系数随 Cd 处理水平增加呈先增加后减少趋势('X55'除外)，在 5mg/kg Cd 处理下达到最大值，10mg/kg Cd 处理下有所减少(表 4-7)。与 5mg/kg Cd 处理相比较，10mg/kg Cd 处理下'洛椒 318'和'大果 99'的 Cd 迁移系数分别减少 53.16% 和 26.09%。果实 Cd 迁移系数在品种间差异显著，同一 Cd 处理水平下均表现为'洛椒 318' > '大果 99' > 'X55'，5mg/kg Cd 处理下'洛椒 318'果实的 Cd 迁移系数分别是'大果 99'和'X55'的 2.290 倍和 4.389 倍；10mg/kg Cd 处理下'洛椒 318'果实的 Cd 迁移系数分别是'大果 99'和'X55'的 1.451 倍和 1.682 倍。

表 4-7 不同镉处理对辣椒果实镉迁移、富集系数的影响

镉处理水平/(mg/kg)	品种	迁移系数	富集系数
	洛椒 318		
0	大果 99		
	X55		
	洛椒 318	0.158±0.009a	0.456±0.001a
5	大果 99	0.069±0.005b	0.393±0.051a
	X55	0.036±0.000c	0.389±0.013a
	洛椒 318	0.074±0.002a	0.196±0.000b
10	大果 99	0.051±0.003b	0.233±0.019ab
	X55	0.044±0.001c	0.261±0.008a

注：富集系数是指辣椒果实中镉含量与土壤中镉含量之比

二、重金属镉在蔬菜体内的分配规律

有研究显示，在大部分植物种类中，Cd 主要积累在植物根，植物根重金属浓度较高可能是植物应对重金属胁迫的一种方式(Khaliq et al.，2015)。植物对重金属的耐受性可以通过两种基本策略来控制：排除和积累。排除意味着植物避免或限制重金属的吸收，而积累则直接关系到植物组织内运输和隔离重金属的能力，以及植物的生殖保护能力。

我们研究发现，辣椒根、茎、叶、果实的 Cd 含量随 Cd 处理水平的增加而增加(表 4-8)。同一 Cd 处理下，根、茎、叶的 Cd 含量在品种间存在显著差异，Cd 含量在品种间表现为 'X55' ＞ '大果 99' ＞ '洛椒 318'（10mg/kg Cd 处理的茎除外），说明 'X55' 比其他 2 个品种吸收了更多的 Cd。辣椒果实 Cd 含量在品种间差异不显著。

表 4-8 不同镉处理对辣椒镉含量的影响

镉处理水平/(mg/kg)	品种	镉含量/(mg/kg)			
		根	茎	叶	果
	洛椒 318				
0	大果 99				
	X55				
	洛椒 318	14.474±0.747c	0.499±0.027c	0.831±0.018c	2.280±0.005a
5	大果 99	28.591±1.512b	5.628±0.208b	6.240±0.261b	1.967±0.253a
	X55	54.736±2.044a	6.384±0.061a	8.786±0.047a	1.946±0.065a
	洛椒 318	26.468±0.546c	0.538±0.026c	0.877±0.012c	1.962±0.003b
10	大果 99	45.515±1.043b	6.808±0.228a	6.436±0.136b	2.329±0.189ab
	X55	58.859±2.962a	5.789±0.123b	11.191±1.014a	2.610±0.078a

　　不同 Cd 处理下 3 个辣椒品种果实镉氯化钠提取态（NaCl-Cd）、盐酸提取态（HCl-Cd）、醋酸提取态（HAC-Cd）、去离子水提取态（W-Cd）、乙醇提取态（E-Cd）和残渣态（R-Cd）的分配比例（FDC）如图 4-9 所示，在不同 Cd 处理水平下，3 个品种辣椒果实的 Cd 形态均以氯化钠提取态（NaCl-Cd）为主。在 5mg/kg Cd 处理下，'洛椒 318'果实镉 FDC 大小表现为 NaCl-Cd（88.06%）＞HAC-Cd（6.98%）＞R-Cd（2.77%）＞HCl-Cd（1.65%）＞W-Cd（0.29%）＞E-Cd（0.26%）；'大果 99'果实镉 FDC 大小表现为 NaCl-Cd（85.17%）＞HAC-Cd（6.42%）＞R-Cd（6.22%）＞HCl-Cd（1.64%）＞W-Cd（0.28%）=E-Cd（0.28%）；'X55'果实镉 FDC 大小表现为 NaCl-Cd（86.81%）＞HAC-Cd（8.00%）＞R-Cd（2.80%）＞HCl-Cd（2.00%）＞W-Cd（0.22%）＞E-Cd（0.17%）。在 10mg/kg Cd 处理下，'洛椒 318'果实镉 FDC 大小表现为 NaCl-Cd（86.89%）＞HAC-Cd（7.12%）＞R-Cd（3.04%）＞HCl-Cd（1.96%）＞W-Cd（0.72%）＞E-Cd（0.28%）；'大果 99'果实镉 FDC 大小表现为 NaCl-Cd（84.44%）＞HAC-Cd（6.41%）＞R-Cd（6.00%）＞HCl-Cd（2.00%）＞W-Cd（0.81%）＞E-Cd（0.34%）；'X55'果实镉 FDC 大小表现为 NaCl-Cd（86.02%）＞HAC-Cd（7.76%）＞R-Cd（2.96%）＞HCl-Cd（2.22%）＞W-Cd（0.83%）＞E-Cd（0.21%）。

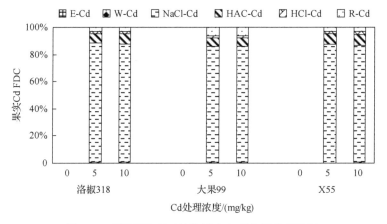

图 4-9　不同镉处理下辣椒果实各形态镉分配比例

　　如表 4-9 和图 4-9 所示，3 个品种辣椒各形态 Cd（NaCl-Cd、HAC-Cd、R-Cd、HCl-Cd、W-Cd、E-Cd）含量随 Cd 处理水平的增加而增加，且大小均表现为 NaCl-Cd＞HAC-Cd＞R-Cd＞HCl-Cd＞W-Cd＞E-Cd。与 5mg/kg Cd 处理相比较，10mg/kg Cd 处理下，含量最多的 NaCl-Cd 在'洛椒 318'、'大果 99'和'X55'果实中分别增加 3.79%、6.80%和 11.41%。在同一 Cd 处理下，各形态 Cd 含量在品种间表现为'大果 99'＞'洛椒 318'＞'X55'。在 5mg/kg Cd 处理下，'大果 99'的 NaCl-Cd 含量分别是'洛椒 318'和'X55'的 1.140 倍和 1.648 倍；在 10mg/kg Cd 处理下，'大果 99'的 NaCl-Cd 含量分别是'洛椒 318'和'X55'的 1.173 倍和 1.580 倍。

表4-9　不同镉处理对辣椒果实各形态镉含量的影响　　（单位：mg/kg）

镉处理水平	品种	E-Cd	W-Cd	NaCl-Cd	HAC-Cd	HCl-Cd	R-Cd
0	洛椒318	<0.005	<0.005	<0.005	<0.005	<0.005	<0.005
	大果99	<0.005	<0.005	<0.005	<0.005	<0.005	<0.005
	X55	<0.005	<0.005	<0.005	<0.005	<0.005	<0.005
5	洛椒318	0.022±0.003a	0.025±0.000b	7.575±0.247b	0.600±0.035a	0.142±0.011ab	0.238±0.053b
	大果99	0.028±0.001a	0.028±0.001a	8.638±0.018a	0.651±0.022a	0.166±0.008a	0.631±0.004a
	X55	0.010±0.001b	0.013±0.000c	5.240±0.198c	0.483±0.012b	0.121±0.001b	0.169±0.009b
10	洛椒318	0.025±0.001b	0.065±0.002ab	7.862±0.056b	0.644±0.016a	0.177±0.005ab	0.275±0.012b
	大果99	0.037±0.004a	0.088±0.000a	9.225±0.283a	0.700±0.035a	0.219±0.027a	0.656±0.009a
	X55	0.014±0.002c	0.056±0.000c	5.838±0.058c	0.527±0.006b	0.151±0.006b	0.201±0.000c

第四节　重金属镉在蔬菜体内的积累机制

一、重金属镉在不同种类蔬菜体内的富集特点

镉在不同蔬菜和蔬菜不同器官部位的积累量都有差异。植物不同部位吸收和积累的镉量有所不同，镉主要积累在新陈代谢旺盛的器官(根和叶)，而营养贮存器官相对较少，即镉在植物各部位的含量为根＞叶＞枝花＞果实＞籽粒。

我们在2015年9月至2018年6月采用大田试验研究了Cd污染(全Cd 2.38mg/kg)菜园土壤条件下茄果类、叶类和根类蔬菜体内Cd含量及分布特征。从表4-10可以看出，与现有资料不同，茄果类蔬菜茄子体内Cd含量表现为果实＞根＞茎＞叶，但番茄、辣椒体内Cd含量表现为叶＞根＞茎＞果实，叶类大白菜和根类萝卜体内Cd含量表现为叶＞根。可见，重金属镉在蔬菜体内的富集和分布与蔬菜种类关系密切。

表4-10　重金属镉在不同种类蔬菜体内分布

蔬菜种类		镉含量/(mg/kg)			
		叶	茎	根	果实
茄果类	茄子	0.408±0.000	0.503±0.000	0.695±0.000	0.861±0.034
	辣椒	1.220±0.000	0.624±0.034	0.648±0.067	0.479±0.101
	番茄	2.46±0.16	2.13±0.18	2.45±0.07	1.16±0.37
叶类	大白菜	1.224±0.005		1.052±0.040	
根类	萝卜	1.694±0.144		0.636±0.053	

二、重金属镉在不同蔬菜品种亚细胞中的分布特征

植物为了减轻重金属的毒害作用，细胞内和细胞外进化出了各种快速、灵活、特异的金属解毒机制，如通过细胞壁上的多糖基团与重金属结合将其固持在植物细胞壁内、重金属和细胞内有机分子螯合或将重金属区隔在液泡内等来克服重金属胁迫，在劣势条件下生存（Clemens，2001；Hall，2002）。重金属被植物吸收以后，会在植物的各个细胞、组织、器官中呈现出选择性分布，如桉树根对 Cd 的滞留和吸收限制作用、细胞壁对 Cd 的固持作用、可溶性组分对 Cd 的区隔化作用等都是其耐受 Cd 的主要机制（韦月越等，2016）。从亚细胞水平来看，植物吸收的重金属在各亚细胞组分中的分布不同，植物中重金属的亚细胞分布可能与植物的重金属耐受性和解毒机制相关。Wang 等（2008a）研究苎麻亚细胞 Cd 分布，结果表明，48.2%～61.9%的 Cd 定位在细胞壁中，30.2%～38.1%的 Cd 定位在可溶性组分中，细胞器中含量最低。Fu 等（2011）研究也表明，在美洲商陆的根和叶中，大部分 Cd 位于细胞壁和可溶性组分中。Wu 等（2005）对水培大麦根和叶的研究表明，Cd 同样主要分布在细胞壁中，并且各细胞组分中 Cd 含量均随营养液中 Cd 处理水平增加而显著升高。Wang 等（2015b）对大豆幼苗亚细胞 Cd 分布的研究表明，在根系中，Cd 主要分布在细胞壁内，从而减少了重金属对植物细胞的伤害。重金属的植物毒性在一定程度上取决于其在植物中的生物活性，细胞对镉的区隔化作用极大地影响了细胞内游离镉的水平，从而影响镉在植物体内的运动（He et al.，2008；Parrotta et al.，2015；Kalaivanan and Ganeshamurthy，2016）。因此，Cd 在植物中的亚细胞分布规律也被认为是影响植物体内 Cd 迁移、积累特性和其植物毒性的重要因素，重金属毒性与其在植物中的亚细胞分布有关。

我们研究发现，不同 Cd 处理下 3 个品种辣椒根、茎、叶、果实各亚细胞组分中 Cd 含量均表现为细胞壁（F1）＞细胞器（F2）＞细胞可溶性组分（F3）（表4-11）。各品种根、茎、叶、果实各亚细胞组分中 Cd 含量随 Cd 处理水平的增加而增加。同一镉水平下，果实各亚细胞组分中 Cd 含量在品种间表现为‘大果 99’＞‘洛椒 318’＞‘X55’。在 5mg/kg Cd 处理下，‘大果 99’果实 F1 的 Cd 含量分别是‘洛椒 318’和‘X55’的 2.859 倍和 5.693 倍，F2 的 Cd 含量分别是‘洛椒 318’和‘X55’的 3.631 倍和 5.533 倍，F3 的 Cd 含量分别是‘洛椒 318’和‘X55’的 1.634 倍和 2.111 倍。在 10mg/kg Cd 处理下，‘大果 99’果实 F1 的 Cd 含量分别是‘洛椒 318’和‘X55’的 1.802 倍和 2.115 倍，F2 的 Cd 含量分别是‘洛椒 318’和‘X55’的 1.950 倍和 2.520 倍，F3 的 Cd 含量分别是‘洛椒 318’和‘X55’的 1.512 倍和 1.794 倍。我们的研究显示，大部分的 Cd 被限制在辣椒细胞壁中，胞壁可以束缚 Cd 离子并限制其跨膜转运（Gallego et al.，2012），这样的解毒机制可以保护原生质体免受 Cd 的毒害，同时也说明辣椒细胞壁在 Cd 的区隔和植物对

Cd 的耐受中起重要作用。其中，'X55' 品种具有良好的 Cd 积累和耐受能力。与辣椒不同，小麦将细胞内大部分 Cd 储存在可溶性组分(F3)中，只有少量 Cd(不足 25%)被区隔到根细胞壁(F1)中(Wan et al.，2003)。

表 4-11　不同镉处理对辣椒根、茎、叶、果实亚细胞组分镉含量的影响(单位：mg/kg)

部位	镉处理水平	品种	镉含量		
			F1	F2	F3
根	5	洛椒 318	15.035±0.317c	3.724±0.162c	1.884±0.103c
		大果 99	21.744±2.374b	5.334±0.069b	2.711±0.107b
		X55	29.661±2.121a	10.466±0.108a	3.722±0.049a
	10	洛椒 318	31.972±0.062c	6.815±0.238c	2.721±0.119c
		大果 99	47.266±1.910b	8.369±0.101b	3.612±0.188b
		X55	54.607±3.255a	14.254±0.739a	7.145±0.013a
茎	5	洛椒 318	5.733±0.177c	4.738±0.124c	0.362±0.006c
		大果 99	7.960±0.244b	6.703±0.175b	0.494±0.044b
		X55	12.724±0.362a	7.851±0.119a	0.655±0.032a
	10	洛椒 318	14.529±0.305b	6.277±0.083c	0.524±0.012b
		大果 99	19.320±0.685a	7.241±0.068b	0.645±0.018b
		X55	20.176±0.399a	8.448±0.392a	1.004±0.144a
叶	5	洛椒 318	3.067±0.054c	1.346±0.051b	0.208±0.004c
		大果 99	4.210±0.111b	1.457±0.006b	0.512±0.005b
		X55	5.412±0.160a	2.495±0.044a	0.618±0.024a
	10	洛椒 318	6.864±0.165b	2.012±0.077c	0.222±0.010c
		大果 99	7.118±0.076b	2.257±0.029b	0.634±0.034b
		X55	8.923±0.085a	2.757±0.012a	0.724±0.012a
果实	5	洛椒 318	0.227±0.032b	0.160±0.004b	0.093±0.002b
		大果 99	0.649±0.041a	0.581±0.020a	0.152±0.013a
		X55	0.114±0.002c	0.105±0.000c	0.072±0.002b
	10	洛椒 318	0.419±0.006b	0.318±0.010b	0.121±0.001b
		大果 99	0.755±0.018a	0.620±0.002a	0.183±0.001a
		X55	0.357±0.006c	0.246±0.007c	0.102±0.001c

三、蔬菜重金属镉蓄积的分子机制

Cd 对植物来说是一种非必需营养元素，因此没有特定的载体对其进行运输。Cd 可能通过和锌(Zn)、铁(Fe)、锰(Mn)、钙(Ca)等竞争细胞膜上的离子通道或运输蛋白而进入细胞内。最近研究表明，植物中多类金属转运蛋白在镉吸收与转运以及解毒过程起着重要作用,在 *ZIP* 家族、*NRAMP* 家族、*CDF* 家族和 *CPx-ATPase* 家族中都有与镉运输相关的基因(表 4-12)。*ZIP*(zinc-regulated transporters and iron-regulated transporter-like protein)基因家族中的 *IRT*1 在植物根系对 Cd 的吸收中起到重要作用(Clemens,2006)。在拟南芥中过量表达 *IRT*1 基因,能使根部积累更多 Zn^{2+} 和 Cd^{2+},显示 *IRT*1 与 Cd 吸收有关(Connolly et al.,2002)。2018 年 Pang 等从矮秆波兰小麦(DPW, *Triticum polonicum*)中分离到 *TpNRAMP5*,*TpNRAMP5* 主要表达于 DPW 的根和茎中,通过对 *TpNRAMP5* 基因的调控,可以限制 Cd 从土壤向小麦籽粒的转移。2019 年 Wang 等从小麦中分离到 *TtNRAMP6*,*TtNRAMP6* 定位于 3B 染色体,通过对 *TtNRAMP6* 基因的调控,可以降低小麦对 Cd 的吸收,从而保证小麦食品的安全。2017 年湖南杂交水稻研究中心赵炳然研究员团队,以杂交稻骨干亲本为受体材料,通过基因组编辑技术与水稻杂种优势利用技术的集成创新,率先建立了快速、精准培育不含任何外源基因的低镉积累型籼型杂交稻亲本品系及组合的技术体系,培育出的低镉积累型杂交稻组合'低镉 1 号'和'两优低镉 1 号',较对照品种'湘晚籼 13 号''深两优 5814'等稻谷的镉含量下降了 90%以上。这项技术不改变原水稻品种的产量、品质及任何性状,只大幅降低品种的镉吸收能力,可以应用到玉米、油菜等品种的低镉改良和分子育种中。

表 4-12　镉转运蛋白种类与位置汇总

编号	转运蛋白	元素	器官	组织	参考文献
1	AtNRAMP3	Fe, Cd, Mn	液泡	根/地上部	Thomine et al.,2000
2	TgMIP1	Cd, Co, Zn, Ni	液泡	叶	Küpper et al.,1999, 2000
3	IRT1	Fe, Zn, Mn, Cd	质膜	根	Cohen et al.,1998;Connolly et al.,2002;Lombi et al.,2002
4	TcZNT1	Zn, Cd		根/地上部	Pence et al.,2002;Assuncao et al.,2001
5	CAX2	Ca, Mn, Cd	液泡	根	Hirayama et al.,1999
6	CPx-ATPase	Cd, Fe, Zn, Mn, Pb		根/地上部	Papoyan and Kochian,2004;Courbot et al.,2007
7	HMA4	Zn, Cd	质膜	根/地上部	Hanikenne et al.,2008

目前从植物中已分离和鉴定的转运体基因主要有 *ZIP* 家族、*HMA*(heavy metal ATPase)家族、*ABC*(ATP-binding cassette transporter)家族、*CAX*(cation/H^+ antiporter)家族和 *NRAMP*(natural resistance-associated macrophage protein)家族。研究已证实它们表达的转运体与重金属离子的吸收、转运、积累和固定等关系密切,并在植株的 Cd 耐受性或 Cd 积累方面发挥了重要作用。

ZIP 基因即金属转运蛋白基因,包括 *ZRT*(zinc regulated transporter)和 *IRT*(iron regulated transporter)两类基因,分别主要负责 Zn 和 Fe 的转运。*IRT*1 是从拟

南芥中分离出来的第一个 *ZIP* 家族基因，其编码的膜蛋白除了主要负责二价铁的转运外，还能将 Zn^{2+}、Cd^{2+}、Mn^{2+}、Co^{2+} 等离子跨膜转运到细胞内。贺晓燕(2011)的研究则表明萝卜中的 *RsIRT*1 基因表达受缺铁和镉胁迫所诱导，且缺铁加镉胁迫下，叶片和根中 *RsIRT*1 的表达量均高于缺铁单独胁迫时，显示 *RsIRT*1 参与金属铁和镉的吸收与转运过程。*ZNT*1 是在 Cd/Zn 超积累植物遏蓝菜中发现的 *ZIP* 家族基因，其表达的转运蛋白主要分布在原生质膜上。Pence 等(2000)的研究表明，*ZNT*1 具有高 Zn 转运活性和低 Cd 转运活性，可促进植物对 Cd 的吸收。但也有不同报道，Milner 等(2012)对 *NcZNT*1 深入研究发现，*NcZNT*1 参与根系细胞对 Zn 的吸收以及 Zn 在木质部的长距离运输，但并不参与细胞对 Cd 等的跨膜运输。

HMA 是一种 P_{1B} 型 ATP 酶。*AtHMA*4 是从拟南芥中分离出的第一个 *HMA* 家族基因，其编码的转运体定位于细胞的原生质膜上，集中在根部维管组织表达。*AtHMA*4 能够转运 Cd，过量表达 *AtHMA*4 能增加拟南芥地上部 Cd 的积累。Bernard 等(2004)的研究则表明，在 Cd/Zn 超积累植物遏蓝菜中 *NcHMA*4 基因的表达量要显著高于非 Cd/Zn 超积累植物拟南芥根系和地上部 *AtHMA*4 的表达量。在拟南芥和水稻中还发现了另一种 *HMA* 家族基因，分别为 *AtHMA*3 和 *OsHMA*3，其编码的蛋白质定位于液泡膜，能跨膜转运 Zn 和 Cd，并将其储存在液泡中，可能其在植物的 Cd 耐受性方面起到一定作用(Ueno et al.，2010)。

ABC 转运体的编码基因被命名为 *HMT*1。在细胞中，ABC 转运体定位于细胞膜。Cd 进入细胞后和植物螯合肽结合成低分子量复合物(LMW)，然后经液泡膜上的 ABC 转运体运输到液泡中，与液泡中的硫化物结合成高分子量 PC-Cd 复合物并储存在液泡中(Clemens，2001)。*YCF*1 是从酵母中分离出的一种 *ABC* 家族基因，编码一个经 MgATP 激活的液泡膜转运体，能将与 GSH 巯基结合的金属离子复合物转运到液泡中。在拟南芥中过量表达 *YCF*1，能提高植株对 Cd 的耐受性。

CDF 家族成员通过促进重金属离子泌出质外体或将其区隔于液泡中这两种方式来提高细胞对重金属的耐受性。2006 年 Arrivault 等发现拟南芥根中 *AtMTP*3 的表达受过量 Cd 的诱导，可能 *AtMTP*3 能将 Cd 转运至液泡中储存，提高植物的 Cd 耐受性。此外，2001 年 Persans 等报道 *TgMTP*1 在酵母中的表达增强了其对 Cd^{2+} 的耐受性。

CAX 是 *CaCA*(Ca^{2+}/cation antiporter)广义基因家族中的一员，其编码的蛋白质也是一种液泡膜转运体，主要负责将阳离子跨膜转运出细胞质以保持细胞离子处于稳态(Shigaki et al.，2006)。在拟南芥中，所有目前已鉴定的 CAX 都能转运 Cd，但以 CAX2 和 CAX4 转运 Cd 的能力最强(Korenkov et al.，2007)。在烟草中过量表达拟南芥 *CAX*2 基因能促进根部 Cd 跨液泡膜的转运，提高 Cd 在根部的积累及植株的 Cd 耐受性(Hirschi，2001)。过量表达 *CAX*4 的转基因拟南芥植株也表现出更强的 Cd 积累能力和 Cd 耐受性，可能是由 Cd 更多地被区隔在液泡中所致(Mei et al.，2009)。Wu 等(2011)的研究也发现，矮牵牛中表达拟南芥 *CAX*1 突变基因，植株相比对照表现出更强的 Cd 耐受性和 Cd 积累能力，而且直到开花期之前，植株的生长和形态均没有受 Cd 积累的影响。

已有研究表明，*NRAMP* 基因编码的膜蛋白能够转运多种二价阳离子，包括必需金属 Fe、Mn 以及有毒重金属 Cd。功能研究表明，拟南芥中的 *AtNRAMP* 具有调控植株中 Cd 毒性的作用(Thomine et al.，2000)。在 Cd 胁迫下过量表达 *AtNRAMP*3 将导致拟南芥根生长对 Cd 的敏感性增加。*OsNRAMP*1 在高镉积累型品种根部的表达量高于低镉积累型品种，*OsNRAMP*1 可能参与细胞对 Cd 的吸收，且品种间 Cd 积累的差异可能是由根部 *OsNRAMP*1 表达水平存在差异所致(Takahashi et al., 2011)。水稻中 *OsNRAMP*5 编码的也是定位于质膜的转运蛋白，分布在外皮层和内皮层，是主要的 Cd 转运体之一，负责将 Cd 转移到根细胞内(Sasaki et al., 2012)。

选育低重金属积累品种是降低作物镉吸收的最有效策略之一，并已对此开展了研究。部分作物如水稻、向日葵和硬粒小麦，通过育种途径降低籽粒镉含量的研究已取得了进展(Rizwan et al., 2016)。2017 年 9 月，"杂交水稻之父"袁隆平院士宣布成功使用 CRISPR/Cas9 技术敲除了与水稻镉吸收和积累相关的基因。由于作物低镉吸收积累机制的复杂性，现有研究存在着许多还未澄清的问题，镉向可食部位(果实或籽粒)转运的调控机制仍然难以捉摸(Song et al., 2014)，镉积累关键基因及其分子机制仍不清楚(Rizwan et al., 2016)，甚至出现相反报道(Milner et al.，2012)。

近年来，我们课题组对 2500 份辣椒资源进行筛选，并通过试验进一步证实辣椒对镉的耐受性和吸收积累存在基因型差异(张海波，2013；李欣忱等，2017；李桃，2019)。我们选择了 3 个辣椒品种('洛椒 318'、'大果 99'和'X55'分别为高、中和低镉积累型)对其果实中镉积累/耐受性相关基因进行了 qRT-PCR 检测。引物在 OligoArchitecxt™ Online (http://www.oligoarchitect.com) 或 Primer 5.0 上设计，共设计了 12 对 qRT-PCR 引物(表 4-13)。所有引物均由南京金斯瑞生物科技有限公司合成。辣椒根、茎和果实中 Cd 积累/耐受性相关基因的 qRT-PCR 扩增电泳结果见图 4-10。

表 4-13　辣椒镉积累/耐受性相关基因 qRT-PCR 引物

基因	引物	序列(5′→3′)	T_m/℃
*FTP*1-1	*FCaFTP1Aq*	5′-CCCTCTCTAAAGATGGAACGAAACT-3′	61.0
	RCaFTP1Aq	5′-GCCATTGCTGCCTTTTTCAACATT-3′	
*FTP*1-2	*FCaFTP1Bq*	5′-GAAATCGGTCAGGGTCAAGATAGT-3′	61.0
	RCaFTP1Bq	5′-GCATGTATTGCTTGAAGCACCTAA-3′	
*FTP*1-3	*FCaFTP1Cq*	5′-CTAGTTTGTACAGCAACAAGCAC-3′	61.0
	RCaFTP1Cq	5′-GCTTGACGCTCCAAGAGAAAG-3′	

续表

基因	引物	序列(5′→3′)	$T_m/℃$
FTP1-4	FCaFTP1Dq	5′-CGTTCATGGACTAGCCAAATGTG-3′	61.0
	RCaFTP1Dq	5′-GCTTTCATCTTCATCCCATATTCC-3′	
HMA1	FCaHMA1q	5′-ACATATTGGAAGGTGGCTTGCT-3′	62.0
	RCaHMA1q	5′-CAGGTCACTCACGGGAACTT-3′	
HMA2	FCaHMA2q	5′-CACCTCTCCAATGGTTAGCACTT-3′	62.0
	RCaHMA2q	5′-CTTGTGACTTGCCCTTGACTCT-3′	
NRAMP1	FCaNRAMP1q	5′-GGAGCTGGCAGGCTGATTATC-3′	62.0
	RCaNRAMP1q	5′-AGGCCGTGCTGAGGTAGTAT-3′	
NRAMP2	FCaNRAMP2q	5′-TGGCTTAGGGCACTGATTACAC-3′	62.0
	RCaNRAMP2q	5′-CACGAGTACAGCAACAGTCCAT-3′	
NRAMP3	FCaNRAMP3q	5′-TGTTCTTCAGTCTGTCCAAATCCC-3′	62.0
	RCaNRAMP3q	5′-CAGATGTAAGCAGCACACCACT-3′	
NRAMP5	FCaNRAMP5q	5′-TCGATGTTCTGAACGAATGGCTAA-3′	62.0
	RCaNRAMP5q	5′-ATGGTTATGACGCTGGGCAAT-3′	
NRAMP6	FCaNRAMP6q	5′-CTGAAGCCGTGGATTAGGAACTT-3′	62.0
	RCaNRAMP6q	5′-CCATCTTGGTCTTACTGCTTGTGA-3′	
PCS	FCaPCSq	5′-CCTGGAAGCAACGATGTACTGA-3′	60.0
	RCaPCSq	5′-GCAGCCAACTCTTCTTCTACCT-3′	

注：F. 正向引物，R. 反向引物，Ca 为辣椒，PCS. 植物螯合肽合成酶基因

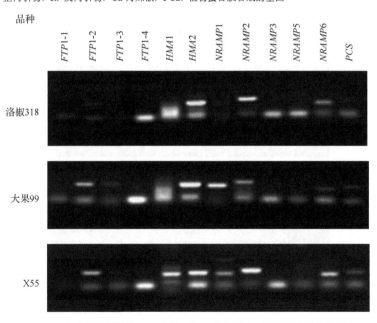

(a) 0mg/kg 镉胁迫下洛椒318、大果99和X55辣椒根中Cd积累/耐受性相关基因

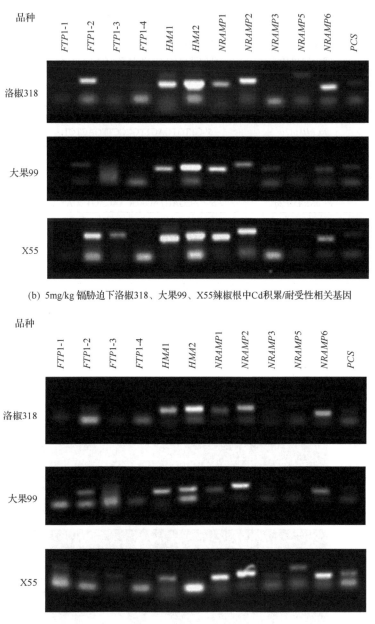

(b) 5mg/kg 镉胁迫下洛椒318、大果99、X55辣椒根中Cd积累/耐受性相关基因

(c) 10mg/kg 镉胁迫下洛椒318、大果99、X55辣椒根中Cd积累/耐受性相关基因

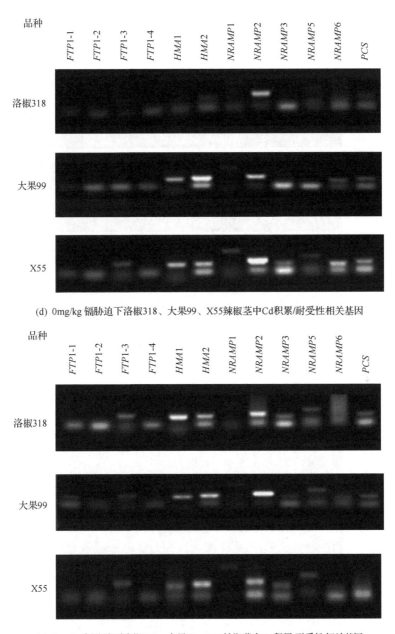

(d) 0mg/kg 镉胁迫下洛椒318、大果99、X55辣椒茎中Cd积累/耐受性相关基因

(e) 5mg/kg 镉胁迫下洛椒318、大果99、X55辣椒茎中Cd积累/耐受性相关基因

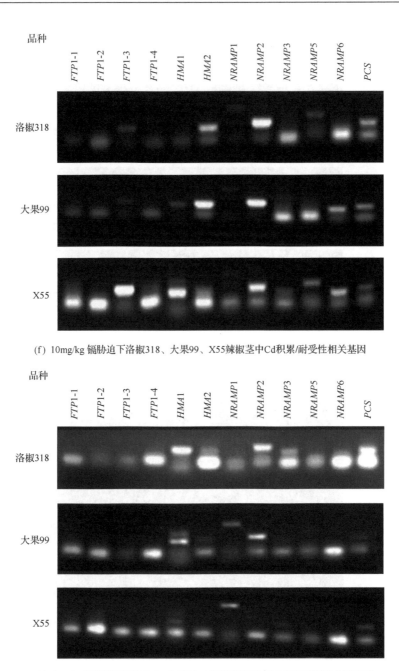

(f) 10mg/kg 镉胁迫下洛椒318、大果99、X55辣椒茎中Cd积累/耐受性相关基因

(g) 0mg/kg 镉胁迫下洛椒318、大果99、X55辣椒果实中Cd积累/耐受性相关基因

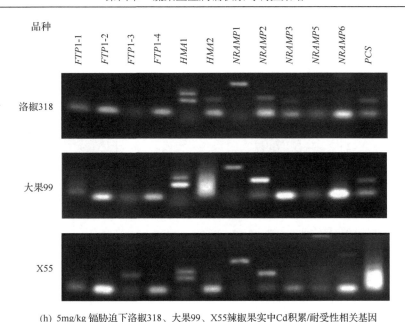

(h) 5mg/kg 镉胁迫下洛椒318、大果99、X55辣椒果实中Cd积累/耐受性相关基因

图 4-10　3 个品种辣椒根、茎和果实中镉积累/耐受性相关基因 qRT-PCR 扩增电泳结果

综合 PCR 扩增结果，最终选定 *FTP*1-2、*FTP*1-3、*HMA*1、*HMA*2、*NRAMP*1、*NRAMP*2、*NRAMP*3、*NRAMP*5、*NRAMP*6、*PCS* 做实时荧光定量 PCR 分析。

（一）不同品种辣椒各部位的 *FTP* 家族基因表达量比较

如图 4-11 所示，*FTP* 家族基因表达量均表现为根＞茎＞果实，在品种间均表现为品种 'X55' ＞ '洛椒 318' ＞ '大果 99'。*FTP*1-2 基因在品种 '大果 99' 的根中经 Cd 处理上调不明显，在品种 '洛椒 318' 和 'X55' 的根中上调明显，与 0mg/kg Cd 处理相比较，5mg/kg 和 10mg/kg Cd 诱导后，品种 '洛椒 318' 和 'X55' *FTP*1-2 基因表达量分别上调 1.941 倍、3.957 倍和 1.055 倍、2.049 倍。在茎材料中，不同品种的 *FTP*1-2 基因表达量都显示一定的浓度效应，与 0mg/kg Cd 处理相比较，5mg/kg Cd 诱导后，品种 '洛椒 318'、'大果 99' 和 'X55' *FTP*1-2 基因表达量分别上调 48.6%、38.2%和 40.0%；10mg/kg Cd 诱导后，*FTP*1-2 基因表达量分别上调 90.3%、88.8%和 80.0%。在果实材料中，5mg/kg Cd 诱导后，品种 '洛椒 318'、'大果 99' 和 'X55' *FTP*1-2 基因表达量分别上调 37.0%、50.7%和 54.6%。

*FTP*1-3 基因经镉诱导后在不同材料中显著上调。在根材料中，与 0mg/kg Cd 处理相比较，5mg/kg Cd 诱导后，品种 '洛椒 318'、'大果 99' 和 'X55' *FTP*1-3 基因表达量分别上调 9.882 倍、11.138 倍和 2.946 倍；10mg/kg Cd 诱导后，品种 '洛椒 318'、'大果 99' 和 'X55' *FTP*1-3 基因表达量分别上调 29.299 倍、46.031 倍和 10.577 倍。在茎材料中，*FTP*1-3 基因表达量上调倍数在 5mg/kg 和 10mg/kg Cd

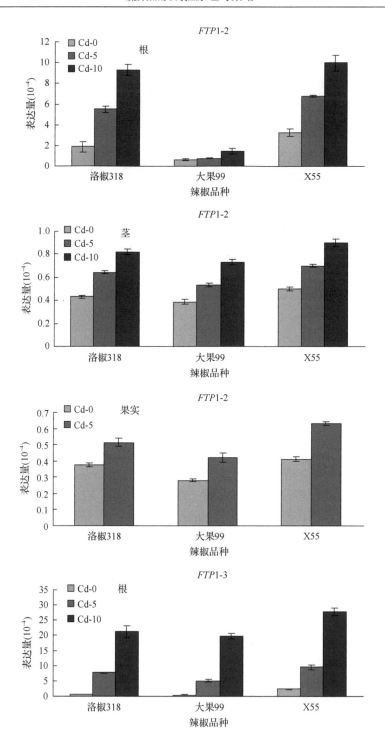

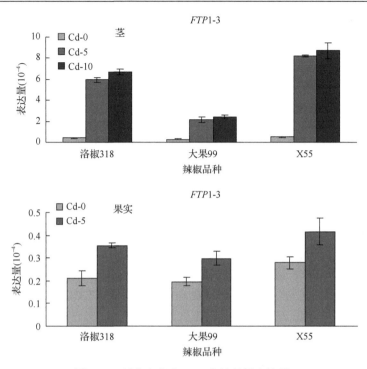

图 4-11 辣椒各部位 *FTP* 家族基因表达量

处理间差异不明显，经 5mg/kg Cd 处理后，品种'洛椒 318'、'大果 99'和'X55' *FTP*1-3 基因表达量分别上调 13.501 倍、5.893 倍和 15.206 倍；10mg/kg Cd 处理后，品种'洛椒 318'、'大果 99'和'X55' *FTP*1-3 基因表达量分别上调 15.350 倍、6.799 倍和 16.213 倍。在果实材料中，5mg/kg Cd 处理后，品种'洛椒 318'、'大果 99'和'X55' *FTP*1-3 基因表达量分别上调 67.5%、51.3%和 49.1%。

ZIP 家族转运体不但能转运 Zn 和 Fe 等植物必需的营养元素，还能转运 Cd、Pb 等有害重金属元素。*IRT*1 主要参与植物的 Fe 转运，并且由于 *IRT*1 具有较低的选择性，其在调控 Fe 转运过程中，还能转运 Cd 等其他毒性重金属进入植物体内（Connolly et al.，2002）。2018 年 He 等的研究表明，*IRT*1 在根系对 Cd^{2+} 的吸收过程中起重要作用。Rogers 等（2000）分析了 *AtIRT*1 上与金属吸收的相关位点，结果表明，*AtIRT*1 参与了 Fe、Mn 和 Cd 的转运，且 136-Asp 是吸收 Cd 的关键位点。但是 2018 年 Anna 等对烟草 *NtZIP*1-*like* 基因的详细分析表明，*NtZIP*1-*like* 定位于质膜，参与 Zn 而不参与 Fe 和 Cd 的转运。也有研究表明，*OsIRT*2 能转运 Cd，但是转运能力远小于 *OsIRT*1（Nakanishi et al.，2006），*OsZIP*3 只与 Zn 分配有关，不参与 Zn 的吸收和转运过程（Sasaki et al.，2015）。目前对 ZIP 家族转运体在 Cd 转运方面的作用还存在争议。本研究中，不同 Cd 处理下 *FTP* 家族基因表达量均表现为根＞茎＞果实，在品种间均表现为品种'X55'＞'洛椒 318'＞'大果 99'。

其中，*FTP*1-2 基因在品种'大果 99'根中经 Cd 处理上调不明显，与 0mg/kg Cd 处理相比较，5mg/kg 和 10mg/kg Cd 诱导后，品种'洛椒 318'和'X55' *FTP*1-2 基因表达量分别上调 1.941 倍、3.957 倍和 1.055 倍、2.049 倍。镉诱导 *FTP*1-3 基因在不同材料中显著上调，说明 *FTP*1-2 和 *FTP*1-3 基因参与了辣椒根对 Cd 的吸收及 Cd 在地上部的积累。

（二）不同品种辣椒各部位的 *HMA* 家族基因表达量比较

如图 4-12 所示，与 0mg/kg Cd 处理相比较，5mg/kg 和 10mg/kg Cd 诱导后，*HMA*1 和 *HMA*2 基因在品种'洛椒 318'、'大果 99'与'X55'的根、茎、果实中被诱导上调表达，且在茎中表达量显著高于根和果实。*HMA*1 基因在品种'洛椒 318'和品种'大果 99'的根中上调不明显，在品种'X55'根中上调明显。与 0mg/kg Cd 处理相比较，5mg/kg 和 10mg/kg Cd 处理后，*HMA*1 基因在品种'X55'根中表达量分别上调 6.488 倍和 51.103 倍；品种'洛椒 318'、'大果 99'和'X55'茎中 *HMA*1 基因表达量经 5mg/kg Cd 处理后分别上调 67.3%、2.154 倍和 78.6%，经 10mg/kg Cd 处理后 *HMA*1 基因表达量分别上调 92.3%、3.846 倍和 1.381 倍，有一定的浓度效应；*HMA*1 基因在品种'洛椒 318'、'大果 99'和'X55'果实中表达量具有一定的浓度效应，经 5mg/kg Cd 处理后，'X55'果实中 *HMA*1 基因表达量分别是品种'洛椒 318'和'大果 99'的 1.473 倍和 3.584 倍。*HMA*2 基因在品种'洛椒 318'、'大果 99'和'X55'根中上调表达具有一定的浓度效应。与 0mg/kg Cd 处理相比较，经 5mg/kg 处理后 *HMA*2 基因在'洛椒 318'、'大果 99'和'X55'根中表达量分别上调 3.962 倍、3.600 倍和 3.653 倍，经 10mg/kg Cd 处理后分别上调 5.000 倍、5.150 倍和 6.041 倍；*HMA*2 基因在品种'洛椒 318'、'大果 99'和'X55'茎中上调表达具有一定的浓度效应，经 5mg/kg 处理后 *HMA*2 基因表达量分别上调 4.526 倍、3.884 倍和 6.333 倍，经 10mg/kg Cd 处理后 *HMA*2 基因表达量分别上调 8.605 倍、8.070 倍和 12.333 倍；*HMA*2 基因在品种'洛椒 318'和'大果 99'的果实中上调不明显，经 5mg/kg 处理后，品种'X55'果实中 *HMA*2 基因与 0mg/kg Cd 处理相比较，表达量上调 2.906 倍。

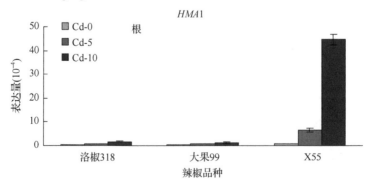

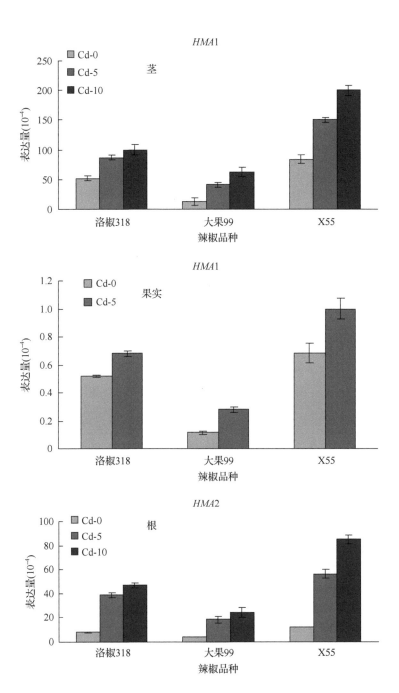

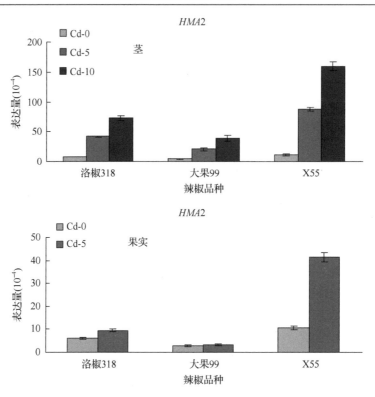

图 4-12　辣椒各部位 *HMA* 家族基因表达量

　　HMA 家族基因，尤其是 *HMA*1～4，在植物 Cd 积累过程中起着核心作用，包括 Cd 超积累体天蓝遏蓝菜（*Thlaspi caerulescens*）和鼠耳芥（*Arabidopsis halleri*）（Krämer et al.，2007），*AtHMA*1 在重金属运输进入叶绿体中起重要作用，*AtHMA*2 和 *AtHMA*4 负责根中重金属的转移，*AtHMA*3 负责将重金属运输到液泡中。*HMA*1～4 的过表达促进了根系对 Cd 的吸收，同时促进了 Cd 在木质部的装载（Courbot，2007），增加了幼苗的 Cd 积累量。在本研究中，与 0mg/kg Cd 处理相比较，5mg/kg 和 10mg/kg Cd 诱导后，*HMA*1 与 *HMA*2 基因在品种'洛椒 318'、'大果 99'和'X55'的根、茎、果实中被诱导上调表达，并具有一定的浓度效应，且在茎中表达量显著高于根和果实。说明 *HMA*1 和 *HMA*2 基因的表达量受到外源 Cd 的调节，并且茎材料中基因表达丰度显著高于根，因此 *HMA*1 和 *HMA*2 基因可能参与了 Cd 从辣椒根往地上部的运输，并且参与了 Cd 在地上部的积累。有研究表明，*OsHMA*2 是水稻根向地上部运输 Zn 与 Cd 的一个转运蛋白（Satoh-Nagasawa et al.，2012），*OsHMA*2 不仅在水稻根中高表达，在地上部也高表达，是根和地上部锌与镉的主要转运途径之一（Naoki et al.，2013），这与本研究结果相类似。此外，在本研究 3 个辣椒品种中，品种'X55'的 *HMA*1 和 *HMA*2 基因表达量均显著高于品种'洛椒 318'和'大果 99'，说明 Cd 诱导下 *HMA*1 和

*HMA*2 基因在品种'X55'中的调控作用显著高于其他两个品种，这可能与'X55'地上部 Cd 积累量较高以及其 Cd 耐受性较高有关。

(三)不同品种辣椒各部位的 *NRAMP* 家族基因表达量比较

如图 4-13 所示，与 0mg/kg Cd 处理相比较，5mg/kg 和 10mg/kg Cd 诱导后，*NRAMP*1、*NRAMP*2、*NRAMP*3、*NRAMP*5 与 *NRAMP*6 基因在品种'洛椒 318'、'大果 99'和'X55'的根、茎、果中被诱导上调表达。*NRAMP*1 基因在品种'洛椒 318'和'大果 99'根中上调不明显，在品种'X55'根中上调明显，5mg/kg 和 10mg/kg Cd 诱导后，*NRAMP*1 基因表达量分别上调 65.4%和 1.370 倍；*NRAMP*1 基因在品种'洛椒 318'、'大果 99'和'X55'茎中上调表达有明显的浓度效应，与 0mg/kg Cd 处理相比较，5mg/kg Cd 处理后 3 个品种 *NRAMP*1 基因表达量分别上调 75.7%、87.1%和 76.7%，10mg/kg Cd 处理后 *NRAMP*1 基因表达量分别上调 1.351 倍、1.452 倍和 1.279 倍；与 0mg/kg Cd 处理相比较，5mg/kg Cd 处理后 *NRAMP*1 基因表达量在品种'洛椒 318'、'大果 99'和'X55'果实中分别上调 81.3%、68.9% 和 67.7%。*NRAMP*2 基因在品种'洛椒 318'、'大果 99'和'X55'的各部位间表达量均表现为根＞茎＞果实，且上调表达具有一定的浓度效应，同一 Cd 处理下 *NRAMP*2 基因表达量在品种间均表现为品种'大果 99'＞'洛椒 318'＞'X55'。在辣椒根材料中，5mg/kg Cd 处理后，品种'大果 99'*NRAMP*2 基因表达量分别是品种'洛椒 318'和'X55'的 2.134 倍和 2.746 倍；10mg/kg Cd 处理后，品种'大果 99'*NRAMP*2 基因表达量分别是品种'洛椒 318'和'X55'的 1.890 倍和 4.079 倍。在辣椒茎材料中，5mg/kg Cd 处理后，品种'大果 99'*NRAMP*2 基因表达量分别是品种'洛椒 318'和'X55'的 2.041 倍和 2.500 倍；10mg/kg Cd 处理后，品种'大果 99'*NRAMP*2 基因表达量分别是品种'洛椒 318'和'X55'的 1.254 倍和 3.971 倍。在辣椒果实材料中，5mg/kg Cd 处理后，品种'大果 99'*NRAMP*2 基因表达量分别是品种'洛椒 318'和'X55'的 1.649 倍和 3.558 倍。

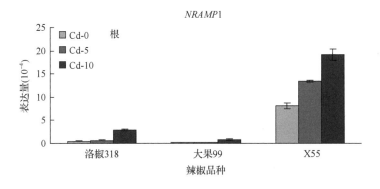

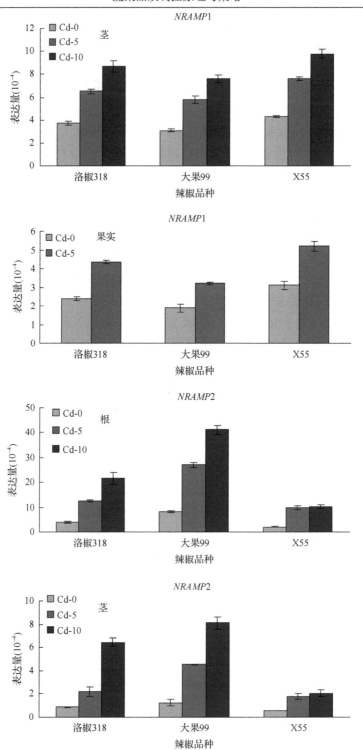

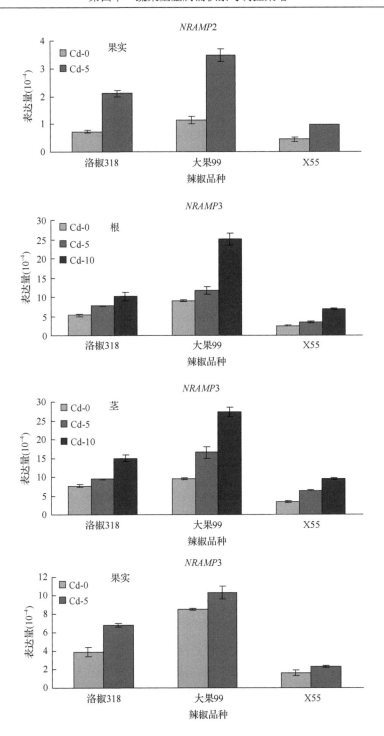

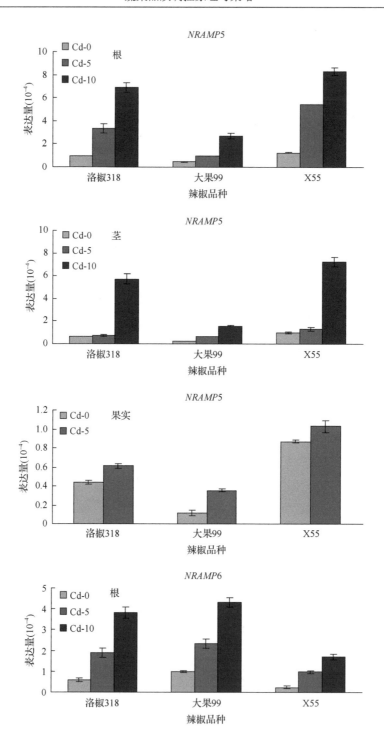

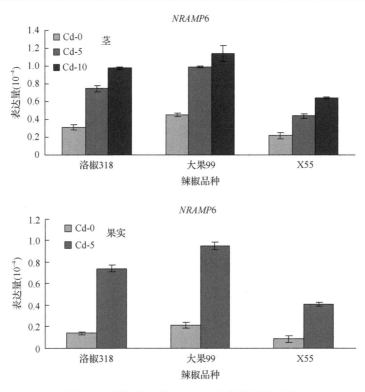

图 4-13　辣椒各部位 *NRAMP* 家族基因表达量

在根材料中，5mg/kg Cd 处理后，品种'大果 99'*NRAMP*3 基因表达量分别是品种'洛椒 318'和'X55'的 1.501 倍和 3.392 倍；10mg/kg Cd 处理后，品种'大果 99'*NRAMP*3 基因表达量分别是品种'洛椒 318'和'X55'的 2.461 倍和 3.708 倍。*NRAMP*3 基因在根、茎、果实中表达量在种间均表现为品种'大果 99'＞'洛椒 318'＞'X55'。在茎材料中，5mg/kg Cd 处理后，品种'大果 99'*NRAMP*3 基因表达量分别是品种'洛椒 318'和'X55'的 1.755 倍和 2.578 倍；10mg/kg Cd 处理后，品种'大果 99'*NRAMP*3 基因表达量分别是品种'洛椒 318'和'X55'的 1.833 倍和 2.862 倍。在果实材料中，5mg/kg Cd 处理后，品种'大果 99'*NRAMP*3 基因表达量分别是品种'洛椒 318'和'X55'的 1.515 倍和 4.459 倍。*NRAMP*5 基因表达量在各品种间均表现为根＞茎＞果实，经 10mg/kg Cd 处理后，在根、茎、*NRAMP*5 基因表达量均表现为品种'X55'＞'洛椒 318'＞'大果 99'，在根材料中，品种'X55'的 *NRAMP*5 基因表达量分别是品种'洛椒 318'和'大果 99'的 1.2 倍和 3.067 倍；在茎材料中，品种'X55'的 *NRAMP*5 基因表达量分别是品种'洛椒 318'和'大果 99'的 1.269 倍和 4.660 倍。5mg/kg Cd 处理后，在果实材料中，品种'X55'的 *NRAMP*5 基因表达量分别是品种'洛椒 318'和'大果 99'的 1.686 倍和 2.926 倍。在根、茎、果实材料中 *NRAMP*6 基因表达量在品种间均表现为'大果 99'>'洛椒 318'>'X55'。在根材料中，5mg/kg Cd 处理后，品种'大果 99'的 *NRAMP*6 基因表达量分别是品种'洛椒 318'和'X55'的 1.250 倍和 2.413 倍；在 10mg/kg Cd 处理后，品种'大果 99'的 *NRAMP*6 基因表达量分别是品种'洛椒 318'和'X55'的 1.122 倍和 2.520 倍。在茎材料中，5mg/kg Cd 处理后，品种'大果 99'的 *NRAMP*6 基因表达量分别是品种'洛椒 318'和'X55'的 1.315 倍和 2.261 倍；经 10mg/kg Cd 处理后，品种'大果 99'的 *NRAMP*6 基因表达量分别是品种'洛椒 318'和'X55'的 1.163 倍和 1.781 倍。在果实材料中，5mg/kg Cd 处理后，品种'大果 99'的 *NRAMP*6 基因表达量分别是品种'洛椒 318'和'X55'的 1.287 倍和 2.327 倍。

植物天然抗性相关巨噬细胞蛋白(NRAMP)家族对重金属胁迫具有较强的耐受性，是一类重要的金属跨膜转运蛋白，参与植物体内的重金属转运和保持重金属离子平衡。NRAMP 转运蛋白已被报道在植物根系和地上部均有表达，并被分类为涉及 Mn^{2+}、Zn^{2+}、Cu^{2+}、Fe^{2+}、Cd^{2+}、Ni^{2+} 和 Co^{2+} 的金属跨膜转运蛋白(Nevo and Nelson, 2006)。据报道，Cd 污染条件下植物可通过 NRAMP 等金属阳离子转运体积累土壤中的 Cd(He et al., 2015)。许多研究已报道 *NRAMP*1、*NRAMP*3、*NRAMP*4 和 *NRAMP*6 参与了 Fe 与 Cd 的转运(Pottier et al., 2015)。Mani 和 Sankaranarayanan(2018)对 *OsNRAMP* 的相互作用分析也表明，*OsNRAMP*1~7 这些转运基因可能与 Cd/Zn 转运有关。在本研究中，辣椒根、茎、果实的 *NRAMP*2、*NRAMP*3、*NRAMP*6 基因表达量在种间均表现为品种'大果 99'>'洛椒 318'>'X55'；*NRAMP*1 和 *NRAMP*5 基因则表现为'X55'>'洛椒 318'>'大果 99'，而不同 Cd 处理下地上部 Cd 积累量在品种间表现为'X55'>'洛椒 318'>'大果 99'。*NRAMP* 基因在不同辣椒品种间具有表达差异性，说明不同品种辣椒对 Cd 吸收转运的能力不同。Hartke 等(2013)研究发现，Cd 胁迫下 6 个番茄品种 Cd 积累和转运基因 *LeNRAMP*1 和 *LeNRAMP*3 表达量存在基因型差异，Cd 转运和耐受性在品种间也存在显著差异，同样在不同品种白菜中也存在这样的规律(Wang et al., 2017a)。上述结果同时还说明 *NRAMP*1 和 *NRAMP*5 基因介导了品种'X55'高积累 Cd。Ishimaru 等(2012)研究表明，*OsNRAMP*5 定位于水稻表皮细胞的质膜上，水稻过表达 *OsNRAMP*5 会提高水稻地上部 Cd 积累量，与本研究结果相类似。在本研究中，同一 Cd 处理下，*NRAMP* 家族中的这 5 个基因在辣椒的根、茎、果实材料中均有表达，品种'洛椒 318'和品种'大果 99'的 *NRAMP*1 基因在辣椒茎中的表达量高于根，而品种'X55'茎中 *NRAMP*1 基因表达量低于根；*NRAMP*2、*NRAMP*5、*NRAMP*6 基因在 3 个辣椒品种根中的表达量均为最高，其次为茎和果实；而 *NRAMP*3 基因在 3 个品种辣椒茎中的表达量高于根，果实表达量最低。本试验结果说明，以上几个基因均参与了辣椒 Cd 从根到地上部的迁移过程，参与了 Cd 在辣椒体内的长距离运输。Meena 等(2018)研究表明，*LeNRAMP*3 参与番茄 Cd 从根到叶的迁移转运过程，并且在 250μmol/L Cd 浓度下较为敏感。Thomine 等(2000)也报道了 *AtNRAMP*3 参与植物体内金属的长距离运输，并在植物根、茎和叶的维管组织中都有表达。

(四)不同品种辣椒各部位的 *PCS* 基因表达量比较

如图 4-14 所示，*PCS* 基因表达量在不同部位间表现为根＞茎＞果实，同一材料中表达量在品种间均表现为品种'X55'＞'洛椒 318'＞'大果 99'。在根材料中，与 0mg/kg Cd 处理相比较，5mg/kg 和 10mg/kg Cd 诱导后，品种'洛椒 318'、

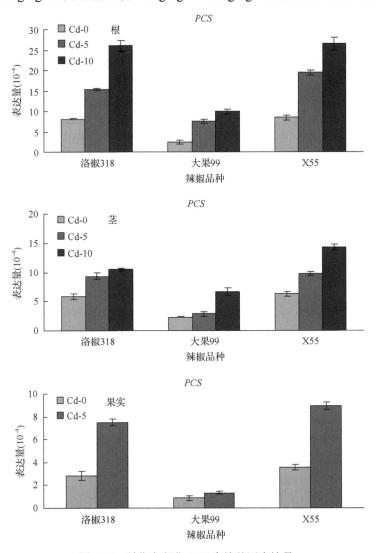

图 4-14　辣椒各部位 *PCS* 家族基因表达量

'大果 99' 和 'X55' *PCS* 基因表达量分别上调 88.5%、2.077 倍、1.299 倍和 2.182 倍、2.984 倍、2.140 倍。在茎材料中，5mg/kg Cd 处理后，品种 '洛椒 318'、'大果 99' 和 'X55' *PCS* 基因表达量分别上调 59.0%、22.7%和 54.3%；10mg/kg Cd 诱导后，品种 '洛椒 318'、'大果 99' 和 'X55' *PCS* 基因表达量分别上调 79.2%、1.828 倍和 1.259 倍。在果实材料中，5mg/kg Cd 处理后，品种 '洛椒 318'、'大果 99' 和 'X55' *PCS* 基因表达量分别上调 1.622 倍、52.0%和 1.503 倍。

　　植物螯合肽(PC)是植物中的重金属螯合剂，参与调控植物细胞内重金属的解毒机制(Leitenmaier and Küpper, 2013)，在植物 Cd 耐受性中起着重要作用。PCS 能通过细胞液中半胱氨酸的硫醇基团与 Cd 离子结合，形成复杂的络合物，络合物可以被吸附并区隔在液泡中，从而限制 Cd 在细胞溶质中的运输，实现植物体内 Cd 离子的平衡和解毒(Song et al., 2014)。*PCS* 基因是编码 PC 合成酶的关键基因，被认为是植物重金属离子耐受性和积累的关键基因。许多研究报道，植物体内过表达 *PCS* 可以提高 PC 的含量，提高植物对重金属的耐受性(Liu et al., 2012)。依赖于 *PCS* 的 PC 合成已经被证明是拟南芥细胞内 Cd、As、Hg 和 Pb 等离子解毒过程中的关键反应(Fischer et al., 2014)。在本研究中，相同 Cd 处理下，辣椒根、茎、果实的 *PCS* 基因表达量在品种间均表现为品种 'X55' > '洛椒 318' > '大果 99'，说明 *PCS* 基因表达量也存在基因型差异。本试验中，*PCS* 基因表达量在不同部位间表现为根>茎>果实，辣椒根对 Cd 的积累量较高，说明 *PCS* 基因可能诱导了根中 PC 的合成增强，大部分 Cd 被固定在辣椒根中，*PCS* 基因对辣椒 Cd 解毒机制有着重要的作用。

第五节　蔬菜重金属镉污染调控策略

一、工程法(物理修复)

　　物理修复技术是通过不改变金属化学形态的手段来完成土壤修复的方法，主要包括工程措施、电动修复法和玻璃化修复法。工程措施是最直接的方法，主要包括换土法、翻土法和客土法 3 种。换土法是指用新的清洁土壤替换污染土壤的方法；翻土法是指深翻土壤，使得表面的污染物分散到深处，从而使污染物稀释和自然降解的方法；客土法是指在污染的土壤中加入新鲜的土壤，通过覆盖或混匀的方式降低污染物浓度的方法，据报道，日本大约有 87.2%的污染土壤利用此方法得到了有效修复，恢复了农业用途。工程措施的优点是彻底、稳定和见效快，换土法和客土法适用于污染较严重的土壤，翻土法适用于污染较轻的土壤。但工程措施实施起来的成本较高，不利于大规模处理，且易于破坏土体结构，引起土壤肥力下降，造成二次污染。电动修复法是指在污染土壤两边施加电压形成电场梯度，带电污染物通过电迁移、电渗流或电泳等途径迁移到两极处理室中，再通过进一步处理实现污染土壤的修复。玻璃化修复法是指将污染土壤在高温高压下退火，使得污染物与土壤一同被炼化，形成玻璃态的无定型物质。电动修复法还停留在研究阶段，缺乏实际应用案例。玻璃化修复法常用于放射性重金属污染土壤的修复或重度污染土壤的应急修复，但修复后的土壤已失去土壤的基本功能。因此物理法均不是理想的修复 Cd 污染土壤的方式，难以推广。

二、化学修复

(一)生物炭和土壤调理剂

1. 生物炭和土壤调理剂场发射扫描电镜图及其能谱分析

生物炭(C)和土壤调理剂(T)吸附 Cd 前后扫描电镜与能谱分析如图 4-15 所示。图 4-15a 和图 4-15b 分别为生物炭吸附 100mg/L Cd 前后的扫描电镜图及其能谱分析，可以看出生物炭表面光滑，炭层结构致密，有很多孔隙，且孔洞分布不均。从其能谱分析图来看，吸附后材料 Cd 的含量有明显增加，其质量百分含量从 0.50%升高到 6.57%。图 4-15c 和图 4-15d 分别为土壤调理剂吸附 100mg/L Cd 前后的扫描电镜图及其能谱分析，可以看到，土壤调理剂吸附前后电镜图看不出明显差别，土壤调理剂表面粗糙，形状极不规则，疏松多孔结构较多，孔洞分布不均。从其能谱分析图来看，吸附后材料 Cd 的含量也有明显增加，其质量百分含量从 0.30%升高到 4.49%。

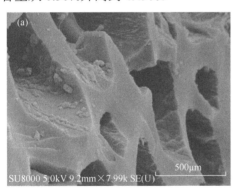
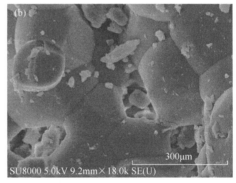
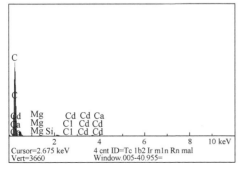
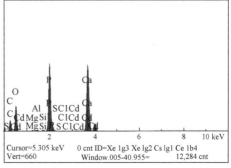

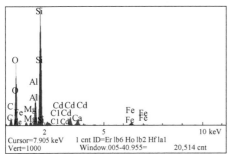
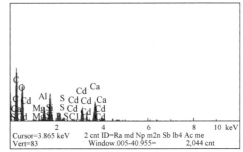

图 4-15　生物炭(a 和 b)与土壤调理剂(c 和 d)吸附镉前后扫描电镜图及其能谱分析

2. 生物炭和土壤调理剂对镉的吸附特性

(1)生物炭和土壤调理剂对镉的等温吸附

为探讨生物炭和土壤调理剂对 Cd^{2+} 的吸附机制,我们分别用 Langmuir 单层吸附模型和 Freundlich 多层吸附模型拟合其对 Cd^{2+} 的吸附等温线(陈蓉,2016)。结果发现,生物炭和土壤调理剂对 Cd^{2+} 的吸附量随平衡浓度的升高而增大,当平衡浓度达到一定程度后,吸附量趋于平衡。

Langmuir 等温模型: $Q_e = Q_m K_L \rho_e / (1 + K_L \rho_e)$

Freundlich 等温模型: $Q_e = K_F \rho_e{}^n$

式中,Q_m 为饱和吸附量(mg/g);K_L 为 Langmuir 吸附特征常数(L/g);K_F 和 n 为 Freundlich 特征常数;ρ_e 为反应达到平衡时溶液中残留溶质的浓度。

根据 Langmuir 单层吸附模型和 Freundlich 多层吸附模型拟合的生物炭与土壤调理剂对 Cd^{2+} 的吸附结果可知,两种材料均能很好地拟合 Langmuir 等温吸附方程和 Freundlich 等温吸附方程,其中 Langmuir 等温线拟合效果更好。

(2)生物炭和土壤调理剂对镉的吸附动力学

我们研究在温度 25℃下,Cd^{2+} 溶液初始浓度为 10mg/L、初始 pH 为 5.5 时,生物炭和土壤调理剂对 Cd^{2+} 的吸附量 Q_t 随时间 t 的变化(陈蓉,2016)。初始短时间内,生物炭和土壤调理剂对 Cd^{2+} 的吸附量随时间的增加而快速升高,说明这段时间内 Cd^{2+} 在生物炭和土壤调理剂的表面发生吸附反应,且吸附速率极快。生物炭在时间达 60min 后，Cd^{2+} 吸附达到平衡，吸附量变化不明显，吸附速率下降。土壤调理剂在 120min 后，达吸附平衡，Cd^{2+} 吸附量稍有增加，但不明显。

综合生物炭和土壤调理剂的能谱来看，两种材料 Cd 含量升高的同时除了 Si 元素的含量未有明显变化外，其他元素含量均有一定变化。两种材料 Cd 与 Ca 的能谱均有较高重合度，说明含 Ca 无机矿物对 Cd 有一定的联合绑定作用。综合来看，生物炭和土壤调理剂表面都具有多孔结构，具有较强的吸附性能，对其进行能谱分析，镉及其他元素含量均发生变化，说明发生了化学络合作用，具体化学过程还待进一步分析研究。

Langmuir 等温吸附方程主要应用于表面的单层吸附，该吸附通常发生在吸附剂表面的所有吸附位点，且能形成均匀的单层吸附质膜，而 Freundlich 等温吸附方程主要应用于不均匀表面的多层吸附。从吸附模型可以看出，生物炭和土壤调理剂对 Cd^{2+} 的吸附过程存在表层吸附和多层吸附，随着 Cd 浓度的升高，表面吸附力增强。由 Langmuir 等温线拟合结果可以看出，生物炭的吸附能力明显优于土壤调理剂。

本试验在 pH 2～9 下，生物炭和土壤调理剂对 Cd^{2+} 的吸附量随 pH 升高呈先上升后降低再逐渐趋于平衡的趋势。原因可能是生物炭和土壤调理剂对 Cd^{2+} 的主要吸附机制包括表面吸附和离子交换、化学络合等。当溶液 pH 较低时，溶液中主要存在 H^+，高浓度 H^+ 会与 Cd^{2+} 竞争结合位点，导致吸附量较低，pH 升高后，溶液中 H^+ 的竞争作用减弱，生物炭和土壤调理剂去除 Cd^{2+} 的能力变强，吸附量相应升高，但当 pH 过高时，Cd^{2+} 可能会与 OH^- 生成氢氧化物沉淀，对 Cd^{2+} 的去除能力则会变小。

生物炭和土壤调理剂对 Cd^{2+} 的吸附动力学方程拟合试验中，两种材料在初始阶段对 Cd^{2+} 的吸附速率急剧增大，可能是因为 Cd^{2+} 在生物炭和土壤调理剂表面发生吸附作用。随着吸附的进行，Cd^{2+} 吸附质逐渐由大孔过渡到微孔，Cd^{2+} 在材料内部孔径中传质速度逐渐减缓，吸附量随时间相应增加，但吸附速度减慢，直到吸附平衡。生物炭和土壤调理剂对 Cd^{2+} 的吸附量 Q_t 随时间 t 的变化，用二级动力学方程拟合更好。二级动力学吸附作用产生的主要原因是化学键的形成，这说明生物炭和土壤调理剂对 Cd^{2+} 的吸附不仅有物理吸附过程，也有化学吸附的参与，且以化学吸附为主。

3. 生物炭和土壤调理剂对小白菜吸收镉的影响研究

由表 4-14 可见，小白菜各部位 Cd 含量在生物炭(C)和土壤调理剂(T)及其复配、不同用量处理间的差异均达到显著水平($P<0.05$)，且小白菜根系 Cd 含量大于地上部 Cd 含量。与对照相比，施加生物炭(C)和土壤调理剂(T)及其复配均不同程度降低了小白菜 Cd 含量，降低幅度随施加量的增加呈先增加后逐渐减缓的趋势。在镉污染土壤上，施用不同量的生物炭分别使小白菜地上部和根系 Cd 含

量较对照降低了 17.2%～55.3%和 15.6%～43.97%，同时比对应用量土壤调理剂处理小白菜地上部和根系 Cd 含量降低了 5.5%～19.1%与 4.0%～10.0%。生物炭与土壤调理剂复合配施，小白菜地上部和根系 Cd 含量均在施加浓度为 T/C=1∶2 时，降低幅度最为明显，较对照降低 34.5%和 28.2%。

表 4-14　生物炭和土壤调理剂对小白菜体内的镉含量与镉积累量的影响

处理	Cd 含量/(mg/kg)		Cd 积累量/(mg/plant)		
	地上部	根系	地上部	根系	总植株
CK	2.778±0.068a	4.228±0.034a	0.0053±0.0010a	0.0012±0.0007a	0.0153±0.0018a
T0.5%	2.434±0.049b	3.750±0.085b	0.0067±0.0015a	0.0015±0.0005a	0.0195±0.0025a
T1%	1.992±0.076c	3.177±0.085c	0.0052±0.0014a	0.0010±0.0003a	0.0152±0.0014a
T2%	1.667±0.031d	2.922±0.007d	0.0045±0.0012a	0.0010±0.0007a	0.0140±0.0019a
T5%	1.536±0.034e	2.637±0.064e	0.0045±0.0013a	0.0009±0.0006a	0.0139±0.0017a
CK	2.778±0.068a	4.228±0.034a	0.0053±0.0010a	0.0012±0.0007a	0.0153±0.0018a
C0.5%	2.299±0.012b	3.570±0.043b	0.0056±0.0012a	0.0012±0.0009a	0.0162±0.0014a
C1%	1.764±0.014c	3.050±0.063c	0.0047±0.0014a	0.0011±0.0002a	0.0145±0.0015a
C2%	1.457±0.050d	2.697±0.022d	0.0040±0.0014a	0.0012±0.0003a	0.0133±0.0017a
C5%	1.243±0.006e	2.374±0.076e	0.0037±0.0017a	0.0009±0.0006a	0.0122±0.0014a
CK	2.778±0.068a	4.228±0.034a	0.0053±0.0010a	0.0012±0.0007a	0.0153±0.0018a
T/C=1∶1	1.923±0.013b	3.183±0.011c	0.0051±0.0017a	0.0011±0.0005a	0.0154±0.0019a
T/C=1∶2	1.819±0.016c	3.034±0.034c	0.0051±0.0015a	0.0010±0.0005a	0.0151±0.0015a
T/C=2∶1	2.019±0.020b	3.390±0.067b	0.0054±0.0014a	0.0012±0.0006a	0.0164±0.0017a

注：表中所列数据为平均值±标准误差，相同钝化剂处理同一列数据后的不同字母表示不同施用量之间的差异达到显著水平($P < 0.05$)，表 4-15 和表 4-16 同

　　小白菜各部位 Cd 积累量为植株各部位干重与其 Cd 含量的乘积。与对照相比，大多数情况下，施加生物炭(C)和土壤调理剂(T)及两者配施均能降低小白菜植株各部位 Cd 积累量，但未达到显著水平。除在 T0.5%处理时小白菜各部位和总植株 Cd 积累量有所增加外，单施土壤调理剂的其他处理分别使小白菜各部位和总植株 Cd 积累量较对照降低 1.9%～15.1%、16.7%～25.0%、0.7%～9.2%。除在 C0.5%处理时小白菜各部位镉和总植株 Cd 积累量有所增加外，单施生物炭使小白菜地上部和总植株 Cd 积累量均随施加量的增加而降低，降低幅度分别为 11.3%～30.2%、5.2%～20.3%，且均在 C5%处理时小白菜各部位和总植株 Cd 积累量较对照下降最为明显。除在 T/C=1∶1 处理和 T/C=2∶1 处理时小白菜总植株 Cd 积累量有所增加外，生物炭和土壤调理剂复合配施各处理均能降低小白菜各部位与总植株 Cd 积累量，且均在 T/C=1∶2 处理时下降最为明显。综合考虑 Cd 含量和 Cd 积累量，生物炭和土壤调理剂降低小白菜地上部 Cd 含量与 Cd 积累量以及总植株

Cd 积累量的作用表现为生物炭＞土壤调理剂。

4. 生物炭和土壤调理剂对蔬菜各形态镉的影响

由表 4-15 可以看出，Cd 在小白菜叶片中主要以氯化钠提取态（NaCl-Cd）和醋酸提取态（HAC-Cd）存在，其占 Cd 总提取量比例分别为 34.1%～38.7% 和 17.0%～26.5%，其次为残渣态（R-Cd）、盐酸提取态（HCl-Cd）、乙醇提取态（E-Cd）和去离子水提取态（W-Cd），分别占 Cd 总提取量比例为 11.7%～14.4%、10.0%～14.2%、7.3%～10.7%、6.9%～8.8%。与对照相比，向镉污染土壤中施加不同浓度的生物炭和土壤调理剂均能显著降低叶片中 E-Cd、W-Cd、NaCl-Cd、HAC-Cd、HCl-Cd 和 R-Cd 含量及 Cd 总提取量，降幅分别为 13.1%～58.9%、13.1%～58.1%、6.6%～50.7%、16.4%～41.5%、13.3%～47.3%、7.8%～39.1% 和 11.6%～42.2%。两种钝化剂复合配施，除在处理 T/C=1∶1 时叶片中 HAC-Cd 和 HCl-Cd 含量最低外，叶片中 E-Cd、W-Cd、HCl-Cd 和 R-Cd 含量及 Cd 总提取量均在施加比例为 1∶2 时达到最低，且比施加较低浓度（0.5% 和 1%）的生物炭与土壤调理剂降低效果更为明显。比较两种钝化剂，叶片中 E-Cd、W-Cd、NaCl-Cd、HAC-Cd、HCl-Cd 和 R-Cd 含量及 Cd 总提取量的降低效果总是表现为生物炭＞土壤调理剂。

表 4-15　生物炭和土壤调理剂对小白菜叶片各形态镉含量的影响

处理	镉叶片含量/(mg/kg)						
	E-Cd	W-Cd	NaCl-Cd	HAC-Cd	HCl-Cd	R-Cd	Cd 总提取量
CK	0.236±0.009a	0.191±0.009a	0.802±0.012a	0.501±0.013a	0.241±0.012a	0.256±0.012a	2.195±0.024a
T0.5%	0.205±0.018b	0.166±0.007b	0.749±0.016b	0.395±0.009b	0.209±0.009b	0.236±0.006b	1.941±0.021b
T1%	0.176±0.009c	0.151±0.007b	0.641±0.015c	0.363±0.012b	0.176±0.015c	0.211±0.005c	1.718±0.019c
T2%	0.126±0.006d	0.124±0.003c	0.484±0.014d	0.341±.0.009b	0.158±0.018d	0.182±0.007d	1.415±0.023d
T5%	0.117±0.007d	0.098±0.002d	0.439±0.007e	0.293±0.011c	0.149±0.011d	0.171±0.009d	1.268±0.019e
CK	0.236±0.009a	0.191±0.009a	0.802±0.012a	0.501±0.013a	0.241±0.012a	0.256±0.012a	2.195±0.024a
C0.5%	0.189±0.006b	0.145±0.004b	0.654±0.009b	0.419±0.009b	0.180±0.013b	0.219±0.001b	1.807±0.024b
C1%	0.149±0.007c	0.123±0.007c	0.451±0.013c	0.379±0.012c	0.155±0.015c	0.201±0.007c	1.458±0.023c
C2%	0.113±0.005cd	0.094±0.002d	0.433±0.011d	0.345±0.012d	0.140±0.006d	0.176±0.005d	1.300±0.025d
C5%	0.097±0.005d	0.080±0.009d	0.395±0.007e	0.304±0.014d	0.127±0.015e	0.156±0.001e	1.158±0.023e
CK	0.236±0.009a	0.191±0.009a	0.802±0.012a	0.501±0.013a	0.241±0.012a	0.256±0.012a	2.195±0.024a
T/C=1∶1	0.139±0.002b	0.109±0.004b	0.532±0.012b	0.234±0.009d	0.162±0.002d	0.198±0.002b	1.374±0.021c
T/C=1∶2	0.099±0.002c	0.104±0.002b	0.475±0.008c	0.310±0.011b	0.186±0.007c	0.175±0.002c	1.349±0.019d
T/C=2∶1	0.143±0.007b	0.115±0.004b	0.475±0.017c	0.273±0.005c	0.198±0.009b	0.188±0.009c	1.393±0.026b

5. 生物炭和土壤调理剂对土壤各形态镉的影响

由表4-16中可见，盆栽土壤中各形态 Cd 含量大小顺序为可交换态(EX-Cd) > 碳酸盐结合态(CAB-Cd) > 残渣态(R-Cd) > 铁锰氧化物结合态(FeMn-Cd) > 有机结合态(OM-Cd)。施加生物炭(C)和土壤调理剂(T)及其复配均降低了土壤中镉可交换态(EX-Cd)占总提取量的比例，相应增加了其他形态的比例。施加生物炭和土壤调理剂及其复配均显著降低了土壤中镉可交换态(EX-Cd)含量，较对照分别降低了 15.7% ~ 34.1%、20.3% ~ 41.4%和 27.5% ~ 31.9%，同时土壤中碳酸盐态(CAB-Cd)和铁锰氧化物结合态(FeMn-Cd)较对照显著增加了 14.0% ~ 38.3%和26.3% ~ 89.2%；土壤中可交换态(EX-Cd)含量随施加量的增加而降低，CAB-Cd、FeMn-Cd 和 OM-Cd 则增加。生物炭和土壤调理剂及其复配显著降低了土壤中 Cd总提取量，降幅均小于 6%。其中生物炭的改良效果显著高于土壤调理剂。两种钝化剂复合配施比单施低浓度(0.5% ~ 2.0%)的生物炭和土壤调理剂的改良效果好。

表 4-16 生物炭和土壤调理剂对土壤各形态镉含量的影响(mg/kg)

处理	可交换态 (EX-Cd)	碳酸盐结合态 (CAB-Cd)	铁锰氧化结合态 (FeMn-Cd)	有机结合态 (OM-Cd)	残渣态 (R-Cd)	Cd 总提取量
CK	2.732±0.086a	0.998±0.012a	0.415±0.032a	0.246±0.010a	0.746±0.047ab	5.137±0.094a
T0.5%	2.303±0.076b	1.158±0.017a	0.524±0.036b	0.274±0.021b	0.773±0.042c	5.032±0.049a
T1%	2.17±0.0834c	1.181±0.014a	0.582±0.036c	0.268±0.010b	0.738±0.037a	4.943±0.093a
T2%	1.980±0.088d	1.209±0.014a	0.658±0.034d	0.303±0.012c	0.762±0.035bc	4.913±0.112a
T5%	1.801±0.088d	1.277±0.021a	0.735±0.026e	0.323±0.011d	0.778±0.036c	4.914±0.021a
CK	2.732±0.086a	0.998±0.012a	0.415±0.032a	0.246±0.010a	0.746±0.047a	5.137±0.094a
C0.5%	2.177±0.076b	1.138±0.024a	0.651±0.041b	0.296±0.020a	0.764±0.052bc	5.027±0.094b
C1%	1.915±0.077c	1.250±0.018a	0.688±0.034c	0.274±0.019ab	0.800±0.047c	4.926±0.123c
C2%	1.770±0.064d	1.288±0.015a	0.751±0.037d	0.339±0.020b	0.825±0.044d	4.972±0.091c
C5%	1.601±0.066d	1.380±0.014a	0.785±0.033e	0.327±0.019b	0.899±0.047e	4.991±0.092d
CK	2.732±0.086a	0.998±0.012a	0.415±0.032a	0.246±0.010a	0.746±0.047a	5.137±0.094a
T/C=1:1	1.980±0.06 b	1.221±0.013a	0.639±0.041b	0.262±0.016b	0.732±0.040a	4.834±0.079b
T/C=1:2	1.860±0.066b	1.337±0.021a	0.655±0.034b	0.271±0.009b	0.782±0.043b	4.903±0.052c
T/C=2:1	1.910±0.069b	1.231±0.014a	0.677±0.042b	0.274±0.004b	0.751±0.041a	4.842±0.123b

在矿区农田土壤中各形态 Cd 含量大小顺序为可交换态(EX-Cd) > 残渣态(R-Cd) > 碳酸盐结合态(CAB-Cd) > 铁锰氧化物结合态(FeMn-Cd) > 有机结合态(OM-Cd)，与盆栽试验结果有所不同，其中可交换态(EX-Cd)和残渣态(R-Cd)的含量分别为1.565 ~ 2.953mg/kg和1.118 ~ 1.425mg/kg，分别占 Cd 总提取量29.0% ~ 49.4%和 18.7% ~ 26.4%。与对照相比，施加生物炭(C)和土壤调理剂(T)及其复配显著降低了土壤中镉总提取量和可交换态(EX-Cd)含量，可交换态(EX-Cd)含量

降低幅度分别为 10.2%～37.9%、17.0%～47.0%和 27.2%～37.2%，但也显著增加了铁锰氧化物结合态(FeMn-Cd)、碳酸盐结合态(CAB-Cd)和残渣态(R-Cd)含量。本大田小区试验中，生物炭的改良效果明显高于土壤调理剂，这也与盆栽试验结果相一致。两种钝化剂复合配施比例在 1∶2 时效果最好，较单施低浓度(0.5%和1%)的生物炭和土壤调理剂效果更好。

有研究表明，生物炭中存在的 Ca^{2+}、K^+、Mg^{2+}和 Si^{4+}等阳离子，在高温裂解过程中会生成碱化物或碳酸盐，而土壤调理剂本身含有大量碱化物和碳酸盐。施入土壤后，这些碱化物可与 H^+及 Al 单核羟基化合物反应，缓解土壤酸性，提高土壤 pH。土壤中的 H^+会与土壤调理剂和生物炭表面的阳离子如 Ca^{2+}、Mg^{2+}等发生反应，降低土壤中 H^+浓度，从而提高土壤 pH。土壤 pH 会影响重金属在土壤中的存在形态，如施用石灰改良酸性土壤可以降低酸性土壤中交换性铝的含量，土壤吸附态羟基铝的含量上升。在矿区农田土壤中各形态 Cd 含量大小顺序为可交换态(EX-Cd)＞残渣态(R-Cd)＞碳酸盐结合态(CAB-Cd)＞铁锰氧化物结合态(FeMn-Cd)＞有机结合态(OM-Cd)。与盆栽结果稍有不同的是，残渣态镉含量相对较高一些，这可能是因为大田试验土壤 pH 略比盆栽土壤高，全镉含量也比盆栽土壤高，也可能与大田试验没有施肥有关。大田小区试验中，生物炭的改良效果明显高于土壤调理剂，这与盆栽试验结果相一致。

从大田试验小白菜各部位与土壤中各形态镉含量的相关性来看，小白菜地上部和根 Cd 均与 EX-Cd 呈极显著正相关，与 FeMn-Cd、OM-Cd 和 R-Cd 存在极显著负相关关系，与 CAB-Cd 呈显著负相关，这与盆栽试验结果一致。说明植物主要由根吸收了 EX-Cd，积累在茎叶中，EX-Cd 的含量高低对植物生长发育影响极大。土壤中 EX-Cd 与 CAB-Cd 呈显著负相关，与 FeMn-Cd、OM-Cd 和 R-Cd 达到极显著负相关水平。说明生物炭和土壤调理剂能使土壤中活性较高的 EX-Cd 向活性较低的 FeMn-Cd、OM-Cd 和 R-Cd 转化，降低 EX-Cd 的毒害效应。

6. 蔬菜镉含量与土壤各形态镉含量的相关性

对小白菜各部位 Cd 含量与土壤中各形态 Cd 含量的相关性分析，由表 4-17 可以看出，小白菜地上部和根 Cd 的相关性达到极显著水平，其相关系数为 0.993。小白菜根和地上部 Cd 均与 EX-Cd 呈极显著正相关，相关系数分别为 0.944、0.934，与 FeMn-Cd、CAB-Cd 和 OM-Cd 呈极显著负相关，与 R-Cd 呈显著负相关。土壤中 OM-Cd、R-Cd 分别与 EX-Cd 呈显著负相关；FeMn-Cd、CAB-Cd 分别与 EX-Cd 达到极显著负相关水平；FeMn-Cd、OM-Cd、R-Cd 分别与 CAB-Cd 呈正相关，其相关系数分别为 0.877、0.602 和 0.665，其中 FeMn-Cd 与 CAB-Cd 的相关性达到极显著水平；OM-Cd 与 FeMn-Cd、R-Cd 与 FeMn-Cd、OM-Cd 与 R-Cd 的相关系数为0.792、0.632、0.690，OM-Cd 与 FeMn-Cd 达到极显著正相关水平。

表 4-17　小白菜各部位镉与土壤全镉以及各形态镉含量的相关系数

	根-Cd	地上部-Cd	EX-Cd	CAB-Cd	FeMn-Cd	OM-Cd	R-Cd
根-Cd	1						
地上部-Cd	0.993**	1					
EX-Cd	0.944**	0.934**	1				
CAB-Cd	−0.902**	−0.901**	−0.96**	1			
FeMn-Cd	−0.922**	−0.913**	−0.967**	0.877**	1		
OM-Cd	−0.764**	−0.768**	−0.695*	0.602*	0.792**	1	
R-Cd	−0.657*	−0.642*	−0.614*	0.665*	0.632*	0.690*	1

Cd 在小白菜叶片中主要以氯化钠提取态(NaCl-Cd)和醋酸提取态(HAC-Cd)存在,其占 Cd 总提取量比例分别为34.1%～38.7%和17.0%～26.5%,与早前黄志亮(2012)的报道一致。原因主要是 Cd 与蛋白质或其他有机化合物中巯基有很强的亲和力,在植物体内, Cd 常与蛋白质相结合。活性较高的乙醇提取态(E-Cd)和去离子水提取态(W-Cd)分别占 Cd 总提取量比例为 7.3%～10.7%、6.9%～8.8%,有效地限制了 Cd 的毒害效应。本试验中, 向镉污染土壤中施加不同浓度的生物炭和土壤调理剂均能显著降低叶片中 E-Cd、W-Cd、NaCl-Cd、HAC-Cd、HCl-Cd 和 R-Cd 含量和 Cd 总提取量,说明生物炭和土壤调理剂均对土壤中 Cd 污染有良好的修复能力。

盆栽土壤中各形态 Cd 含量大小顺序为可交换态(EX-Cd)＞碳酸盐结合态(CAB-Cd)＞残渣态(R-Cd)＞铁锰氧化物结合态(FeMn-Cd)＞有机结合态(OM-Cd)。施加生物炭和土壤调理剂及其复配均降低了土壤中可交换态(EX-Cd)占总提取量的比例,相应增了其他形态的比例,这与毛懿德(2015)的研究结果一致。由此可见, 施加生物炭和土壤调理剂及其复配后土壤中 Cd 从活性较高的EX-Cd 向活性较低的形态转化,这可能与土壤调理剂和生物炭提高了土壤 pH 有关。本研究采用的生物炭是由木生植物和牛羊骨等合成的,含磷量高,在土壤中可能和重金属形成难溶解的化合物,可固定土壤中的重金属。生物炭自身是一种碱性物质,能提高土壤 pH,增加土壤重金属碳酸盐结合态含量,此外,较高的有机物含量,也可能增加土壤重金属有机结合态的含量。

(二)沸石

1. 沸石对土壤各形态镉的影响

土培试验中各处理土壤各形态 Cd 分配比例(FDC)和含量见分别如图 4-16 和表 4-18 所示。随着土壤 Cd 水平的增加,土壤各形态 Cd(EX-Cd、CAB-Cd、FeMn-Cd、OM-Cd 和 R-Cd)含量呈增加的趋势,但各形态 Cd FDC 没有表现出相应的变化趋势。在自然对照(Cd0+Z0)中,'山东四号'和'新晋菜三号' 2 个品种大白菜土壤中 Cd 均主要以残渣态存在,各形态 Cd FDC 大小顺序分别为 R-Cd(46.5%)＞FeMn-Cd(21.1%)＞ CAB-Cd(15.5%)＞ EX-Cd(12.7%)＞ OM-Cd(4.2%) , R-Cd

（38.6%）＞EX-Cd（27.3%）＞FeMn-Cd（18.2%）＞CAB-Cd（12.5%）＞OM-Cd（3.4%）
（图4-16）。外源添加Cd改变了土壤各形态Cd的分布，除了低镉（1mg/kgCd）条件

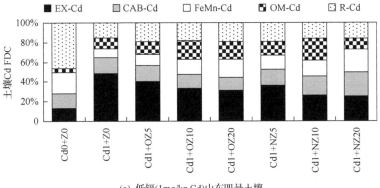

(a) 低镉(1mg/kg Cd)山东四号土壤

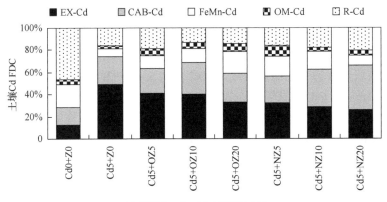

(b) 高镉(5mg/kg Cd)山东四号土壤

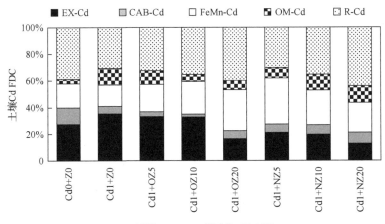

(c) 低镉(1mg/kg Cd)新晋菜三号土壤

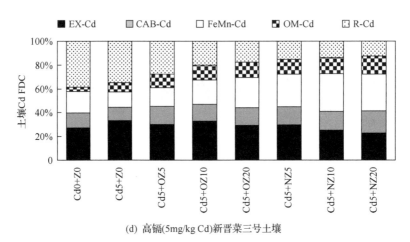

(d) 高镉(5mg/kg Cd)新晋菜三号土壤

图 4-16　不同镉污染水平下沸石用量对土壤各形态 Cd 分配比例(FDC)的影响

下'新晋菜三号'大白菜土壤中 Cd 主要以残渣态(FDC 30.5%～44.1%)存在,其余处理土壤中 Cd 均主要以可交换态存在,FDC 总体为 23.0%～49.3%。各处理土壤中镉以有机结合态分配比例最低,FDC 仅为 3.4%～22.0%。

低镉(1mg/kg Cd)和高镉(5mg/kg Cd)条件下,施用普通沸石和纳米沸石均有效降低了土壤中有效态 Cd 含量和分配比例,且随 2 种沸石施用量的增加,土壤可交换态 Cd 含量和分配比例呈明显下降的变化趋势(表 4-18)。在 2 个 Cd 水平污染土壤中,与加 Cd 对照相比,施用 5g/kg、10g/kg 和 20g/kg 的沸石使'山东四号'大白菜土壤中可交换态 Cd 含量分别降低了 15.1%～28.6%、14.2%～46.5%和 25.2%～48.9%,使'新晋菜三号'大白菜土壤可交换态 Cd 含量分别降低了 1.4%～37.3%、1.6%～43.4%和 11.2%～61.7%。沸石降低土壤可交换态 Cd 含量的效果表现为纳米沸石明显优于普通沸石,相同条件下,纳米沸石处理土壤可交换态 Cd 含量比普通沸石低 4.0%～41.4%。施用纳米沸石和普通沸石在降低土壤可交换态 Cd 含量的同时,整体上也增加了碳酸盐结合态、铁锰氧化物结合态、有机结合态和残渣态 Cd 含量,其中以对铁锰氧化物结合态 Cd 含量的提高效果最明显。低镉(1mg/kg Cd)条件下,施用纳米沸石和普通沸石分别使 2 个品种大白菜土壤铁锰氧化物结合态 Cd 含量增加了 45.6%～150.0%和 13.3%～106.8%,高镉(5mg/kg Cd)条件下增加幅度更大,施用纳米沸石和普通沸石分别使土壤铁锰氧化物结合态 Cd 含量增加了 50.3%～191.6%和 26.2%～217.4%。此外,在高镉(5mg/kg Cd)条件下,施用纳米沸石和普通沸石对土壤有机结合态 Cd 含量也有明显的增加效果,使 2 个品种大白菜土壤有机结合态 Cd 含量增加了 17.4%～224.8%。

表 4-18　不同镉污染水平下沸石用量对土壤各形态镉含量的影响（单位：mg/kg）

品种	试验处理	EX-Cd	CAB-Cd	FeMn-Cd	OM-Cd	R-Cd
山东四号	Cd0+Z0	0.028±0.013g	0.034±0.004d	0.047±0.005e	0.009±0.004e	0.103±0.004d
	Cd1+Z0	0.476±0.002a	0.156±0.027bc	0.090±0.013d	0.109±0.014d	0.146±0.021c
	Cd1+OZ5	0.404±0.010b	0.161±0.026bc	0.102±0.004d	0.137±0.008c	0.186±0.009a
	Cd1+OZ10	0.320±0.004cd	0.146±0.022bc	0.142±0.030bc	0.183±0.013b	0.180±0.009ab
	Cd1+OZ20	0.290±0.031de	0.122±0.022c	0.162±0.018b	0.175±0.018b	0.175±0.009ab
	Cd1+NZ5	0.340±0.021c	0.153±0.023bc	0.131±0.018c	0.140±0.004c	0.178±0.004ab
	Cd1+NZ10	0.255±0.018ef	0.189±0.022ab	0.161±0.009b	0.217±0.009a	0.165±0.013abc
	Cd1+NZ20	0.243±0.040f	0.231±0.035a	0.225±0.022a	0.100±0.022d	0.156±0.009bc
	Cd0+Z0	0.028±0.013g	0.034±0.004g	0.047±0.005d	0.009±0.004f	0.103±0.004d
	Cd5+Z0	2.171±0.020a	1.093±0.036e	0.298±0.106c	0.149±0.070e	0.695±0.105bc
	Cd5+OZ5	1.821±0.032b	0.958±0.020f	0.547±0.107b	0.274±0.088c	0.808±0.051bc
	Cd5+OZ10	1.863±0.050b	1.304±0.083c	0.570±0.104b	0.249±0.088cd	0.634±0.090c
	Cd5+OZ20	1.623±0.009c	1.270±0.039cd	0.946±0.108a	0.374±0.072b	0.697±0.104bc
	Cd5+NZ5	1.585±0.033d	1.155±0.089de	0.869±0.106a	0.484±0.053a	0.782±0.087bc
	Cd5+NZ10	1.389±0.014e	1.612±0.088b	0.775±0.035a	0.175±0.035de	0.850±0.035ab
	Cd5+NZ20	1.299±0.006f	1.979±0.019a	0.448±0.036bc	0.224±0.070cde	0.995±0.018a
新晋菜三号	Cd0+Z0	0.085±0.010d	0.039±0.005a	0.057±0.020d	0.011±0.005f	0.120±0.010d
	Cd1+Z0	0.295±0.025a	0.050±0.020a	0.132±0.015c	0.107±0.010ab	0.256±0.030c
	Cd1+OZ5	0.291±0.029a	0.032±0.015a	0.184±0.020b	0.089±0.005bc	0.287±0.014c
	Cd1+OZ10	0.285±0.020a	0.018±0.015a	0.214±0.011b	0.046±0.015e	0.306±0.030bc
	Cd1+OZ20	0.145±0.015bc	0.053±0.025a	0.273±0.025a	0.060±0.005de	0.355±0.011ab
	Cd1+NZ5	0.185±0.009b	0.057±0.020a	0.306±0.029a	0.071±0.010cd	0.267±0.016c
	Cd1+NZ10	0.167±0.025b	0.061±0.065a	0.221±0.010b	0.103±0.005ab	0.299±0.041bc
	Cd1+NZ20	0.113±0.020cd	0.071±0.020a	0.195±0.015b	0.110±0.005a	0.387±0.025a
	Cd0+Z0	0.085±0.010f	0.039±0.005c	0.057±0.020e	0.011±0.005d	0.120±0.010f
	Cd5+Z0	1.577±0.027a	0.537±0.018b	0.611±0.052d	0.362±0.018c	1.660±0.052a
	Cd5+OZ5	1.488±0.026bc	0.746±0.033ab	0.771±0.073d	0.560±0.055b	1.368±0.110b
	Cd5+OZ10	1.551±0.041ab	0.659±0.018ab	0.970±0.034c	0.584±0.017b	0.945±0.034c
	Cd5+OZ20	1.400±0.043d	0.710±0.120ab	1.208±0.023b	0.623±0.038ab	0.834±0.084cd
	Cd5+NZ5	1.429±0.021cd	0.722±0.246ab	1.319±0.070b	0.585±0.053b	0.734±0.088de
	Cd5+NZ10	1.196±0.062e	0.760±0.014ab	1.494±0.099a	0.660±0.126ab	0.648±0.032e
	Cd5+NZ20	1.132±0.011e	0.894±0.073a	1.539±0.145a	0.745±0.002a	0.608±0.089e

注：不同小写字母表示同一个镉污染水平下不同沸石处理间、不加镉对照间的差异显著（$P<0.05$）

2. 沸石对蔬菜各形态镉的影响

低镉(1mg/kg Cd)和高镉(5mg/kg Cd)污染条件下,2个品种('山东四号'和'新晋菜三号')大白菜地上部各形态 Cd 分配比例(FDC)如图 4-17 所示。在不加 Cd、不加沸石(Cd0+Z0)条件下,'山东四号'和'新晋菜三号' 2 个品种大白菜地上部 Cd 均主要为去离子水提取态(W-Cd),其 FDC 分别为 27.5%和 35.0%。外源添加 Cd 改变了大白菜体内各形态 Cd 的分布。对于'山东四号'品种,低 Cd(1mg/kg Cd)条件下各形态 Cd 分配比例表现为 HAC-Cd(32.7%~64.3%) > NaCl-Cd(19.8%~50.4%) > W-Cd(3.9% ~ 7.1%) > R-Cd(2.7% ~ 7.1%) > E-Cd(1.4% ~ 3.4%) > HCl-Cd(0~3.7%),高 Cd 条件下为 NaCl-Cd(51.5%~59.8%) > HAC-Cd(13.6%~34.7%) > W-Cd(6.6% ~ 20.8%) > E-Cd(1.8% ~ 3.2%) > R-Cd(0.7% ~ 4.7%) > HCl-Cd(0.6%~3.6%);对于'新晋菜三号'品种,低 Cd 条件下为 NaCl-Cd(46.9%~63.5%) > HAC-Cd(23.5%~32.0%) > W-Cd(6.6%~11.2%) > R-Cd(1.0%~7.1%) > HCl-Cd(0~4.9%) > E-Cd(0~3.3%),高 Cd 条件下为 NaCl-Cd(63.1%~70.8%) >

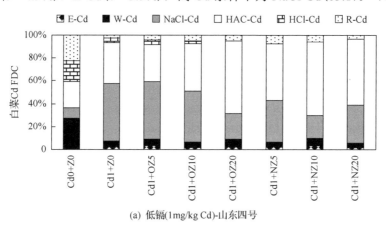

(a) 低镉(1mg/kg Cd)-山东四号

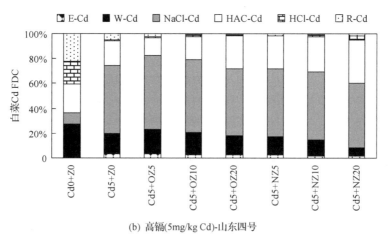

(b) 高镉(5mg/kg Cd)-山东四号

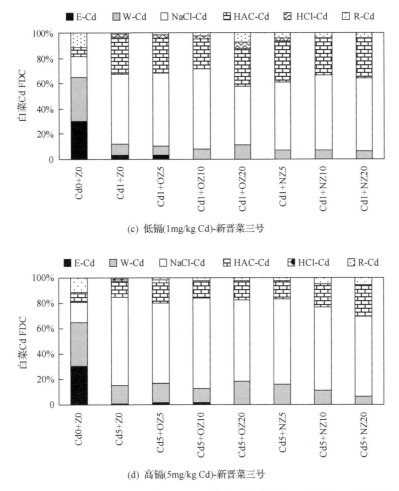

(c) 低镉(1mg/kg Cd)-新晋菜三号

(d) 高镉(5mg/kg Cd)-新晋菜三号

图 4-17　低镉和高镉条件下沸石用量对大白菜地上部各形态镉 FDC 的影响

HAC-Cd(13.0%～24.5%)＞W-Cd(6.5%～18.3%)＞R-Cd(1.1%～5.9%)＞E-Cd(0～1.9%)和 HCl-Cd(0～2.0%)。整体而言，无论在低 Cd 还是高 Cd 污染条件下，除了低 Cd 条件下'山东四号'大白菜 HAC 提取态 Cd FDC 大多高于 NaCl 提取态，其余情况下 2 个品种大白菜地上部 Cd 均主要以 NaCl 提取态存在，HCl 提取态 Cd 分配比例总是相对较低。

无论在低镉(1mg/kg Cd)还是高镉(5mg/kg Cd)条件下，施用纳米沸石和普通沸石均整体降低了 2 个品种大白菜去离子水提取态、NaCl 提取态和 HAC 提取态 Cd FPC。在低镉(1mg/kg Cd)条件下，与加 Cd 对照相比，施用 5g/kg、10g/kg 和 20g/kg 的沸石使 2 个品种大白菜地上部去离子水提取态 Cd FPC 分别降低了 7.6%～32.4%、11.4%～46.0%和 21.0%～66.1%；高镉(5mg/kg Cd)条件下分别对应降低了 3.3%～34.8%(除了'山东四号'OZ5 处理)、4.3%～63.0%和 23.6%～87.7%(图 4-17)。纳米沸石和普通沸石处理也明显降低了大白菜地上部 Cd 总提取量。在 2 个 Cd 污染条件下，与加 Cd 对照(Z0)相比，施用纳米沸石和普通沸石使'山东四号'品种大白菜地上部 Cd 总提取量分别降低了 12.4%～68.8%和 13.2%～55.6%(除了 Cd5+OZ5)，使'新晋菜三号'大白菜分别降低了 9.4%～71.5%和 3.1%～38.7%(除了 Cd1+OZ5)，且随着施用量的增加，降低幅度增大。值得注意的是，在高镉条件下，OZ5 处理'山东四号'Cd 总提取量比对照高出 1.1%，低 Cd 条件下 OZ5 处理'新晋菜三号'Cd 总提取量比对照高出 1.0%。此外，在高 Cd 条件下，'新晋菜三号'大白菜 Cd 总提取量以中量(10g/kg)处理最高(10.557mg/kg)。

3. 沸石对蔬菜镉含量及积累量的影响

由表 4-19 可见，在未受 Cd 污染的土壤(Cd0+Z0)中，'山东四号'和'新晋菜三号'大白菜地上部与根 Cd 含量显著低于其他处理($P<0.05$)，随着土壤外源 Cd 污染水平的增加，大白菜 Cd 含量显著增加($P<0.05$)。外源 Cd 污染条件下，施用纳米沸石和普通沸石明显降低了大白菜 Cd 含量，以纳米沸石高施用量(20g/kg)处理降低效果最显著，低镉(1mg/kg Cd)和高镉(5mg/kg Cd)条件下降低幅度分别

表 4-19　不同水平镉污染条件下沸石施用量对大白菜镉含量的影响　(单位：mg/kg)

试验处理	镉含量			
	地上部		根	
	山东四号	新晋菜三号	山东四号	新晋菜三号
Cd0+Z0	7.060±0.945g	6.833±0.081g	5.694±0.13f	10.920±0.98e
Cd1+Z0	36.070±0.028a	34.828±0.203b	31.079±0.03a	40.153±2.19a
Cd1+OZ5	35.695±0.143a	48.193±0.779a	31.401±0.14a	36.300±0.66b
Cd1+OZ10	26.723±0.017b	47.693±0.721a	25.760±1.09b	34.351±0.95b
Cd1+OZ20	16.738±0.367d	20.401±0.581d	23.438±0.48c	20.369±2.00c
Cd1+NZ5	23.112±0.124c	28.021±0.839c	22.803±0.06c	21.068±0.65c
Cd1+NZ10	10.691±0.849e	16.363±0.764e	12.269±0.43d	15.057±0.18d
Cd1+NZ20	9.015±0.091f	10.826±0.011f	8.290±0.97e	7.086±0.05f
Cd0+Z0	7.060±0.945g	6.833±0.081g	5.694±0.13f	10.920±0.98h
Cd5+Z0	77.102±0.001b	101.072±0.096a	120.240±1.53a	138.062±0.99a
Cd5+OZ5	71.513±0.250c	94.824±0.139b	97.732±0.39b	130.649±0.95b
Cd5+OZ10	80.047±0.004a	100.384±0.644a	86.763±0.76c	135.263±0.86b
Cd5+OZ20	54.098±0.265e	79.883±1.142d	71.425±0.30d	102.976±0.99d
Cd5+NZ5	64.003±0.768d	83.889±0.746c	73.03±0.58d	83.893±0.53e
Cd5+NZ10	46.732±0.643f	57.577±0.349e	59.872±1.34e	72.010±0.02f
Cd5+NZ20	36.085±0.479g	37.355±1.403f	57.288±0.55f	43.262±1.17g

高达 68.9%～82.4%和 52.4%～68.7%（$P<0.05$）。所有处理中，大白菜地上部和根 Cd 含量均表现为纳米沸石处理低于普通沸石处理（$P<0.05$），相同条件下，纳米沸石处理比普通沸石处理大白菜各部位 Cd 含量低 10.5%～65.7%。值得一提的是，纳米沸石中施用量（10g/kg）处理对大白菜各部位镉含量的降低效果优于普通沸石高施用量（20g/kg）处理，更甚的是，纳米沸石低施用量（5g/kg）对大白菜根镉含量的降低效果超过了普通沸石高施用量（20g/kg）处理。可见，纳米沸石对大白菜镉含量的降低效果远优于普通沸石。

由表 4-20 可知，在未受 Cd 污染的土壤（Cd0+Z0）中，'山东四号'和'新晋菜三号'大白菜各部位 Cd 积累量显著低于其他处理（$P<0.05$），随着土壤外源 Cd 污染水平的增加，大白菜 Cd 积累量也显著增加（$P<0.05$）。纳米沸石中、高施用量（10g/kg 和 20g/kg）均显著降低了大白菜地上部、根和总植株镉积累量，低镉（1mg/kg Cd）和高镉（5mg/kg Cd）条件下降低幅度分别高达 38.7%～81.9%和 11.7%～73.5%。无论在低 Cd 还是高 Cd 污染条件下，纳米沸石处理中 2 个品种大白菜地上部、根和总植株 Cd 积累量均随着施用量的增加而降低（$P<0.05$）。低镉（1mg/kg Cd）条件下，普通沸石高施用量（20g/kg）处理也显著降低了 2 个品种大白菜各部位及总植株

表 4-20　不同水平镉污染条件下沸石施用量对大白菜镉积累量的影响（单位：μg/盆）

试验处理	镉积累量					
	地上部		根		总植株	
	山东四号	新晋菜三号	山东四号	新晋菜三号	山东四号	新晋菜三号
Cd0+Z0	6.430±0.861g	4.351±0.052g	0.521±0.012g	0.371±0.033g	6.951±0.849g	4.722±0.018h
Cd1+Z0	39.594±0.031b	29.794±0.174d	2.732±0.002b	3.837±0.210a	42.325±0.034b	33.631±0.383d
Cd1+OZ5	41.792±0.167a	81.599±1.319a	3.081±0.014a	3.561±0.065b	44.873±0.181a	85.160±1.255a
Cd1+OZ10	30.607±0.019d	63.273±0.956b	2.054±0.087d	2.317±0.064c	32.661±0.068d	65.590±1.020b
Cd1+OZ20	10.818±0.237f	18.731±0.533e	1.186±0.024f	1.405±0.138d	12.004±0.261f	20.137±0.671e
Cd1+NZ5	35.020±0.188c	38.939±1.166c	2.424±0.006c	2.401±0.074c	37.444±0.195c	41.340±1.092c
Cd1+NZ10	13.802±1.095e	12.212±0.570f	1.674±0.059e	1.169±0.014e	15.476±1.155e	13.382±0.585f
Cd1+NZ20	11.749±0.118f	10.577±0.011f	0.572±0.067g	0.695±0.005f	12.320±0.186f	11.272±0.016g
Cd0+Z0	6.430±0.861g	4.351±0.052g	0.521±0.012g	0.371±0.033g	6.951±0.849g	4.722±0.018h
Cd5+Z0	71.468±0.001d	113.093±0.108d	7.619±0.097c	9.665±0.069c	79.087±0.095d	122.758±0.177d
Cd5+OZ5	92.733±0.325b	101.242±0.149e	6.492±0.026c	9.480±0.069c	99.225±0.299b	110.722±0.218e
Cd5+OZ10	81.021±0.004c	191.329±1.228a	5.719±0.050d	12.649±0.081b	86.740±0.054c	203.977±1.309a
Cd5+OZ20	46.659±0.229f	118.355±1.692c	4.891±0.020f	16.733±0.162a	51.549±0.249f	135.088±1.853c
Cd5+NZ5	106.688±1.280a	146.854±1.306b	7.091±0.056b	6.216±0.039e	113.779±1.224a	153.070±1.345b
Cd5+NZ10	48.895±0.673e	92.443±0.560f	5.623±0.126e	8.537±0.002d	54.518±0.547e	100.980±0.562f
Cd5+NZ20	37.309±0.495g	73.534±2.762g	2.017±0.019g	3.758±0.101f	39.326±0.514g	77.292±2.863g

镉积累量，降低幅度为 37.1%～72.7%。高镉(5mg/kg Cd)条件下，普通沸石中、高施用量(10g/kg 和 20g/kg)处理则增加了'新晋菜三号'各部位及总植株镉积累量。低镉(1mg/kg Cd)和高镉(5mg/kg Cd)条件下，普通沸石中、低施用量和纳米沸石低施用量处理在部分情况下也增加了大白菜镉积累量。比较'山东四号'和'新晋菜三号'2 个大白菜品种，Cd 积累量整体上以'山东四号'品种较低，2 个品种 Cd 积累量均表现为地上部远高于根，高 Cd 水平处理明显高于低 Cd 水平处理。

(三)有机肥

畜禽饲料中会使用含有一定量重金属的添加剂。据统计，中国每年微量元素添加剂使用量为 15 万～18 万 t，其中超过 55%未被动物利用而随畜禽粪便排出。施用粪肥可导致土壤重金属富集，对山东、浙江、江苏等多个省份规模化养殖场的猪粪进行检测发现，风干猪粪中铜、锌含量普遍在 500mg/kg、1000mg/kg 以上(仔猪风干粪便中锌可高达 10 000mg/kg)，其中铜(Cu)、锌(Zn)和镉(Cd)水平高于国家土壤环境质量二级标准。重金属在土壤和植物体内积累，通过食物链进入人体后与氨基酸、维生素等微量活性物质发生作用，使机体丧失或改变原来的生化功能而引起病变，引发重金属中毒，并会对环境产生一定的影响，危害生态系统。

我们的大田试验于 2015 年 3 月至 2016 年 4 月在重庆市合川区云门镇金滩村进行。试验设置鲜猪粪(FPM)、腐熟猪粪(CPM)和不施用猪粪的对照(CK)3 个处理。每个小区面积为 9m^2，每个处理 3 个重复，随机排列。鲜猪粪采自农田附近某大型养猪场，腐熟猪粪为经过发酵的商品有机肥。鲜猪粪和腐熟猪粪全氮磷钾含量和施加量如表 4-21 所示，重金属含量如表 4-22 所示，一年施加 2 次，春季全量施用，秋季半量施用。

表 4-21　鲜猪粪和腐熟猪粪 N、P、K 含量及施用量

肥料	N/%	P$_2$O$_5$/%	K$_2$O/%	N+P+K/%	春季施加量/(kg/hm^2)	秋季施加量/(kg/hm^2)
鲜猪粪(FPM)	0.84	0.42	0.18	1.44	2000	1000
腐熟猪粪(CPM)	3.19	0.92	1.07	5.18	560	280

表 4-22　鲜猪粪和腐熟猪粪中重金属含量

肥料	Cd/(mg/kg)	Cr/(mg/kg)	Cu/(mg/kg)	Zn/(mg/kg)	Pb/(mg/kg)	Ni/(mg/kg)
FPM	0.653	2.438	2.635	48.212	1.166	8.108
CPM	1.167	21.67	4.450	41.863	14.207	19.631

试验使用的猪粪中重金属含量均未超过《有机肥料》(NY 525—2012)中规定的限值(该标准中镉、铬和铅限值分别为 3mg/kg、150mg/kg、50mg/kg)。《有机肥料》

(NY 525—2012)尚未对有机肥中铜和锌允许含量制定限量标准,但《农用污泥中污染物控制标准》(GB 4284—2018)中规定在酸性土壤(pH<6.5)中施用的污泥铜和锌最高允许含量不超过 250mg/kg 和 500mg/kg,由表 4-23 可知均未超过标准。

表 4-23　不同猪粪处理对土壤重金属含量的影响(mg/kg)

处理	Cd	Cr	Cu	Zn	Pb	Ni
CK	0.334±0.005c	10.581±2.731a	0.270±0.008c	3.034±0.010c	20.926±0.085ab	21.551±0.153ab
CPM	0.510±0.030a	4.520±0.275b	0.361±0.005a	3.938±0.219a	21.078±0.099a	22.220±0.667a
FPM	0.363±0.050b	4.434±0.193b	0.335±0.032b	3.548±0.398b	19.892±0.702b	20.451±0.117b

由表 4-23 可知,施用猪粪显著增加了土壤中 Cd、Cu、Zn 含量。施用鲜猪粪和腐熟猪粪的土壤 Cd、Cu、Zn 含量分别较对照土壤增加了 52.7%、33.7%、29.8%(CPM)和 8.7%、24.1%、16.9%(FPM)。施用腐熟猪粪的土壤 Pb 和 Ni 含量分别较对照增加了 0.7%和 3.1%,而施用鲜猪粪的土壤 Pb 和 Ni 含量分别较对照减少 4.9%和 5.1%。施用腐熟猪粪和鲜猪粪后土壤 Cr 含量分别降低了 57.3%和 58.1%。

施用猪粪显著增加了土壤中 Cd、Cu 和 Zn 的含量。原因可能是猪粪对土壤阳离子交换有显著影响,施用猪粪显著增加了有效态重金属含量,在猪粪腐熟过程中由于有机物的分解,重金属含量增加。土壤中 Cd、Cu、Zn 含量表现为 CPM>FPM>CK,原因可能是在腐熟过程中有机物的分解更容易,使得重金属含量更高。本试验还发现,施用鲜猪粪的土壤 Pb 和 Ni 含量反而降低,原因可能是猪粪的 pH 较高,有大量的可溶性有机质,施用后土壤有机质含量增高,使得有效态 Pb、Ni 含量降低。本试验中施用鲜猪粪和腐熟猪粪降低了土壤 Cr 含量,其原因有待进一步研究。

(四)其他钝化剂

重金属螯合剂如 EDTA、聚天冬氨酸(PASP)和柠檬酸等能和土壤中的 Cd 结合,从而改变 Cd 的形态和有效性。黄苏珍等(2008)的研究发现,不同浓度 EDTA 和柠檬酸显著提高了黄菖蒲(*Iris pseudacorus*)体内 Cd 含量,且随着浓度的增加 Cd 含量逐渐增加。2009 年肖镪等报道,在 10mg/kg Cd 土壤中分别添加 0mmol/kg、2.5mmol/kg、5.0mmol/kg、10.0mmol/kg EDTA 后,油菜(*Brassica campestris*)地上部 Cd 的含量较对照均显著增加,且随 EDTA 用量增加呈上升趋势。但也有相反报道。我们研究了有机酸、EDTA 对水稻(*Oryza sativa*)Cd 吸收及土壤 Cd 形态的影响,结果表明,加入有机酸、EDTA 显著降低了土壤有效态 Cd 含量,而 2 个品种水稻各部位 Cd 含量也较对照处理显著降低(张海波等,2011)。聚天冬氨酸(PASP)可以强化植物修复重金属污染,PASP 的最佳施用浓度为 3g/L 和 7g/L,与

EDTA 相比对 Cd 的吸收量提高约 10 倍（Chen et al.，2000）。可见，螯合剂对 Cd 生物有效性的影响可能随植物种类和土壤类型的不同而异。化学修复操作相对比较简单，适用于污染程度不甚严重的地区，比较适合大面积操作。但添加的化学物质易引起二次污染，而且处理效果可能不太理想。

三、生物修复

（一）植物修复

植物修复技术的思想是 1983 年由美国科学家 Chaney 提出的：利用植物富集土壤中的重金属，从而清除土壤污染。工程修复、化学固定、微生物修复这三种修复方法存在着成本高、占地、易引起土壤二次污染、去除效果不好和周期长等缺点，而植物修复成本低廉，属于原位的、主动的修复，对环境扰动小，可适用于大面积处理，还能净化和美化环境以及增加土壤有机质与肥力（杨启良，2015）。因此，目前植物修复是土壤重金属 Cd 污染的高效修复方法，成为国内外研究的热点。

黑麦草（*Lolium multiflorum*）属禾本科牧草，具有生长快、分蘖再生能力强、产量高、耐寒、耐旱等特点，是重要的栽培牧草和绿化植物。研究表明黑麦草能富集重金属，在重金属污染土壤上种植有很强的抗性（徐卫红等，2007），还能在重金属污染较严重、环境恶劣的尾矿地区生存，甚至正常生长（吴秋玲等，2014），可作为土壤重金属污染修复植物（江玲，2015；陈永勤，2017；秦余丽，2018）。

1. 不同黑麦草对镉的积累能力

从图 4-18 可以看出，两个品种黑麦草（'邦德'和'阿伯德'）地上部与根系镉含量随着镉处理水平的增加呈显著上升趋势（$P < 0.05$）。在同一镉胁迫条件下，两个品种黑麦草地上部、根系镉含量顺序为根系＞地上部。当土壤镉水平为 75mg/kg 时，两个品种黑麦草地上部镉含量均已达到镉超积累植物临界值（100mg/kg），分别为 111.19mg/kg（'邦德'）、133.69mg/kg（'阿伯德'）。黑麦草富集镉能力较强，在 75～600mg/kg 镉胁迫下，地上部和根系镉含量分别是对照的 30.2～787.5 倍（'邦德'）和 18.0～420.5 倍（'阿伯德'）。比较两个品种黑麦草地上部和根系镉含量，除 600mg/kg Cd 胁迫下'阿伯德'根系镉含量低于'邦德'品种外，其余处理'阿伯德'地上部、根系镉含量均高于'邦德'，其中'阿伯德'地上部镉含量在土壤镉水平为 75mg/kg、150mg/kg、300mg/kg 和 600mg/kg 条件下分别是'邦德'的 1.2 倍、1.1 倍、1.2 倍和 1.0 倍；在土壤镉水平为 75mg/kg、150mg/kg、300mg/kg 条件下，'阿伯德'根系镉含量分别是'邦德'的 1.5 倍、1.5 倍和 1.1 倍。说明'阿伯德'品种黑麦草对镉的富集能力强于'邦德'品种。

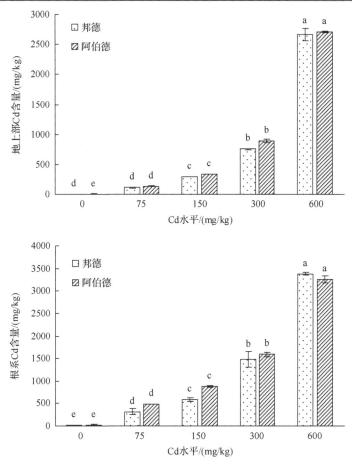

图 4-18　不同镉污染水平土壤对黑麦草镉含量的影响

Cd 积累量为植株各部位干重与 Cd 含量的乘积。如表 4-24 所示，随着镉处理水平的增加，两个品种黑麦草（'邦德'和'阿伯德'）地上部与总植株镉积累量显著增加（$P < 0.05$），'邦德'品种地上部、总植株镉积累量分别是对照的 26.6～96.5 倍、25.5～83.9 倍；'阿伯德'品种地上部、总植株镉积累量分别是对照的 23.1～62.9 倍、22.1～58.8 倍。两个品种黑麦草根系镉积累量在 300mg/kg Cd 胁迫下达到最高，分别是对照的 60.8 倍（'邦德'）、56.3 倍（'阿伯德'）。两个品种黑麦草镉积累量均为地上部＞根系，即镉主要积累在黑麦草的地上部，分别占总植株镉积累量的 64.1%～76.9%（'邦德'）、64.6%～77.7%（'阿伯德'）。比较两个品种黑麦草地上部、根系和总植株镉积累量，在各镉胁迫条件下均为'阿伯德'＞'邦德'。从表 4-24 可见，两个品种黑麦草地上部镉富集系数（BCF）随镉胁迫水平增加呈增长趋势，且镉富集系数均大于 1，150～600mg/kg Cd 水平下 BCF 较75mg/kg Cd 水平增加了 35.4%～263.8%（'邦德'）、25.1%～212.8%（'阿伯德'）。

表4-24　不同镉水平对黑麦草各部位镉积累量、富集系数和转移系数的影响

品种	土壤Cd水平/(mg/kg)	植株镉积累量/(μg/盆)			富集系数(BCF)		转移系数(TF)
		地上部	根系	总植株	地上部/土壤	根系/土壤	
邦德	0	34.988±2.154d	17.377±0.619c	52.325±2.333d			
	75	929.898±51.525c	404.288±60.218b	1334.186±90.109c	1.604	4.615	0.347
	150	1942.143±74.942b	1048.373±103.067a	2990.515±86.424b	2.172	4.319	0.503
	300	1888.906±76.989b	1056.019±105.950a	2944.925±110.817b	3.055	5.986	0.510
	600	3375.343±306.670a	1014.341±60.907a	4389.683±310.381a	5.835	7.423	0.786
阿伯德	0	63.302±16.854e	23.829±3.268d	87.131±13.977e			
	75	1460.759±57.523d	462.877±24.680c	1923.646±67.115d	1.864	6.841	0.272
	150	2382.510±91.977c	1307.171±42.912a	3689.681±127.883c	2.332	6.090	0.383
	300	2555.053±137.278b	1341.307±50.379a	3896.359±136.838b	3.448	6.163	0.560
	600	3979.474±90.067a	1139.202±62.358b	5118.675±117.611a	5.830	7.010	0.832

	项目	地上部镉积累量	根系镉积累量	总植株镉积累量	地上部镉含量	根系镉含量
$LSD_{0.05}$	黑麦草品种	97.793**	67.143**	149.509**	10.927**	8.976*
	镉水平	665.505***	696.763***	1093.405***	4104.684***	1395.6***
	黑麦草品种×镉水平	6.517**	9.294**	9.725**	2.261*	5.096*

注：BCF 为植物某一部位重金属含量/土壤中重金属含量，TF 为植物地上部重金属含量/地下部重金属含量，*表示达到95%显著性，**表示达到99%显著性，下同

两个品种黑麦草 BCF 为根系＞地上部，其中'阿伯德'＞'邦德'。黑麦草镉的转运系数也表现为随镉胁迫水平增加呈逐渐递增的趋势，说明黑麦草对镉具有较强的富集能力，'邦德'和'阿伯德'镉转运系数(TF)在最大镉胁迫水平下达到最大值，分别为 78.61、83.17，但所有处理 TF 值均小于 1。黑麦草地上部和根系镉积累量以及总植株镉积累量在不同镉水平之间与不同黑麦草品种之间的差异均达到显著水平($P<0.05$)。

植物体内不同部位 Cd 含量不同(Chen et al.，2015)，'邦德'和'阿伯德'两个品种黑麦草地上部和根系 Cd 含量在各处理间分布特征均表现为根系＞地上部，镉转运系数小于 1，可见黑麦草根系对 Cd 具有较高的富集能力，但是 Cd 向地上部转运能力较差，这与孙园园(2015)、陈亚慧等(2014)、Zhou 等(2015)的研究结果一致。对比黑麦草地上部和根系 Cd 积累量发现，相同 Cd 处理条件下，黑麦草地上部对 Cd 的积累量远大于根系，可见地上部对重金属 Cd 的积累能力较强。比较两个品种黑麦草还发现，'阿伯德'地上部、根系镉含量基本高于'邦德'，'阿伯德'地上部、根系和总植株镉积累量也高于'邦德'，'阿伯德'对镉的富集能力高于'邦德'品种，说明黑麦草对 Cd 的耐受性和吸收富集存在基因型差异，这与李慧芳等(2014)和黄登峰等(2016)的研究结果相似。

黑麦草根系镉含量较高，且其生物量大，随着镉胁迫水平增加，镉转运系数呈上升趋势，可见在高镉胁迫条件下下黑麦草吸收和转运镉的能力较强。原因可能是随着 Cd 胁迫水平增加，黑麦草细胞壁和液泡对 Cd 的吸收、固持能力降低，更多的 Cd 进入到木质部中，运往地上部的 Cd 增加，最终导致镉转运系数呈增加的趋势(张尧等，2010)。富集系数越高，表明植物对重金属的吸收积累能力就越强，越有利于植物提取重金属、修复污染土壤(米艳华等，2016)。本试验中，黑麦草 2 个品种('邦德'和'阿伯德')镉富集系数均大于 1，且地上部镉富集系数在镉胁迫水平增加的情况下逐渐递增，根系镉富集系数也在最高镉胁迫水平下达到最大值，表明黑麦草对 Cd 具有较强的富集潜力。

2. 镉黑麦草地上部各形态镉的影响

如图 4-19 所示，两个品种黑麦草('邦德'和'阿伯德')地上部各形态镉在同一 Cd 污染水平下差异达到显著水平($P<0.05$)。随着镉处理水平的增加，两个品种黑麦草('邦德'和'阿伯德')地上部镉乙醇提取态(E-Cd)、去离子水提取态(W-Cd)、氯化钠提取态(NaCl-Cd)、醋酸提取态(HAC-Cd)含量呈上升趋势，但是 NaCl-Cd 的 FDC 呈下降趋势，盐酸提取态(HCl-Cd)和残渣态(R-Cd)差异不显著。两个品种黑麦草地上部形态均主要为去离子水提取态(W-Cd)、氯化钠提取态(NaCl-Cd)和乙醇提取态(E-Cd)。各形态 Cd 分配比例指植株中某种形态镉的含量与总镉含量的比值。两个品种黑麦草地上部各形态 Cd 分配比例(FDC)如图 4-20 所示，'邦德'各形态 Cd 分配比例表现为 NaCl-Cd(57.8%～79.4%)＞W-Cd(6.4%～21.1%)＞

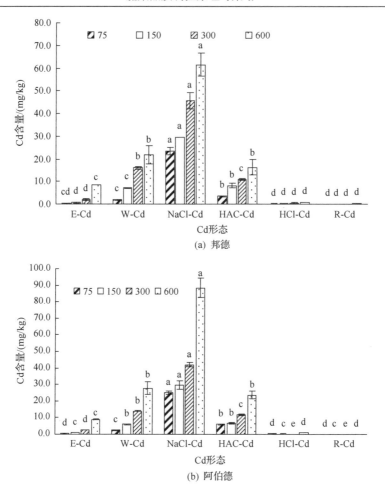

图 4-19　不同镉污染水平土壤对黑麦草地上部各形态镉含量的影响

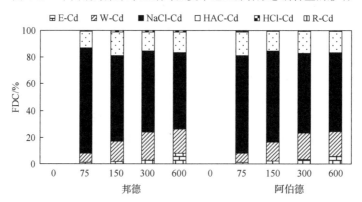

图 4-20　不同镉污染水平下黑麦草地上部各形态镉分配比例（FDC）

HAC-Cd(12.1%～17.7%)＞E-Cd(1.3%～8.1%)＞HCl-Cd(0.6%～0.8%)＞R-Cd(0.2%)；'阿伯德'为 NaCl-Cd(59.0%～73.3%)＞W-Cd(6.8%～19.8%)＞HAC-Cd(14.9%～17.6%)＞E-Cd(1.0%～6.0%)＞HCl-Cd(0.4%～0.9%)＞R-Cd(0.1%～0.4%)。比较两个品种黑麦草地上部各形态镉FDC，差异不显著。

植株中不同形态 Cd(乙醇提取态、去离子水提取态、氯化钠提取态、醋酸提取态、盐酸提取态和残渣态)在植物体内的迁移能力有明显的差异，进而影响植物体内 Cd 的运输转移及 Cd 对植物体的毒性(李红婷和董然，2015)。我们发现，两个品种黑麦草('邦德'和'阿伯德')地上部 Cd 主要以氯化钠提取态为主，占总提取量的 57.79%～79.35%，其次为 W-Cd 和 HAC-Cd，这与 Wang 等(2008b)、陈贵青等(2010)、熊仕娟(2016)的报道一致。主要是因为 Cd 与蛋白质或其他有机化合物中巯基有很强的亲和力，NaCl 主要提取蛋白质结合态及果胶酸盐态 Cd，蛋白质合成对作物中 Cd 的积累有重要作用(张晓璟等，2011)，同时 Cd 与蛋白质结合后易降低植物体内酶活性，造成代谢紊乱，影响植物体正常生长发育(张银秋等，2010)。随着镉胁迫水平增加，NaCl 提取态占总提取量比例逐渐降低，说明低镉条件下 Cd 与蛋白质、果胶酸类物质相结合或吸附的比例较高；而去离子水提取态和乙醇提取态 FDC 逐渐升高，这与邹圆等(2017)、杜远棚等(2012)的研究结果一致，说明高 Cd 胁迫下细胞壁和质膜透性增加，使得细胞内活性态 Cd 增加(Sharma et al.，2005)。

3. 黑麦草对土壤各形态镉的影响

土培试验中各处理土壤中各形态 Cd 分配比例(FDC)和含量分别如图 4-21 和表 4-25 所示。随着镉处理水平的增加，根际土和非根际土镉可交换态(EX-Cd)、碳酸盐结合态(CAB-Cd)、铁锰氧化物结合态(FeMn-Cd)含量呈显著上升趋势($P<0.05$)。种植 2 个品种黑麦草('邦德'和'阿伯德')的根际与非根际土壤以 EX-Cd FDC 最大($P<0.05$)，EX-Cd FDC 随镉胁迫水平增加表现出上升趋势。根际土各形态 Cd FDC 大小顺序为 EX-Cd(56.8%～82.4%)＞R-Cd(3.4%～11.8%)＞OM-Cd(2.7%～11.2%)＞CAB-Cd(6.0%～10.1%)＞FeMn-Cd(3.7%～9.8%)；非根际土各形态 Cd FDC 大小顺序为 EX-Cd(51.4%～83.3%)＞R-Cd(2.8%～13.4%)＞FeMn-Cd(4.1%～12.5%)＞OM-Cd(2.7%～11.9%)＞CAB-Cd(6.9%～11.5%)。在同一镉胁迫条件下，'阿伯德'根际和非根际土壤中可交换态镉含量均高于'邦德'(除了 600mg/kg 镉处理根际土)，增幅为 0.5%～11.36%。比较两种类型土壤发现，种植'阿伯德'品种黑麦草土壤中可交换态镉含量为非根际土大于根际土；'邦德'则为在低镉(75～150mg/kg Cd)条件下根际土大于非根际土，高镉(300～600mg/kg Cd)条件下相反。

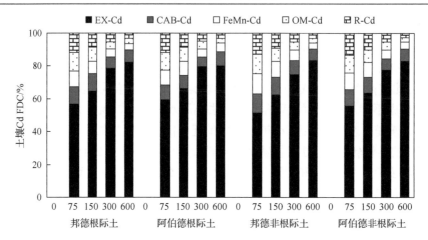

图 4-21　不同镉水平下土壤各形态镉分配比例

表 4-25　不同镉水平对土壤各形态镉含量的影响　　　　（单位：mg/kg）

土壤类型	品种	镉水平/(mg/kg)	可交换态(EX-Cd)	碳酸盐结合态(CAB-Cd)	铁锰氧化物结合态(FeMn-Cd)	有机结合态(OM-Cd)	残渣态(R-Cd)
根际土	邦德	0	<0.005	<0.005	<0.005	<0.005	<0.005
		75	35.320±0.000d	6.400±0.424bc	6.080±0.566d	6.980±1.131b	7.360±0.707d
		150	70.220±6.081c	11.625±2.475b	8.225±0.530c	8.975±0.354ab	9.575±0.000c
		300	184.830±7.000b	15.600±2.758b	11.820±0.424b	10.320±0.636ab	11.940±0.636b
		600	324.330±5.303a	29.400±7.849a	14.670±1.485a	11.970±2.970a	13.440±0.212a
	阿伯德	0	<0.005	<0.005	<0.005	<0.005	<0.005
		75	36.920±1.414d	5.700±0.566b	5.780±0.141b	6.680±0.141b	7.160±0.424d
		150	74.150±18.031c	8.875±0.000b	9.725±0.177b	9.475±0.707a	9.825±0.000c
		300	185.730±12.940b	14.100±6.125ab	11.220±0.424b	11.220±1.485a	11.490±0.849b
		600	319.380±11.031a	33.000±17.183a	21.120±4.667a	10.620±0.636a	13.590±0.849a
非根际土	邦德	0	<0.005	<0.005	<0.005	<0.005	<0.005
		75	35.220±0.141d	7.900±0.000c	8.580±0.424b	8.180±0.566b	8.660±0.566b
		150	69.620±1.556c	11.750±1.591c	10.600±0.707b	9.225±0.707b	9.825±0.354b
		300	184.830±4.031b	21.450±3.394b	15.270±0.212a	12.570±0.849a	12.990±1.273a
		600	360.180±12.304a	29.700±1.485a	17.820±2.970a	11.820±1.061a	13.140±2.333a
	阿伯德	0	<0.005	<0.005	<0.005	<0.005	<0.005
		75	37.620±0.141d	7.100±0.849c	6.580±0.141d	7.380±0.283c	9.060±0.566b
		150	75.025±19.269c	11.875±2.121c	10.600±1.768c	8.725±0.354b	12.075±0.354a
		300	205.830±1.061b	17.850±0.000b	13.620±0.424b	13.620±0.636a	13.890±0.000a
		600	389.430±13.364a	34.350±3.818a	19.620±1.273a	12.870±0.849a	12.990±2.121a

2 个品种黑麦草（'邦德'和'阿伯德'）土壤中 Cd 均以可交换态（EX-Cd）为

主，且植物各部位镉含量均与根际土壤可交换态镉含量呈极显著正相关关系（$P<$ 0.01），这说明土壤可交换态镉含量是影响植物镉吸收的一个很重要的因素（秦余丽等，2017b；Castaldi et al.，2005；Yang et al.，2011）。随着镉胁迫水平的增加，可交换态 Cd FDC 由 51.39% 上升到 83.25%，而其他形态整体呈下降趋势。这说明随着镉胁迫水平的增加，Cd 在土壤中的形态发生了由 R-Cd、FeMn-Cd、CAB-Cd、OM-Cd 向可交换态镉的转化，使得土壤中 Cd 的生物有效性增强，提高了其对环境的潜在危险性（李虎，2016）。报道指出，土壤 pH 越低，其重金属溶解度就越大，活性越高，反之则重金属越容易固定，活性降低。当土壤 pH 从 7.0 下降到 4.55 时，可交换态 Cd 增加，难溶性 Cd 减少（夏立江等，1998）。pH 是土壤中镉吸附、解吸的重要影响因素，可以控制镉离子的有效性和移动性，对其活性影响很大。刘文菊等（2000）研究证明，在低 pH 时，土壤吸附的镉离子与氢离子发生交换，镉离子解吸，土壤中的镉离子浓度增加。随着镉处理水平的增加，土壤 pH 也相应先下降，这跟王小蒙等（2016）的研究结果相似，而在高镉条件下上升，其原因有待研究。EX-Cd FDC 在 75～300mg/kg Cd 处理条件下随着胁迫水平的增加上升幅度也逐步递增，但是在 600mg/kg Cd 水平下降，这可能与 pH 先下降后上升相吻合。在同一镉胁迫水平下，根际土壤的可交换态 Cd 分配比例整体高于非根际土（李瑛等，2004）。种植‘阿伯德’土壤中 EX-Cd 含量高于‘邦德’，这与‘阿伯德’镉吸收量高于‘邦德’品种相吻合。

4. 黑麦草各部位镉与土壤各形态镉及全镉含量的相关性分析

如表 4-26 和表 4-27 所示，通过对黑麦草各部位 Cd 含量与土壤中各形态 Cd 和全 Cd 含量的相关性分析可以看出，‘邦德’品种黑麦草地上部和根系 Cd 含量的相关性达到极显著水平（$P<0.01$），其相关系数为 0.989。地上部 Cd 含量与土壤 EX-Cd、全 Cd 含量之间达到极显著相关水平，其相关系数为 0.959、0.961；与 CAB-Cd 达到显著相关水平（$P<0.05$），其相关系数为 0.945。根系 Cd 含量与土壤 EX-Cd、CAB-Cd、全 Cd 含量之间相关性达到极显著水平，相关系数为 0.991、0.973、0.990。土壤中 EX-Cd、CAB-Cd、FeMn-Cd 和全 Cd 之间相关性均达到显著水平。土壤中 CAB-Cd 与 EX-Cd、CAB-Cd 与全 Cd、FeMn-Cd 与 OM-Cd、EX-Cd 与全 Cd、FeMn-Cd 与 R-Cd、OM-Cd 与 R-Cd 相关系数为 0.976、0.993、0.972、0.995、0.983、0.998。

2 个品种黑麦草（‘邦德’和‘阿伯德’）地上部和根系镉含量均呈极显著正相关关系，说明黑麦草地上部的 Cd 主要来源于根系；同时地上部、根系镉含量与土壤中可交换态、全 Cd 含量也均达到极显著正相关水平，这是因为可交换态是土壤中重金属活动性最强的部分，是可被植物直接吸收的有效态。土壤 EX-Cd、CAB-Cd、FeMn-Cd 和全 Cd 含量之间也达到显著正相关水平，说明随着土壤镉水平的增加，EX-Cd、CAB-Cd、FeMn-Cd 含量也相应增加。

表 4-26　黑麦草(邦德)各部位镉与根际土壤各形态镉及全镉含量相关系数

	地上部-Cd	根系-Cd	EX-Cd	CAB-Cd	FeMn-Cd	OM-Cd	R-Cd	全 Cd
地上部-Cd	1							
根系-Cd	0.989**	1						
EX-Cd	0.959**	0.991**	1					
CAB-Cd	0.945*	0.973**	0.976**	1				
FeMn-Cd	0.803	0.873	0.913*	0.948*	1			
OM-Cd	0.676	0.753	0.799	0.874	0.972**	1		
R-Cd	0.694	0.774	0.824	0.886*	0.983**	0.998**	1	
全 Cd	0.961**	0.990**	0.995**	0.993**	0.931*	0.833	0.852	1

注: **表示 $P < 0.01$, *表示 $P < 0.05$, 下同

表 4-27　黑麦草(阿伯德)各部位镉与根际土壤各形态镉及全镉含量相关系数

	地上部-Cd	根系-Cd	EX-Cd	CAB-Cd	FeMn-Cd	OM-Cd	R-Cd	全 Cd
地上部-Cd	1							
根系-Cd	0.984**	1						
EX-Cd	0.967**	0.993**	1					
CAB-Cd	0.987**	0.997**	0.980**	1				
FeMn-Cd	0.932*	0.975**	0.957*	0.977**	1			
OM-Cd	0.582	0.717	0.731	0.699	0.821	1		
R-Cd	0.728	0.836	0.836	0.827	0.919*	0.978**	1	
全 Cd	0.967**	0.997**	0.996**	0.988**	0.979**	0.762	0.867	1

从表 4-27 可以看出,'阿伯德'品种黑麦草地上部和根系 Cd 含量的相关性也达到极显著水平($P < 0.01$),其相关系数为 0.984。地上部 Cd 含量与土壤 EX-Cd、CAB-Cd、全 Cd 含量之间达到极显著相关水平,其相关系数为 0.967、0.987、0.967;与 FeMn-Cd 达到显著相关水平($P < 0.05$),其相关系数为 0.932;与 OM-Cd、R-Cd 呈正相关。根系 Cd 含量与土壤 EX-Cd、CAB-Cd、FeMn-Cd、全 Cd 含量之间相关性达到极显著水平,相关系数为 0.993、0.997、0.975、0.997,与其他形态呈正相关。土壤 EX-Cd、CAB-Cd、FeMn-Cd 和全 Cd 之间相关性均达到极显著水平,其中土壤 CAB-Cd 与 EX-Cd、CAB-Cd 与全 Cd、CAB-Cd 与 FeMn-Cd、FeMn-Cd 与全 Cd、EX-Cd 与全 Cd、OM-Cd 与 R-Cd 的相关系数分别为 0.980、0.988、0.977、0.979、0.996、0.978。

5. 黑麦草镉耐受性和转运相关基因表达

我们于2016年3月7日至5月29日采用大田试验研究了两个品种黑麦草('邦

德'和'阿伯德')在不同 Cd 污染水平(0mg/kg、75mg/kg、150mg/kg、300mg/kg 及 600mg/kg)下各部位 Cd 含量及积累量的差异，并通过 qRT-PCR 探究了 Cd 胁迫下 *OAS*、*IRT*、*HAM*、*NRAMP*、*CAM*、*PCS* 和 *MT* 7 种镉耐受性和转运相关基因的表达情况。对黑麦草基因家族成员序列进行 BLAST 和多重比对(Vector NTI Advance 11.51)，设计 25 种基因的 qRT-PCR 特异引物，所有引物均由南京金斯瑞生物科技有限公司合成。*OAS*、*IRT*、*NRAMP* 和 *MT* 家族基因的 qRT-PCR 扩增电泳结果见图 4-22。

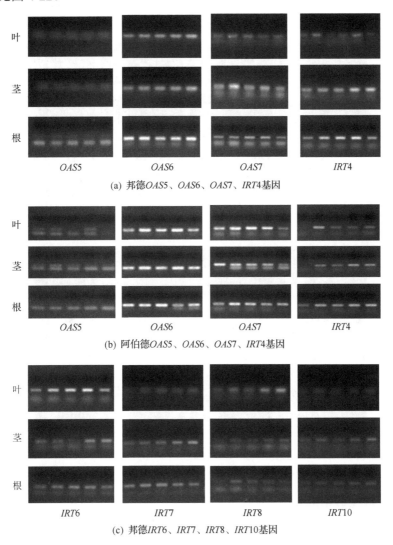

(a) 邦德*OAS*5、*OAS*6、*OAS*7、*IRT*4基因

(b) 阿伯德*OAS*5、*OAS*6、*OAS*7、*IRT*4基因

(c) 邦德*IRT*6、*IRT*7、*IRT*8、*IRT*10基因

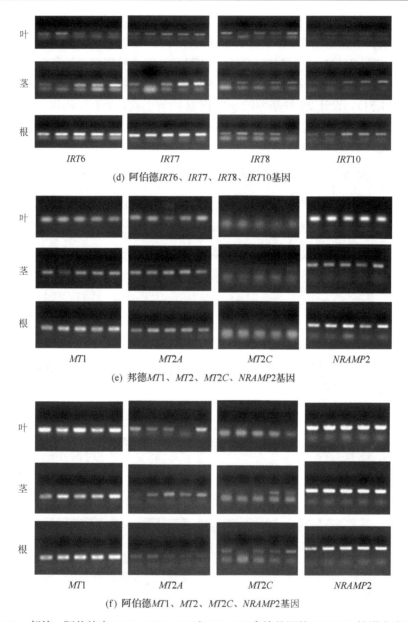

(d) 阿伯德*IRT*6、*IRT*7、*IRT*8、*IRT*10基因

(e) 邦德*MT*1、*MT*2、*MT*2*C*、*NRAMP*2基因

(f) 阿伯德*MT*1、*MT*2、*MT*2*C*、*NRAMP*2基因

图 4-22　邦德、阿伯德中 *OAS*、*IRT*、*MT* 和 *NRAMP* 家族基因的 RT-PCR 扩增电泳结果

（1）*OAS* 家族基因表达

如图 4-23 所示，黑麦草中所检测的 *OAS* 基因对不同镉处理的反应不同，可分为两类。其中两个品种黑麦草叶中的表达量为单峰型曲线，均在镉处理水平为 150mg/kg 时上调至最高，但在镉水平为 300mg/kg 和 600mg/kg 时回落。两个品种黑麦草茎中表达量'邦德'表现为双峰型曲线，而'阿伯德'表现为单峰型

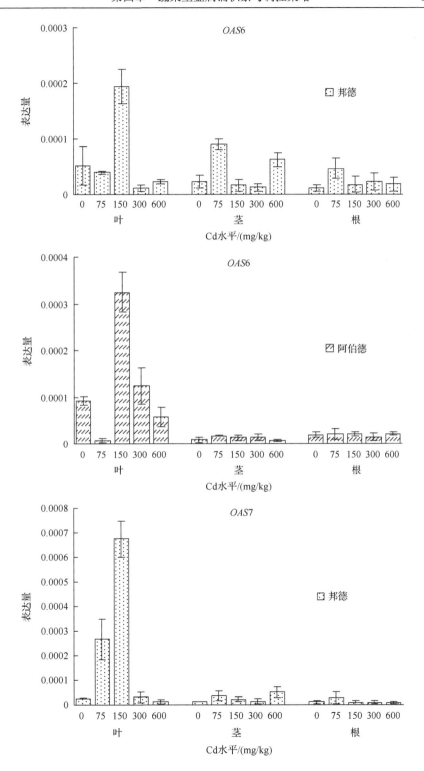

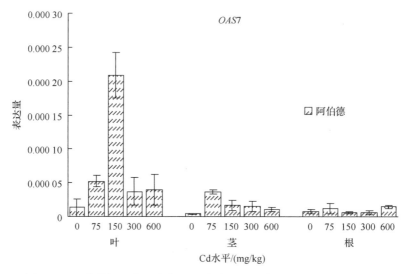

图 4-23　黑麦草根、茎、叶中 *OAS* 家族基因的实时荧光定量 PCR 分析

曲线，各胁迫条件下表达量或多或少地高于对照处理，这与随着镉水平升高植物中镉积累量升高相符。2 个品种黑麦草根中，'邦德'表达量主要为单峰型曲线，'阿伯德'主要为双峰型曲线。当镉处理水平为 75mg/kg 和 300mg/kg 时，'邦德'品种表达量较高，而'阿伯德'则为镉处理水平在 75mg/kg 和 600mg/kg 时表达量较高，这可能是因为'阿伯德'品种较'邦德'在高水平镉处理下耐受镉能力较强，随着镉水平的成倍增加其表达量突然提升，这与镉积累量中'阿伯德'高于'邦德'相符。比较黑麦草各部位表达量的差异可见，叶表达量略高于根和茎，基因家族各成员的反应趋势总体一致。比较两个品种发现，整体上'邦德'品种的 *OAS* 基因表达量高于'阿伯德'品种。

(2) *IRT* 家族基因表达

采用定量 qRT-PCR 分析，获得镉耐受性和转运相关 *IRT* 家族基因在黑麦草根、茎、叶中的表达水平，如图 4-24 所示。从中可知，黑麦草中所检测的 5 个 *IRT* 基因对不同镉处理的反应基本表现为单峰型曲线和双峰型曲线两类。2 个品种叶中 *IRT* 家族基因的表达趋势基本符合单峰型曲线特征，在 75mg/kg 和 150mg/kg 镉处理水平时显著上调，高于对照，在 300mg/kg 和 600mg/kg 镉水平时或多或少有一定回落，可能是因为高镉处理下黑麦草生长受阻，镉对黑麦草产生毒害作用，其代谢水平受到抑制。2 个品种黑麦草茎中表达量表现为双峰型和单峰型曲线，均在 75mg/kg 处理下有显著上调，'邦德'在 600mg/kg 和'阿伯德'在 300mg/kg 时有一定回升，这可能与根中镉浓度较高且茎不直接接触镉而受到的毒害较小有关。2 个品种黑麦草根中表达量主要为单峰型曲线。'邦德'品种在 75mg/kg 处理下显著上调，而'阿伯德'则在镉处理水平为 150mg/kg 和 600mg/kg 时表达量较高，这可能是因为'阿伯德'品种较'邦德'在高水平镉处理下耐受镉能力强，随着镉水平的成倍增加其表达量突然提升，这与镉积累量中'阿伯德'高于'邦德'相符。比较两个品种间表达量的差异可见，整体上'邦德'品种的 *IRT* 基因表达量高于'阿伯德'品种，各部位为叶中表达量高于根和茎，基因家族各成员的反应趋势总体一致。

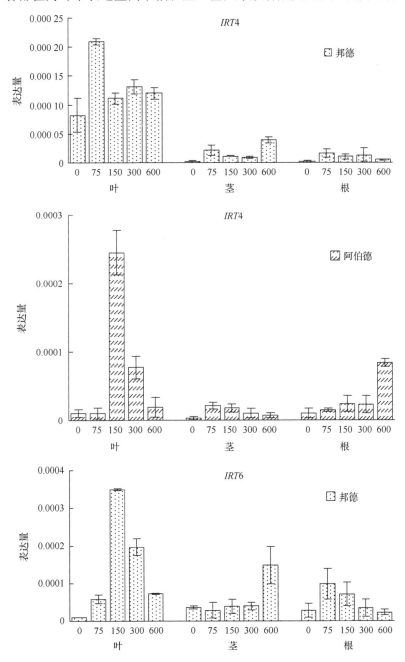

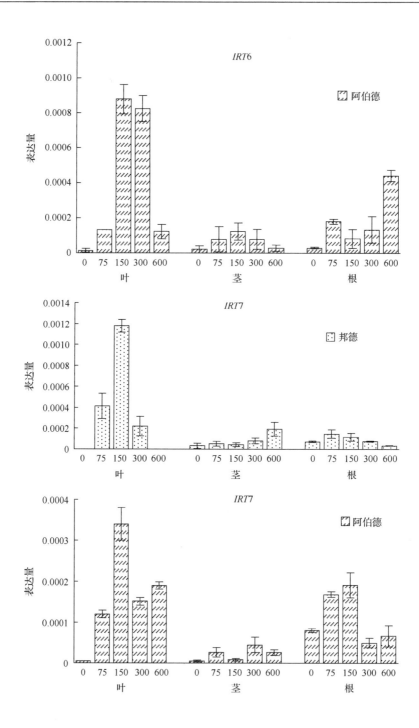

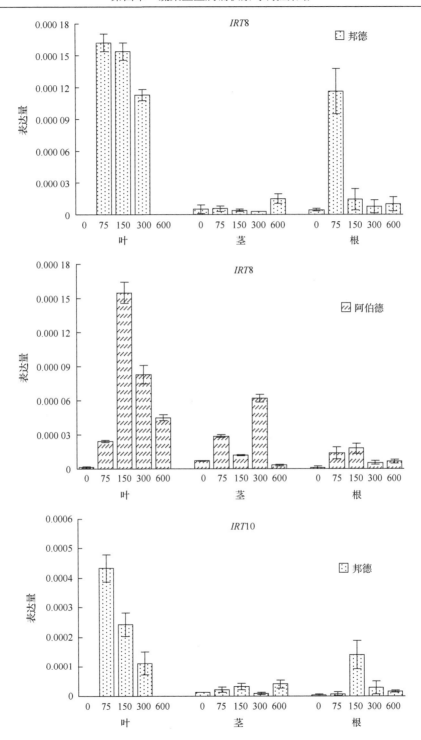

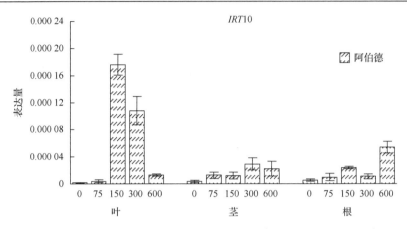

图 4-24   黑麦草根、茎、叶中 *IRT* 家族基因的实时荧光定量 PCR 分析

(3) 黑麦草 *MT* 家族、*NRAMP2* 基因表达

采用定量 qRT-PCR 分析，获得镉耐受性和转运相关 *MT* 与 *NRAMP* 家族基因在黑麦草根、茎、叶中的表达水平，如图 4-25 所示。从中可知，黑麦草中所检测的 4 个基因对不同镉处理的反应不同。'邦德'品种叶的表达量显著高于茎和根，各个基因均在 75mg/kg 镉处理水平时显著上调，叶中表达量以 150mg/kg Cd 水平时最高 (除 *MT2C*)，然后随镉水平增加开始回落；茎中 *MT* 家族基因表达趋势为双峰型曲线，*NRAMP2* 为单峰型曲线，均在 75mg/kg 镉处理时上调后于 150mg/kg 时回落，但 *MT* 家族基因在 600mg/kg 镉处理时有一定回升；根部表达量较叶和茎低，但由图 4-25 可见在各个镉处理下表达量或多或少高于对照。'阿伯德'所检测的 4 个基因对不同镉处理的反应趋势均基本符合单峰型曲线特征。叶中表达量在 150mg/kg 镉处理时显著上升，而茎和根则在 75mg/kg 镉处理时显著上升。

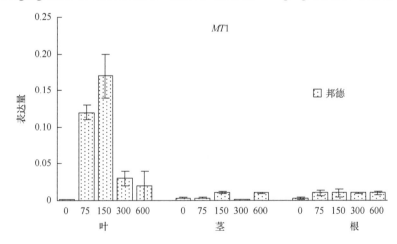

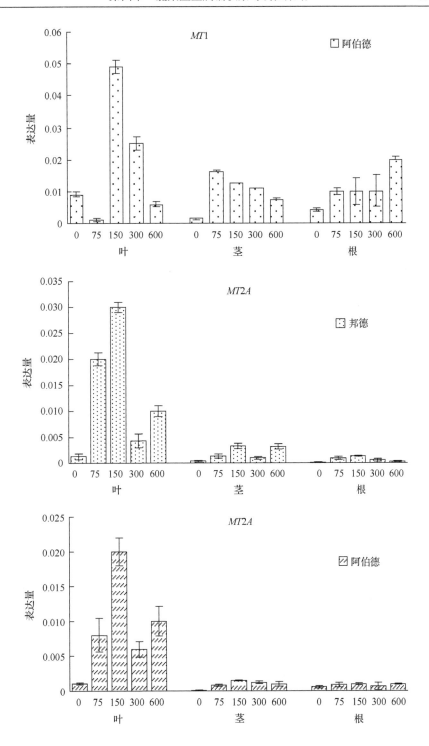

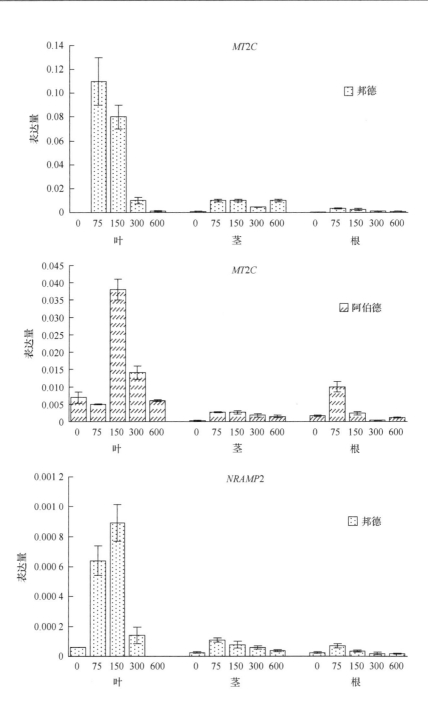

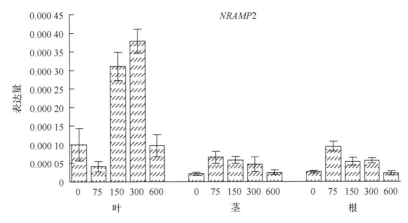

图 4-25　黑麦草根、茎、叶中 *MT*、*NRAMP* 家族基因的实时荧光定量 PCR 分析

基因家族内各成员的表达趋势总体相似，2 个品种黑麦草其表达量略有差异。比较两个品种间表达量的差异可见，整体上'邦德'品种的表达量高于'阿伯德'品种，各部位为叶中表达量高于根和茎。

镉胁迫条件下，镉耐受性与转运相关基因可调节植物体内镉的转运及积累(Song et al.，2014)。本试验中，镉胁迫条件下，2 个黑麦草品种('邦德'和'阿伯德')中 *LmOAS*1、*LmOAS*2、*LmOAS*3、*LmOAS*4、*LmOAS*5、*LmOAS*8、*LmOAS*9、*LmHMA*2、*LmHMA*3、*LmNRAMP*6、*LmNRAMP*6L、*LmMT*2B、*LmPCS* 及 *LmCAM* 基因表达水平上调不显著，说明可能并不是由其直接导致黑麦草叶、茎、根中镉水平存在差异。而 *IRT* 家族所有基因(*LmIRT*4、*LmIRT*6、*LmIRT*7、*LmIRT*8 和 *LmIRT*10)均上调，说明 *IRT* 家族基因在黑麦草中是与 Cd 耐受性与转运相关的主要基因。*OAS* 家族(*LmOAS*6 和 *LmOAS*7)、*MT* 家族(*LmMT*1、*LmMT*2A 和 *LmMT*2C)中 Cd 耐受性与转运相关基因和 *NRAMP*2 表达水平在不同镉水平间存在差异，两个品种黑麦草叶、茎、根中基因表达水平也存在差异。

OASTL[*O*-乙酰基-丝氨酸(硫醇)连接酶]可以影响植物体内络合素的合成和活性，进而对植物细胞解毒和重金属富集作用产生影响，是决定植物重金属抗性的重要物质之一(王思冕，2015)，也是生物体内影响生命活动的关键物质(蒋安，2006)。近些年来，过量表达 *OASTL* 植株已经获得，这些植株 OAS 含量提高，抗重金属胁迫能力增强，缓解了 Cd 离子的毒害(刘明坤和刘关君，2008)。陈永快(2010)在对 Cd 具有高积累性的小白菜品种中克隆到了 *OASTL* 家族中两个基因的全长。Dominguez-Solís 等(2012)在拟南芥中过量表达 *OASTL* 基因发现，在 Cd 水平为 250μmol/L 的 Cd^{2+} 介质中，转基因拟南芥相比野生型拟南芥耐受 Cd 能力提升了 9 倍，叶部也积累较多的 Cd。本试验通过分析 2 个品种黑麦草('邦德'和'阿伯德')中 *OAS* 基因在镉胁迫前后的定量 PCR 差异，初步推断在镉污染土壤上种植黑麦草会对其体内基因的表达产生影响。黑麦草叶在 150mg/kg Cd 胁迫水平、茎和根在 75mg/kg Cd 胁迫水平时 OAS 系列基因表达量最高，但随着镉胁迫水平的增加，其表达量适当下降，在最高 Cd 水平胁迫下适当提升，说明 OAS6、OAS7 在缓解镉胁迫中起主要作用。整体上'邦德'OAS 基因的表达量高于'阿伯德'，可见两个品种之间存在差异。在各部位中整体为叶中表达量大于根和茎，这与王思冕(2015)的研究结果中羽衣甘蓝叶片的 OASTL 转录表达量高于根一致。说明 OAS 基因在叶中的作用较大，可能是因为根和茎相比于叶更直接接触 Cd，生理能力受限，所以可以加强根和茎中 OAS 基因的表达以提高黑麦草的耐受性，并且促进叶中 OAS 表达以增强根和茎的镉向叶中转运。

IRT 最早是作为铁转运体在拟南芥中被发现的，有研究表明，它能调控镉的转运吸收(Chou et al.，2011)。Lee 和 An(2009)的研究表明，过表达 IRT1 虽然能使水稻更耐受铁不足，但会引起水稻矮小、分蘖减少以及对高镉十分敏感，因而水稻中的 IRT1 基因参与转运铁，还可能参与了锌、镉的转运。其他的研究结果也指出，IRT1 和 IRT2 定位在质膜上，过表达 OSIRT1、AtIRT1 和 AtIRT2 可增加镉的积累量(Uraguchi and Fujiwara，2013)。本试验中，IRT 家族各个基因受 Cd 胁迫后均显著上调，可见在黑麦草中，IRT 在 Cd 的转运起主要作用。镉胁迫不同程度地提高了 IRT 基因的表达量，可见黑麦草对 Cd 的转运能力较强。Lombi 等(2002)研究发现，植物体内 TclIRT 基因表达量不同是两种不同生态型遏蓝菜(Thlaspi arvense)对金属镉富集能力有差别的原因之一。比较各部位 IRT 家族基因表达量发现，'邦德'和'阿伯德'整体上为叶中表达量高于根和茎；2 个品种间'邦德'IRT 基因的表达量高于'阿伯德'，可见两个品种之间存在差异。

金属硫蛋白(metallothionein，MT)是另外一个重要的植物重金属螯合载体。其解毒机制是将细胞内游离的重金属离子与其半胱氨酸(Cys)上的巯基相结合形成金属复合物，从而达到降低细胞内重金属离子浓度的目的。在拟南芥中发现了 MT1 和 MT2 对中等浓度 Cd 胁迫相对敏感，MT2B 在超敏感型酵母菌株中表达后可增强其对 Cd 的抗性(van Hoof et al.，2001)。也有研究表明，Cd 胁迫下重金属高抗基因型小白菜叶片能大量转录该家族基因。本试验中，Cd 胁迫后各处理黑麦草根、茎、叶中 MT 家族基因均显著上调，高于对照处理，可见 Cd 胁迫条件下金属硫蛋白螯合 Cd^{2+}离子能力也相应增加，这与 Shim 等(2009)发现的镉胁迫诱导了水稻和小麦中金属硫蛋白表达，增加了 2 种植物内金属硫蛋白含量的结果一致，说明金属硫蛋白对提高植物镉抗性和缓解镉毒害具有积极作用。2 个品种黑麦草('邦德'和'阿伯德')整体上为叶中 MT 家族基因表达量高于根和茎，这与陈永快(2010)研究发现 MTa 主要在叶片中转录的结果相似。说明 MT 家族基因在叶中的作用较大，所以可以加强根和茎中 MT 基因的表达以提高黑麦草的 Cd 耐受性。

天然抗性相关巨噬细胞蛋白(natural resistance-associated macrophage protein, NRAMP)家族是古老的膜整合转运蛋白家族, 也是广泛存在于细菌、真菌、动物和植物中的一个高度保守的膜蛋白家族, 参与多种二价金属离子(如 Mn^{2+}、Zn^{2+}、Fe^{2+}、Cd^{2+}等)的运输(Nevo and Nelson, 2006)。NRAMP 基因目前已在多种植物中被发现。本试验中, NRAMP2 基因的表达较其家族其他成员表达显著, 说明该家族中主要是 NRAMP2 参与了黑麦草各部位 Cd 的运输。在 75～300mg/kg Cd 胁迫条件下, 黑麦草中各部位 NRAMP2 表达量高于对照处理, 可见 NRAMP2 在转运 Cd 离子中起了重要作用, 这与在拟南芥中过表达 AtNRAMP3、AtNRAMP4 和 AtNRAMP6 均能够提高拟南芥对 Cd 的敏感性的结果相似, 研究结果也显示 AtNRAMP4 超表达植株表现出对镉超敏感(蔡海林等, 2017)。在高镉(600mg/kg)条件下, 该基因表达量下降甚至低于对照, 可能是由于黑麦草生理机能受到限制, 启动了防御机制, 减少了液泡中 Cd 向细胞质转移。整体上来说, '邦德'和'阿伯德'黑麦草根、茎、叶中均为叶中的表达量高于根和茎, 这与 TpNRAMP5 在叶片中对 Cd 的敏感性较高一致。整体上'邦德'NRAMP2 基因的表达量高于'阿伯德', 可见 2 个黑麦草品种之间存在差异。可选择增强'阿伯德'品种的 Cd 耐受性与转运相关基因表达以进一步提高其富集镉的能力。在黑麦草各部位中, 可加强根和茎中该基因的表达以提高黑麦草植株 Cd 耐受性与转运能力。

(二)微生物修复

微生物修复重金属污染土壤的主要机制是生物吸附和生物转化, 微生物可通过带电荷的细胞表面吸附重金属离子或通过摄取必要的营养元素主动吸收重金属离子, 即通过对重金属的胞外络合、胞内积累、沉淀和氧化还原反应等作用, 将重金属离子富集在微生物细胞表面或内部, 固定重金属, 从而降低土壤中重金属的生物可利用率, 或是使宿主植物产生重金属抗性基因, 进而降低农作物和农产品中 Cd 的含量。土壤微生物种类繁多, 数量极大, 分布广泛, 而且繁殖迅速, 个体微小, 比表面积大, 对环境适应能力强, 因而成为人类最宝贵、最具开发潜力的资源库之一。微生物主要通过以下 4 种方式影响土壤中重金属的毒性: 生物吸附和生物富集; 溶解和沉淀; 氧化还原; 土壤中重金属与菌根真菌间的生物有效性关系。菌根真菌对重金属的吸收、转运、迁移和积累及其对宿主植物的重金属抗性的调控受到诸多因素的影响, 如菌根的种类、宿主植物的种类、重金属的种类及其存在形态、土壤水分和 pH 等(朱生翠, 2014)。微生物在修复重金属污染土壤方面具有独特的作用。国内外报道, 适用于吸附 Cd 的真菌有 Phanerochaete chrysosporium、Paecilomyces lilacinus、Gliocladium viride、Mucor sp.和 Aspergillus niger、Cochliobolus lunatus、Kluyveromyces marxianus YS-K1、Pseudomonas sp.。Hiroyuki 等(2014)的研究结果表明, 假单胞菌属(Pseudomonas sp.)可除去土壤中的 Cd 离子，从而使土壤得以修复。郭照辉等(2014)从重金属 Cd 污染土壤中分离出 Cd 抗性较强的菌株，耐受的 Cd^{2+} 最高浓度可达 20mmol/L，在 0.54mmol/L Cd 离子培养基中对 Cd 的吸附率达 72.18%。有研究发现，伯克氏菌 D54 能在 500mg/L Cd 的培养基中正常生长，表现出极强的耐受 Cd 能力，并在 50mg/L 的 Cd 胁迫下能显著提高水稻(Oryza sativa)种子的萌发率(陆仲烟，2013)。刘标等(2014)从重金属污染土壤中筛选出金黄杆菌，其对 Cd 的吸附率可达 90.0%。

微生物既可以促进也可以抑制植物对 Cd 的吸收。根际促生菌可提高重金属在土壤中的溶解态含量，使重金属向地上部转移，促进植物对重金属的吸收。Sheng 等(2008)从土壤中筛选出 Cd 的根际促生菌，提高了土壤中溶解态 Cd 含量，可促进植物的生长和植物对土壤中 Cd 的吸收。He 等(2009)将 Cd 耐受菌株 RJ10 假单胞菌和 RJ16 芽孢杆菌(Bacillus)接种于番茄(Lycopersicon esculentum)生长的 Cd、Pb 污染土壤中，结果显示，与未接种的土壤相比，接种土壤中的 $CaCl_2$ 提取态 Cd 含量从 58%增加到 104%，接种菌还促进了根的伸长，且地上部 Cd 的含量从 92%增加到 113%。杨榕等(2013)的研究表明，胶质芽孢杆菌(Bacillus mucilaginosus)能够显著提高印度芥菜(Brassica junica)地上、地下部 Cd 含量，接种菌液处理的修复效率是对照的 1.73～2.20 倍。刘莉华等(2013)的研究显示，龙葵(Solanum nigrum)接种芽孢杆菌属(Bacillus sp.)细菌、肠杆菌属(Enterobacter sp.)细菌、巨大芽孢杆菌(Bacillus megaterium)后，植株地上部和地下部的 Cd 吸收总量分别增加了 109.53%和 83.01%；龙葵(Solanum nigrum)接种奇异变形杆菌(Proteus mirabilis)后，植株 Cd 含量增加了 17.2%～130.1%。但微生物菌剂也可将重金属固持在植物根部，从而抑制重金属向植物地上部转移。有研究显示，接种菌可使植株体内的 Cd 含量降低，范仲学等(2014)通过盆栽试验发现接种枯草芽孢杆菌(Bacillus subtilis)能提高花生(Arachis hypogaea)生物量，并减少籽粒中 Cd 的积累量。我们的研究结果也表明，黑麦草(Lolium multiflorum)和丛枝菌根(arbuscular mycorrhiza，AM)单一或联合修复降低了 2 个番茄品种(Lycopersicon esculentum)('德福 mm-8'和'洛贝琪')中 Cd 含量，其降幅为 19.4%～52.4%(江玲等，2014)。可见，微生物可以从多方面影响植物对 Cd 的吸收和积累，这可能与微生物种类和植物品种以及土壤性质不同有关，其影响机制比较复杂，有待进一步研究。

由表 4-28 可见，丛枝菌根增加了黑麦草中 Cd 含量及 Cd 积累量。黑麦草地上部和地下部 Cd 含量的增幅分别为 18.0%和 63.5%、27.2%和 33.3%；黑麦草地上部和地下部 Cd 积累量以及 Cd 全量的增幅分别为 26.1%和 87.5%、50.0%和 61.5%、36.6%和 75.9%。黑麦草 Cd 含量的大小顺序为地下部＞地上部，而黑麦草 Cd 积累量的大小顺序为地上部＞地下部。

表 4-28　丛枝菌根对番茄套作黑麦草模式中黑麦草镉含量及积累量的影响

处理	Cd 含量/(mg/kg)				Cd 积累量/(mg/plant)				Cd 全量/(mg/plant)	
	地上部		地下部		地上部		地下部			
	德福 mm-8	洛贝琪	德福 mm-8	洛贝琪	德福 mm-8	洛贝琪	德福 mm-8	洛贝琪	德福 mm-8	洛贝琪
Cd+黑麦草	2.288± 0.02a	1.612± 0.19a	3.224± 0.32a	2.614± 0.16a	0.023± 0.001a	0.016± 0.002a	0.018± 0.001a	0.013± 0.001a	0.041± 0.002a	0.029± 0.001a
Cd+黑麦草+ 丛枝菌根	2.700± 0.28a	2.635± 0.02b	4.101± 0.25b	3.485± 0.26b	0.029± 0.003b	0.030± 0.030b	0.027± 0.001b	0.021± 0.001b	0.056± 0.001b	0.051± 0.002b

(三)植物-微生物联合修复

为了进一步研究黑麦草、丛枝菌根单一或联合修复对番茄抗性、Cd 含量、Cd 积累量及 Cd 化学形态的影响。土培试验于 2013 年 2 月 27 日至 6 月 26 日在西南大学资源环境学院玻璃温室内进行。供试植物为番茄(*Lycopersicon esculentum*)和黑麦草(*Lolium multiflorum*)，番茄品种为'德福 mm-8'和'洛贝琪'。供试丛枝菌根真菌分别为摩西球囊霉、幼套球囊霉、根内球囊霉，由北京市农林科学院植物营养与资源研究所提供。

1. 植物-微生物联合修复对蔬菜镉含量及积累量的影响

由表 4-29 可见，番茄各部位 Cd 含量和积累量在 2 个品种('德福 mm-8'和'洛贝琪')间和不同处理间的差异均达到显著水平。番茄各部位 Cd 含量的大小顺序为叶＞根＞茎＞果实。与对照相比较，"Cd+黑麦草或丛枝菌根"处理使番茄果实、叶、茎和根中的 Cd 含量不同程度降低，2 个品种 Cd 含量降低幅度分别为 17.5%～47.1%和 28.4%～50.2%、18.5%～36.7%和 9.4%～31.7%、15.2%～48.0% 和 13.5%～67.5%、27.0%～51.9%和 20.6%～46.9%。番茄叶、茎、根和果实 Cd 含量均以"Cd+黑麦草+丛枝菌根"处理降幅最大，其次是"Cd+丛枝菌根"处理。2 个番茄品种根 Cd 含量为'洛贝琪'＞'德福 mm-8'，果实 Cd 含量为'德福 mm-8'＞'洛贝琪'。

番茄植株各部位 Cd 积累量的大小顺序为叶＞茎＞果实＞根。其中，叶、茎积累量分别为植株 Cd 全量的 57.1%和 33.4%，果实 Cd 积累量仅为植株 Cd 全量的 5.2%。与对照相比较，"Cd+黑麦草或丛枝菌根"处理降低了茎 Cd 积累量和植株 Cd 全量，2 个品种降幅分别为 4.7%～48.2%和 23.3%～62.1%、4.0%～39.5%和 7.6%～41.4%。"Cd+黑麦草+丛枝菌根"处理减少了 2 个品种果实 Cd 的积累量，降幅分别为 42.9%和 43.7%。"Cd+黑麦草"处理降低了'德福 mm-8'果实 Cd 积累量(16.7%)，但增加了'洛贝琪'果实 Cd 积累量(37.0%)；"Cd+丛枝菌根"处理减少了'洛贝琪'果实 Cd 积累量(10.9%)，但增加了'德福 mm-8'果实 Cd 积累量(0.8%)。综合考虑 Cd 含量和积累量，"Cd+黑麦草或丛枝菌根"降低番茄果实 Cd

表 4-29　不同处理对番茄镉含量和积累量的影响

处理	Cd 含量/(mg/kg)								Cd 积累量/(mg/盆)								Cd 全量/(mg/盆)	
	果实		叶		茎		根		果实		叶		茎		根			
	德福mm-8	洛贝琪	德福mm-8	洛贝琪	德福mm-8	洛贝琪	德福mm-8	洛贝琪	德福mm-8	洛贝琪	德福mm-8	洛贝琪	德福mm-8	洛贝琪	德福mm-8	洛贝琪	德福mm-8	洛贝琪
Cd	8.79	7.97	117.63	107.85	35.75	42.58	40.37	48.99	0.126	0.119	1.362	1.165	0.958	1.086	0.086	0.117	2.53	2.49
Cd+黑麦草	7.25	5.71	95.85	97.70	30.31	36.84	29.49	38.91	0.105	0.163	1.348	1.204	0.913	0.833	0.066	0.097	2.43	2.30
Cd+丛枝菌根	5.42	4.95	80.25	82.11	20.78	15.14	27.98	35.21	0.127	0.106	1.530	1.127	0.563	0.501	0.104	0.138	2.32	1.87
Cd+黑麦草+丛枝菌根	4.65	3.97	74.46	73.68	18.57	13.82	19.42	26.03	0.072	0.067	0.908	0.914	0.496	0.412	0.057	0.063	1.53	1.46
LSD$_{0.05}$　番茄品种	0.65		0.83		2.50		1.42		0.005		0.007		0.041		0.023		0.110	
试验处理	0.87		2.79		1.61		1.13		0.024		0.033		0.036		0.017		0.062	
番茄品种×试验处理	1.53		1.71		1.97		0.92		0.017		0.022		0.037		0.011		0.087	

积累量及植株全 Cd 含量的作用大小表现为"Cd+黑麦草+丛枝菌根">"Cd +丛枝菌根">"Cd+黑麦草"。除"Cd+黑麦草"处理外，2 个品种果实 Cd 积累量及植株全 Cd 含量表现为'德福 mm-8'>'洛贝琪'。

"Cd+黑麦草或丛枝菌根"处理降低了茎 Cd 积累量和植株 Cd 全量，"Cd+黑麦草+丛枝菌根"处理还减少了'德福 mm-8'和'洛贝琪'果实 Cd 的积累量。原因可能是黑麦草根部与番茄根部竞争吸收运输重金属 Cd，从而可能降低了 Cd 离子在番茄体内的浓度，而丛枝菌根可能改变了 Cd 离子在根部吸收运输的位点，从而降低了 Cd 离子在植物体内的木质部长距离输送，使果实中 Cd 含量相对较少。也可能是因为丛枝菌根真菌降低了植物地上部重金属浓度，提高了根对重金属的吸收，抑制了重金属向地上部转运，有研究认为重金属可与菌根中含有真菌蛋白配体的半胱氨酸形成复合体而滞留在根中（王发园和林先贵，2005）。

2. 植物-微生物联合修复对蔬菜各形态镉的影响

由表 4-30 可知，番茄果实中 Cd 的总提取量及各形态 Cd 含量在 2 个品种（'德福 mm-8'和'洛贝琪'）间、不同处理间差异达到显著水平（除 HAC-Cd 外）。番茄果实中各形态 Cd 含量大小顺序为 NaCl-Cd>R-Cd->W-Cd->E-Cd->HCl-Cd>HAC-Cd。其中，无镉胁迫下 2 个品种番茄果实 NaCl-Cd 含量为 1.435mg/kg 和 1.288mg/kg，平均为 1.362mg/kg，分别占 Cd 总提取量的比例为 52.9%和 51.6%，平均为 52.3%；其次是活性偏低的 R-Cd，含量为 0.426mg/kg 和 0.452mg/kg，平均含量为 0.439mg/kg，分别占 Cd 总提取量的比例为 15.7%和 18.1%，平均为 16.9%。活性较高的 W-Cd 和 E-Cd 含量为各形态 Cd 中最小或次小。其中，W-Cd 的含量分别为 0.349mg/kg 和 0.316mg/kg，平均为 0.333mg/kg，分别占 Cd 总提取量的比例为 12.9%和 12.7%，平均为 12.8%；E-Cd 的含量分别为 0.082mg/kg 和 0.065mg/kg，平均为 0.074mg/kg，分别占 Cd 总提取量的比例为 3.0%和 2.6%，平均为 2.8%。与对照相比较，"Cd+黑麦草或丛枝菌根"处理减少了番茄果实中 E-Cd、W-Cd、NaCl-Cd、HAC-Cd、HCl-Cd 和 R-Cd 含量和 Cd 总提取量，降幅分别为 31.9%～75.2%、19.7%～59.1%、3.1%～48.2%、20.0%～65.0%、40.7%～100.0%、15.2%～50.0%和 19.4%～52.4%。除'德福 mm-8'的 HAC-Cd 和 R-Cd 外，以"Cd+黑麦草+丛枝菌根"处理的番茄果实各形态 Cd 含量降幅最大，其次是"Cd+丛枝菌根"。比较 2 个番茄品种果实的 Cd 总提取量，各处理为'德福 mm-8'>'洛贝琪'。

Cd 在番茄果实中主要以 NaCl 提取态存在，与我们早前报道重金属在植物体内的化学形态一般以氯化钠-Cd 提取态为主的结果一致（陈贵青等，2010；张晓璟等，2011）。这主要是因为 Cd 与蛋白质或其他有机化合物中巯基有很强的亲和力，因此在作物体内 Cd 常与蛋白质相结合。活性较高的 W-Cd 和 E-Cd 平均含量之和为 0.407mg/kg，占 Cd 总提取量的比例仅为 15.6%，从而极大地限制了 Cd 的毒害效应。本试验条件下，与对照相比较，"Cd+黑麦草或丛枝菌根"处理减少了番茄果实中

E-Cd、W-Cd、NaCl-Cd、HAC-Cd、HCl-Cd 和 R-Cd 含量。可见，黑麦草和丛枝菌根单一或联合作用均表现出对土壤重金属 Cd 污染有良好的修复能力。

表 4-30　不同处理对番茄果实各形态镉含量的影响(mg/kg)

处理		E-Cd		W-Cd		NaCl-Cd		HAC-Cd		HCl-Cd		R-Cd		总提取量	
		德福mm-8	洛贝琪	德福mm-8	洛贝琪	德福mm-8	洛贝琪	德福mm-8	洛贝琪	德福mm-8	洛贝琪	德福mm-8	洛贝琪	德福mm-8	洛贝琪
Cd		0.141	0.116	0.127	0.101	0.421	0.425	0.030	0.020	0.035	0.027	0.128	0.132	0.882	0.823
Cd+黑麦草		0.096	0.079	0.102	0.071	0.408	0.329	0.012	0.016	0.018	0.016	0.074	0.112	0.711	0.623
Cd+丛枝菌根		0.062	0.060	0.068	0.062	0.308	0.277	0.020	0.014	0.016	0.012	0.074	0.067	0.548	0.492
Cd+黑麦草+丛枝菌根		0.035	0.050	0.052	0.049	0.257	0.220	0.020	0.007	<0.005	<0.005	0.095	0.066	0.459	0.392
LSD$_{0.05}$	品种	0.032		0.004		0.003		0.004		0.002		0.006		0.056	
	处理	0.009		0.011		0.002		0.003		0.001		0.001		0.068	
	品种×处理	0.0116		0.006		0.005		0.001		0.001		0.003		0.072	

四、低镉积累蔬菜种类及品种选育

不同作物以及同种作物不同品种之间对 Cd 的积累存在较大的差异，这与植物的基因不同有关，因此可考虑选择种植低 Cd 积累型品种来降低作物对 Cd 的吸收和积累。根据作物体内 Cd 积累量的差异可将作物分为以下 3 种类型：高积累型，包括十字花科(Cruciferae)、茄科(Solanaceae)、菊科(Compositae)、藜科(Chenopodiaceae)等；中积累型，包括禾本科(Gramineae)、百合科(Liliaceae)、葫芦科(Cucurbitaceae)；低积累型，主要为豆科(Leguminosae)。李明德等(2005)对长沙蔬菜基地的调查发现，不同类型蔬菜对重金属的富集系数表现为叶类＞茄果类＞豆类＞瓜类。不仅不同作物对 Cd 的积累存在差异，而且同种作物不同基因型(品种)间 Cd 的吸收和积累也有所差异。黄志熊等(2014)的研究结果显示，不同基因型水稻中 Cd 抗蛋白基因家族成员 *OsPCRI* 的表达水平存在显著差异，说明该种基因可能参与调控水稻体内 Cd 的积累，这为培育低 Cd 积累型水稻(*Oryza sativa*)品种提供了一定的理论依据。有研究表明，不同品种白菜(*Brassica rapa pekinensis*)和甘蓝(*Brassica oleracea*)间 Cd 积累差异显著，高积累型品种显著高于低积累型品种(韩超等，2014)。此外，不同品种蕹菜(*Ipomoea aquatica*)和番茄(*Lycopersicon esculentum*)间 Cd 积累也存在明显差异(吕保玉和白海强，2014)。

不同基因型、不同品种作物根系对 Cd 的吸收和固定能力、木质部装载以及木质部长距离运输能力和韧皮部再分配能力均存在差异。陈诚(2014)的研究显示，Cd 胁迫下，转 *AtMGTI* 基因烟草的生物量高于野生型烟草，表现出对 Cd 有较强耐受性；同时还显示导入 *AtMGTI* 基因的烟草对 Cd 的积累能力显著提高。

(一)蔬菜吸收积累镉能力差异

前期试验对 91 个辣椒品种资源进行筛选，挑选高 Cd 积累型品种('X55'，由重庆市农业科学院蔬菜花卉研究所提供)、中 Cd 积累型品种('大果 99'，购于湖南湘研种业有限公司)、低 Cd 积累型品种('洛椒 318'，购于洛阳市诚研种业有限公司)各一份，采用盆栽试验结合室内分析研究了在 0mg/kg、5mg/kg、10mg/kg Cd 胁迫下，三个品种辣椒的生长及生理效应、Cd 吸收、Cd 迁移富集、Cd 积累和耐受性相关基因。

不同 Cd 处理下三个品种辣椒根、茎、叶、果的 Cd 含量如表 4-31 所示，辣椒各部位 Cd 含量和植株总 Cd 含量随 Cd 处理水平的增加而增加(品种'X55'茎和'洛椒 318'果除外)，和 5mg/kg Cd 处理相比较，品种'大果 99'和'X55'果含量在 10mg/kg Cd 处理下分别增加 18.4%和 34.1%。同一 Cd 处理水平下，根、茎、果 Cd 含量在品种间表现为品种'X55' ＞ '大果 99' ＞ '洛椒 318'，果 Cd 含量在品种间差异不显著。

表 4-31　不同镉处理对辣椒镉含量的影响　　　　(单位：mg/kg)

镉处理水平	品种	镉含量			
		根	茎	叶	果
0	洛椒 318	ND	ND	ND	ND
	大果 99	ND	ND	ND	ND
	X55	ND	ND	ND	ND
5	洛椒 318	14.474±0.747c	0.499±0.027c	0.831±0.018c	2.280±0.005a
	大果 99	28.591±1.512b	5.628±0.208b	6.240±0.261b	1.967±0.253a
	X55	54.736±2.044a	6.384±0.061a	8.786±0.047a	1.946±0.065a
10	洛椒 318	26.468±0.546c	0.538±0.026c	0.877±0.012c	1.962±0.003b
	大果 99	45.515±1.043b	6.808±0.228b	6.436±0.136b	2.329±0.189ab
	X55	58.859±2.962a	5.789±0.123b	11.191±1.014a	2.610±0.078a

(二)蔬菜迁移富集镉能力差异

不同 Cd 处理下三个品种辣椒果实 Cd 迁移、富集系数变化情况如表 4-32 所示，三个品种辣椒果实 Cd 迁移、富集系数随 Cd 处理水平增加呈先增加后减少趋势('洛椒 318'品种 Cd 迁移系数除外)，在 5mg/kg Cd 处理下达到最大值，10mg/kg

Cd 处理下有所减少。与 5mg/kg Cd 处理相比较，10mg/kg Cd 处理下品种'大果99'和'X55'的 Cd 迁移系数分别减少 13.94%和 21.88%；品种'洛椒 318'、'大果 99'和'X55'的 Cd 富集系数分别减少 57.02%、40.71%和 32.90%。同一 Cd 处理水平下，迁移系数均表现为品种'大果 99'＞'洛椒 318'＞'X55'，5mg/kg Cd 处理下品种'大果 99'果实的 Cd 迁移系数分别是品种'洛椒 318'和'X55'的 1.859 倍和 3.922 倍；10mg/kg Cd 处理下品种'大果 99'果实的 Cd 迁移系数分别是品种'洛椒 318'和'X55'的 1.367 倍和 4.320 倍。同一 Cd 处理下，果实 Cd 富集系数在品种间差异不大。

表 4-32　不同镉处理对辣椒果实镉迁移富集系数的影响

镉处理水平/(mg/kg)	品种	迁移系数	富集系数
	洛椒 318		
0	大果 99		
	X55		
	洛椒 318	0.135±0.015b	0.456±0.001a
5	大果 99	0.251±0.044a	0.393±0.051a
	X55	0.064±0.002b	0.389±0.013a
	洛椒 318	0.158±0.001b	0.196±0.000b
10	大果 99	0.216±0.008a	0.233±0.019ab
	X55	0.050±0.005c	0.261±0.008a

Xin 等(2015)研究表明，耐 Cd 性较强的辣椒品种'YCT'根系 Cd 积累量高于品种'JFZ'，与本研究结果相类似。本研究中，辣椒各部位 Cd 积累量随 Cd 处理水平的增加呈先增加后降低的趋势，较耐受 Cd 品种'X55'比品种'洛椒 318'和'大果 99'吸收积累了更多的 Cd，品种'X55'地上部 Cd 积累量最高，在 5mg/kg Cd 处理下分别是品种'洛椒 318'和'大果 99'的 8.551 倍和 1.692 倍，在 10mg/kg Cd 处理下分别是品种'洛椒 318'和'大果 99'的 8.574 倍和 1.537 倍。但品种'X55'地上部生物量最大，说明其高 Cd 积累能力可能部分归因于其有较多的生物量，不同辣椒品种果实积累 Cd 的能力不同，品种'X55'的果实 Cd 积累量在品种间最低，且 Cd 迁移系数最小，能更好地防止 Cd 从根部向果实部分的迁移。前人研究表明，低 Cd 积累型品种根中 Cd 含量明显低于高 Cd 积累型品种(Xu et al.，2018)，与本研究结果相类似。

(三)镉亚细胞分布差异

三个品种辣椒根、茎、叶、果亚细胞组分中 Cd 含量如表 4-33 所示，不同 Cd 处理下三个品种辣椒根、茎、叶、果各亚细胞组分中 Cd 含量均表现为细胞壁(F1)＞细胞器(F2)＞细胞可溶性组分(F3)。根、茎、叶、果各亚细胞组分中 Cd 含量随 Cd 处理水平的增加而增加。同一 Cd 水平下，辣椒根、茎、叶、果各亚细胞组分中 Cd 含量在品种间存在差异，其中果各亚细胞组分中 Cd 含量在种间表现为品种'大果 99'＞'洛椒 318'＞'X55'。在 5mg/kg Cd 处理下，品种'大果 99'的 F1 含量分别是品种'洛椒 318'和'X55'的 2.859 倍和 5.693 倍，F2 含量分别是品种'洛椒 318'和'X55'的 3.631 倍和 5.533 倍，F3 含量分别是品种'洛椒 318'和'X55'的 1.634 倍和 2.111 倍。在 10mg/kg Cd 处理下，品种'大果 99'的 F1 含量分别是品种'洛椒 318'和'X55'的 1.802 倍和 2.115 倍，F2 含量分别是品种'洛椒 318'和'X55'的 1.950 倍和 2.520 倍，F3 含量分别是品种'洛椒 318'和'X55'的 1.512 倍和 1.794 倍。

表 4-33　不同镉处理对辣椒根、茎、叶、果中各亚细胞组分镉含量的影响(单位：mg/kg)

部位	镉处理水平	品种	镉含量		
			F1	F2	F3
根	5	洛椒 318	15.035±0.317c	3.724±0.162c	1.884±0.103c
		大果 99	21.744±2.374b	5.334±0.069b	2.711±0.107b
		X55	29.661±2.121a	10.466±0.108a	3.722±0.049a
	10	洛椒 318	31.972±0.062c	6.815±0.238c	2.721±0.119c
		大果 99	47.266±1.910b	8.369±0.101b	3.612±0.188b
		X55	54.607±3.255a	14.254±0.739a	7.145±0.013a
茎	5	洛椒 318	5.733±0.177c	4.738±0.124c	0.362±0.006c
		大果 99	7.960±0.244b	6.703±0.175b	0.494±0.044b
		X55	12.724±0.362a	7.851±0.119a	0.655±0.032a
	10	洛椒 318	14.529±0.305b	6.277±0.083c	0.524±0.012b
		大果 99	19.320±0.685a	7.241±0.068b	0.645±0.018b
		X55	20.176±0.399a	8.448±0.392a	1.004±0.144a
叶	5	洛椒 318	3.067±0.054c	1.346±0.051b	0.208±0.004c
		大果 99	4.210±0.111b	1.457±0.006b	0.512±0.005b
		X55	5.412±0.160a	2.495±0.044a	0.618±0.024a
	10	洛椒 318	6.864±0.165b	2.012±0.077c	0.222±0.010c
		大果 99	7.118±0.076b	2.257±0.029b	0.634±0.034b
		X55	8.923±0.085a	2.757±0.012a	0.724±0.012a
果	5	洛椒 318	0.227±0.032b	0.160±0.004b	0.093±0.002b
		大果 99	0.649±0.041a	0.581±0.020a	0.152±0.013a
		X55	0.114±0.002c	0.105±0.000c	0.072±0.002b
	10	洛椒 318	0.419±0.006b	0.318±0.010b	0.121±0.001b
		大果 99	0.755±0.018a	0.620±0.002a	0.183±0.001a
		X55	0.357±0.006c	0.246±0.007c	0.102±0.001c

　　污染土壤中的重金属会被植物吸收进入体内,然后转移并积累到植物地上部,储存在不同的组织和细胞之间。植物对重金属的耐受性表现在细胞壁对重金属的区隔作用,或将重金属以低毒、无毒的形式储存在细胞内等多种解毒机制方面。液泡对重金属的区隔作用也是重要的植物重金属解毒和耐受机制。在原生质体中,金属转运体可以将金属离子泵入液泡内或螯合金属并储存在液泡内,使重金属远离代谢过程,降低重金属毒性。一些有机配体(如有机酸等)可以螯合植物体内的重金属形成复杂的络合物,缓解液泡中的重金属毒性。本研究中,品种'X55'具有良好的 Cd 积累能力和耐受能力,说明辣椒可能具有独特的细胞内 Cd 解毒机制。了解生物体内重金属的亚细胞分布对于理解重金属在个体水平上的毒理学后果至关重要。细胞壁是植物体内重金属解毒的重要场所,细胞壁具有大量的蛋白质和多糖,并提供许多金属阳离子交换位点,可以束缚重金属离子并限制金属离子跨膜运输进入细胞内部(Clemens,2006),通常植物细胞壁中 Cd 含量较高,这说明细胞壁是保护植物免受 Cd 毒害的主要屏障。然而,由于多糖(包括纤维素、半纤维素和果胶)和细胞壁内的蛋白质并没有足够多的功能碱基来与 Cd 离子结合,因此细胞壁对 Cd 的区隔能力通常是有限的(Fu et al.,2011),当植物受到 Cd 胁迫时,一部分 Cd 会穿过细胞膜进入原生质体(Xue et al.,2014)。本研究中,不同 Cd 处理下三个品种辣椒根、茎、叶、果各亚细胞组分中 Cd 含量随 Cd 处理水平的增加而增加,并且根、茎、叶、果各亚细胞组分中 Cd 含量均表现为细胞壁(F1)>细胞器(F2)>细胞可溶性组分(F3),大部分的 Cd 都被限制在细胞壁中,这样的解毒机制可以保护原生质体免受 Cd 的毒害,说明辣椒细胞壁在植物对 Cd 的区隔和抗性中起重要作用。显然,细胞壁可以束缚 Cd 离子并限制其跨膜转运(Gallego et al.,2012)。与辣椒不同,2003 年 Min 等报道小麦将细胞内大部分 Cd 在可溶性组分(F3)储存,只有少量 Cd(不足 25%)被区隔到根细胞壁(F1)中。

五、其他调控方法

(一)重金属镉与镁、锌、铁的关系

　　近年来,采用农艺调控措施来治理 Cd 污染越来越受到研究者的重视。通过叶面喷施或土壤施加外源物质,限制作物对 Cd 的吸收或阻碍 Cd 向作物可食部分的转移,并缓解 Cd 胁迫对作物的毒害,促进作物生长,提高作物产量。所施用的外源物质主要包括两类:一类是 Zn、Fe、Si、P、Ca 和 Se 等中微量营养元素或有益元素,利用它们与 Cd 的竞争拮抗作用来抑制 Cd 的吸收和积累;另一类是谷胱甘肽(GSH)、抗坏血酸(AsA)、水杨酸(SA)、酶类等有机物(周坤,2014)。

1. 镉与镁

　　镁是植物必需的中量元素之一。Mg 能否缓解 Cd 毒害存在不同的观点。2007

年 Kashem 和 Kawai 报道，高水平 Mg 处理能显著提高小松菜地上部生物量，并降低地上部对 Cd 的吸收，缓解 Cd 的毒害作用；而朱华兰（2013）通过水培试验研究 Cd 胁迫下 Mg 对玉米生长的影响及其生理机制表明，Cd 胁迫下玉米在缺 Mg 时地上部生物量显著降低，高 Mg 状态时生物量提高，但 Cd 含量也显著提高。

我们在 2018 年 3～6 月采用土培试验研究了土壤外源低镉（1mg/kg Cd）和高镉（5mg/kg Cd）污染条件下，不同纳米氢氧化镁（nMg）和普通氢氧化镁（oMg）施用量（100mg/kg、200mg/kg 和 300mg/kg）对大白菜 Cd 吸收及土壤 Cd 形态的影响。大白菜（*Brassica pekinensis*）品种分别为'良庆'和'春夏王'。供试纳米氢氧化镁（nMg）粒径范围为 82～127nm，由郑州大学提供。供试土壤采自重庆市北碚区西南大学紫色土基地，去除明显的植物残渣和石粒后，过 4mm 筛备用。土壤基础理化性质为：全氮 0.77g/kg，碱解氮 53.33mg/kg，全磷 0.55g/kg，速效磷 17.07mg/kg，全钾 21.31g/kg，有效钾 84.81mg/kg，有机质 13.88g/kg，pH 6.80，阳离子交换量 30.70cmol/kg，全 Cd 0.24mg/kg，未检测到有效 Cd。

（1）镁镉拮抗对蔬菜镉含量的影响

由表 4-34 可知，未受镉污染处理（CK）2 个品种大白菜各部位镉含量在 2.705～3.780mg/kg，2 个品种大白菜'良庆'和'春夏王'各部位镉含量表现为根系（3.510mg/kg）＞叶片（3.159mg/kg）＞叶柄（2.874mg/kg）和叶片（3.780mg/kg）＞叶柄（2.724mg/kg）＞根系（2.705mg/kg）。外源镉的加入显著增加了 2 个品种大白菜各部位中的镉含量（$P<0.05$），且随着土壤镉处理水平的增加，2 个品种大白菜各部位镉含量显著增加（$P<0.05$）。在不施加氢氧化镁情况下，外源镉的加入使'良庆'和'春夏王'2 个品种大白菜镉含量增加至 10.180～18.369mg/kg、10.627～15.140mg/kg（CK1）和 38.265～63.536mg/kg、34.253～60.612mg/kg（CK2）。总体来看，外源加镉条件下'良庆'品种的叶片和叶柄中镉含量高于'春夏王'品种，低镉（1mg/kg）条件下'良庆'品种的根系镉含量高于'春夏王'品种，但高镉（5mg/kg）条件下'春夏王'品种的根系镉含量更高。普通氢氧化镁和纳米氢氧化镁的施加降低了大白菜各部位镉含量，且随施加量的增加镉含量呈降低趋势，相同施加量的情况下施用纳米氢氧化镁更能降低大白菜各部位镉含量。低镉（1mg/kg）条件下，与对照（CK1）相比，施用氢氧化镁处理的 2 个品种大白菜叶片、叶柄和根系镉含量降低了 5.4%～31.8%、1.6%～6.5%（Cd1+oMg1 处理增加了 9.5%）、15.8%～40.8%（'良庆'品种）和 12.1%～24.5%、1.5%～12.7%、5.0%～24.9%（'春夏王'品种），其中纳米氢氧化镁处理的 2 个品种大白菜各部位镉含量降幅更大，叶片、叶柄和根系分别降低了 22.0%～31.8%、1.6%～6.5%、18.8%～40.8%（'良庆'品种）和 16.6%～24.5%、4.2%～12.7%、7.9%～24.9%（'春夏王'品种）。高镉（5mg/kg）条件下，与对照（CK2）相比，施用氢氧化镁处理的 2 个品种大白菜叶片、叶柄和根系镉含量降低了 1.6%～15.6%、0.3%～

21.0%（Cd5+oMg1 处理增加了 6.1%）、14.5%～24.9%（'良庆'品种）和 0.1%～16.1%、0.3%～19.7%、13.7%～25.0%（'春夏王'品种），纳米氢氧化镁处理的 2 个品种大白菜各部位镉含量降幅更大，叶片、叶柄和根系分别降低了 3.9%～15.6%、0.3%～21.0%、14.7%～24.9%（'良庆'品种）和 4.9%～16.1%、7.7%～19.7%、23.3%～25.0%（'春夏王'品种）。无论在高镉还是低镉条件下，大白菜各部位中镉含量均随纳米氢氧化镁和普通氢氧化镁施加量的增加呈降低趋势。低镉（1mg/kg）条件下，与 Cd1+oMg1 处理相比，Cd1+oMg2 处理的 2 个品种大白菜叶片、叶柄和根系镉含量分别降低了 26.3%、10.6%、8.1%（'良庆'品种）和 13.3%、7.9%、8.6%（'春夏王'品种）；与 Cd1+nMg1 处理相比，Cd1+nMg2 处理的 2 个品种大白菜叶片、叶柄和根系镉含量分别降低了 12.5%、4.9%、27.0%（'良庆'品种）和 9.4%、8.8%、18.5%（'春夏王'品种）。高镉（5mg/kg）条件下情况类似，与 Cd5+oMg1 处理相比，Cd5+oMg2 处理的 2 个品种大白菜叶片、叶柄和根系镉含量分别降低了 2.7%、18.0%、3.8%（'良庆'品种）和 6.6%、8.9%、11.6%（'春夏王'品种）；与 Cd5+nMg1 处理相比，Cd5+nMg2 处理的 2 个品种大白菜叶片、叶柄和根系镉含量分别降低了 12.2%、20.8%、11.9%（'良庆'品种）和 11.8%、13.0%、2.2%（'春夏王'品种）。

表 4-34 不同镉水平下氢氧化镁施用量对大白菜各部位镉含量的影响（单位：mg/kg）

品种	试验处理	镉含量		
		叶片	叶柄	根系
良庆	CK	3.159±0.207d	2.874±0.163d	3.510±0.142d
	CK1	18.369±0.978a	10.180±0.077b	18.329±0.190a
	Cd1+oMg1	17.381±0.295a	11.149±0.237a	15.435±0.958b
	Cd1+oMg2	12.807±0.505c	9.966±0.028b	14.182±1.077b
	Cd1+nMg1	14.332±0.262b	10.018±0.131b	14.882±1.011b
	Cd1+nMg2	12.537±0.440c	9.523±0.027c	10.858±1.072c
	CK	3.159±0.207d	2.874±0.163d	3.510±0.142e
	CK2	63.536±0.386a	38.265±1.468a	49.641±0.749a
	Cd5+oMg1	62.496±1.303ab	40.592±0.997a	42.451±0.139b
	Cd5+oMg2	60.813±0.075b	33.303±1.234b	40.857±0.591c
	Cd5+nMg1	61.054±0.990b	38.133±1.213a	42.363±0.159b
	Cd5+nMg2	53.607±0.892c	30.215±0.759c	37.302±0.062d
春夏王	CK	3.780±0.301e	2.724±0.359d	2.705±0.575c
	CK1	15.140±0.191a	10.627±0.228a	12.537±0.678a
	Cd1+oMg1	13.309±0.159a	10.466±0.356a	11.912±0.195a
	Cd1+oMg2	11.539±0.346d	9.634±0.245bc	10.893±1.277ab
	Cd1+nMg1	12.624±0.385c	10.177±0.188ab	11.549±0.049a
	Cd1+nMg2	11.438±0.096d	9.282±0.088c	9.414±0.576b

续表

品种	试验处理	镉含量		
		叶片	叶柄	根系
春夏王	CK	3.780±0.301d	2.724±0.359d	2.705±0.575d
	CK2	54.644±0.048a	34.253±0.489a	60.612±1.838a
	Cd5+oMg1	54.580±0.643a	34.136±0.214a	52.337±1.832b
	Cd5+oMg2	50.987±1.643b	31.102±0.559b	46.265±0.197c
	Cd5+nMg1	51.967±0.082b	31.603±0.658b	46.467±1.537c
	Cd5+nMg2	45.843±1.269c	27.5056±0.902c	45.430±0.860c
LSD$_{0.05}$	品种	30.020***	5.425*	5.144*
	外源 Cd 水平	1937.863***	620.554***	1875.514***
	氢氧化镁种类	14.305***	4.057*	48.217***
	品种×外源 Cd 水平	12.076***	4.199*	47.140***
	品种×氢氧化镁种类	0.232	0.056	0.098
	氢氧化镁种类×外源 Cd 水平	1.947	2.109	14.324***
	品种×氢氧化镁种类×外源 Cd 水平	0.071	0.031	3.180

注：不同小写字母表示同一个镉污染水平下不同氢氧化镁处理间、不加镉对照间的差异显著($P<0.05$)

(2)镁镉拮抗对蔬菜各形态镉的影响

由图 4-26 可知，各处理大白菜地上部 Cd 以 NaCl-Cd 和 R-Cd 形态为主，占各形态含量之和的 34.1%~72.5%和 21.9%~44.9%。与对照相比，各处理的大白菜地上部 NaCl-Cd FDC 降低，降幅为 19.5%~52.9%，而 HAC-Cd、R-Cd、E-Cd FDC 整体增高，增幅分别为 41.6%~103.0%、502.4%~1463.4%、40.2%~253.3%，HCl-Cd(除 oMg2 处理)和 W-Cd(除 oMg2 和 nMg1 处理)FDC 也有所增加，增幅分别为 47.4%~160.0%、18.5%~237.6%。其中 E-Cd FDC 以 nMg1 处理增幅最大，nMg2 处理其次，其余形态以 nMg2 处理增幅或减幅最大。

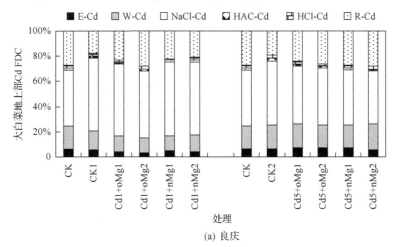

(a) 良庆

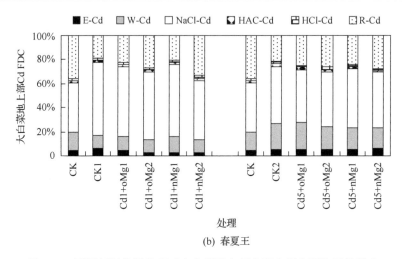

(b) 春夏王

图 4-26 不同氢氧化镁处理对大白菜地上部各形态镉分配比例的影响

由表 4-35 可知，与对照相比，各处理 NaCl-Cd 含量均下降，nMg2 处理 Cd 含量下降最多，达 82.0%；各处理 R-Cd 含量相较于对照整体有增加，nMg2 处理最多增加了 25.5%；但各处理中各形态 Cd 含量之和下降了 35.6%~61.7%。

表 4-35　不同氢氧化镁处理对大白菜地上部各形态镉含量的影响　（单位：mg/kg）

品种	处理	E-Cd	W-Cd	NaCl-Cd	HAC-Cd	HCl-Cd	R-Cd	Cd 总提取量
良庆	CK	0.024	0.066	0.161	0.006	0.006	0.100	0.364
	CK1	0.099	0.289	1.108	0.025	0.045	0.329	1.895
	Cd1+oMg1	0.071	0.228	1.008	0.025	0.034	0.413	1.778
	Cd1+oMg2	0.050	0.162	0.753	0.018	0.028	0.396	1.407
	Cd1+nMg1	0.070	0.201	0.930	0.024	0.019	0.349	1.592
	Cd1+nMg2	0.043	0.155	0.673	0.019	0.025	0.243	1.157
	CK	0.024	0.066	0.161	0.006	0.006	0.100	0.364
	CK2	0.343	1.103	2.835	0.104	0.129	1.063	5.577
	Cd5+oMg1	0.295	0.784	1.899	0.057	0.104	0.991	4.130
	Cd5+oMg2	0.226	0.617	1.503	0.043	0.063	0.872	3.324
	Cd5+nMg1	0.228	0.634	1.456	0.037	0.082	0.908	3.345
	Cd5+nMg2	0.149	0.593	1.204	0.030	0.086	0.794	2.855
春夏王	CK	0.012	0.044	0.115	0.006	0.006	0.101	0.284
	CK1	0.097	0.189	1.014	0.018	0.042	0.307	1.668
	Cd1+oMg1	0.062	0.175	0.881	0.018	0.031	0.335	1.502
	Cd1+oMg2	0.031	0.106	0.558	0.018	0.019	0.268	0.999

续表

品种	处理	E-Cd	W-Cd	NaCl-Cd	HAC-Cd	HCl-Cd	R-Cd	Cd 总提取量
	Cd1+nMg1	0.036	0.156	0.697	0.018	0.018	0.244	1.170
	Cd1+nMg2	0.024	0.099	0.455	0.012	0.026	0.307	0.923
	CK	0.012	0.044	0.115	0.006	0.006	0.101	0.284
春夏王	CK2	0.262	1.047	2.368	0.105	0.092	1.071	4.944
	Cd5+oMg1	0.209	0.871	1.745	0.074	0.049	0.984	3.931
	Cd5+oMg2	0.171	0.545	1.364	0.050	0.071	0.775	2.975
	Cd5+nMg1	0.176	0.640	1.733	0.057	0.068	0.855	3.529
	Cd5+nMg2	0.168	0.456	1.247	0.030	0.055	0.739	2.696

(3) 镁镉拮抗对蔬菜土壤各形态镉的影响

由图 4-27 和表 4-36 可知，随着土壤镉处理水平的增加，土壤各形态镉含量呈增加趋势。在不施加氢氧化镁条件下，未受镉污染处理(CK)的 2 个品种大白菜土壤各形态镉含量均显著低于其他处理($P<0.05$)，且'良庆'和'春夏王'2 个品种的各形态镉 FDC 大小顺序分别为 R-Cd(46.9%)＞FeMn-Cd(26.1%)＞EX-Cd (13.7%)＞CAB-Cd(8.4%)＞OM-Cd(4.9%)和 R-Cd(46.8%)＞EX-Cd(22.3%)＞FeMn-Cd(15.9%)＞CAB-Cd(10.9%)＞OM-Cd(4.6%)。外源镉的添加改变了土壤各形态镉的分配比例，且不同土壤镉污染水平下品种不同对土壤各形态镉分配比例的影响也不同。外源镉的添加，促进了 2 个品种大白菜土壤残渣态镉向可交换态镉和碳酸盐结合态镉的转化，'良庆'和'春夏王'2 个品种的土壤镉总提取量分别为0.965mg/kg、0.981mg/kg(低镉处理 1mg/kg)和 4.909mg/kg、4.895mg/kg(高镉处理5mg/kg)，且均主要以可交换态镉存在，FDC 为 37.2%～50.6%，残渣态镉含量降低，FDC 为 10.0%～16.7%，碳酸盐结合态镉含量增加，FDC 为 16.6%～31.6%。无论在高镉还是低镉条件下，2 个品种大白菜各形态镉分配比例均表现为EX-Cd(37.2%～ 50.6%)＞CAB-Cd(16.6%～31.6%)＞FeMn-Cd(13.8%～18.8%)＞R-Cd(10.0%～16.7%)＞OM-Cd(2.4%～7.4%)。

纳米氢氧化镁和普通氢氧化镁的施入影响了 2 个品种大白菜土壤的各形态镉含量和分配比例，且变化趋势与氢氧化镁种类、施加量和大白菜种类以及镉处理水平有关。总体来看，与加镉不加氢氧化镁对照相比，无论纳米氢氧化镁还是普通氢氧化镁处理的可交换态镉 FDC 均呈下降趋势，其他镉形态 FDC 均呈增加趋势，且随氢氧化镁施用量的增加各形态镉 FDC 增减幅度增大，纳米氢氧化镁对可交换态镉 FDC 的降低有更好的效果。相比 2 个品种大白菜，'春夏王'品种土壤在加镉处理中具有更低的可交换态镉 FDC，但未受镉污染的'良庆'品种土壤具有更低的可交换态镉 FDC。在 1mg/kg Cd 条件下，施加氢氧化镁处理的'良庆'和'春

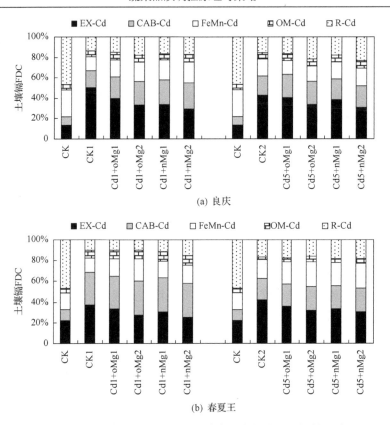

图 4-27　不同氢氧化镁处理对土壤各形态镉分配比例的影响

夏王'2 个品种土壤各形态镉 FDC 大小顺序分别为 EX-Cd(29.5%~39.7%)>
CAB-Cd(21.4%~25.6%)>FeMn-Cd(16.4%~20.2%)>R-Cd(15.4%~18.1%)>
OM-Cd(6.1%~7.5%) 和 CAB-Cd(31.3%~33.4%)>EX-Cd(24.9%~33.4%)>
FeMn-Cd(16.1%~21.9%)>R-Cd(10.1%~15.0%)>OM-Cd(7.8%~9.4%),与不加
氢氧化镁对照(CK1)相比,氢氧化镁处理的'良庆'和'春夏王'2 个品种土壤可
交换态镉含量降低了 19.1%~37.5%和 8.2%~32.9%,其他 4 个形态镉含量分别增
加了 33.1%~65.6%、22.6%~57.1%、5.2%~34.5%、19.5%~43.0%('良庆'品种)
和 1.3%~6.1%、16.9%~61.8%、8.2%~27.4%、3.1%~51.0%('春夏王'品种)。
在 5mg/kg Cd 条件下,施加氢氧化镁处理的 2 个品种大白菜土壤各形态镉 FDC 大
小顺序不同,'良庆'品种的土壤可交换态镉 FDC 最大,碳酸盐结合态和残渣态镉
FDC 次之,镁锰氧化物结合态次低,有机态结合镉 FDC 最低;'春夏王'品种的土
壤可交换态镉 FDC 最大,碳酸盐结合态和铁锰氧化物结合态镉 FDC 次之,残渣态
次低有机态结合镉 FDC 最低。与不加氢氧化镁对照(CK2)相比,纳米氢氧化镁处
理使 2 个品种大白菜土壤可交换态镉含量降低了 10.1%~27.4%,其他 4 个形态镉
含量分别增加了 6.4%~18.1%、0~34.6%、12.9%~105.0%、11.4%~49.4%。普通

氢氧化镁处理对 2 个品种的土壤各形态镉含量影响不同，与 CK2 处理相比，'良庆'品种的土壤可交换态和铁锰氧化物结合态镉含量分别降低了 4.3%～21.0%和 7.6%～15.2%，其他 3 个形态镉含量分别增加了 16.0%～22.6%、12.2%～12.9%、5.7%～37.3%；'春夏王'品种的土壤各形态镉含量变化与纳米氢氧化镁处理一致，土壤可交换态镉含量降低了 12.4%～20.5%，其他 4 个形态镉含量分别增加了 8.9%～14.3%、20.5%～37.6%、76.5%～102.5%、1.6%～7.5%。不论 5mg/kg Cd 还是 1mg/kg Cd 条件下，氢氧化镁施加量对 2 个品种大白菜土壤各形态镉含量的影响不同，但对土壤可交换态、碳酸盐结合态和铁锰氧化物结合态镉含量的影响一致，随着氢氧化镁施加量的增加，土壤可交换态镉含量降低，碳酸盐结合态和铁锰氧化物结合态镉含量增加，其中在 1mg/kg Cd 条件下，'良庆'和'春夏王'2 个品种的 Cd1+oMg2 处理土壤可交换态镉含量较 Cd1+oMg1 处理降低了 15.2%和 17.9%，Cd1+nMg2 处理土壤可交换态镉含量较 Cd1+nMg1 处理降低了 9.2%和 19.7%；在 5mg/kg Cd 条件下'良庆'和'春夏王'2 个品种的 Cd5+oMg2 处理土壤可交换态镉含量较 Cd5+oMg1 处理降低了 17.5%和 9.3%，Cd5+nMg2 处理土壤可交换态镉含量较 Cd5+nMg1 处理降低了 19.2%和 7.2%。在氢氧化镁施加量相同的情况下，纳米氢氧化镁降低土壤中可交换态镉含量效果更好，但对其他 4 个形态镉含量影响不同。在 1mg/kg Cd 条件下，'良庆'和'春夏王'2 个品种的土壤可交换态镉含量 Cd1+nMg1 处理较 Cd1+oMg1 处理降低了 14.9%和 9.0%，Cd1+nMg2 处理较 Cd1+oMg2 处理降低了 9.0%和 10.9%；在 5mg/kg Cd 条件下，'良庆'和'春夏王'2 个品种的土壤可交换态镉含量 Cd5+nMg1 处理较 Cd5+oMg1 处理降低了 6.0%和 7.6%，Cd5+nMg2 处理较 Cd5+oMg2 处理降低了 8.0%和 5.5%。

表 4-36　不同氢氧化镁处理对土壤各形态镉含量的影响(mg/kg)

处理	Cd 形态					
	EX-Cd	CAB-Cd	FeMn-Cd	OM-Cd	R-Cd	Cd 总提取量
CK	0.212±0.030ab	0.303±0.031a	0.363±0.031a	0.302±0.060a	0.127±0.005a	1.310±0.035a
oMg1	0.172±0.030a	0.333±0.061a	0.363±0.031a	0.241±0.121a	0.092±0.030ab	1.203±0.029a
oMg2	0.302±0.000a	0.335±0.000a	0.332±0.000a	0.150±0.030a	0.062±0.000b	1.182±0.030a
oMg3	0.122±0.000b	0.152±0.060a	0.302±0.030a	0.150±0.030a	0.060±0.000b	0.787±0.060a
nMg1	0.242±0.000a	0.272±0.000a	0.333±0.061a	0.120±0.000a	0.062±0.000b	1.031±0.061a
nMg2	0.241±0.059a	0.303±0.151a	0.333±0.121a	0.241±0.061a	0.116±0.006a	1.236±0.400a
nMg3	0.128±0.006b	0.212±0.000a	0.272±0.060a	0.090±0.030a	0.062±0.000b	0.766±0.036a

(4)镁镉拮抗对土壤 pH 的影响

由图 4-28 可知，外源镉的加入对土壤的 pH 没有显著影响($P > 0.05$)，与不加镉对照(CK)相比，加镉处理 pH 稍有增加，增加了 0.001～0.011 个单位。无论是普通氢氧化镁还是纳米氢氧化镁施用，均显著增加了土壤 pH($P < 0.05$)。总体来看，土壤 pH 随氢氧化镁施加量的增加呈增加趋势，且在低镉处理达到显著水平

（P＜0.05）。相比 2 个大白菜品种，高镉（5mg/kg）条件下施用氢氧化镁后'良庆'品种的土壤 pH 高于'春夏王'品种。相比加镉不加氢氧化镁对照处理，低镉（1mg/kg）条件下氢氧化镁处理中'良庆'和'春夏王' 2 个品种的土壤 pH 分别增加了 0.9%～4.0%和 0.9%～4.5%，高镉（5mg/kg）条件下分别增加了 2.0%～4.3%和 1.45%～4.4%。与普通氢氧化镁相比，纳米氢氧化镁提高土壤 pH 的效果更好（除'春夏王'品种的低镉低氢氧化镁施加量处理），较对应的普通氢氧化镁处理增加了 0.4%～3.6%。随着氢氧化镁施加量的增加，土壤 pH 大致呈增加趋势。高镉（5mg/kg）条件下，'良庆'和'春夏王' 2 个品种的 Cd5+oMg2 处理较 Cd5+oMg1 处理土壤 pH 增加了 0.8%和 0.9%，Cd5+nMg2 处理较 Cd5+nMg1 处理土壤 pH 增加了 0.4%和 1.1%；低镉（1mg/kg）条件下，'良庆'和'春夏王' 2 个品种的 Cd1+nMg2 处理较 Cd1+nMg1 处理土壤 pH 增加了 2.0%和 3.4%，'良庆'品种的 Cd1+oMg2 处理较 Cd1+oMg1 处理土壤 pH 增加了 2.8%，'春夏王'品种的 Cd1+oMg2 处理较 Cd1+oMg1 处理土壤 pH 降低了 3.3%。无论在高镉还是低镉条件下，'良庆'和'春夏王' 2 个品种均以高施纳米氢氧化镁加量（300mg/kg）处理土壤 pH 最高。

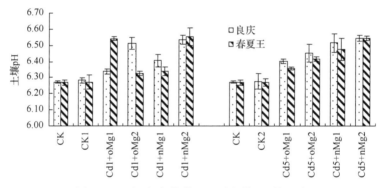

图 4-28　不同氢氧化镁处理对土壤 pH 的影响

2. 镉与铁

植物中铁和镉的交互作用一直是土壤学、生态学、环境科学研究的热点问题。早在 1997 年 Chlopecka 和 Adriano 就报道，在土壤中添加 50g/kg 的铁氧化物可使玉米和大麦对 Cd 的吸收显著降低。Shao 等（2008）也指出，土壤加入铁肥后水稻根、茎和果实的 Cd 含量显著减少。但也存在相反报道。

（1）铁镉拮抗对蔬菜中各形态镉含量的影响

由表 4-37 可知，2 个番茄品种（'4641'和'渝粉 109'）果实中各形态 Cd 平均含量为残渣态（R-Cd）＞盐酸提取态（HCl-Cd）＞乙醇提取态（E-Cd）＞氯化钠提取态（NaCl-Cd）＞醋酸提取态（HAC-Cd）＞去离子水提取态（W-Cd）。其中，2 个番茄品种（'4641'和'渝粉 109'）果实 R-Cd 含量分别为 0.876mg/kg 和 1.289mg/kg，平均为 1.083mg/kg，分别占 Cd 总提取量的比例为 54.4%和 59.3%，平均为 57.2%；

HCl-Cd 平均为 0.311mg/kg，占 Cd 总提取量的比例为 16.5%。二者均为活性偏低形态 Cd，其平均含量之和为 1.394mg/kg，占 Cd 总提取量的比例为 73.6%。活性较高的 W-Cd 和 E-Cd 平均含量分别为 0.159mg/kg 和 0.066mg/kg，分别占 Cd 总提取量的比例为 8.4%和 3.5%，二者平均含量之和为 0.225mg/kg，占 Cd 提取总量的比例为 11.9%。试验发现，喷施适量的 Fe 能减少 2 个番茄品种（'4641'和'渝粉 109'）果实中各形态 Cd 含量，但随 Fe 水平的增加，各形态 Cd 表现出不同的变化趋势。例如，随 Fe 水平增加，'4641'果实中 E-Cd、W-Cd 和 HAC-Cd 含量逐渐降低，分别较对照减少了 20.6%～100%、50.4%～100%和 43.6%～62.7%；而 2 个品种果实 Cd 总提取量，以及'渝粉 109'果实中各形态 Cd（除 HCl-Cd 外）、'4641'果实中 NaCl-Cd、HCl-Cd 和 R-Cd 含量则先降低，在 50μmol/L、100μmol/L 或 200μmol/L 时达到最低值，然后回升。高量 Fe（400μmol/L）反而使'4641'果实中 HCl-Cd、R-Cd 以及'渝粉 109'果实中 E-Cd、NaCl-Cd、R-Cd 和总提取量较对照分别增加了 34.5%、31.6%、2.4%、5.0%、8.6%和 6.4%。此外，喷施 Fe 使'渝粉 109'果实中 HCl-Cd 含量较对照增加了 8.4%～75.5%。

我们研究发现，Cd 在番茄果实中主要以 R-Cd 形态存在，平均为 1.083mg/kg，占 Cd 总提取量的比例为 57.2%。其次是 HCl-Cd，平均为 0.311mg/kg，占 Cd 总提取量的比例为 16.5%。R-Cd、HCl-Cd 二者平均含量之和为 1.394mg/kg，占 Cd 总提取量的比例达到了 73.6%，是番茄果实中 Cd 主要存在形式。R-Cd、HCl-Cd 均为活性偏低形态 Cd，活性较高的 W-Cd 和 E-Cd 平均含量之和为 0.225mg/kg，占 Cd 提取总量的比例仅为 11.9%，从而极大地限制了 Cd 的毒害效应。本试验条件下，喷施适量的 Fe 减少了 2 个番茄品种（'4641'和'渝粉 109'）果实各形态 Cd 含量和 Cd 总提取量，铁镉表现出明显的拮抗效应。原因可能与铁转运子基因的表达上调有关，也可能是由重金属镉与铁竞争根系吸收运输位点所致。但高量 Fe（400μmol/L）反而较低量 Fe 增加了'4641'果实中 HCl-Cd、R-Cd 以及'渝粉 109'果实中 E-Cd、NaCl-Cd、R-Cd 和总提取量，铁镉表现出一定的协同效应。1989 年 Stephan 和 Grun 就曾报道,铁高效番茄 cv. Bonner Beste 突变体 *chloronerva* 在较高 Fe 水平下能吸收较多的重金属。因此，铁镉交互作用不仅与 Fe 水平有关，还与供试作物种类和品种有关。

（2）铁镉拮抗对蔬菜镉含量和积累量的影响

由表 4-38 可见，番茄 Cd 含量表现为叶＞根＞茎＞果实。除'渝粉 109'的 400μmol/L Fe 处理果实 Cd 含量外，叶面喷施 Fe 使 2 个品种番茄'4641'和'渝粉 109'叶、茎、根和果实中的 Cd 含量不同程度降低，降低幅度分别为 14.2%～21.9% 和 7.1%～25.3%、30.8%～47.2%和 35.6%～50.4%、29.1%～45.1%和 13.0%～17.1%、2.8%～11.7%和 4.3%～9.9%。但随 Fe 水平增加，番茄叶、茎、根和果实 Cd 含量呈先降后增趋势，即在 100μmol/L 或 200μmol/L Fe 时达到最低值，然后回升。

表 4-37　不同 Fe 水平对番茄果实各形态镉含量的影响

Fe 水平/(μmol/L)	E-Cd/(mg/kg)		W-Cd/(mg/kg)		NaCl-Cd/(mg/kg)		HAC-Cd/(mg/kg)		HCl-Cd/(mg/kg)		R-Cd/(mg/kg)		Cd 总提取量/(mg/kg)	
	4641	渝粉109	4641	渝粉109	4641	渝粉109	4641	渝粉109	4641	渝粉109	4641	渝粉109	4641	渝粉109
0	0.345	0.170	0.115	0.229	0.334	0.222	0.220	0.167	0.232	0.310	0.839	1.239	2.085	2.337
50	0.274	0.105	0.057	0.047	0.123	<0.001	0.124	0.138	0.213	0.544	0.827	1.172	1.618	2.006
100	0.200	0.112	0.024	<0.001	0.022	0.034	0.110	0.082	0.201	0.336	0.799	1.309	1.356	1.873
200	0.070	0.140	0.013	<0.001	0.088	0.134	0.095	0.138	0.193	0.367	0.819	1.380	1.278	2.159
400	<0.001	0.174	<0.001	0.172	0.225	0.233	0.082	0.157	0.312	0.405	1.104	1.346	1.723	2.487
LSD$_{0.05}$ 品种	0.068		0.009		0.016		0.011		0.004		0.037		0.221	
Fe 水平	0.021		0.003		0.005		0.003		0.015		0.006		0.079	
品种×Fe 水平	0.013		0.005		0.008		0.012		0.021		0.019		0.113	

表 4-38　不同 Fe 水平对番茄镉含量及积累量的影响

Fe 水平/(μmol/L)	Cd 含量/(mg/kg)								Cd 积累量/(mg/盆)								Cd 全量/(mg/盆)	
	叶		茎		根		果实		叶		茎		根		果实			
	4641	渝粉109	4641	渝粉109	4641	渝粉109	4641	渝粉109	4641	渝粉109	4641	渝粉109	4641	渝粉109	4641	渝粉109	4641	渝粉109
0	116.04	131.68	41.33	50.99	68.60	63.37	5.72	6.35	1.53	2.06	0.84	1.79	0.19	0.15	0.16	0.16	2.71	4.17
50	97.86	101.20	28.59	32.80	48.61	54.98	5.51	6.05	1.53	2.45	0.75	1.29	0.12	0.16	0.19	0.17	2.58	4.06
100	95.92	98.43	22.69	28.93	37.64	52.53	5.05	5.72	1.54	2.01	0.68	1.23	0.18	0.15	0.18	0.17	2.57	3.57
200	90.60	102.83	21.81	25.28	43.20	54.73	5.25	6.08	1.39	1.88	0.72	1.16	0.18	0.19	0.20	0.24	2.49	3.46
400	99.58	122.28	26.60	32.83	52.11	55.14	5.56	6.55	1.44	1.88	0.83	1.33	0.207	0.15	0.19	0.25	2.65	3.60
LSD$_{0.05}$ 蔬菜品种	2.231		1.726		1.033		0.131		0.238		0.324		0.009		0.001		0.087	
Fe 水平	1.084		0.879		1.783		0.107		0.001		0.013		0.002		0.002		0.023	
蔬菜品种×Fe 水平	1.967		1.075		1.652		0.276		0.143		0.179		0.006		0.005		0.050	

注：积累量=干重×Cd 含量；Cd 全量为各部位 Cd 积累量之和，下同

Cd 主要积累在番茄的叶和茎，分别占植株 Cd 全量的 55.5%和 33.3%。根和果实中 Cd 积累较少，分别占植株 Cd 全量的 5.2%和 5.9%。随 Fe 水平的增加，'4641'根的 Cd 积累量以及 2 个品种（'4641'和'渝粉 109'）茎的 Cd 积累量、植株 Cd 全量表现为先降低后增加。而 2 个品种果实的 Cd 积累量随 Fe 水平增加总趋势为升高。比较供试 2 个番茄品种，无论是否喷施 Fe，果实的 Cd 含量及植株 Cd 全量为'4641'＜'渝粉 109'，在喷 200μmol/L 和 400μmol/L Fe 时，果实 Cd 积累量也为'4641'＜'渝粉 109'。

供试 2 个番茄品种 Cd 主要积累于叶和茎中，根和果实积累较少，而且 Cd 含量也表现为叶、茎大于根、果实（表 4-38）。可见番茄对 Cd 的转移能力较强。此结果与之前朱芳等（2006）报道番茄 Cd 主要集中在根部有所不同。本试验中，番茄果实中 Cd 含量＞5.0mg/kg，远远高于国家对蔬菜和水果的 Cd 限量标准（≤0.05mg/kg），说明番茄不但对 Cd 有较强的迁移能力，而且其可食部位对 Cd 也有很高的富集能力。提示在 Cd 污染较重的地区，种植番茄可能存在果实产品受 Cd 污染的风险。叶面喷施适量 Fe 使番茄叶、茎、根和果实中的 Cd 含量不同程度降低。原因可能是 Fe 供应充足时，铁转运子基因关闭，Fe 吸收增加，镉的被动吸收量下降。此外，适量的 Fe 与重金属 Cd 竞争根系吸收运输位点，降低了 Cd 离子在植物体内的木质部长距离输送。但在喷 100μmol/L 或 200μmol/L Fe 时，'4641'和'渝粉 109'叶、茎、根与果实中的 Cd 含量达到最低值，然后回升。该结果进一步印证了铁镉交互作用不是简单的拮抗效应，表现出拮抗和协同并存，可能与 Fe 水平有关。比较供试 2 个番茄品种（'4641'和'渝粉 109'），无论叶面喷 Fe 与否，果实 Cd 含量及植株 Cd 全量为'4641'＜'渝粉 109'，在喷 200μmol/L 和 400μmol/L Fe 时，果实 Cd 积累量也为'4641'＜'渝粉 109'。可见，'4641'比'渝粉 109'能更少吸收富集土壤中的 Cd，而叶面喷施 Fe 有效地降低了'4641'植株对 Cd 的吸收富集。

（3）铁镉拮抗对蔬菜品质的影响

由图 4-29 可知，番茄果实中氨基酸、还原糖、维生素以及硝酸盐含量在两个品种间及不同 Fe 水平处理间差异并未达到显著水平，其中喷施 Fe 对'4641'氨基酸含量并无显著影响；'渝粉 109'的还原糖百分含量随着喷施 Fe 水平的增加而增加；'4641'还原糖百分含量和'渝粉 109'氨基酸含量在对照处理（未喷施 Fe 处理）达到最高，除此之外，'4641'品种番茄果实的氨基酸、维生素、硝酸盐含量和'渝粉 109'品种番茄果实的还原糖百分含量、维生素、硝酸盐含量均在喷施最高水平 Fe 即 400μmol/L 时达到最高，说明喷施 Fe 对番茄果实品质提高产生了一定的促进作用。

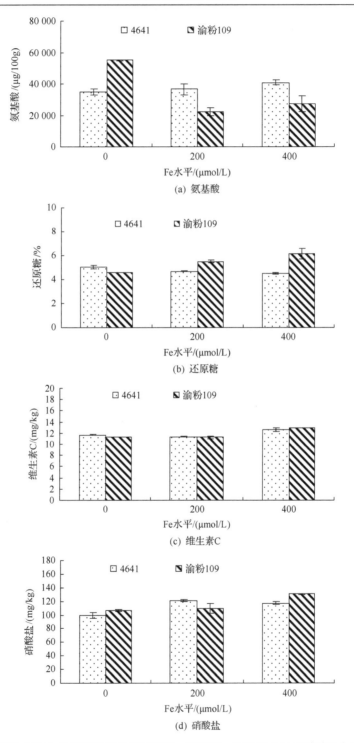

图 4-29 不同水平 Fe 处理对番茄果实氨基酸、还原糖、维生素 C 以及硝酸盐含量的影响

Fe 是植物必需的微量营养元素，Fe 在植物体内与血红蛋白合成有关。本试验中，随着喷施 Fe 水平的增加，'4641'氨基酸含量增多，但增加量不显著，说明喷施 Fe 在一定程度上能够促进番茄体内氨基酸的合成，而'渝粉 109'氨基酸含量在喷施 Fe 后呈下降趋势，这可能是由 Fe 与 Cd 发生的协同作用影响了 Fe 的电子传递功能所致。在本试验条件下，品种'4641'还原糖百分含量随着喷施 Fe 水平的增加而降低，这可能是由于 Fe 与 Cd 发生协同作用而影响了植株本身的光合作用，而'渝粉 109'的还原糖百分含量随着喷施 Fe 水平的增加而增加，这可能是由于 Fe 促进了植株叶绿素的合成而增强了光合作用，表明在 Cd 污染环境下，不同的番茄品种对 Fe 的反应不同，喷施 Fe 能够较好地改善'渝粉 109'Cd 污染状况，从而提高作物品质。在本试验中，供试 2 个番茄品种的维生素和硝酸盐含量均在 Fe 水平为 400μmol/L 时达到最高，这表明高 Fe 能够促进番茄体内维生素和硝酸盐的合成。

3. 镉与锌

施入外源 Zn 可抑制作物对 Cd 的吸收和积累。陈贵青等(2010)的研究结果显示，叶面喷施 Zn 降低了辣椒(*Capsicum annuum*)果实 Cd 含量，且随喷施 Zn 水平增加，果实 Cd 含量呈下降趋势。然而，也有一些研究表明施 Zn 能促进植物对 Cd 的吸收和积累，并加重 Cd 毒害。有关锌 Cd 协同积累，一些学者也进行了研究。Kachenko 和 Singh(2006)发现，Cd 污染条件下，叶类蔬菜中 Cd 含量随土壤 Zn 水平的增加而增加。Cd 污染条件下，加入 Zn 可促进 Zn-PC 复合物的形成，同时可抑制 Cd-PC 复合物的形成，提高了 Cd 的活性，从而促进了植物对 Cd 的转运(Hassan et al.，2005)。此外，大量的 Zn 刺激根细胞产生更多的转运载体，促进了与 Zn 具有相似性质的 Cd 的吸收(董静，2009)。索炎炎等(2012)的研究发现，低水平 Cd(2.5mg/kg)条件下，叶面喷施 Zn 肥，水稻(*Oryza sativa*)糙米 Cd 含量增加了 41.9%；而高水平 Cd(5mg/kg)下，叶面喷施 Zn 则使糙米 Cd 含量降低 15.4%。

(1)锌镉拮抗对蔬菜中各形态镉含量的影响

我们的试验显示(表 4-39)，2 个番茄品种果实中各形态 Cd 平均含量为 R-Cd＞HCl-Cd＞NaCl-Cd＞E-Cd＞HAC-Cd＞W-Cd。其中，2 个番茄品种'4641'和'渝粉 109'果实残渣态(R-Cd)含量分别为 0.878mg/kg 和 0.681mg/kg，平均为 0.780mg/kg，占 Cd 总提取量的比例分别为 54.0%和 53.6%，平均为 53.8%；盐酸提取态(HCl-Cd)含量分别为 0.230mg/kg 和 0.172mg/kg，平均为 0.201mg/kg，占 Cd 总提取量的比例为 13.9%。二者均为活性偏低形态 Cd，其平均含量之和为 0.980mg/kg，占 Cd 总提取量的比例为 67.7%。活性较高的 W-Cd 和 E-Cd 平均含量分别为 0.037mg/kg 和 0.159mg/kg，占 Cd 总提取量的比例分别为 2.5%和 11.0%，二者平均含量之和为 0.196mg/kg，占 Cd 总提取量的比例为 13.5%。试验发现，喷施适量的 Zn 能减少 2 个番茄品种果实中各形态 Cd 含量，但随 Zn 水平的增加，各形态 Cd 表现出不同的变化趋势。例如，'4641'的 E-Cd、W-Cd 和 HAC-Cd，以及'渝粉 109'的 W-Cd 和 HAC-Cd 含量随 Zn 水平的增加而降低，分别较对照减少了 20.6%～100%、50.4%～100%、43.6%～62.7%、56.9%～100%和 35.2%～65.9%；而果实其他形态 Cd 含量则随 Zn 水平的增加先降低，在 Zn 水平为 50μmol/L、100μmol/L 或 200μmol/L 时达到最低值，然后回升。高量 Zn（400μmol/L）反而使'渝粉 109'果实中的 E-Cd、R-Cd 以及'4641'果实中 HCl-Cd、R-Cd 较对照分别增加了 2.4%、14.5%、34.5%和 31.6%。喷施 Zn 使 2 个番茄品种'4641'和'渝粉 109'果实中 Cd 总提取量降低了 17.4%～38.7%和 8.6%～36.7%，但也随 Zn 水平的增加先降低，在 Zn 水平为 100μmol/L 或 200μmol/L 时达到最低值，然后回升。比较供试 2 个番茄品种，无论是否喷施 Zn，果实 Cd 总提取量为'4641'＞'渝粉 109'。

重金属在植物体内的化学形态一般以氯化钠提取态、醋酸提取态、盐酸提取态等非活性态为主。本试验发现，Cd 在番茄果实中主要以 R-Cd 形态存在，平均为 0.780mg/kg，占 Cd 总提取量的比例 53.8%。其次是 HCl-Cd，平均为 0.201mg/kg，占 Cd 总提取量的比例为 13.9%。R-Cd、HCl-Cd 二者平均含量之和为 0.980mg/kg，占 Cd 总提取量的比例达到了 67.7%，是番茄果实中 Cd 主要存在形式。R-Cd、HCl-Cd 均为活性偏低形态 Cd。活性较高的 W-Cd 和 E-Cd 平均含量之和为 0.196mg/kg，占 Cd 提取总量的比例仅为 13.5%，从而极大地降低了 Cd 的毒害效应。本试验条件下，喷施适量的 Zn 减少了 2 个番茄品种果实各形态 Cd 含量和 Cd 总提取量，锌镉表现出明显的拮抗效应。该结果与索炎炎等（2012）的报道相似。原因可能与锌转运子基因的表达上调有关，也可能是由重金属 Cd 与 Zn 竞争吸收运输位点所致。但高量 Zn（400μmol/L）反而使'渝粉 109'果实中的 E-Cd、R-Cd 以及'4641'果实中 HCl-Cd、R-Cd 较对照分别增加了 2.4%、14.5%、34.5%和 31.6%，此时锌镉表现出一定的协同效应。1991 年 Xue 和 Harrison 就曾报道，在严重镉污染条件下（10mg/kg），提高土壤中锌的含量（600mg/kg Zn）可使叶用莴苣中镉积累量显著提高。此结果再次印证锌镉交互作用与 Zn 水平有关。

（2）锌镉拮抗对蔬菜镉含量和积累量的影响

由表 4-40 可知，2 个番茄品种（'4641'和'渝粉 109'）植株 Cd 含量表现为叶＞根＞茎＞果实。叶面喷施 Zn 使 2 个番茄品种根、茎、叶和果实中的 Cd 含量不同程度降低，降低幅度分别为 23.9%～40.2%和 18.6%～41.7%、10.6%～31.1%和 16.0%～36.7%、5.8%～21.4%和 10.0%～21.5%、2.6%～7.7%和 2.3%～12.7%。随 Zn 水平增加，'4641'茎、叶和果实，以及'渝粉 109'叶的 Cd 含量先降低，分别在 Zn 水平为 100μmol/L 或 200μmol/L 时达到最低值，然后增加；而'4641'的根以及'渝粉 109'的根、茎和果实则呈逐渐下降趋势。

表 4-39　不同 Zn 水平对番茄果实各形态镉含量的影响

Zn水平/(μmol/L)	E-Cd/(mg/kg) 4641	渝粉109	W-Cd/(mg/kg) 4641	渝粉109	NaCl-Cd/(mg/kg) 4641	渝粉109	HAC-Cd/(mg/kg) 4641	渝粉109	HCl-Cd/(mg/kg) 4641	渝粉109	R-Cd/(mg/kg) 4641	渝粉109	Cd总提取量/(mg/kg) 4641	渝粉109
0	0.345	0.170	0.115	0.109	0.334	0.222	0.220	0.167	0.232	0.210	0.839	0.739	2.085	1.617
50	0.274	0.105	0.057	0.047	0.123	0.110	0.124	0.108	0.213	0.144	0.827	0.672	1.618	1.186
100	0.200	0.112	0.024	<0.001	0.092	0.084	0.110	0.082	0.201	0.136	0.799	0.609	1.426	1.023
200	0.070	0.140	0.013	<0.001	0.088	0.134	0.095	0.068	0.193	0.167	0.819	0.538	1.278	1.047
400	<0.001	0.174	<0.001	<0.001	0.225	0.196	0.082	0.057	0.312	0.205	1.104	0.846	1.723	1.478
LSD₀.₀₅ 品种	0.055		0.005		0.008		0.012		0.005		0.047		0.204	
Zn水平	0.063		0.009		0.003		0.004		0.010		0.026		0.085	
品种×Zn水平	0.011		0.004		0.006		0.009		0.012		0.014		0.127	

表 4-40　不同 Zn 水平对辣椒镉含量及积累量的影响

Zn水平/(μmol/L)	根 Cd含量 4641	渝粉109	茎 4641	渝粉109	叶 4641	渝粉109	果实 4641	渝粉109	根 Cd积累量 4641	渝粉109	茎 4641	渝粉109	叶 4641	渝粉109	果实 4641	渝粉109	Cd全量/(mg/盆) 4641	渝粉109
0	85.52	70.76	43.11	42.48	124.44	121.13	6.20	5.97	0.268	0.169	1.086	1.351	1.910	1.890	0.194	0.122	3.458	3.531
50	64.96	57.57	38.53	35.70	117.26	108.96	6.04	5.83	0.207	0.170	1.001	1.389	1.786	1.769	0.298	0.167	3.292	3.495
100	58.62	53.89	32.55	33.36	97.87	97.24	5.72	5.32	0.189	0.169	0.983	1.374	1.654	1.814	0.223	0.171	3.048	3.491
200	53.71	52.32	29.69	27.31	100.96	95.03	5.87	5.27	0.180	0.166	0.959	1.319	1.616	1.807	0.210	0.166	2.965	3.419
400	51.17	41.22	30.55	26.88	103.67	96.71	5.93	5.21	0.157	0.146	0.953	1.282	1.563	1.803	0.202	0.157	2.876	3.387
LSD₀.₀₅ 品种	1.419		0.677		0.589		0.319		0.901		0.245		0.001		0.056		0.063	
Zn水平	1.234		0.811		1.386		0.292		0.002		0.003		0.002		0.002		0.028	
品种×Zn水平	1.753		0.902		1.074		0.235		0.068		0.167		0.004		0.004		0.037	

由表4-40可见，2个番茄品种Cd全量均表现为叶＞茎＞根或果实，即Cd主要积累在番茄的叶和茎，分别占植株Cd全量的53.5%和35.3%。根和果实Cd积累较少，分别占植株Cd全量的5.5%和5.9%。除'渝粉109'的茎和2个品种的果实外，随Zn水平的增加，2个番茄品种植株各部位Cd积累量以及植株Cd全量表现为降低趋势。本试验中，2个品种'4641'和'渝粉109'果实Cd积累量分别较对照增加了4.1%～53.6%和28.7%～40.2%。比较供试2个番茄品种，无论是否喷施Zn，果实Cd含量和果实Cd积累量均为'4641'＞'渝粉109'，但植株Cd全量为'4641'＜'渝粉109'。

供试2个番茄品种（'4641'和'渝粉109'）Cd主要积累于叶和茎中，根和果实中Cd积累较少，而且Cd含量也表现为叶大于根、茎和果实（表4-40）。可见番茄对Cd的转移能力较强。此结果与之前朱芳（2006）报道番茄Cd主要集中在根部有所不同。本试验中，番茄果实中Cd总提取量（鲜样）＞1.0mg/kg，远远高于国家对蔬菜和水果的Cd限量标准（≤0.05mg/kg），说明番茄不但对Cd有较强的迁移能力，而且其可食部位对Cd也有很高的富集能力。提示在Cd污染较重的地区，种植番茄可能存在果实产品受Cd污染的风险。外源Zn使番茄叶、茎、根和果实中的Cd含量不同程度降低。该结果与Hart等（2005）、吕选忠等（2006）的报道类似。原因可能是Zn供应充足时，Zn可以竞争进入细胞上Cd的结合位点，Zn吸收量增加，反之Cd吸收量下降。此外，适量的Zn与重金属Cd竞争根系吸收运输位点也可能降低了Cd离子在植物体内的木质部长距离输送。随Zn水平增加，'4641'茎、叶和果实，以及'渝粉109'叶的Cd含量先降低，分别在Zn水平为100μmol/L或200μmol/L时达到最低值，然后回升。可见，锌镉交互作用不是简单的拮抗效应，表现出拮抗和协同并存。本试验条件下，2个番茄品种果实Cd积累量均高于对照，原因可能是叶面喷施Zn后番茄果实干重明显大于对照（Cd积累量为植株各部位干重与Cd含量的乘积）。比较供试2个番茄品种，无论是否喷施Zn，果实Cd含量和果实Cd积累量均为'4641'＞'渝粉109'。说明在土壤-植物系统中，锌镉的相互关系不但与Zn水平有关，还与作物品种、部位关系密切。

（二）重金属镉与硅、硒的关系

1. 镉与硅

硅（silicon，Si）是地球岩石圈中丰度仅次于氧的元素。Si可提高作物对重金属的耐受能力，可以缓解重金属对植物的毒害作用，抑制植物对Cd的吸收，降低作物中的Cd含量。目前不同形态Si对作物Cd吸收富集影响的研究报道较少，而Si对不同辣椒品种Cd吸收和富集的影响尚未见报道。为了进一步探讨Si、Cd的相互关系以及叶面喷施Si对不同辣椒品种Cd吸收及其向可食部位（果实）转移的影响，我们选取了重庆地区两个主栽加工型辣椒品种，采用盆栽试验模拟Cd

污染的土壤条件，研究了叶面喷施 Si 对不同辣椒品种生长、生理特性、Cd 积累及化学形态的影响。

(1)硅镉拮抗对蔬菜各形态镉含量的影响

由表 4-41 可知，Cd 在辣椒果实中主要以氯化钠提取态存在，含量为 5.185～10.740mg/kg，平均为 8.411mg/kg，占 Cd 总提取量的比例为 75.9%～87.7%，平均为 83.5%；其次是醋酸提取态，含量为 0.698～0.951mg/kg，平均为 0.793mg/kg，占 Cd 总提取量的比例为 6.2%～11.7%，平均为 8.3%；最小的是残渣态，含量为 0.055～0.169mg/kg，平均为 0.118mg/kg，占 Cd 总提取量的比例为 0.4%～2.2%，平均为 1.3%。试验发现，喷施有机 Si 与无机 Si 明显降低了'世农朝天椒'果实中乙醇提取态 Cd、氯化钠提取态 Cd 含量和 Cd 总提取量，其中'世农朝天椒'果实中 Cd 总提取量较对照分别降低达 29.3%和 16.0%，无机 Si 还降低了'世农朝天椒'果实中盐酸提取态 Cd 含量以及'艳椒 425'果实中乙醇提取态 Cd、去离子水提取态 Cd 和盐酸提取态 Cd 含量。但喷施有机 Si 与无机 Si 增加了'世农朝天椒'果实中去离子水提取态 Cd、醋酸提取态 Cd 和残渣态 Cd 含量以及'艳椒 425'果实中氯化钠提取态 Cd、醋酸提取态 Cd 含量和 Cd 总提取量，其中'艳椒 425'果实中 Cd 总提取量增加了 4.4%和 13.0%。比较 2 个辣椒品种，在相同处理下，'艳椒 425'果实中 Cd 总提取量明显大于'世农朝天椒'。

Cd 在辣椒果实中主要以氯化钠提取态存在，这主要是因为 Cd 与蛋白质或其他有机化合物中巯基有很强的亲和力，因此在作物体内，Cd 常与蛋白质相结合(陈贵青等，2010)。本试验条件下，喷施有机 Si 与无机 Si 明显降低了'世农朝天椒'果实中乙醇提取态 Cd、氯化钠提取态 Cd 含量和 Cd 总提取量，其中果实中 Cd 总提取量较对照分别降低达 29.3%和 16.0%(表 4-41)。可见，叶面喷施有机 Si 与无机 Si 能有效降低'世农朝天椒'果实中 Cd 的含量，原因可能是 Si 与 Cd 形成不溶性的硅酸盐沉淀，影响 Cd 在植物体内形态及其含量，从而降低了 Cd 在植物体内的生物富集(李艳利，2007)。但本试验也发现喷施有机 Si 与无机 Si 后，'艳椒 425'果实中 Cd 总提取量增加了 4.4%和 13.0%，尤其是醋酸提取态和氯化钠提取态 Cd 增加最明显，原因待进一步研究。

(2)硅镉拮抗对蔬菜镉含量的影响

由表 4-42 可见，辣椒 Cd 含量表现为根>茎>叶>果实。叶面喷施有机 Si 与无机 Si 明显降低了 2 个辣椒品种('世农朝天椒'和'艳椒 425')的叶 Cd 含量、'艳椒 425'的茎 Cd 含量和'世农朝天椒'的果实 Cd 含量，其中'世农朝天椒'的果实 Cd 含量较对照分别降低了 31.9%和 33.6%；无机 Si 还降低了'世农朝天椒'的根和'艳椒 425'的果实 Cd 含量。但喷施有机 Si 与无机 Si 增加了'艳椒 425'的根 Cd 含量和'世农朝天椒'的茎 Cd 含量，有机 Si 还增加了'世农朝天椒'的根和'艳椒 425'的果实 Cd 含量，其中'艳椒 425'的果实 Cd 含量较对照分别增加了 5.1%。

表 4-41　镉污染土壤上（10mg/kg）不同 Si 形态对辣椒果实各形态镉含量的影响

处理	E-Cd/(mg/kg)		W-Cd/(mg/kg)		NaCl-Cd/(mg/kg)		HAC-Cd/(mg/kg)		HCl-Cd/(mg/kg)		R-Cd/(mg/kg)		Cd总提取量/(mg/kg)	
	艳椒425	世农朝天椒	艳椒425	世农朝天椒	艳椒425	世农朝天椒	艳椒425	世农朝天椒	艳椒425	世农朝天椒	艳椒425	世农朝天椒	艳椒425	世农朝天椒
CK	0.422	0.459	0.037	0.086	9.658	8.167	0.709	0.698	0.141	0.141	0.166	0.104	11.132	9.655
有机 Si	0.628	0.206	0.160	0.199	10.740	5.185	0.775	0.797	0.214	0.293	0.055	0.150	12.574	6.830
无机 Si	0.317	0.301	0.018	0.229	10.190	6.523	0.951	0.826	0.085	0.060	0.062	0.169	11.624	8.107
LSD$_{0.05}$ 辣椒品种	0.015		0.012		0.266		0.015		0.067		0.067		0.454	
Si 形态	0.013		0.009		0.217		0.013		0.056		0.056		0.369	
辣椒品种×Si 形态	0.009		0.007		0.154		0.009		0.039		0.039		0.261	

表 4-42　镉污染土壤上（10mg/kg）不同 Si 形态对辣椒镉含量和积累量的影响

处理	Cd 含量/(mg/kg)								Cd 积累量/(μg/盆)								Cd 全量/(mg/盆)	
	叶		茎		根		果实		叶		茎		根		果实			
	艳椒425	世农朝天椒	艳椒425	世农朝天椒	艳椒425	世农朝天椒	艳椒425	世农朝天椒	艳椒425	世农朝天椒	艳椒425	世农朝天椒	艳椒425	世农朝天椒	艳椒425	世农朝天椒	艳椒425	世农朝天椒
CK	19.3	51.0	82.1	78.3	182.9	190.2	7.78	5.98	220.0	505.9	1134.2	935.7	567.0	420.4	64.6	35.2	1.986	1.897
有机 Si	16.0	35.5	51.9	101.5	187.5	208.9	8.18	4.07	210.6	418.2	800.8	1256.6	549.4	447.1	46.0	30.5	1.607	2.152
无机 Si	12.8	35.7	61.5	107.8	191.7	176.1	7.67	3.97	127.1	465.5	888.7	1615.9	477.3	315.2	29.7	26.0	1.523	2.423
LSD$_{0.05}$ 辣椒品种	2.34		5.59		10.16		1.46		14.32		32.99		10.08		2.07		0.137	
Si 形态	2.19		4.21		8.29		1.19		11.69		26.94		6.54		1.69		0.113	
辣椒品种×Si 形态	1.55		4.06		5.86		0.84		8.27		19.45		5.82		1.19		0.079	

Cd 主要积累于辣椒茎中，其次是叶和根，积累最少的是果实。叶面喷施有机 Si 与无机 Si 明显降低了'艳椒 425'的根、茎、叶、果实 Cd 积累量和 Cd 全量，其中果实 Cd 积累量和 Cd 全量降幅分别为 28.8%和 54.0%，19.1%和 23.3%；喷施有机 Si 与无机 Si 还降低了'世农朝天椒'叶和果实的 Cd 积累量，降幅分别为 17.3%和 8.0%，13.4%和 26.1%，但明显增加了'世农朝天椒'的茎 Cd 积累量和 Cd 全量。比较 2 个辣椒品种，在相同处理下，'艳椒 425'果实中 Cd 的含量和积累量均明显大于'世农朝天椒'。

我们试验发现，Cd 主要积累于辣椒茎中，其次是叶和根，积累最少的是果实。供试 2 个辣椒品种以'艳椒 425'果实更易积累 Cd，说明不同辣椒品种在果实 Cd 含量和富集上存在明显差异。叶面喷施有机 Si 与无机 Si 明显降低了'世农朝天椒'的叶 Cd 含量和果实 Cd 含量，无机 Si 还降低了'世农朝天椒'的根 Cd 含量（表4-42）。原因可能是 Si 与 Cd 产生拮抗效应，阻隔了 Cd 从茎向叶、果实转移，从而降低了辣椒可食部位 Cd 含量。这也是 Cd 在茎中含量反而较对照有所增加的原因所在。叶面喷施有机 Si 与无机 Si 明显降低了'艳椒 425'的根、茎、叶、果实 Cd 积累量和 Cd 全量，还降低了'世农朝天椒'叶和果实的 Cd 积累量。可见，在 Cd 污染土壤上生产辣椒，无论有机 Si 还是无机 Si 均可明显减少 Cd 在 2 个辣椒品种果实中的积累，对改善其品质是十分有利的。其中，有机 Si 降低 Cd 在辣椒果实中积累的效果更佳。该结果与王世华(2007)报道的叶面喷施硅显著降低了水稻籽粒中 Cd 的吸收，且有机硅的效果好于无机硅。喷施有机 Si 或无机 Si 增加了'艳椒 425'的根 Cd 含量，可能是由 Si 使其生长受到抑制的"浓缩效应"所致。此外，喷施有机 Si 与无机 Si 虽然降低了'世农朝天椒'果实的 Cd 积累量，但明显增加了'世农朝天椒'Cd 全量，其原因可能是 Si 与 Cd 的拮抗效应促进了'世农朝天椒'生长以及植株生物量明显增加，所以植株 Cd 全量增加。

2. 镉与硒

硒(selenium，Se)是人体不可缺少的微量元素，硒缺乏或过量均会使人体产生多种病症，适量硒有抗癌作用。硒对镉、铅、汞等重金属元素有拮抗作用，适宜水平的硒有利于消除植物体内过多的自由基，保护细胞膜结构的完整性，缓解重金属对植物的毒害，增强植物对逆境的抵抗力。

(1)硒镉拮抗对蔬菜各形态镉含量的影响

由表 4-43 可知，不同 Na_2SeO_3 水平下，2 个品种黄瓜（'燕白'和'津优 1 号'）果实中各形态 Cd 含量略有不同。对于'燕白'品种黄瓜，除 Na_2SeO_3 水平为 1.0mg/kg 时，其果实中镉含量为残渣态(R-Cd)＞氯化钠提取态(NaCl-Cd)＞盐酸提取态(HCl-Cd)＞醋酸提取态(HAC-Cd)＞乙醇提取态(E-Cd)＞去离子水提取态(W-Cd)外，其余处理的果实各形态 Cd 含量为 R-Cd＞NaCl-Cd＞ HCl-Cd＞HAC-Cd＞W-Cd＞E-Cd；而'津优 1 号'黄瓜果实中各形态 Cd 含量在 Na_2SeO_3

水平为 0mg/kg、0.5mg/kg 和 1.0mg/kg 时分别表现为：R-Cd＞NaCl-Cd＞HAC-Cd＞HCl-Cd＞W-Cd＞E-Cd，R-Cd＞NaCl-Cd＞HAC-Cd＞HCl-Cd＞E-Cd＞W-Cd，NaCl-Cd＞R-Cd＞HCl-Cd＞HAC-Cd＞E-Cd＞W-Cd。值得注意的是，'燕白'和'津优 1 号'两个品种黄瓜的 R-Cd 平均含量分别为 0.689mg/kg 和 0.526mg/kg，均高于其他形态 Cd 的含量，分别占 Cd 总提取量的 43.7%和 39.3%。NaCl-Cd 含量仅次于 R-Cd，两个品种黄瓜的 NaCl-Cd 平均含量为 0.380mg/kg，占 Cd 总提取量的比例为 26.1%。在所有 Cd 形态中，R-Cd 和 NaCl-Cd 活性偏低，两者平均含量之和为 0.988mg/kg，占 Cd 总提取量的比例为 68.5%。活性较高的 E-Cd 和 W-Cd 的平均含量均为 0.038mg/kg，占 Cd 提取总量的比例为 2.6%，两者的平均含量之和（0.076mg/kg）占 Cd 总提取量的比例为 5.2%。此外，研究发现，除了'津优 1 号'中的 HCl-Cd 含量随着 Na_2SeO_3 水平增加而增加，喷施 Na_2SeO_3 均可降低 2 个品种黄瓜中各形态 Cd 含量，其中 W-Cd、E-Cd、HAC-Cd 及'津优 1 号'的 R-Cd 含量随着 Na_2SeO_3 水平的增加而有所降低，分别比对照降低了 56.0%～95.1%、48.0%～75.2%、10.3%～33.2%及 24.0%～66.7%；2 个品种黄瓜的 NaCl-Cd、HCl-Cd 及'燕白'黄瓜的 R-Cd 含量均在 Na_2SeO_3 水平为 0.5mg/kg 时降至最低，分别比对照平均降低了 22.2%、16.2%及 42.7%，之后随着 Na_2SeO_3 水平的增加，Cd 含量有所增加，但仍比对照平均降低 17.1%、2.7%及 20.4%。研究还发现，随着喷施 Na_2SeO_3 水平的增加，2 个品种黄瓜的 Cd 总提取量均表现为下降，在 Na_2SeO_3 水平为 1.0mg/kg 时，'燕白'和'津优 1 号'品种黄瓜 Cd 总提取量分别较对照下降了 20.7%和 46.4%。

　　重金属在植物体内的化学形态分为活性态和非活性态，活性态有去离子水提取态、离子交换态等，非活性态有氯化钠提取态、盐酸提取态、醋酸提取态、残渣态等。本试验中，黄瓜果实中 Cd 主要以 R-Cd 形态存在，其平均含量为 0.608mg/kg，占 Cd 总提取量的 41.5%。这与我们之前的报道（周坤等，2013）一致。NaCl-Cd 含量次之，平均含量为 0.380mg/kg，占 Cd 总提取量的 26.1%。R-Cd 和 NaCl-Cd 为活性偏低 Cd 形态，而两者之和占 Cd 总提取量达 67.6%，是黄瓜果实中 Cd 的主要存在形式。W-Cd 和 E-Cd 活性较高，但黄瓜果实中两者之和只有 0.076mg/kg，占 Cd 提取总量的 5.2%。说明黄瓜果实中 Cd 的活性受限制，减少了 Cd 对黄瓜的毒害。研究同时发现，除了'津优 1 号'的 HCl-Cd，喷施 Na_2SeO_3 在不同程度上降低了各形态 Cd 的含量和 Cd 总提取量。可见 Na_2SeO_3 对 Cd 具有拮抗作用，可降低植物对镉的吸收，且本研究以 R-Cd 的降低最显著。Na_2SeO_3 对 Cd 的拮抗作用机制可能是硒可清除细胞代谢活性位点上的镉和由镉胁迫诱发产生的自由基，以及 Se 可诱导产生金属硫蛋白，螯合进入生物体内的 Cd，从而降低 Cd 的有效性。但与 0.5mg/kg Na_2SeO_3 相比，1.0mg/kg 的 Na_2SeO_3 反而显著增加了 2 个品种黄瓜的 NaCl-Cd 和 HCl-Cd 及'燕白'的 R-Cd 含量，说明高 Se（1.0mg/kg）

对 Cd 存在一定的协同作用。比较 2 个黄瓜品种，未喷施硒时，果实中镉总提取量为'燕白'<'津优 1 号'，喷施硒后，镉总提取量为'燕白'>'津优 1 号'。这可能是由于外源硒提高了'燕白'的抗氧化酶活性，增强了'燕白'果实对镉的抗性，使果实对镉的吸收和转运增加。

(2)硒镉拮抗对蔬菜镉含量和积累量的影响

由表 4-44 可知，除了 Na_2SeO_3 水平为 0mg/kg 和 1.0mg/kg 时'燕白'黄瓜 Cd 含量为叶>根>茎>果实，其余处理 Cd 含量均为根>叶>茎>果实。除了'燕白'黄瓜根在 0.5mg/kg Na_2SeO_3 处理时 Cd 含量呈最高(19.67mg/kg)，与对照相比，喷施 Na_2SeO_3 均在不同程度上降低了黄瓜叶、茎、根及果实的 Cd 含量，降低幅度分别为 3.2%～17.9%、14.6%～28.2%、5.1%～18.5%及 60.6%～75.8%。值得注意的是，除了'燕白'叶和'津优 1 号'茎，其他处理 Cd 含量均以 Na_2SeO_3 水平为 1.0mg/kg 时最低。对于 Cd 积累量，除了 Na_2SeO_3 水平为 0mg/kg、0.5mg/kg 时'燕白'黄瓜为叶>茎>果实>根，其余处理均为叶>茎>根>果实。Cd 在两个品种黄瓜叶中积累量最大，茎次之，分别占 Cd 全量的 60.4%和 23.0%。根和果实的 Cd 积累量较少，仅占 Cd 全量的 10.1%和 6.6%。喷施 Na_2SeO_3 降低了 2 个品种黄瓜果实的 Cd 积累量，比对照降低了 55.6%～69.5%，且随着 Na_2SeO_3 水平的增加，Cd 积累量减少。除了'燕白'叶在 Na_2SeO_3 水平为 0.5mg/kg 时 Cd 积累量最低(0.253mg/盆)，喷施 Na_2SeO_3 均不同程度地增加了黄瓜根和叶的 Cd 积累量。'燕白'黄瓜茎的 Cd 积累量随着 Na_2SeO_3 水平的增加而降低，在 Na_2SeO_3 水平为 1.0mg/kg 时 Cd 积累量最低，为 0.106mg/盆，而'津优 1 号'茎的 Cd 积累量随 Na_2SeO_3 水平的增加呈先降低后升高的变化，并在 Na_2SeO_3 水平为 0.5mg/kg 时降至最低值 0.090mg/盆，在 Na_2SeO_3 水平为 1.0mg/kg 时达到最高值 0.106mg/盆。比较 2 个供试黄瓜品种，不管是否喷施 Na_2SeO_3，Cd 全量均为'燕白'小于'津优 1 号'。

Feng 等(2013)的研究结果表明，Cd 在水稻中主要积累于根部。但我们的试验发现，2 个黄瓜品种中 Cd 主要积累于茎和叶中，根和果实中积累较少，而黄瓜 Cd 含量以根和叶较多，茎和果实含量较少(表 4-44)。这表明 2 个供试黄瓜品种对 Cd 具有较强的转移能力，且 Cd 主要集中于黄瓜叶部。黄瓜果实中 Cd 含量为 0.72～2.97mg/kg，远远超过《食品安全国家标准食品中污染物限量》(GB 2762—2017)对蔬菜的镉限量标准(0.05mg/kg)。可见黄瓜不仅对 Cd 有较强的迁移能力，而且其可食部位对 Cd 也有很高的富集能力。因此，在 Cd 污染环境下种植黄瓜，其果实可能存在受 Cd 污染的危险。研究同时发现，除了低硒(0.5mg/kg Na_2SeO_3)处理增加了'燕白'根的 Cd 含量，叶面喷施 Na_2SeO_3 均不同程度地降低了黄瓜叶、茎、根及果实中的 Cd 含量，且绝大多数处理中叶、茎、根及果实 Cd 含量均为 1.0mg/kg (<0.5mg/kg)。可见，外源硒可降低植物对镉的吸收，进一步说明了硒与镉存在拮

表 4-43 不同 Se 水平对黄瓜果实各形态镉含量的影响

Se/(mg/L)	W-Cd/(mg/kg) 燕白	W-Cd/(mg/kg) 津优1号	E-Cd/(mg/kg) 燕白	E-Cd/(mg/kg) 津优1号	HAC-Cd/(mg/kg) 燕白	HAC-Cd/(mg/kg) 津优1号	NaCl-Cd/(mg/kg) 燕白	NaCl-Cd/(mg/kg) 津优1号	HCl-Cd/(mg/kg) 燕白	HCl-Cd/(mg/kg) 津优1号	R-Cd/(mg/kg) 燕白	R-Cd/(mg/kg) 津优1号	Cd总提取量/(mg/kg) 燕白	Cd总提取量/(mg/kg) 津优1号
0	0.075±0.009a	0.102±0.017a	0.025±0.006a	0.101±0.012a	0.145±0.019a	0.226±0.023a	0.424±0.035a	0.452±0.047a	0.224±0.015a	0.151±0.012b	0.873±0.059a	0.754±0.045a	1.771±0.087a	1.785±0.073a
0.5	0.033±0.005b	<0.005±0.000b	0.015±0.005b	0.048±0.008b	0.130±0.017b	0.179±0.012b	0.350±0.029c	0.330±0.021c	0.150±0.011c	0.152±0.019b	0.500±0.064c	0.573±0.022b	1.558±0.063b	1.272±0.045b
1.0	<0.005±0.000c	<0.005±0.000b	0.013±0.002b	0.025±0.004c	0.122±0.010c	0.151±0.010c	0.373±0.020b	0.352±0.028b	0.199±0.017b	0.176±0.020a	0.695±0.077b	0.251±0.015c	1.404±0.057c	0.956±0.028c

表 4-44 不同 Se 水平对黄瓜镉含量和积累量的影响

Se/(mg/L)	Cd含量/(mg/kg) 叶 燕白	叶 津优1号	茎 燕白	茎 津优1号	根 燕白	根 津优1号	果实 燕白	果实 津优1号	Cd积累量/(mg/盆) 叶 燕白	叶 津优1号	茎 燕白	茎 津优1号	根 燕白	根 津优1号	果实 燕白	果实 津优1号	Cd全量/(mg/盆) 燕白	Cd全量/(mg/盆) 津优1号
0	21.75±0.56a	24.44±0.71a	15.04±0.37a	14.31±0.25a	17.72±0.38ab	25.08±0.53a	2.21±0.30a	2.97±0.41a	0.278±0.013b	0.269±0.015a	0.117±0.009a	0.099±0.005b	0.018±0.002b	0.062±0.005a	0.045±0.007a	0.059±0.006a	0.457±0.019a	0.489±0.023a
0.5	18.35±0.43b	21.90±0.60b	12.84±0.23b	10.27±0.20b	19.67±0.45a	23.59±0.47b	0.87±0.067b	0.84±0.09b	0.253±0.018c	0.278±0.020a	0.107±0.005a	0.090±0.008b	0.026±0.004a	0.073±0.008a	0.020±0.020b	0.019±0.004b	0.406±0.013b	0.460±0.015b
1.0	21.05±0.40a	20.07±0.48c	12.49±0.17b	12.11±0.14c	16.81±0.50b	20.44±0.25c	0.79±0.08b	0.72±0.05c	0.292±0.012a	0.272±0.016a	0.106±0.008a	0.11b±0.007a	0.028±0.001a	0.067±0.003a	0.019±0.030b	0.018±0.002b	0.444±0.009a	0.463±0.023b

抗作用。比较 2 个黄瓜品种，未喷施 Na_2SeO_3 时，'燕白'果实中 Cd 含量和果实中 Cd 积累量分别比'津优 1 号'低 0.76mg/kg 和 0.014mg/盆，说明'津优 1 号'较'燕白'转运 Cd 至可食部位(果实)的能力更强，数量更多，食用其风险亦更大。喷施 Na_2SeO_3 后，2 个黄瓜品种果实 Cd 含量和 Cd 积累量均显著降低，而'燕白'果实 Cd 含量和 Cd 积累量略高于'津优 1 号'，说明喷施硒降低'津优 1 号'果实 Cd 含量的效果优于'燕白'。试验还发现，无论喷施硒与否，Cd 全量均为'燕白'＜'津优 1 号'，原因可能与'燕白'植株总干重小于'津优 1 号'有关。

(三)重金属镉与磷、镧的关系

1. 镉与磷

近年来大量研究表明，植物必需的大量元素和微量元素与 Cd 产生的交互作用能减缓 Cd 的毒害效应。改善植物的磷素供应水平，利用磷酸盐对 Cd 的吸附、磷酸根阴离子诱导的间接吸附作用、Cd 与磷酸根形成磷酸盐沉淀以及 Cd 与磷形成金属磷酸盐，可降低植物体内 Cd 的含量。但也有相反报道。可见，磷镉交互作用与磷、镉的水平有关。此外，植物种类、植物部位、温度、光照、水分、营养状况等许多因素都会影响磷镉交互作用。

(1)磷镉拮抗对蔬菜各形态镉含量的影响

由表 4-45 可知，未进行磷处理时，Cd 在辣椒果实中主要以氯化钠提取态存在，含量为 8.167mg/kg 和 9.803mg/kg，平均为 8.985mg/kg，分别占镉总提取量的比例为 84.6%和 89.2%，平均为 86.9%；其次是醋酸提取态，含量为 0.673mg/kg 和 0.801mg/kg，平均为 0.737mg/kg，分别占 Cd 总提取量的比例为 6.1%和 8.2%，平均为 7.2%；最小的是去离子水提取态和盐酸提取态，含量分别为 0.025mg/kg 和 0.179mg/kg、0.086mg/kg 和 0.148mg/kg，平均为 0.102mg/kg 和 0.117mg/kg，分别占 Cd 总提取量的比例为 0.3%和 1.8%、0.9%和 1.5%，平均为 1.1%和 1.2%。试验发现，喷施 0.3%和 0.5%的磷后，'艳椒 425' Cd 总提取量有所降低，降幅分别为 2.1%和 1.3%，辣椒果实 Cd 组分中，乙醇提取态、盐酸提取态和残渣态也分别下降了 9.2%和 37.7%、7.1%和 34.8%、55.4%和 52.4%，喷施 0.3%的磷后，去离子水提取态和氯化钠提取态分别较对照减少了 32.4%和 1.3%，但喷施 0.5%的磷后，去离子水提取态和氯化钠提取态反而增加了 116.2%和 1.5%；与'艳椒 425'不同，喷施 0.3%和 0.5%的磷后，'世农朝天椒' Cd 总提取量反而增加了 4.7%和 1.0%，辣椒果实 Cd 组分中，除了乙醇提取态下降了 34.4%和 22.2%，以及喷施 0.5%的磷后盐酸提取态 Cd 下降了 39.0%外，其余各形态 Cd 含量均较对照增加，其中以醋酸提取态和残渣态增加最明显，分别较对照提高了 5.6%和 14.8%、29.8% 和 42.3%。

Cd 在辣椒果实中主要以氯化钠提取态存在，主要是因为 Cd 与蛋白质或其他有机化合物中巯基有很强的亲和力,因此在作物体内,Cd常与蛋白质相结合。本试验条件下,在叶面喷施磷后'艳椒425'果实Cd总提取量有所下降,尤其以残渣态及乙醇提取态下降明显(表4-45)。表明叶面喷施磷能有效降低辣椒('艳椒425'和'世农朝天椒')果实中Cd的含量,其原因可能是磷与镉形成不溶性的磷酸盐沉淀,影响Cd在植物体内形态及其含量,从而降低镉的生物毒害作用。但本试验也发现喷施磷后,'世农朝天椒'中Cd总提取量反而增加了,尤其是醋酸提取态和残渣态增加明显,磷与Cd表现出明显的协同效应。

(2)磷镉拮抗对蔬菜镉含量的影响

由表4-46可见,辣椒Cd含量为根>茎>叶>果实。叶面喷施磷使辣椒('艳椒425'和'世农朝天椒')茎和果实中的镉含量有所降低,Cd含量降低幅度分别为5.2%和16.7%、22.2%和1.2%、5.4%和14.1%、10.0%和11.9%。随磷水平增加,茎和果实Cd含量呈现下降趋势;喷施0.3%磷使叶Cd含量降低,但0.5%磷使叶Cd含量增加且大于不喷磷处理(对照)。除了'世农朝天椒'的0.5%磷处理外,喷施磷使辣椒根的Cd含量增加。Cd主要积累于辣椒茎和根中,其次是叶,积累最少的是果实。叶面喷施磷使'艳椒425'果实Cd积累量和植株的Cd全量较对照分别降低了47.7%、58.6%和5.5%、13.1%;但'世农朝天椒'除了喷施0.5%的磷后果实Cd的积累量降低了23.6%外,喷施磷使其果实的Cd积累量和植株的Cd全量较对照有所上升。在不喷施磷处理(对照)中,果实Cd的积累量及植株的Cd全量为'艳椒425'>'世农朝天椒',喷施磷后,果实Cd的积累量及植株的Cd全量为'世农朝天椒'>'艳椒425'。

供试2个辣椒品种Cd主要积累于茎和根中,其次是叶,积累最少的是果实(表4-46)。此结果与我们之前的报道有所不同(陈贵青等,2010),可能是由本试验供试土壤Cd污染水平较低所致。叶面喷施磷使辣椒('艳椒425'和'世农朝天椒')茎和果实中的镉含量有所降低,喷施0.3%磷使叶Cd含量降低,说明适量的磷与Cd形成金属磷酸盐并在植物体细胞壁与液泡中沉淀,降低了金属离子在植物体内的木质部长距离输送,阻隔了Cd从叶、茎向果实转移,从而降低了辣椒可食部位Cd含量。在不喷施磷处理(对照)中,果实Cd的积累量及植株的Cd全量为'艳椒425'>'世农朝天椒',喷施磷后,果实Cd的积累量及植株的Cd全量为'世农朝天椒'>'艳椒425',且喷施磷使'艳椒425'的Cd全量较对照明显下降,但'世农朝天椒'的Cd全量较对照有所上升。可见,喷施磷降低'艳椒425'植株Cd吸收富集的效果更为明显。

2. 镉与镧

镧(La)是稀土金属中最活泼的金属之一,利用其来提高植物对重金属污染等不良环境的抗性已有不少报道。例如,周青等(2003)报道叶面喷施10mg/L的La可减轻Cd对菜豆(*Phaseolus coccineus*)幼苗的伤害程度。张杰等(2007)报道La

表 4-45 不同磷水平对辣椒果实各形态镉含量的影响

磷水平/%	E-Cd/(mg/kg)		W-Cd/(mg/kg)		NaCl-Cd/(mg/kg)		HAC-Cd/(mg/kg)		HCl-Cd/(mg/kg)		R-Cd/(mg/kg)		Cd 总提取量/(mg/kg)	
	艳椒425	世农朝天椒	艳椒425	世农朝天椒	艳椒425	世农朝天椒	艳椒425	世农朝天椒	艳椒425	世农朝天椒	艳椒425	世农朝天椒	艳椒425	世农朝天椒
0	0.422	0.459	0.037	0.086	9.658	8.167	0.709	0.698	0.141	0.141	0.166	0.104	11.133	9.655
0.3	0.383	0.301	0.025	0.154	9.531	8.636	0.755	0.737	0.131	0.148	0.074	0.135	10.899	10.111
0.5	0.263	0.357	0.080	0.179	9.803	8.178	0.673	0.801	0.092	0.086	0.079	0.148	10.990	9.749
LSD$_{0.05}$ 品种	0.068		0.007		0.154		0.069		0.031		0.015		0.330	
磷水平	0.056		0.006		0.125		0.056		0.025		0.013		0.270	
品种×磷水平	0.040		0.004		0.889		0.397		0.017		0.009		0.190	

表 4-46 不同磷水平对辣椒镉含量及积累量的影响

磷水平/%	Cd 含量/(mg/kg)								Cd 积累量/(μg/盆)								Cd 全量/(mg/盆)	
	叶		茎		根		果实		叶		茎		根		果实			
	艳椒425	世农朝天椒	艳椒425	世农朝天椒	艳椒425	世农朝天椒	艳椒425	世农朝天椒	艳椒425	世农朝天椒	艳椒425	世农朝天椒	艳椒425	世农朝天椒	艳椒425	世农朝天椒	艳椒425	世农朝天椒
0	19.25	50.95	82.07	78.23	182.90	190.23	7.78	5.98	220.0	505.9	1134.2	935.7	567.0	420.4	64.57	35.2	1.986	1.897
0.3	17.17	49.35	77.81	60.90	198.81	205.07	7.36	5.38	150.1	668.7	1139.1	824.1	552.7	471.7	33.78	38.7	1.876	2.003
0.5	20.10	73.08	68.39	77.31	186.37	183.89	6.68	5.27	225.7	844.1	971.82	951.7	501.3	277.7	26.79	26.9	1.726	2.100
LSD$_{0.05}$ 品种	4.180		4.490		4.633		0.377		17.835		26.237		13.913		2.227		0.154	
磷水平	3.398		3.666		3.783		0.308		14.563		21.423		11.307		1.189		0.126	
品种×磷水平	2.403		3.084		2.649		0.218		10.298		15.148		8.033		1.286		0.089	

对 Cd 胁迫下水稻(*Oryza sativa*)幼苗生长有一定的防护效应。但研究者就 La 提高植物对重金属污染抗性的作用目前并未达成共识。庞欣等(2002)报道 0.05mg/L 的 La(NO$_3$)$_3$ 对小麦(*Triticum aestivum*)根和地上部铅的积累无显著影响。Xiong 等(2006)报道仅在 La 离子的水平大于 1mg/L 时，才可以降低雪菜(*Brassica juncea* var. *crispifolia*)地上部的 Cd 积累量。可见，La、Cd 的交互作用与 La 和 Cd 的水平、植物种类及部位、营养状况和外界环境条件等诸多因素有关。

(1)镧镉拮抗对蔬菜各形态镉含量的影响

由表 4-47 可知，2 个品种黄瓜('燕白'和'津优 1 号')果实中不同形态 Cd 含量的大小顺序为残渣态(R-Cd) > 氯化钠提取态(NaCl-Cd) > 醋酸提取态(HAC-Cd) > 盐酸提取态(HCl-Cd) > 乙醇提取态(E-Cd) > 去离子水提取态(W-Cd)。其中，R-Cd 平均含量为 0.693mg/kg，占 Cd 总提取量的 44.8%；NaCl-Cd 平均含量为 0.372mg/kg，占 Cd 总提取量的 24.1%。二者均为活性偏低形态 Cd，其平均含量之和为 1.065mg/kg，占 Cd 总提取量的 68.9%。活性较高的 W-Cd 和 E-Cd 平均含量分别为 0.026mg/kg 和 0.033mg/kg，分别占 Cd 提取总量的 1.7%和 2.1%，二者平均含量之和为 0.059mg/kg，占 Cd 总提取量的 3.8%。除 HAC-Cd 及'津优 1 号'的 HCl-Cd 外，喷施 LaCl$_3$ 减少了 2 个品种果实中不同形态 Cd 含量和 Cd 总提取量。随 La 水平的增加，2 个品种果实的 E-Cd、NaCl-Cd 以及'燕白'的 W-Cd、HCl-Cd 含量逐渐降低，分别较对照减少了 48.0%~100.0%、15.9%~34.7%、32.0%~58.7%及 9.8%~32.6%；同时 La 也降低了 2 个品种果实 Cd 总提取量和 R-Cd 含量，降幅分别为 8.6%~22.0%和 1.3%~41.5%，但随 La 水平增加表现为先降后增趋势，在 10mg/L LaCl$_3$ 处理时达到最低值。未喷 La 时，果实的 Cd 总提取量为'燕白' > '津优 1 号'；喷 La 后，果实的 Cd 总提取量为'燕白' < '津优 1 号'。

我们研究发现，2 个品种黄瓜('燕白'和'津优 1 号')果实中的 Cd 主要以残渣态和氯化钠提取态存在，二者均为活性偏低形态 Cd，其平均含量之和为 1.065mg/kg，占 Cd 总提取量的 68.9%(表 4-47)，与我们早前(陈贵青等，2010)的报道相似。而活性较高的去离子水提取态和乙醇提取态平均含量之和为 0.059mg/kg，仅占 Cd 总提取量的 3.8%，从而极大地限制了 Cd 的毒害效应。除 HAC-Cd 及'津优 1 号'的 HCl-Cd 外，外源 La 减少了 2 个品种黄瓜果实中不同形态 Cd 含量和 Cd 总提取量。原因可能是 La 主要与蛋白质、核酸、磷脂等生物活性物质形成配合物，与重金属 Cd 竞争结合位点。也可能是由 La 与 Cd 的拮抗效应所致。但高量 La(20mg/L)反而较低量 La(10mg/L)增加了 2 个品种黄瓜果实 Cd 总提取量和 R-Cd 含量，La 与 Cd 表现出一定的协同效应。喷 La 后，果实的 Cd 总提取量为'津优 1 号' > '燕白'。原因可能是 La 明显提高了'津优 1 号'的抗氧化酶活性，增强了该品种对 Cd 的抗性，提高了植株干重，同时对 Cd 的吸收和转运起到了促进作用。WHO 中镉的安全标准是基于其对肾脏的毒性建立的，上限是每周每千克体重 7μg，相当于一个

60kg 的人，每天不超过 60mg。这个安全标准包括蔬菜、大米和水等所有的镉来源。对于蔬菜，我国的安全标准是每千克 0.05mg。本试验中，黄瓜果实鲜样中 Cd 总提取量平均为 1.55mg/kg，高于国家对蔬菜和水果的 Cd 限量标准(≤0.05mg/kg 鲜样)，说明在 Cd 污染较重的地区，种植黄瓜可能存在果实 Cd 超标的风险。

(2)镧镉拮抗对蔬菜镉含量和积累量的影响

由表 4-48 可见，黄瓜各部位 Cd 含量的大小顺序为根＞叶＞茎＞果实。外源 La 使黄瓜叶、茎、根和果实中的 Cd 含量不同程度降低，降低幅度分别为 6.0%～10.2%、8.9%～23.5%、4.0%～29.2% 和 32.0%～49.8%。随 La 水平的增加，2 个品种黄瓜('燕白'和'津优 1 号')的叶、茎 Cd 含量和'燕白'的果实 Cd 含量逐渐降低，但 2 个品种的根 Cd 含量和'津优 1 号'的果实 Cd 含量则表现为先降后增趋势，在 10mg/L LaCl$_3$ 处理时达到最低值。

黄瓜单株各部位 Cd 积累量的大小顺序为叶＞茎＞根＞果实，其中叶、茎积累量分别为植株 Cd 全量的 59.1% 和 23.4%，根和果实的 Cd 积累量分别为植株 Cd 全量的 10.6% 和 6.8%。外源 La(10mg/L 和 20mg/L LaCl$_3$)降低了'燕白'的植株 Cd 全量和 2 个品种的果实 Cd 积累量。但喷 La 提高了'津优 1 号'的植株 Cd 全量及其叶和茎 Cd 积累量。同时，高水平的 La(20mg/L LaCl$_3$)也提高了 2 个品种黄瓜的根 Cd 积累量、'津优 1 号'的茎 Cd 积累量。随 La 水平的增加，黄瓜单株各部位 Cd 积累量表现出不同的变化趋势。例如，随 La 处理水平的增加，2 个品种黄瓜的叶 Cd 积累量表现为先增后降趋势，在 10mg/L LaCl$_3$ 处理时达到最大值；'燕白'的茎 Cd 含量和植株 Cd 全量表现为降低趋势；'津优 1 号'的茎 Cd 含量和植株 Cd 全量表现为上升趋势；2 个品种黄瓜的根和果实 Cd 积累量表现先降后增趋势，在 10mg/L LaCl$_3$ 处理时达到最低值。比较供试 2 个黄瓜品种，未喷 La 时，单株果实的 Cd 含量和 Cd 积累量为'燕白'＞'津优 1 号'，但喷 La 后，单株果实的 Cd 含量和 Cd 积累量为'津优 1 号'＞'燕白'。但无论是否喷施 La，植株 Cd 全量均为'津优 1 号'＞'燕白'。

供试 2 个黄瓜品种('燕白'和'津优 1 号')Cd 含量的大小顺序为根＞叶＞茎＞果实。Cd 主要积累于黄瓜的叶和茎中(表 4-48)。说明黄瓜根具有较强的向地上部转移(或转运)Cd 的能力。此结果与彭伟正等(2006)报道黄瓜 Cd 主要集中在根部不同。原因可能是叶的干重远远大于根干重。喷 La 后，单株果实的 Cd 含量和 Cd 积累量、植株 Cd 全量均为'津优 1 号'＞'燕白'。进一步说明 La 明显提高了'津优 1 号'对 Cd 的抗性，增加了植株干重，因此该品种从土壤中吸收和富集了更多的 Cd，同时 Cd 从根部转运至果实的数量也明显增加。外源 La 降低了黄瓜叶、茎、根和果实中的 Cd 含量。La 与 Cd 表现为明显的拮抗效应。但 2 个黄瓜品种的根 Cd 含量和'津优 1 号'的果实 Cd 含量随 La 的水平增加则表现为先降后增趋势，La 与 Cd 又表现出明显的协同效应。究其原因可能与 La 水平、植物品种及部位有关。

表 4-47　La 水平对黄瓜果实中各形态镉含量的影响

La 水平/(mg/L)	W-Cd/(mg/kg)		E-Cd/(mg/kg)		HAC-Cd/(mg/kg)		NaCl-Cd/(mg/kg)		HCl-Cd/(mg/kg)		R-Cd/(mg/kg)		Cd 总提取量/(mg/kg)	
	燕白	津优 1 号	燕白	津优 1 号	燕白	津优 1 号	燕白	津优 1 号	燕白	津优 1 号	燕白	津优 1 号	燕白	津优 1 号
0	0.075	<0.002	0.025	0.101	0.150	0.226	0.424	0.452	0.224	0.151	0.873	0.754	1.771	1.683
10	0.051	<0.002	0.013	0.050	0.277	0.228	0.328	0.380	0.202	0.228	0.511	0.519	1.382	1.405
20	0.031	<0.002	0.008	<0.002	0.277	0.223	0.277	0.372	0.151	0.199	0.756	0.744	1.500	1.538
LSD$_{0.05}$ 品种	0.058		0.007		0.038		0.024		0.012		0.003		0.051	
La 水平	0.025		0.005		0.011		0.006		0.020		0.061		0.139	
品种 × La 水平	0.016		0.009		0.017		0.005		0.019		0.034		0.147	

表 4-48　不同 La 水平对黄瓜镉含量和积累量的影响

La 水平/(mg/L)	Cd 含量/(mg/kg)								Cd 积累量/(mg/盆)								Cd 全量/(mg/盆)	
	叶		茎		根		果实		叶		茎		根		果实			
	燕白	津优 1 号	燕白	津优 1 号	燕白	津优 1 号	燕白	津优 1 号	燕白	津优 1 号	燕白	津优 1 号	燕白	津优 1 号	燕白	津优 1 号	燕白	津优 1 号
0	21.75	26.44	15.04	16.31	27.72	28.08	2.21	1.97	0.278	0.290	0.117	0.113	0.028	0.069	0.045	0.039	0.467	0.512
10	20.45	23.96	13.70	14.18	19.62	20.69	1.11	1.25	0.279	0.323	0.116	0.121	0.025	0.066	0.024	0.028	0.444	0.539
20	20.00	23.73	11.51	14.07	26.62	23.53	1.11	1.34	0.265	0.300	0.085	0.136	0.040	0.084	0.031	0.032	0.421	0.551
LSD$_{0.05}$ 品种	0.953		0.636		0.219		0.103		0.029		0003		0.037		0.003		0.051	
La 水平	0.431		0.554		1.235		0.042		0.033		0.002		0.007		0.005		0.013	
品种 × La 水平	0.717		0.510		1.011		0.057		0.061		0.005		0.023		0.007		0.034	

参 考 文 献

蔡海林, 李帆, 曾维爱, 等. 2017. *NtNramp1* 基因参与不同镉积累基因型烟草品种镉积累差异的功能解析. 中国烟草学报, 23(4): 84-91.

陈诚. 2014. *AtMGT1* 基因对植物镉吸收和忍耐的影响. 重庆: 西南大学硕士学位论文.

陈贵青. 2011. 不同油菜品种锌富集差异及机理研究. 重庆: 西南大学硕士学位论文.

陈贵青, 张晓璟, 徐卫红, 等. 2010. 不同锌水平下辣椒体内镉的积累、化学形态及生理特性. 环境科学, 31(7): 247-252.

陈蓉, 刘俊, 徐卫红, 等. 2015. 外源镧对不同品种黄瓜镉积累及镉化学形态的影响. 食品科学, 36(5): 38-44.

陈亚慧, 刘晓宇, 王明新, 等. 2014. 蓖麻对镉的耐性、积累及与镉亚细胞分布的关系. 环境科学学报, (9): 2440-2446.

陈永快. 2010. 小白菜镉抗性形成代谢关键基因的克隆及胁迫表达研究. 福州: 福建农林大学硕士学位论文.

陈永勤, 江玲, 徐卫红, 等. 2015. 黑麦草、丛枝菌根对番茄 Cd 吸收、土壤 Cd 形态及微生物数量的影响. 环境科学, 36(12): 4642-4650.

陈永勤. 2017. 镉富集植物镉积累基因型差异及分子机理研究. 重庆: 西南大学硕士学位论文.

陈永勤, 徐卫红, 江玲, 等. 2017. 黑麦草与丛枝菌根对番茄 Cd 质量分数及根际 Cd 形态的影响. 西南大学学报(自然科学版), 39(4): 34-39.

陈玉成, 赵中金, 孙彭寿, 等. 2003. 重庆市土壤-蔬菜系统中重金属的分布特征及其化学调控研究. 农业环境科学学报, 22(1): 44-47.

迟荪琳, 徐卫红, 熊仕娟, 等. 2017. 不同镉浓度下纳米沸石对土壤 pH、CEC 及 Cd 形态的的影响. 环境科学, 38(4): 1654-1666.

邓朝阳, 朱霞萍, 郭兵, 等. 2012. 不同性质土壤中镉的形态特征及其影响因素. 南昌大学学报(工科版), (4): 341-346.

董静. 2009. 基于悬浮细胞培养的大麦耐镉性基因型差异及大小麦耐渗透胁迫差异的机理研究. 杭州: 浙江大学博士学位论文.

杜远鹏, 李洪敬, 尹克林, 等. 2012. 霞多丽苗木中镉的积累、亚细胞分布及化学存在形态. 应用生态学报, 23(6): 1607-1612.

范仲学, 李晓晴, 孟静静, 等. 2014. 枯草芽孢杆菌对花生镉积累及生理性状的影响. 山东农业科学, (3):17-20.

郭照辉, 单世平, 张德元, 等. 2014. 1 株高耐镉菌株的分离与鉴定及 16S rDNA 序列分析. 湖南农业大学学报(自然科学版), 40(2): 207-210.

韩超, 申海玉, 叶嘉, 等. 2014. 模拟镉污染对两个白菜品种生长、镉吸收积累及亚细胞分布的影响. 北方园艺, (10): 9-12.

韩桂琪, 王彬, 徐卫红, 等. 2010. 重金属 Cd、Zn、Cu、Pb 污染下土壤生物效应及机理. 水土保持学报, 24(5): 238-242.

韩桂琪, 王彬, 徐卫红, 等. 2012. 重金属 Cd、Zn、Cu 和 Pb 复合污染对土壤生物活性的影响. 中国生态农业学报, 20(9): 1236-1242.

贺晓燕. 2011. 萝卜镉胁迫响应相关基因克隆及其表达分析. 南京: 南京农业大学硕士学位论文.

贺章咪, 李欣忱, 徐卫红, 等. 2018. 纳米沸石不同施用方式条件对油麦菜及土壤 Cd 含量的影响. 中国蔬菜, (6): 48-53.

环境保护部, 国土资源部. 2014. 全国土壤污染状况调查公报. 中国环保产业, 36(5): 1689-1692.

黄登峰, 席嘉宾, 赵运林. 2016. 镉胁迫下两个多年生黑麦草品种的生理响应. 北方园艺, (3): 66-68.

黄苏珍, 原海燕, 孙延东, 等. 2008. 有机酸对黄菖蒲镉、铜积累及生理特性的影响. 生态学杂志, 27(7): 1181-1186.

黄志亮. 2012. 镉低积累蔬菜品种筛选及其镉积累与生理生化特性研究. 武汉: 华中农业大学硕士学位论文.

黄志熊, 王飞娟, 蒋晗, 等. 2014. 两个水稻品种镉积累相关基因表达及其分子调控机制. 作物学报, 40(4): 581-590.

江玲. 2015. 黑麦草、丛枝菌根真菌对不同品种番茄镉吸收、富集的影响. 重庆: 西南大学硕士学位论文.

江玲, 杨芸, 徐卫红, 等. 2014. 黑麦草-丛枝菌根对不同番茄品种抗氧化酶活性、镉积累及化学形态的影响. 环境科学, 35(6): 2349-2357.

蒋安. 2006. 蜡梅半胱氨酸合成酶基因 CPCysA 的克隆分析与表达载体构建. 重庆: 西南大学硕士学位论文.

李红婷, 董然. 2015. 2 种萱草对铅、镉的吸收积累及其在亚细胞的分布和化学形态特征. 华南农业大学学报, 36(4): 59-64.

李虎. 2016. Cd 胁迫下施加污泥土壤-马铃薯系统中 Cd 的迁移转化研究. 兰州: 兰州大学硕士学位论文.

李慧芳, 王瑜, 袁庆华. 2014. 镉胁迫对多年生黑麦草生长及生理特性的影响. 中国草地学报, 36(4): 79-84.

李明德, 汤海涛, 汤睿, 等. 2005. 长沙市郊蔬菜土壤和蔬菜重金属污染状况调查及评价. 湖南农业科学, (3): 34-36.

李桃. 2019. 不同品种辣椒镉胁迫耐受机制研究. 重庆: 西南大学硕士学位论文.

李文一, 徐卫红, 何建平, 等. 2009. 难溶态锌、镉对香根草抗氧化酶活性及锌、镉吸收的影响. 水土保持学报, 23(1): 122-126.

李文一, 徐卫红, 胡小凤, 等. 2007. Zn 胁迫对黑麦草幼苗生长、生理生化及 Zn 吸收的影响. 农业工程学报, 23(5): 190-194.

李欣忱, 李桃, 徐卫红, 等. 2017. 不同品种辣椒镉吸收与转运的差异. 中国蔬菜, (9): 32-36.

李艳利, 王厚鑫, 张玉龙. 2007. 外源硅对土壤镉吸附特性的影响. 生态环境学报, 16(2): 446-448.

李瑛, 张桂银, 李洪军. 2004. 根际土壤中 Cd、Pb 形态转化及其植物效应. 生态环境, 13(3): 316-319.

廖星程. 2015. 东南景天对镉的细胞吸收与积累特征及其与钙的关系. 杭州: 浙江大学硕士学位论文.

刘标, 尹红梅, 陈薇, 等. 2014. 高效镉吸附菌株的筛选及生物学特性. 江苏农业科学, (3): 316-318.

刘吉振, 蓝春桃, 徐卫红, 等. 2011. 硅对不同辣椒品种镉积累、化学形态及生理特性的影响. 中国蔬菜, (10): 69-75.

刘俊, 周坤, 徐卫红, 等. 2013. 外源铁对不同番茄品种生理特性、镉积累及化学形态的影响. 环境科学, 34(10): 4126-4131.

刘莉华, 刘淑杰, 陈福明, 等. 2013. 接种内生细菌对龙葵吸收积累镉的影响. 环境科学学报, 33(12): 3368-3375.

刘明坤, 刘关君. 2008. 植物半胱氨酸合成酶复合体(SAT/OAS-TL)研究进展. 安徽农业科学, 36(24): 10344-10347.

刘文菊, 张西科, 尹君, 等. 2000. 镉在水稻根际的生物有效性. 农业环境科学学报, 19(3): 184-187.

刘意章, 肖唐付, 宁增平, 等. 2013. 三峡库区巫山建坪地区土壤镉等重金属分布特征及来源研究. 环境科学, 34: 2390-2398.

娄伟. 2010. 镉铅低积累萝卜、胡萝卜、茄子品种筛选及萝卜镉积累规律研究. 武汉: 华中农业大学硕士学位论文, 9-10.

陆仲烟. 2013. 大麦中镉的亚细胞分布和化学形态及 PCs 合成的基因型差异. 农业环境科学学报, 32(11): 2125-2131.

吕保玉, 白海强. 2014. 两种基因型蕹菜镉积累与其根际微生物的关系研究. 土壤与作物, (1): 28-31.

吕选忠, 宫象雷, 唐勇. 2006. 叶面喷施锌或硒对生菜吸收镉的拮抗作用研究. 土壤学报, 43(5): 868-870.

毛懿德. 2015. 生物炭对土壤镉活性及水稻、油菜积累镉的影响. 长沙: 湖南农业大学硕士学位论文.

米艳华, 雷梅, 黎其万, 等. 2016. 滇南矿区重金属污染耕地的植物修复及其健康风险. 生态环境学报, 25(5): 864-871.

欧阳喜辉, 赵玉杰, 刘凤枝, 等. 2008. 不同种类蔬菜对土壤镉吸收能力的研究. 农业环境科学学报, (1): 67-70.

庞欣, 王东红, 彭安. 2002. La 对铅胁迫下小麦幼苗抗氧化酶活性的影响. 环境化学, 21(4): 318-323.

彭秋, 李桃, 徐卫红, 等. 2019. 不同品种辣椒镉富集能力差异及镉亚细胞分布和形态特征研究. 环境科学, 40(7): 389-396.

彭伟正, 王克勤, 胡蝶, 等. 2006. 镉在黄瓜植株体内分布规律及其对黄瓜生长和某些生理特性的影响. 农业环境科学学报, 25(z1): 92-95.

秦余丽. 2018. 两个品种黑麦草镉富集特性及镉相关基因表达差异研究. 重庆: 西南大学硕士学位论文.

秦余丽, 江玲, 徐卫红, 等. 2017b. 黑麦草与丛枝菌根对番茄抗性及 Cd 吸收的影响. 农业环境学报, 36(6): 1053-1061.

秦余丽, 熊仕娟, 徐卫红, 等. 2016. 不同镉浓度及 pH 条件下纳米沸石施用量对土壤 Cd 形态的影响. 环境科学, 37(10): 4030-4043.

秦余丽, 熊仕娟, 徐卫红, 等. 2017a. 纳米沸石对大白菜生长、抗氧化酶活性及镉形态、含量的影响. 环境科学, 38(3): 1189-1200.

孙园园. 2015. 耐镉植物抗性及富集规律的研究. 贵阳: 贵州大学硕士学位论文.

索炎炎, 吴士文, 朱骏杰, 等. 2012. 叶面喷施锌肥对不同镉水平下水稻产量及元素含量的影响. 浙江大学学报(农业与生命科学版), (4): 449-458.

王发园, 林先贵. 2005. 丛枝菌根在植物修复重金属污染土壤中的作用. 生态学报, 27(2): 793-801.

王慧萍. 2010. 铜尾矿库重金属元素的形态分布及生物有效性. 安徽农业科学, (29): 16293-16295.

王世华. 2007. 叶面喷施纳米硅增强水稻抗重金属毒害机理研究. 南京: 南京农业大学博士学位论文.

王思冕. 2015. 镉富集型野菜筛选和耐镉限速酶基因 OAS-TL、γ-GCS 的克隆. 福州: 福建农林大学硕士学位论文.

王小蒙, 郑向群, 丁永祯, 等. 2016. 不同土壤下苋菜镉吸收规律及其阈值研究. 环境科学与技术, 39(10): 1-8.

韦月越, 蒙敏, 黄雪芬, 等. 2016. 桉树对矿区污染土壤中 Cu 和 Cd 的耐受机制. 基因组学与应用生物学, 35(1): 227-234.

吴秋玲, 王文初, 何闪英. 2014. GA 3 与 EDTA 强化黑麦草修复 Pb 污染土壤及其解毒机制. 应用生态学报, 25(10): 2999-3005.

夏立江, 华珞, 李向东. 1998. 重金属污染生物修复机制及研究进展. 核农学报, 12(1): 59-64.

肖璇, 呼世斌, 张守文, 等. 2009. EDTA 辅助下油菜修复铅、镉单一污染土壤的潜力. 西北农业学报, 18(3): 327-330.

谢文文, 周坤, 徐卫红, 等. 2015. 外源锌对不同品种番茄光合特性、品质及镉积累的影响. 西南大学学报(自然科学版), 37(11): 22-29.

熊仕娟. 2016. 纳米沸石对 Cd 污染土壤的修复效应及机理研究. 重庆: 西南大学硕士学位论文.

熊仕娟, 刘俊, 徐卫红, 等. 2015b. 外源硒对黄瓜抗性、镉积累及镉化学形态的影响. 环境科学, 36(1): 286-294.

熊仕娟, 徐卫红, 谢文文, 等. 2015a. 纳米沸石对土壤 Cd 形态及大白菜 Cd 吸收的影响. 环境科学, 36(12): 4630-4641.

徐卫红, 王宏信, 刘怀, 等. 2007. Zn、Cd 单一及复合污染对黑麦草根分泌物及根际 Zn、Cd 形态的影响. 环境科学(EI), 28(9): 2089-2095.

杨启良, 武振中, 陈金陵, 等. 2015. 植物修复重金属污染土壤的研究现状及其水肥调控技术展望. 生态环境学报, (6): 1075-1084.

杨榕, 李博文, 刘微. 2013. 胶质芽胞杆菌对印度芥菜根际土壤镉含量及土壤酶活性影响. 环境科学, 34(6): 2436-2441.

杨芸, 周坤, 徐卫红, 等. 2015. 外源铁对不同品种番茄光合特性、品质及镉积累的影响. 植物营养与肥料学报, 21(4): 1006-1015.

张海波. 2013. 不同辣椒品种镉积累差异及外源物质对镉富集的调控效应. 重庆: 西南大学硕士学位论文.

张海波, 李仰锐, 徐卫红, 等. 2011. 有机酸、EDTA 对不同水稻品种 Cd 吸收及土壤 Cd 形态的影响. 环境科学, 32(9): 2625-2631.

张杰, 黄永杰, 刘雪云. 2007. 镧对镉胁迫下水稻幼苗生长及生理特性的影响. 生态环境, (3): 835-841.

张晓璟, 刘吉振, 徐卫红, 等. 2011. 磷对不同辣椒品种镉积累、化学形态及生理特性的影响. 环境科学, 32(4): 1171-1176.

张尧, 田正贵, 曹翠玲, 等. 2010. 黑麦草幼苗对镉耐性能力及吸收积累和细胞分布特点研究. 农业环境科学学报, 29(11): 2080-2086.

张银秋, 台崇帆, 李培军, 等. 2010. 植物生长抑制剂对万寿菊镉积累和化学形态的影响. 农业环境科学学报, (2): 258-263.

周坤. 2014. 外源锌、铁对番茄镉积累的影响研究. 重庆: 西南大学硕士学位论文.

周坤, 刘俊, 徐卫红, 等. 2013. 铁对番茄镉积累及其化学形态的影响. 园艺学报, 40(11): 111-122.

周坤, 刘俊, 徐卫红, 等. 2014. 外源锌对不同番茄品种抗氧化酶活性、镉积累及化学形态的影响. 环境科学学报, 34(6): 1592-1599.

周青, 张辉, 黄晓华, 等. 2003. 镧对镉胁迫下菜豆(Phaseolus vulgaris)幼苗生长的影响. 环境科学, 24(4): 48-53.

朱芳, 方炜, 杨中艺. 2006. 番茄吸收和积累 Cd 能力的品种间差异. 生态学报, 26(12): 4071-4081.

朱华兰. 2013. 镉胁迫下不同镁水平对玉米幼苗生长的影响及生理机制的研究. 重庆: 西南大学论文硕士学位论文.

朱生翠. 2014. 根际真菌对植物吸收重金属镉的强化作用研究. 株洲: 湖南工业大学硕士学位论文.

邹圆, 王晓龙, 陈瑶瑶, 等. 2017. 芹菜根对镉的积累及亚细胞和化学形态分布研究. 北方园艺, (2): 31-37.

Ahmad P, Prasad M N V. 2012. Cd accumulation and subcellular distribution in plants and their relevance to the trophic transfer of Cd. *In*: Monteiro M S, Soares A M V M. Abiotic Stress Responses in Plants. New York: Springer: 387-401.

Anna P, Katarzyna K, Maria K, et al., 2018. Contribution of NtZIP1-like to the regulation of Zn homeostasis. Front Plant Sci, 9: 185.

Assunao A G L, Martins P D C, Folte S D, et al. 2001. Elevated expression of metal transporter genes in three accessions of the metal hyperaccumulator *Thlaspi caerulescens*. Plant, Cell and Environment, 24: 211-226.

Arrivault S, Sanger T, Kramer U. 2006. The Arabidopsis metal tolerance protein AtMTP3 maintains metal homeostasis by mediating Zn exclusion from the shoot under Fe deficiency and Zn oversupply. The Plant Journal, 46(5): 861-879.

Bao T, Sun T, Sun L. 2011. Low molecular weight organic acids in root exudates and cadmium accumulation in cadmium hyper accumulator *Solanum nigrum* L. and non-hyper accumulator *Solanum lycopersicum* L. African Journal of Biotechnology, 10: 17180-17185.

Bernard C, Roosens N, Czernic P, et al. 2004. A novel CPx-ATPase from the cadmium hyperaccumulator *Thlaspi caerulescens*. FEBS Letters, 569(1-3): 0-148.

Castaldi P, Santona L, Melis P. 2005. Heavy metal immobilization by chemical amendments in a polluted soil and influence on white lupin growth. Chemosphere, 60(3): 365-371.

Chen H M, Zheng C R, Tu C, et al. 2000. Chemical methods and phytoremediation of soil contaminated with heavy metal. Chemosphere, 41: 229-234.

Chen Z, Zhao Y, Fan L, et al. 2015. Cadmium (Cd) localization in tissues of cotton (*Gossypium hirsutum* L.), and its phytoremediation potential for Cd-contaminated soils. Bulletin of Environmental Contamination & Toxicology, 95(6): 784.

Chi S L, Qin Y L, Xu W H, et al. 2019. Differences of Cd uptake and expression of OAS and IRT genes in two varieties of ryegrasses. Environmental Science and Pollution Research, 26: 13717-13724.

Chlopecka A, Adriano D C. 1997. Influence of zeolite, apatite and Fe-oxide on Cd and Pb uptake by crops. The Science of the Total Environment, 207(2-3): 195-206.

Chou T S, Chao Y Y, Huang W D, et al. 2011. Effect of magnesium deficiency on antioxidant status and cadmium toxicity in rice seedlings. Journal of Plant Physiology, 168(10): 1021-1030.

Clemens S. 2001. Molecular mechanisms of plant metal tolerance and homeostasis. Planta, (212): 475-486.

Clemens S. 2006. Evolution and function of phytochelatin synthases. Journal of Plant Physiology, 163(3): 319-332.

Cohen C K, Fox T C, Garvin D E, et al. 1998. The role of iron-deficiency stress responses in stimulating heavy-metal transport in plants. Plant Physiology, (116): 1063-1072.

Connolly E L, Fett J P, Guerinot M L. 2002. Expression of the *IRT1* metal transporter is controlled by metals at the levels of transcript and protein accumulation. Plant Cell, (14): 1347-1357.

Courbot M, Willems G, Motte P, et al. 2007. A major quantitative trait locus for cadmium tolerance in *Arabidopsis halleri* colocalizes with *HMA4*, a gene encoding a heavy metal atpase. Plant Physiology, (144): 1052-1065.

Dai H W, Yang Z Y. 2017. Variation in Cd accumulation among radish cultivars and identification of low-Cd cultivars. Environmental Science and Pollution Research, 24(17): 15116-15124.

Dominguez-Solís J R, Gutierrezalcalá G, Vega J M, et al. 2012. The cytosolic O-acetylserine (thiol) lyase gene is regulated by heavy metals and can function in cadmium tolerance. Journal of Biological Chemistry, 276(12): 9297-9302.

Feng R W, Wei C Y, Tu S X, et al. 2013. A dual role of Se on Cd toxicity: evidences from the uptake of Cd and some essential elements and the growth responses in paddy rice. Biological Trace Element Research, 151(1): 113-121.

Fischer S, Kühnlenz T, Thieme M, et al. 2014. Analysis of plant Pb tolerance at realistic submicromolar concentrations demonstrates the role of phytochelatin synthesis for Pb detoxification. Environmental Science and Technology, 48(13): 7552-7559.

Fu X P, Dou C M, Chen Y X, et al. 2011. Subcellular distribution and chemical forms of cadmium in *Phytolacca americana* L. Journal of Hazardous Materials, 186(1): 103-107.

Gabrielsen G W, Evenset A, Gwynn J, et al. 2011. Status Report for Environmental Pollutants in 2011. Proquest: Umi Dissertation Publishing: 9.

Gallego S M, Pena L B, Barcia R A, et al. 2012. Unravelling cadmium toxicity and tolerance in plants: insight into regulatory mechanisms. Environmental and Experimental Botany, 83: 33-46.

Geffard A, Sartelet H, Garric J, et al. 2010. Subcellular compartmentalization of cadmium, nickel, and lead in *Gammarus fossarum*: comparison of methods. Chemosphere, 78(7): 822-829.

Guo J, Tan X, Fu H L, et al. 2018. Selection for Cd pollution-safe cultivars of Chinese kale (*Brassica alboglabra* L.H. Bailey) and biochemical mechanisms of the cultivar-dependent Cd accumulation involving in Cd subcellular distribution. Journal of Agricultural and Food Chemistry, 66(8): 1923-1934.

Hall J L. 2002. Cellular mechanisms for heavy metal detoxification and tolerance. Journal of Experimental Botany, 53(366): 1-11.

Hanikenne M, Talke I N, Haydon M J, et al. 2008. Evolution of metal hyperaccumulation required cis-regulatory changes and triplication of *HMA4*. Nature, (453): 391, 344.

Hart J J, Welch R M, Norvell W A, et al. 2005. Zinc effects on cadmium accumulation and partitioning in near isogenic lines of durum wheat that differ in grain cadmium concentration. New Phytologist, 167: 391-401.

Hartke S, Silva A A D, Moraes M G D. 2013. Cadmium accumulation in tomato cultivars and its effect on expression of metal transport-related genes. Bulletin of Environmental Contamination and Toxicology, 90(2): 227-232.

Hassan M J, Zhang G P, Wu F B, et al. 2005. Zinc alleviates growth inhibition and oxidative stress caused by cadmium in rice. Journal of Plant Nutrition Soil Science, 168: 255-261.

He J L, Li H, Ma C F, et al. 2015. Overexpression of bacterial γ-glutamylcysteine synthetase mediates changes in cadmium influx, allocation and detoxification in poplar. New Phytologist, 205(1): 240-254.

He J Y, Zhu C, Ren Y F, et al. 2008. Uptake, subcellular distribution and chemical forms of cadmium in wild-type and mutant rice. Pedosphere, 8(3): 371-377.

He L Y, Chen Z J, Ren G D, et al. 2009. Increased cadmium and lead uptake of a cadmium hyperaccumulator tomato by cadmium-resistant bacteria. Ecotoxicology and Environmental Safety, 72(5): 1343-1348.

He X L, Fan S K, Zhu J, et al. 2017. Iron supply prevents Cd uptake in *Arabidopsis*, by inhibiting *IRT1*, expression and favoring competition between Fe and Cd uptake. Plant and Soil, 416(1-2): 453-462.

He Z M, Huang C R, Xu W H, et al. 2018. Difference of Cd enrichment and transport in alfalfa (*Medicago sativa* L.) and Indian mustard (*Brassica juncea* L.) and Cd chemical forms in soil. Applied Ecology and Environmental Research, 16(3): 2795-2804.

Hiroyuki I, Tamagawa Y, Tanaka H, et al. 2014. Soil treating agent or seed treating agent comprising quinoline compounds or salts thereof as active ingredient, or method for preventing plant diseases by using the same. Japan: EP2103214A1.

Hirschi K. 2001. Vacuolar H^+/Ca^{2+} transport: who's directing the traffic. Trends in Plant Science, (6): 100-104.

Hong A H, Law P L, Selaman O S. 2014. Heavy metal concentration levels in soil at Lake Geriyo irrigation site, Yola, Adamawa state, North Eastern Nigeria. International Journal of Environmental Monitoring and Analysis, 2(2): 106-111.

Huang B, Xin J, Dai H, et al. 2015. Identification of low-Cd cultivars of sweet potato (*Ipomoea batatas* (L.) Lam.) after growing on Cd-contaminated soil: uptake and partitioning to the edible roots. Environ Sci Pollut Res, 22: 11813-11821.

Ishimaru Y, Takahashi R, Bashir K, et al. 2012. Characterizing the role of rice NRAMP5 in manganese, iron and cadmium transport. Scientific Reports, 2(6071): 286.

Kachenko A G, Singh B. 2006. Heavy metals contamination in vegetables grown in urban and metal smelter contaminated sites in Australia. Water Air and Soil Pollution, 169: 101-123.

Kashem M D A, Kawai S. 2007. Alleviation of cadmium phytotoxicity by magnesium in Japanese mustard spinach. Soil Science & Plant Nutrition, 53: 246-251.

Khaliq A, Ali S, Hameed A, et al. 2015. Silicon alleviates nickel toxicity in cotton seedlings through enhancing growth, photosynthesis, and suppressing Ni uptake and oxidative stress. Archives of Agronomy and Soil Science, 62(5): 1-15.

Korenkov V, Hirschi K D, Crutchfield J D, et al. 2007. Enhancing tonoplast Cd/H antiport activity increases Cd, Zn, and Mn tolerance, and impacts root/shoot Cd partitioning in *Nicotiana tabacum* L. Planta, 226(6): 1379-1387.

Krämer U, Talke I N, Hanikenne M. 2007. Transition metal transport. FEBS Letters, 581(12): 2263-2272.

Küpper H, Lombi E, Zhao F J, et al. 2000. Cellular compartmentation of cadmium and zinc in relation to other elements in the hyperaccumulator *Arabidopsis halleri*. Planta, (212): 75-84.

Lee S, An G. 2009. Over-expression of *OsIRT1* leads to increased iron and zinc accumulations in rice. Plant, Cell & Environment, 32(4): 408-416.

Leitenmaier B, Küpper H. 2013. Compartmentation and complexation of metals in hyperaccumulator plants. Frontiers in Plant Science, 4: 374.

Li T, Xu W H, Chai Y R, et al. 2017. Differences of Cd uptake and expression of Cd-tolerance related genes in two varieties of ryegrasses. Bulgarian Chemical Communications, 49(3): 697-705.

Li Y H, Qin Y L, Xu W H, et al. 2019. Differences of Cd uptake and expression of MT and NRAMP2 genes in two varieties of ryegrasses. Environmental Science and Pollution Research, 26: 13738-13745.

Liu Z L, Gu C S, Chen F D, et al. 2012. Heterologous expression of a *Nelumbo nucifera* phytochelatin synthase gene enhances cadmium tolerance in *Arabidopsis thaliana*. Applied Biochemistry and Biotechnology, 166(3): 722-734.

Lombi E, Tearall K L, Howarth J R, et al. 2002. Influence of iron status on cadmium and zinc uptake by different ecotypes of the hyperaccumulator *Thlaspi caerulescens*. Plant Physiology, (128): 1359-1367.

Mani A, Sankaranarayanan K. 2018. In silico analysis of natural resistance-associated macrophage protein (NRAMP) family of transporters in rice. The Protein Journal, 37(3): 237-247.

Meena M, Aamir M, Kumar V, et al. 2018. Evaluation of morpho-physiological growth parameters of tomato in response to Cd induced toxicity and characterization of metal sensitive *NRAMP3* transporter protein. Environmental and Experimental Botany, 148: 144-167.

Mei H, Cheng N H, Zhao J, et al. 2009. Root development under metal stress in *Arabidopsis thaliana* requires the H^+/cation antiporter CAX4. New Phytologist, 183(1): 95-105.

Milner M J, Craft E, Yamaji N, et al. 2012. Characterization of the high affinity Zn transporter from *Noccaea caerulescens*, NcZNT1, and dissection of its promoter for its role in Zn uptake and hyperaccumulation. New Phytologist, 195(1): 113-123.

Nakanishi H, Ogawa I, Ishimaru Y, et al. 2006. Iron deficiency enhances cadmium uptake and translocation mediated by the Fe transporters *OsIRT1* and *OSIRT2* in rice. Soil Science and Plant Nutrition, 52(4): 464-469.

Naoki Y, Xia J, Mitani-Ueno N, et al. 2013. Preferential delivery of zinc to developing tissues in rice is mediated by P-type heavy metal ATPase *OsHMA2*. Plant Physiology, 162(2): 927-939.

Nevo Y, Nelson N. 2006. The NRAMP family of metal-ion transporters. Biochimica et Biophysica Acta, 1763(7): 609-620.

Pang F, Wang C, Zhu J S, et al., 2018. Expression of TpNRAMP5, a metal transporter from Polish wheat (*Triticum polonicum* L.), enhances the accumulation of Cd, Co and Mn in transgenic *Arabidopsis* plants. Planta, 247: 1395-1406.

Papoyan A, Kochian L V. 2004. Identification of *Thlaspi caerulescens* genes that may be involved in heavy metal hyperaccumulation and tolerance. Characterization of a novel heavy metal transporting *ATPase*. Plant Physiology, (136): 3814-3823.

Parrotta L, Guerriero G, Sergeant K, et al. 2015. Target or barrier? The cell wall of early- and later- diverging plants *vs* cadmium toxicity: differences in the response mechanisms. Frontiers in Plant Science, 6: 133.

Peer W A, Mamoudian M, Lahner B, et al. 2003. Identifying model metal hyperaccumulating plants: germplasm analysis of 20 Brassicaceae accessions from a wide geographical area. New Phytologist, (159): 421-430.

Pence N S, Larsen P B, Ebbs S D, et al. 2000. The molecular physiology of heavy metal transport in the Zn/Cd hyperaccumulator *Thlaspi caerulescens*. Proc Natl Acad Sci USA, 97(9): 4956-4960.

Persans M W, Nieman K, Salt D E. 2001. Functional activity and role of cation-efflux family members in Ni hyperaccumulation in *Thlaspi goesingense*. Proc Natl Acad Sci USA, 98: 9995-10000.

Pottier M, Oomen R, Picco C, et al. 2015. Identification of mutations allowing natural resistance associated macrophage proteins (NRAMP) to discriminate against cadmium. The Plant Journal, 83 (4): 625-637.

Qin Y L, Li X C, Xu W H, et al. 2018. Effects of exogenous cadmium on activity of antioxidant enzyme, Cd uptake and chemical forms of ryegrass. Applied Ecology and Environmental Research, 16 (2): 1019-1035.

Rea P A. 2012. Phytochelatin synthase: of a protease a peptide polymerase made. Physiologia Plantarum, 145 (1): 154-164.

René R, Michael S, Denise P, et al. 2014. Cadmium concentrations in New Zealand pastures: relationships to soil and climate variables. Journal of Environmental Quality, 7: 917-925.

Rizwan M, Ali S, Abbas T, et al. 2016. Cadmium minimization in wheat: a critical review. Ecotoxicology and Environmental Safety, 130: 43-53.

Rogers E E, Eide D J, Guerinot M L. 2000. Altered selectivity in an *Arabidopsis* metal transporter. Proceedings of the National Academy of Sciences, 97 (22): 12356-12360.

Sasaki A, Yamaji N, Mitani-Ueno N, et al. 2015. A node-localized transporter OsZIP3 is responsible for the preferential distribution of Zn to developing tissues in rice. The Plant Journal, 84 (2): 374-384.

Sasaki A, Yamaji N, Yokosho K, et al. 2012. *Nramp5* is a major transporter responsible for manganese and cadmium uptake in rice. Plant Cell, 24 (5): 2155-2167.

Satoh-Nagasawa N, Mori M, Nakazawa N, et al. 2012. Mutations in rice (*Oryza sativa*) heavy metal ATPase 2 (*OsHMA2*) restrict the translocation of zinc and cadmium. Plant and Cell Physiology, 53 (1): 213-224.

Shahid M, Dumat C, Khalid S, et al. 2017. Cadmium bioavailability, uptake, toxicity and detoxification in soil-plant system. Reviews of Environmental Contamination and Toxicology, 241: 74-94.

Shao G S, Chen M X, W D Y, et al. 2008. Using iron fertilizer to control Cd accumulation in rice plants: a new promising technology. Science in China Series C: Life Science, 51 (3): 245-253.

Sharma P, Dubey R S. 2005. Lead toxicity in plants. Brazilian Journal of Plant Physiology, 17 (1): 35-52.

Sheng X F, Xia J J, Jiang C Y, et al. 2008. Characterization of heavy metal resistant endophytic bacteria from rape (*Brassica napus*) roots and their potential in promoting the growth and lead accumulation of rape. Environmental Pollution, (156): 1164-1170.

Shigaki T, Rees I, Nakhleh L, et al. 2006. Identification of three distinct phylogenetic groups of CAX cation/proton antiporters. Journal of Molecular Evolution, 63 (6): 815-825.

Shim D, Hwang J U, Lee J, et al. 2009. Orthologs of the class A4 heat shock transcription factor HsfA4a confer cadmium tolerance in wheat and rice. The Plant Cell, 21 (12): 4031-4043.

Song W Y, Mendoza-Cózatl D G, Lee Y, et al. 2014. Phytochelatin-metal (loid) transport into vacuoles shows different substrate preferences in barley and *Arabidopsis*. Plant Cell and Environment, 37 (5): 1192-1201.

Sparrow L A, Salardini A A, Bishop A C. 1993. Field studies of cadmium in potatoes (*Solanum tuberosum* L.). Effects of lime and phosphorus on cv. Russet Burbank. Australian Journal of Agricultural Research, 44 (4): 845-853.

Srinivasa Rao N K, Shivashankara K S, Laxman R H. 2016. Mechanisms of heavy metal toxicity in plants. *In*: Kalaivanan D, Ganeshamurthy A N. Abiotic Stress Physiology of Horticultural Crops. India: Springer: 85-102.

Stephan U W, Grun M. 1989. Physiological disorders of the nicotianamine-auxotroph tomato mutant *chloronerva* at different levels of iron nutrition II. Iron deficiency response and heavy metal metabolism . Biochemie und Physiologie der Pflanzen, 185 (3-4): 189-200.

Takahashi R, Ishimaru Y, Nakanishi H, et al. 2011. Role of the iron transporter *OsNRAMP1* in cadmium uptake and accumulation in rice. Plant Signaling and Behavior, 6(11): 1813-1816.

Tessier A, Campbell P G C, Bisson M. 1979. Sequential extraction procedure for the speciation of particulate trace metals. Anal Chem, 51(7): 844-851.

Thomine S, Wang R C, Ward J M, et al. 2000. Cadmium and iron transport by members of a plant metal transporter family in *Arabidopsis* with homology to Nramp genes. Proceedings of the National Academy of Sciences of the United States of America, (97): 4991-4996.

Ueno D, Yamaji N, Kono I, et al. 2010. Gene limiting cadmium accumulation in rice. Proceedings of National Academy of Science USA, 107(38): 16500-16505.

Uraguchi S, Fujiwara T. 2013. Rice breaks ground for cadmium-free cereals. Current Opinion in Plant Biology, 16(3): 328-334.

van Hoof N A, Hassinen V H, Hakvoort H W, et al. 2001. Enhanced copper tolerance in silene vulgaris (Moench) Garcke populations from copper nines is associated with increased transcript levels of a 2b-type metallothionein gene. Plant Physiology, 126(4): 1519-1526.

Verbruggen N, Hermans C, Schat H. 2009. Mechanisms to cope with arsenic or cadmium excess in plants. Current Opinion in Plant Biology, 12(3): 364-372.

Wan M, Zhou W, Lin B. 2003. Subcelluar and molecular distribution of cadmium in two wheat genotypes differing in shoot/root Cd partitioning. Scientia Agricultura Sinica, 36(6): 671-675.

Wang C, Chen X, Yao Q, et al., 2019. Overexpression of TtNRAMP6 enhances the accumulation of Cd in *Arabidopsis*. Gene, 15(696): 225-232.

Wang C L, Xu W H, Li H, et al. 2013. Effects of zinc on physiologic characterization and Cadmium accumulation and chemical forms in different varieties of pepper. Wuhan University Journal of Natural Sciences, 18(6): 541-548.

Wang J J, Yu N, Mu G M, et al. 2017a. Screening for Cd-safe cultivars of Chinese cabbage and a preliminary study on the mechanisms of Cd accumulation. International Journal of Environmental Research and Public Health, 14(4): 395.

Wang K F, Peng N, Wang K R, et al. 2008a. Effects of long-term manure fertilization on heavy metal content and availability in paddy soils. Soil Water Conserv, 22(1): 105-108.

Wang P, Deng X J, Huang Y. 2015b. Comparison of subcellular distribution and chemical forms of cadmium among four soybean cultivars at young seedlings. Environmental Science and Pollution Research, 22(24): 19584-19595.

Wang W Z, Li X C, Xu W H, et al. 2017b. Effect of iron on forms and concentration of cadmium and expression of Cd-tolerance related genes in tomatoes. International Journal of Agriculture & Biology, 19(6): 1585-1592.

Wang W Z, Xu W H, Zhou K, et al. 2015a. Research progressing of present contamination of Cd in soil and restoration method. Wuhan University Journal of Natural Sciences, 20(5): 430-444.

Wang X, Liu Y, Zeng G, et al. 2008b. Subcellular distribution and chemical forms of cadmium in *Bechmeria nivea* (L.) Gaud. Environmental and Experimental Botany, 62(3): 389-395.

Wu F B, Dong J, Qian Q, et al. 2005. Subcellular distribution and chemical form of Cd and Cd-Zn interaction in different barley genotypes. Chemosphere, 60(10): 1437-1446.

Wu Q Y, Shigaki T, Williams K A, et al. 2011. Expression of an Arabidopsis Ca^{2+}/H^+ antiporter CAX1 variant in petunia enhances cadmium tolerance and accumulation. Journal of Plant Physiology, 168(2): 167-173.

Xin J L, Huang B F, Dai H W, et al. 2015. Roles of rhizosphere and root-derived organic acids in Cd accumulation by two hot pepper cultivars. Environmental Science and Pollution Research, 22(8): 6254-6261.

Xiong S L, Xiong Z T, Chen Y C, et al. 2006. Interactive effects of lanthanum and cadmium on plant growth and mineral element uptake in crisped-leaf mustard under hydroponic conditions. Journal of Plant Nutrition, 29: 1889-1902.

Xu W H, Li W Y, Singh B, et al. 2009. Effects of insoluble Zn, Cd and EDTA on the growth, activities of antioxidant enzymes and uptake of Zn and Cd in *Vetiveria zizanioides*. Journal of Environmental Sciences, 21 (2): 186-192.

Xu W H, Li Y R, He J P, et al. 2010. Cd uptake in rice cultivars treated with organic acids and EDTA. Journal of Environmental Sciences, 22 (3): 441-447.

Xu Z M, Tan X Q, Mei X Q, et al. 2018. Low-Cd tomato cultivars (*Solanum lycopersicum* L.) screened in non-saline soils also accumulated low Cd, Zn, and Cu in heavy metal-polluted saline soils. Environmental Science and Pollution Research, 25 (27): 27439-27450.

Xue M, Zhou Y H, Yang Z Y, et al. 2014. Comparisons in subcellular and biochemical behaviors of cadmium between low-Cd and high-Cd accumulation cultivars of pakchoi (*Brassica chinensis* L.). Frontiers of Environmental Science and Engineering, 8 (2): 226-238.

Xue Q, Harrison H C. 1991. Effect of soil zinc, pH and cultivar uptake in leaf lettuce (*Lactuca sativa* L. var. *crispa*). Commun Soil Sci Plant Anal, 22: 975-991.

Yang Y M, Nan Z R, Zhao Z J, et al. 2011. Bioaccumulation and translocation of cadmium in cole (*Brassica campestris* L.) and celery (*Apium graveolens*) grown in the polluted oasis soil, Northwest of China. Journal of Environmental Sciences, 23 (8): 1368-1374.

Zhang C L, Chen Y Q, Xu W H, et al. 2019. Resistance of alfalfa and Indian mustard to Cd, and the correlation of plant Cd uptake and soil Cd form. Environmental Science and Pollution Research, 26: 13804-13811.

Zhou F, Wang J, Yang N. 2015. Growth responses, antioxidant enzyme active-ties and lead accumulation of Sophora japonica and Platycladus orien-talis seedlings under Pb and water stress. Plant Growth Regulation, 75 (1): 383-389.

第五章 蔬菜硝酸盐积累与调控策略

蔬菜是喜硝态氮且极易富集硝酸盐的作物。人类摄入的硝态氮有 72%～94%来自蔬菜(Boink and Speijers,2001)。蔬菜中硝酸盐含量受蔬菜品种、生长期、栽培条件等多种因素影响。但研究表明,氮肥过量施用是菜田土壤和蔬菜体内硝酸盐积累的根本原因(杨芸等,2014)。硝酸盐在一定量下本身并没有毒性,但是它在人体内可被还原成对人体有害的亚硝酸盐,使正常的血红蛋白氧化成高铁血红蛋白,从而丧失携带氧气的能力,进而导致人体内缺氧,引起高铁血红蛋白血症。此外,亚硝酸盐还能够与人胃肠中的含氮化合物结合成亚硝胺,亚硝胺易诱导消化系统癌变。菜园土壤和蔬菜的硝态氮残留一直受到人们的关注,研究影响蔬菜中硝酸盐积累的因素和生理及分子机制,提出降低蔬菜中硝酸盐积累的有效措施显得十分必要。

第一节 硝酸盐污染现状及危害

一、我国蔬菜硝酸盐污染现状

2001 年北京市郊区白菜被抽样调查,白菜硝酸盐含量超过食品标准的占调查总数的 50%。2002 年福州市蔬菜按硝酸盐含量划分,有 65.8%处于轻度污染(一级),34.2%处于中度(二级)以上污染。2003 年上海市调查表明,除茄子、冬瓜等瓜果类外,其他蔬菜硝酸盐超标率均达 80%。2004 年的调查显示,广东省东莞市11 种蔬菜中硝酸盐超标率为 46.5%,叶类最高检出值为国家标准的 2.6 倍(马瑾等,2004)。2005 年对湖南省蔬菜硝酸盐调查的结果表明,在检测的 10 种蔬菜中,达到四级或四级以上严重污染的蔬菜高达 40%,根类和叶类蔬菜污染最为严重(唐建初等,2005)。2013 年我们课题组对重庆市售蔬菜的调查结果显示(表 5-1),73种蔬菜全部受到了不同程度的硝酸盐污染,其中以叶类最为严重,重度污染率高达 61%(杨芸等,2014)。我国各地蔬菜硝酸盐污染不容忽视,制定相应的措施来控制蔬菜中硝酸盐的积累成为迫在眉睫的任务。

表 5-2 是根据世界不同地区的饮食习惯及蔬菜硝酸盐含量特征,以人均 60kg体重估计的不同地区硝酸盐日摄入量概况(都韶婷,2008)。由表 5-2 可知,蔬菜是欧洲、拉丁美洲居民摄入硝酸盐的主要来源,贡献率分别达到了 90%和 65%,东亚和非洲的贡献率分别为 45%和 30%。影响蔬菜中硝酸盐积累的因素有很多,除了自身遗传因素的影响外,外界环境条件如光照、温度、施肥、空气湿度等也

会对其产生重要的作用。在欧洲，由于各地气温较低且光照弱、日照短，因此大部分蔬菜硝酸盐含量普遍很高，而非洲地区因光照强、光照时间长，蔬菜的硝酸盐含量相对较低。而欧洲地区因居民对蔬菜的消耗量较大，所以蔬菜对硝酸盐摄入的贡献率最高(都韶婷，2008)。

表 5-1　重庆市售主要蔬菜的硝酸盐污染指数

统计参数	叶类(n=41)	葱蒜类(n=16)	茄果类(n=16)
污染指数最小值	1.10	0.63	0.14
污染指数最大值	9.09	6.56	8.85
污染指数平均值	3.75	2.50	3.07
超过一级标准	100%	87.5%	81.3%
超过二级标准	90.2%	75.0%	56.3%
超过三级标准	61.0%	37.5%	37.5%
超过四级标准	4.9%		6.3%

表 5-2　世界各地区蔬菜硝酸盐日均摄入量及贡献率(都韶婷，2008)

蔬菜	硝酸盐含量/(mg/kg)	硝酸盐日均摄入量/[mg/(d·60kg BW)]			
		东亚	非洲	拉丁美洲	欧洲
生菜	1700	4.0	0	10	
菠菜	1900	0.9	0	0.6	3.7
莴苣	1900	1.0	0	0.6	3.9
甜菜	1500	0.7	0	0.5	3.0
芦笋	30	0	0	0	0
茄子	440	2.8	0.3	2.6	1.0
椰菜	440	0.2	0	0.5	1.2
芽甘蓝	35	0.02	0	0	0.1
胡萝卜	220	0.6	0	1.4	4.8
芹菜	2900	1.5	0	0.9	5.9
小白菜	3500	0.4	0.4	0.34	0.4
洋葱	110	2.5	0.8	1.5	3.1
马铃薯	180	1.1	3.7	7.3	43
萝卜	2100	1.0	0	0.6	4.2
葱	65	0	0.1	0.3	0.1
甜椒	120	0.4	0.6	0.3	1.2
芜菁	4800	2.4	0	1.4	9.6
花椰菜	85	0.1	0	0	1.1
白菜	350	1.7	0	3.6	9.1
番茄	15	1.2	0.3	0.4	1.0
蔬菜贡献率/%		45	30	65	90

二、蔬菜硝酸盐限量标准

蔬菜中积累过量的硝酸盐会对人体健康构成潜在威胁。世界卫生组织(WHO)和联合国粮食及农业组织(FAO)1973 年规定的硝酸盐每日允许摄入量(ADI)为3.6mg/kg，按中国人的平均体重 60kg，人均日食蔬菜 0.5kg(鲜重)，蔬菜经过盐渍、煮熟后硝酸盐含量分别减少 45%和 60%～70%计算，人体中毒的硝酸盐浓度限量为 3099mg/kg。

欧盟在 1995 年作出规定，硝酸盐的每日允许摄入量为每千克体重 3.7mg(Suh et al.，2013)。以此为依据，各国先后制定了一些关于硝酸盐最高允许摄入量的标准。美国卫生组织曾建议婴儿食用菠菜的硝酸盐含量应小于 883mg/kg(干重)，成人小于 3600mg/kg(干重)。而欧盟制定的蔬菜硝酸盐限量标准比较严格：菠菜(*Spinacia oleracea*)硝酸盐含量小于 3500mg/kg(鲜重)；冷冻菠菜 2000mg/kg；莴苣(*Lactuca sativa*)3000 ～ 5000mg/kg(鲜重)；结球生菜(*Lactuca sativa* var. *capitata*)2000 ～ 2500mg/kg(鲜重)；沙拉芝麻菜(*Eruca sativa*)6000 ～ 7000mg/kg(鲜重)。姚春霞等(2005)提出的我国蔬菜中可食部分硝酸盐的卫生含量标准见表 5-3。参照姚春霞等(2005)的蔬菜硝酸盐分级评价标准，我们课题组根据重庆市蔬菜硝酸盐的现状和控制研究结果，拟定出重庆无公害蔬菜硝酸盐限量标准(表 5-4)。

表 5-3 蔬菜硝酸盐(NO_3^-)分级评价标准(姚春霞等，2005)

分级	含量/(mg/kg)	卫生性	污染程度
一级	<432	生食允许	轻
二级	<785	生食不宜、盐渍、熟食允许	中
三级	<1234	生食和盐渍不宜，熟食允许	重
四级	<3100	生食、盐渍、熟食均不宜，但不中毒	严重

表 5-4 重庆市无公害蔬菜硝酸盐最高限量标准

序号	蔬菜品种	限量标准(≤)/(mg/kg)
1	芹菜、瓢儿白、小白菜、菠菜	2500
2	莴笋、白萝卜、冬寒菜	1500
3	大白菜、生菜、甘蓝	1000
4	番茄、茄子、甜椒、黄瓜、冬瓜、四季豆、豇豆、雍菜	3000

参考表 5-4 中重庆市无公害蔬菜硝酸盐最高限量标准，重庆市售蔬菜中叶类蔬菜 41 个样品全部超过了一级标准(表 5-5)，其中有 37 个样品超过了二级标准，占 90.2%，25 个样品超过了三级标准，占 61.0%，2 个样品超过了四级标准，占

4.9%；葱蒜类 16 个样品有 14 个样品超过一级标准，占 87.5%，有 12 个样品超过了二级标准，占 75%，6 个样品超过了三级标准，占 37.5%；茄果类 16 个样品有 13 个样品超过一级标准，占 81.3%，有 9 个样品超过了二级标准，占 56.3%，6 个样品超过了三级标准，占 37.5%，1 个样品超过了四级标准，占 6.3%。叶类、葱蒜类、茄果类的平均污染指数分别为 3.75、2.5、3.07，参考陈书玉（2001）的蔬菜硝酸盐污染指数评价标准，均为中度污染。但叶类、葱蒜类和茄果类蔬菜污染指数最大值分别高达 9.09、6.56 和 8.85，污染程度均达到了重度污染。

表 5-5　重庆市售主要蔬菜硝酸盐含量

类别	名称		样品数/个	范围/(mg/kg)	均值/(mg/kg)	标准差/(mg/kg)	变异系数/%
叶类	藤菜		3	2171.77~3201.3	2717.15	517.49	0.19
	菠菜		3	1348.51~1898.91	1810.84	425.19	0.23
	冬苋菜		3	962.20~2758.98	1749.88	918.63	0.52
	小白菜		4	1016.64~3925.46	2473.16	1177.32	0.48
	瓢儿白		3	945.23~1835.29	1889.27	927.16	0.49
	莴笋	叶	4	501.90~2419.11	1567.91	842.39	0.54
		茎	4	542.77~1108.81	871.62	241.48	0.28
	大白菜		4	634.21~1451.17	1063.37	368.56	0.35
	花菜		3	952.39~1388.5	1221.24	235.13	0.19
	西兰花		3	1067.53~2307.37	1645.53	624.16	0.38
	菜心		2	1146.86~1561.68	2020.03	1234.85	0.61
	莲花白		2	544.15~792.77	668.46	175.80	0.26
	生菜		3	474.02~2202.97	1342.06	864.51	0.64
葱蒜类	韭菜		4	272.89~2832.24	1482.94	1057.82	0.71
	大葱		3	353.06~997.04	681.42	322.18	0.47
	芹菜		6	867.44~1503.90	1141.08	260.89	0.23
	蒜苗		3	477.48~1132.01	810.60	327.42	0.40
茄果类	茄子		3	758.38~2305.15	1950.04	1059.71	0.54
	辣椒		8	60.91~2734.21	960.41	895.47	0.93
	番茄		5	347.47~3822.70	1541.87	1403.52	0.91

三、蔬菜硝酸盐超标的危害

蔬菜中部分过量的硝酸盐虽对植物本身无害，对人体也无直接危害，进入人体后，在胃和小肠上段被吸收，大部分从尿道排出体外，但另一部分则随血液循环到唾液腺，唾液中的硝酸盐在硝酸还原细菌作用下被还原为亚硝酸盐。亚硝酸盐是一种有毒物质，能迅速进入人体血液，将血红蛋白中的低价态铁氧化为高价态铁，形成无法转运氧气的高铁血红蛋白，从而影响氧气的运载，造成人体缺氧中毒，即导致高铁血红蛋白血症。这种病症对幼儿的威胁更大，严重者可导致死亡。虽然毒理学试验没有明确证据支持人体内硝酸盐与癌症有决定性关系(Bryan et al., 2012)，但现有的环境和流行病学研究结果表明，硝酸盐和亚硝酸盐含量与癌症发病率及死亡率密切相关(Ward et al., 2007; Coulter et al., 2008; Catsburg et al., 2014)。硝酸盐和亚硝酸盐与癌症发生的关系有两种观点。一种观点认为，硝酸盐进入人体后，被消化系统中的细菌分解为亚硝酸盐，然后与次级胺形成致癌物质，如亚硝酰胺(NAD)和其他亚硝基化合物(NOC)(Catsburg et al., 2014)。第二种观点是，亚硝酸盐为癌细胞的亚硝酸盐呼吸提供了营养。同时，它提供了一种无信号分子，这是肿瘤细胞生长所必需的。亚硝酸盐不一定直接导致癌症，但它可以加速癌细胞的增殖和恶性转化，它具有促癌作用(Hunagfu et al., 2010)。

第二节 蔬菜硝酸盐积累机制及影响因素

一、植物硝酸盐积累机制

(一)硝酸盐积累的生理机制

大量研究显示，液泡是植物 NO_3^- 积累的主要场所，植物积累的 NO_3^- 主要分布在植物细胞的液泡中(图 5-1)。一般来讲，细胞质中 NO_3^- 的变动很小，而组织中其含量的多少主要取决于液泡内 NO_3^- 浓度。在营养充足的条件下，在 NO_3^- 供应下降时为满足植物的生长所需，植物会过量吸收 NO_3^-，吸收的 NO_3^- 量超过了其

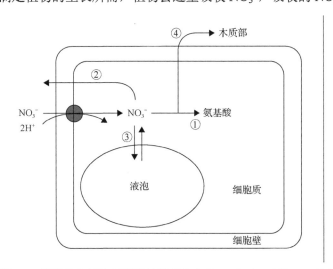

图 5-1 硝酸盐在植物细胞的转运和分布(Crawford and Glass，1998)

本身还原能力所能还原的量。此外，NO_3^-还是重要的渗透调节物质。将NO_3^-储存在液泡中的这种储备、渗透调节等作用决定了植物在其生长过程中势必会积累一定数量的NO_3^-。但是，NO_3^-的吸收、运转和同化还原生理过程决定植株体内硝酸盐积累的总量及其变化，这与植物本身的生物学特性有紧密关系，并且还受到了温度、光照等诸多环境因子的影响。

NO_3^-和NO_4^+-N 是能被植物利用的最主要氮源。研究表明，植物对硝酸盐的转运能力受到外界硝酸盐浓度的影响。例如，硝酸盐能显著提高高亲和力转运系统的转运能力，有研究报道，在培养液中添加 NO_3^--N 后，大麦组成型高亲和力转运系统的活性可以增加 3 倍左右（Aslam et al.，1992），甚至导致诱导型高亲和力转运系统具有更强的硝酸盐诱导效应（Siddiqi et al.，1990）。植物对硝态氮的吸收能力同样会受到介质中铵态氮浓度的影响。研究结果显示，植物吸收硝酸盐在长期或者是短期 NH_4^+-N 处理下均受到抑制，并且植物对铵态氮的响应非常快，硝酸盐的吸收在短短几分钟之内对就会显著被抑制。外界环境的改变，也会显著影响植物根系对硝酸盐的吸收。这可能是因为植株地上部的需求状态被环境因素改变，影响了植株体内还原态氮的循环，从而影响了根系对硝态氮的吸收。

（二）硝酸盐积累的分子机制

高等植物有两种细胞质膜硝酸盐转运蛋白（NRT）：NRT1 和 NRT2（图 5-2）。NRT2 是高亲和硝酸盐转运系统（HAT），而大部分 NRT1 是低亲和硝酸盐转运系统（LAT），其中作为 NRT1 家族的首要成员之一的 CHL1（*AtNRT*1.1）是双亲和硝酸盐转运蛋白（Liu et al.，1999），其主要在根的外细胞层表达。一方面，CHL1 表达可受到硝酸盐诱导，另一方面，CHL1 能调节细胞 pH。*LeNRT*1 作为 NRT1 的另一成员，与 *AtNRT*1.1 的同源性达 65%，其 mRNA 只在根中表达（茎叶中不表达），*LeNRT*1 也是硝酸盐诱导基因，并且局限在根毛区表达，此外，*AtNRT*3（*NTL*1）与 *AtNRT*1.1 也具有相似序列，同源性达 36%（都韶婷，2008）。NRT2 家族中大部分基因都能在根内进行转录，编码了高亲和硝酸盐转运系统中的可诱导组分。NRT2 均能被硝酸盐诱导，并受到几种还原性氮化合物（如铵态氮或谷氨酰胺）的抑制。通过这些调节机制，植株能够根据自身的需氮状况以及土壤氮的情况来调节转运蛋白的合成（田园，2006）。

二、蔬菜硝酸盐积累的影响因素

影响蔬菜中硝酸积累的因素很多，不同的蔬菜硝酸盐积累过程不同，即使是同一种蔬菜不同品种也会有差异，环境因素如温度、光照、湿度、氮肥是影响蔬菜中硝酸盐积累的重要因素，研究这些因素对蔬菜硝酸盐积累的影响及其作用机制，是降低蔬菜中硝酸盐含量、提高蔬菜品质的重要理论依据。

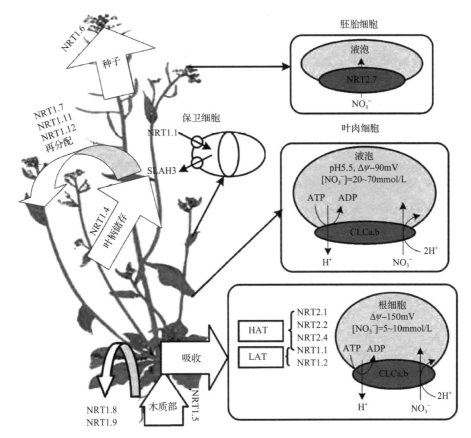

图 5-2 拟南芥中部分硝酸盐转运蛋白的功能(张鹏, 2015)

NRT：NO_3^- 转运蛋白；SLAH3：慢速阴离子通道；CLCa,b：氯离子通道

(一)内部因素

1. 种类

早在 1972 年 Cantliffe 就首先提出蔬菜品种间硝酸盐含量有显著差异。按蔬菜的农业生物学分类，各种蔬菜的硝酸盐含量大小以均值计顺序如下：根类>薯芋类>绿叶类>白菜类>葱蒜类>豆类>瓜类>茄果类>多年生类>食用菌(沈明珠等, 1982)。课题组于 2012 年 2 月至 2013 年 5 月以重庆市 4 个主要农贸市场市售的 19 种蔬菜、重庆市 13 个主要蔬菜基地的耕层土壤及栽培蔬菜为研究对象，研究了重庆市售蔬菜硝酸盐含量现状、重庆市主要蔬菜基地土壤及蔬菜硝酸盐、亚硝酸含量以及二者可能存在的相关性。重庆市 4 个农贸市场分别为两路、学田湾、北碚天生和沙坪坝农贸市场。随机采集不同种类市售蔬菜样品，包括叶类、茄果类、葱蒜类三大类 19 种蔬菜 73 个样品。同时，在重庆市潼南桂林、柏梓和新胜，璧山城北，涪陵大木，万州陈家坝，武隆仙女山，渝北关兴(玉峰山)，九

龙坡白市驿，江津吴滩、仁沱，大足复隆，北碚龙凤桥 13 个主要蔬菜基地采集成熟期蔬菜样品。每种蔬菜采集 5～10 个样品，每一样品由 5～10 株混合组成。同步采用梅花多点(5～10 点)法取 1.5～2.0kg 土样，采样深度 0～20cm，装于聚乙烯塑料袋。

重庆市售不同蔬菜可食部分的硝酸盐含量(mg/kg)差异较大(表 5-5)。其中，叶类($\overline{X}$=1619.73mg/kg)＞茄果类($\overline{X}$=1327.67mg/kg)＞葱蒜类($\overline{X}$=1078.39mg/kg)。同时不同蔬菜可食部分的硝酸盐含量变异系数不同，其中茄果类(C.V.=82.99%)＞葱蒜类(C.V.=56.08%)＞叶菜类(C.V.=52.13%)。与蔬菜硝酸盐(NO_3^-)分级评价标准相对比(表 5-3)，供试叶类蔬菜硝酸盐平均含量为 1619.73mg/kg，是本次检测蔬菜中硝酸盐含量最高的蔬菜种类，其次是茄果类蔬菜，硝酸盐平均含量为 1327.67mg/kg，这二大类蔬菜生食和盐渍不宜，熟食允许。硝酸盐含量最低的是葱蒜类蔬菜，硝酸盐平均含量为 1078.39mg/kg，生食不宜，盐渍、熟食允许。

重庆市主要蔬菜基地蔬菜可食部分 NO_3^- 含量分析结果表明(表 5-6)，不同蔬菜以及同种蔬菜不同部位 NO_3^- 含量均有差异且差异显著，几种蔬菜可食部分 NO_3^- 平均含量大小顺序为萝卜叶($\overline{X}$=745.97mg/kg)＞莴苣茎($\overline{X}$=730.88mg/kg)＞莴苣叶($\overline{X}$=693.32mg/kg)＞白菜($\overline{X}$=617.63mg/kg)＞萝卜根($\overline{X}$=575.74mg/kg)。与蔬菜硝酸盐(NO_3^-)含量分级评价标准相对比(表 5-3)，这 3 种蔬菜可食部分 NO_3^- 含量均超过了一级标准，但都未超过二级标准。不同蔬菜以及同种蔬菜不同部位可食部分 NO_3^- 含量变异系数差异显著，大小顺序为萝卜根=萝卜叶(C.V.=1.76)＞白菜(C.V.=0.97)＞莴苣叶(C.V.=0.61)＞莴苣茎(C.V.=0.27)。供试蔬菜可食部分 NO_2^- 含量均较低，差异也不显著，大小顺序为萝卜叶($\overline{X}$=3.72mg/kg)＞莴苣茎($\overline{X}$=1.92mg/kg)＞莴苣叶($\overline{X}$=1.61mg/kg)＞萝卜根($\overline{X}$=1.45mg/kg)＞白菜($\overline{X}$=1.20mg/kg)；三种蔬菜变异系数差异显著，大小顺序为萝卜叶(C.V.=1.58)＞莴苣叶(C.V.=0.91)＞白菜=萝卜茎(C.V.=0.55)＞莴苣茎(C.V.=0.40)。

表 5-6　重庆市主要蔬菜基地蔬菜硝酸盐和亚硝酸盐含量

统计参数	白菜		莴苣				萝卜			
			叶		茎		叶		根	
	NO_3^-	NO_2^-	NO_3^-	NO_2^-	NO_3^-	NO_2^-	NO_3^-	NO_2^-	NO_3^-	NO_2^-
样本数	12	12	6	6	3	3	5	5	5	5
最小值/(mg/kg)	206.40	0.43	207.21	0.32	581.95	1.18	17.81	0.80	170.78	0.64
最大值/(mg/kg)	2161.98	2.57	1319.33	4.31	956.70	2.71	3083.21	14.24	1218.91	2.57
平均值($\overline{X}$)/(mg/kg)	617.63	1.20	693.32	1.61	730.88	1.92	745.97	3.72	575.74	1.45
标准偏差(S)/(mg/kg)	601.60	0.66	420.49	1.47	198.86	0.77	1315.26	5.89	423.65	0.80
变异系数(C.V.)/%	0.97	0.55	0.61	0.91	0.27	0.40	1.76	1.58	1.76	0.55

2. 品种

同种蔬菜的不同品种硝酸盐含量也有差异，且积累量最大值是最小值的 1.4～20.8 倍（陈振德等，2002）。Burns（2002）在筛选低硝态氮积累型生菜品种时也发现，不同品种的生菜硝酸盐含量差异较大，其中 'Butterhead' 品种的硝酸盐平均含量为 3623mg/kg，而另 3 个品种，'Brigida'、'Pinokkio' 和 'Charitu' 的硝酸盐平均含量为 4113mg/kg。陈振德等（2002）研究了不同品种夏白菜之间硝酸盐积累的差异，品种 '夏强' NO_3^- 含量最高，为 1831.7mg/kg，比 NO_3^- 含量最低的品种 '青研 1 号' 高出 406.9mg/kg。汪李平等（2004）研究了 46 个不同基因型的白菜硝酸盐含量差异情况，其中 '江苏矮脚黄' 的硝酸盐含量最高（6610mg/kg），'上海青' 硝酸盐含量最低（1830mg/kg），二者相差 4780mg/kg，且 46 个不同基因型白菜品种中有 38 个品种硝酸盐含量超过 3000mg/kg，超出国家标准，硝酸盐污染情况较为严重。重庆市广泛栽培的 5 种莴笋中，硝酸盐含量为 '尖叶' ＞ '润农' ＞ '双尖' ＞ '大白甲' ＞ '挂丝红'（李会合，2005）。

由表 5-7 可以看出，23 种叶类蔬菜鲜样的硝酸盐含量最低值为 281mg/kg，最高可达 3246mg/kg，平均值为 1267mg/kg，变异系数为 66.1%。同一类蔬菜的不同品种间硝酸盐含量相差很大，如小白菜青柄与白柄，硝酸盐鲜重含量分别为 2139mg/kg

表 5-7　叶类蔬菜硝酸盐含量（李宝珍等，2004）

样品号	叶菜样品	硝酸盐含量/(mg/kg)		样品号	叶菜样品	硝酸盐含量/(mg/kg)	
		鲜基	干基			鲜基	干基
1	莴笋(圆叶)	281	4 283	13	小白菜(白柄)	617	14 037
2	莴笋(尖叶)	375	9 225	14	瓢儿白	544	8 633
3	生菜(小叶)	1 032	13 420	15	瓢儿白(花心)	405	7 033
4	生菜(大叶)	1 088	19 587	16	甘蓝	1 004	15 112
5	西生菜(圆叶)	433	10 932	17	甘蓝(青叶)	617	10 562
6	菠菜(圆叶，浅色)	977	18 621	18	香菜(浅色，大)	839	10 085
7	菠菜(圆叶，深色)	1 586	19 219	19	香菜(深色，小)	2 443	24 574
8	芹菜	3 246	35 252	20	牛皮菜	2 471	26 520
9	芹菜(茎小，叶多)	2 139	13 442	21	冬寒菜	1 161	8 170
10	西芹(大)	2 222	26 769	22	韭菜	590	8 716
11	大白菜	922	15 944	23	芫荽	2 000	15 939
12	小白菜(青柄)	2 139	29 571				
		$\bar{X}$ /(mg/kg)		S/(mg/kg)		C.V./%	
	鲜基	1267		837		66.1	
	干基	15 898		8 049		50.6	

和 617mg/kg，相差 1522mg/kg；而且一般圆叶、浅色的蔬菜品种硝酸盐含量相对低些。叶菜干样硝酸盐含量的变化趋势与鲜样类似，但干样的硝酸盐含量大大高于鲜样，硝酸盐含量的变异系数为 50.6%，变异幅度为 4283～35 252mg/kg，平均值为 15 898mg/kg。供试的 23 种叶菜硝酸盐含量具有如此大的差异，可能与遗传特性、施肥水平、灌水条件等不同有关。

3. 器官

同一株蔬菜的不同组织器官内的硝酸盐含量也有很大的差异。一般情况下，植株花器官中的硝酸盐含量最低，果实或籽粒、叶、根、叶柄或茎中的含量则依次增加(汪李平，2001)。各学者对此方面也做了相关的研究，如林观捷等(1995)对菠菜(沈阳菠菜)的不同部位进行了 NO_3^- 含量测定，结果表明硝酸盐含量的大小顺序依次为叶柄和茎＞根＞叶。但也有学者得出了不同的结论，如秦玉芝等(2000)测定了芹菜不同部位的硝酸盐含量，大小顺序依次为叶柄(1009.29μg/g)＞叶片(342.41μg/g)＞根(64.90μg/g)。蔬菜组织器官内的硝酸盐含量同样会受到各种因素的影响，如蔬菜种类、栽培条件、外界环境因素等。

(二)外部因素

1. 土壤硝态氮对蔬菜硝酸盐的影响

(1)重庆市主要蔬菜基地土壤硝酸盐含量

我们课题组研究了重庆市 13 个主要蔬菜基地种植白菜、莴苣、萝卜的土壤中硝态氮(NO_3^--N)残留情况(表 5-8)。3 种蔬菜土壤中 NO_3^--N 平均含量大小顺序为种植莴苣的土壤($\bar{X}$ =75.24mg/kg)＞种植白菜的土壤($\bar{X}$ =47.05mg/kg)＞种植萝卜的土壤($\bar{X}$ =33.42mg/kg)；并且种植不同蔬菜的土壤中 NO_3^--N 含量变异系数差异显著，大小顺序为种植白菜的土壤(C.V.=140.87%)＞种植莴苣的土壤(C.V.=80.37%)＞种植萝卜的土壤(C.V.=58.47%)，其中种植白菜的土壤变异系数最大。土壤中亚硝态氮(NO_2^--N)平均含量差异不大，大小顺序为种植萝卜的土壤

表 5-8　重庆市主要蔬菜基地土壤硝态氮和亚硝态氮含量

统计参数	白菜		莴苣		萝卜	
	硝态氮	亚硝态氮	硝态氮	亚硝态氮	硝态氮	亚硝态氮
样本数	12	12	6	6	5	5
最小值/(mg/kg)	1.19	0.04	13.40	0.04	14.46	0.06
最大值/(mg/kg)	182.64	1.18	177.58	0.8	58.03	1.44
平均值/(mg/kg)	47.05	0.32	75.24	0.31	33.42	0.35
标准偏差/(mg/kg)	66.28	0.50	60.47	0.36	19.54	0.61
C.V./%	140.87	156.25	80.37	116.13	58.47	174.29

（$\bar{X}$=0.35mg/kg）＞种植白菜的土壤（$\bar{X}$=0.32mg/kg）＞种植莴苣的土壤（$\bar{X}$=0.31mg/kg）；NO_2^--N 含量变异系数较大，均大于 1，且差异显著，大小顺序为种植萝卜的土壤（C.V.=174.29%）＞种植白菜的土壤（C.V.=156.25%）＞种植莴苣的土壤（C.V.=116.13%）。

供试重庆市主要蔬菜基地土壤硝态氮残留量差异显著。以 60mg/kg 为标准来评判，莴苣土壤 NO_3^--N 含量超标。莴苣土壤中 NO_3^--N 含量分别是白菜和萝卜土壤的 1.6 倍和 2.3 倍，且受蔬菜品种、产地菜园土壤肥力状况、氮肥种类及施用量、水分管理及采收时期等影响较大。对重庆市蔬菜施肥情况的调查结果表明，露地莴苣的施氮量高达 600kg/hm^2 左右，而据狄彩霞等（2005）的研究，重庆市的莴苣较佳施氮量为 225kg/hm^2。可见，菜地的施氮量偏高很多。过量施用氮肥，不仅使硝态氮在蔬菜体内大量积累，还在菜地土壤中大量残留，使菜田土壤的 NO_3^--N 残留量明显高于一般农田。不同地区蔬菜基地土壤的亚硝态氮含量变异系数均大于硝酸盐，但含量均较低。

（2）重庆市主要蔬菜基地蔬菜硝酸盐含量

重庆市主要蔬菜基地蔬菜可食部分中硝酸盐（NO_3^-）含量分析结果表明（表5-9），不同蔬菜以及同种蔬菜不同部位中 NO_3^- 含量均有差异且差异显著，几种蔬菜可食部分中 NO_3^- 平均含量大小顺序为萝卜叶（$\bar{X}$=745.97mg/kg）＞莴苣茎（$\bar{X}$=730.88mg/kg）＞莴苣叶（$\bar{X}$=693.32mg/kg）＞白菜（$\bar{X}$=617.63mg/kg）＞萝卜根（$\bar{X}$=575.74mg/kg）。与蔬菜硝酸盐（NO_3^-）含量分级评价标准相对比（表 5-3），这 3 种蔬菜可食部分中 NO_3^- 平均含量均超过了一级标准，但都未超过二级标准。不同蔬菜以及同种蔬菜不同部位可食部分中 NO_3^- 含量变异系数差异显著，大小顺

表 5-9　重庆市主要蔬菜基地蔬菜硝酸盐和亚硝酸盐含量

统计参数	白菜		莴苣				萝卜			
			叶		茎		叶		根	
	硝酸盐	亚硝酸盐	硝酸盐	亚硝酸盐	硝酸盐	亚硝酸盐	硝酸盐	亚硝酸盐	硝酸盐	亚硝酸盐
样本数	12	12	6	6	3	3	5	5	5	5
最小值/(mg/kg)	206.40	0.43	207.21	0.32	581.95	1.18	17.81	0.80	170.78	0.64
最大值/(mg/kg)	2161.98	2.57	1319.33	4.31	956.70	2.71	3083.21	14.24	1218.91	2.57
平均值/(mg/kg)	617.63	1.20	693.32	1.61	730.88	1.92	745.97	3.72	575.74	1.45
标准偏差/(mg/kg)	601.60	0.66	420.49	1.47	198.86	0.77	1315.26	5.89	423.65	0.80
C.V./%	97.40	55.00	60.65	91.30	27.21	40.10	176.32	158.33	73.58	55.17

序为萝卜叶（C.V.=176.32%）＞白菜（C.V.=97.40%）＞萝卜根（C.V.=73.58%）＞莴苣叶（C.V.=60.65%）＞莴苣茎（C.V.=27.21%）。供试蔬菜可食部分中亚硝酸盐（NO_2^-）含量均较低，差异也不显著（表 5-9），大小顺序为萝卜叶（$\bar{X}$ =3.72mg/kg）＞莴苣茎（$\bar{X}$ =1.92mg/kg）＞莴苣叶（$\bar{X}$ =1.61mg/kg）＞萝卜根（$\bar{X}$ =1.45mg/kg）＞白菜（$\bar{X}$ =1.20mg/kg）；3 种蔬菜变异系数差异显著，大小顺序为萝卜叶（C.V.=158.33%）＞莴苣叶（C.V.=91.30%）＞萝卜根 C.V.=55.17%）＞白菜（C.V.=55.00%）＞莴苣茎（C.V.=40.10%）。

重庆市主要蔬菜基地蔬菜可食部分的 NO_3^- 含量均超过了一级标准，但都未超过二级标准。供试主要蔬菜基地 3 种蔬菜较农贸市场市售蔬菜的硝酸盐含量低 1.72～2.26 倍，说明供试主要蔬菜基地蔬菜中 NO_3^- 污染较农贸市场市售蔬菜明显要轻。不同种类蔬菜以及同种蔬菜不同部位可食部分的 NO_3^- 含量变异系数差异显著。因此，蔬菜体内积累 NO_3^- 不仅与产地菜园土壤肥力状况、氮肥种类及施用量、水分管理及采收时期等有关，还受蔬菜种类、品种及部位的影响。供试蔬菜可食部分的 NO_2^- 含量均较低，远低于 WHO/FAO 规定的允许值 15.5mg/kg。原因是植物体中亚硝酸还原酶的活性远高于硝酸酶的活性，当植物根系吸收的硝酸盐被硝酸还原酶还原成亚硝酸盐后，就会连续被活性较高的亚硝酸还原酶还原成胺，因此植物体一般不会积累过多的亚硝酸盐。重庆市主要蔬菜基地土壤中硝态氮和亚硝态氮含量以及萝卜中硝酸盐与亚硝酸盐含量的变异系数大多大于 1，原因可能与受到品种和环境条件（氮肥种类及施用量、土壤性质、气候等）的影响较大有关。

(3)蔬菜中硝酸盐和土壤中硝态氮的相关性

我们研究了重庆市主要蔬菜基地蔬菜可食部分硝酸盐含量随土壤硝态氮含量变化的趋势，发现蔬菜可食部分中 NO_3^- 与土壤中 NO_3^--N 含量呈极显著正相关关系（杨芸，2015）。将采集的所有蔬菜和土壤样品进行线性回归分析，得到蔬菜可食部分中 NO_3^- 含量 (y) 与土壤中 NO_3^--N 含量 (x) 之间的线性方程 $y = 407.872+4.796x$，$r = 0.41$，$P = 0.022 < 0.05$，相关性显著。其中，白菜 NO_3^- 含量 (y) 与土壤 NO_3^--N 含量 (x) 之间的线性回归方程为 $y = 235.424+8.124x$，$r = 0.895$，$P = 0 < 0.01$，相关性达到极显著水平。莴苣叶、莴苣茎中 NO_3^- 和土壤中 NO_3^--N 相关系数 r 分别为 0.448、−0.225，P 值分别为 0.373、0.855，相关性不显著。萝卜叶中 NO_3^- 与土壤中 NO_3^--N 之间相关系数 $r = -0.094$，经检验，$P = 0.881 > 0.05$，相关性不显著；萝卜根中 NO_3^- 含量 (y) 与土壤中 NO_3^--N 含量 (x) 的回归方程为 $y = -1430.353+151.466x-2.148x^2$，$r = -0.07$，$P = 0.017 < 0.05$，相关性达到显著水平。

重庆蔬菜基地蔬菜可食部位中硝酸盐和土壤中硝态氮含量呈现显著相关，蔬菜可食部分的硝酸盐含量随土壤中硝态氮含量的增加而显著增加。蔬菜中的 NO_3^- 主要来自根系从土壤溶液中吸收的 NO_3^--N，而土壤溶液中的 NO_3^--N 除了少量由土壤有机质矿化而来，主要来自 N 素肥料的施用，氮肥的施用是蔬菜 NO_3^- 污染的主要来源。因此，合理施用氮肥是控制蔬菜体内硝酸盐积累的重要措施。本试验中，莴苣叶、茎和萝卜叶中硝酸盐与土壤中硝态氮含量，以及蔬菜可食部分的亚硝酸盐含量与土壤中亚硝态氮含量之间无显著相关性，可能是由品种、土壤肥力、气候条件以及各地施肥存在差异等所致。

此外，在小白菜盆栽试验中，对土壤硝态氮含量和小白菜可食部分硝酸盐含量做相关性分析，结果如表 5-10 所示，2 种供试小白菜叶片、叶柄硝酸盐含量均与土壤硝态氮含量呈显著正相关关系，这表明土壤中硝态氮含量越高，小白菜体内硝酸盐含量越大。土壤中硝态氮含量的高低能显著影响小白菜体内硝酸盐含量的积累。

表 5-10　土壤硝态氮与小白菜硝酸盐含量的相关性

品种	项目	样品数	回归方程	相关系数
香港特选奶白菜	土壤硝态氮-叶片硝酸盐	9	$y = 4.2082x+612.5$	0.692*
	土壤硝态氮-叶柄硝酸盐	9	$y = 3.3088x+1427.7$	0.726*
揭农四号春白菜	土壤硝态氮-叶片硝酸盐	9	$y = 4.8938x+410.36$	0.676*
	土壤硝态氮-叶柄硝酸盐	9	$y = 5.6886x+878.5$	0.796*

2. 光照

光照是影响植物硝酸盐积累的最重要环境因子之一，光强、光质、光照时间都显著影响植物中硝酸盐积累(周晚来等，2011)。一般认为，植物在强光下具有较高的光合速率和呼吸速率，因此物质生产能力较高，能为植物硝酸盐代谢提供充足的能量、还原力和碳架，光合产物也能很快地分配到植物根系中，有利于维持根系活力，从而促进其对 NO_3^--N 的吸收和利用，而在低光照强度下，由于光合强度低，不能提供足够的有机化合物和硝酸盐还原所需的能量，硝态氮会在液泡中大量积累，替代碳水化合物和有机酸作为渗透调节物质维持正常的细胞渗透压。

在小白菜田间试验中，针对重庆地区冬春多阴雨、寡日照的气候特点，在连续阴天取样测定的基础上，选择晴天光照 2 天后下午取样测定小白菜的硝酸盐含量，发现除低肥力土壤无氮处理外，中、低肥力土壤各处理小白菜硝酸盐含量在连晴 2 天时较阴天降低 10.5%～25.5%，平均降低 16.0%～16.9%，以低肥力土壤施氮 150kg/hm^2 和 300kg/hm^2 降低较多 (表 5-11)。叶类蔬菜选择晴天下午收获，可获得硝酸盐含量较低的蔬菜。

表 5-11　不同光照下小白菜的硝酸盐含量（王正银等，2003）

氮水平 /(kg/hm²)	中肥力土壤			低肥力土壤		
	阴天/(mg/kg)	连晴 2 天/(mg/kg)	下降/%	阴天/(mg/kg)	连晴 2 天/(mg/kg)	下降/%
0	2905	2416	16.8	2158	2194	−1.7
75	3099	2471	20.3	3376	2905	14.0
150	3072	2526	17.8	3569	2692	24.6
225	3154	2822	10.5	3403	2905	14.6
300	3246	2771	14.6	3569	2660	25.5
$\bar{x}$	3095	2601	16.0	3215	2670	16.9

在低、中、高 3 个光照强度下研究施肥对不同品种莴笋硝酸盐含量影响试验中（表 5-12），3 个品种莴笋（'大白甲'、'双尖'和'挂丝红'）的硝酸盐含量均表现为低光照＞中光照＞高光照，原因在于硝酸还原酶（NR）是光调节酶，增加光照强度，莴笋的硝酸还原酶（NR）和谷氨酰胺合成酶（GS）增加，植物吸收的硝酸盐被快速还原同化，因而硝酸盐含量降低，改善了莴笋的卫生品质。

表 5-12　不同光照和氮钾处理的莴笋硝酸盐含量（mg/kg）（李会合，2005）

处理	大白甲			双尖			挂丝红		
	L_L	L_M	L_H	L_L	L_M	L_H	L_L	L_M	L_H
$N_{15}K_{10}$	1168.0a	692.6b	590.2b	1267.0b	996.0b	758.0bc	1014.0c	790.2a	698.0b
$N_{15}K_{15}$	702.0c	626.4c	457.4c	794.2	788.4c	725.8c	725.8d	673.4b	643.6b
$N_{20}K_{10}$	1228a	923.0a	713.8a	1433.0a	1118.0a	1092.0a	1242.0a	827.2a	815.2a
$N_{20}K_{10}+C$	896.4b	675.2bc	575.6b	1336.0ab	913.8b	805.8b	1130.0b	657.4b	702.8b

注：L_L、L_M、L_H 代表低光照、中光照、高光照；$N_{15}K_{10}$、$N_{15}K_{15}$、$N_{20}K_{10}$ 表示施肥量（N、K_2O）分别为 150mg/kg 土、100mg/kg 土，150mg/kg 土、150mg/kg 土，200mg/kg 土、100mg/kg 土，$N_{20}K_{10}+C$ 表示在 $N_{20}K_{10}$ 处理基础上增施硝酸盐复合控制剂（Mo、B、Zn+DCD）

3. 温度

温度对植株硝酸盐积累的直接影响主要体现在其影响植株对硝酸盐的吸收、运转和同化。此外，温度还与其他外界因素如光照、土壤水分、土壤有效氮等存在着相互作用，从而通过影响其他因素间接影响植株硝酸盐的积累。一般情况下，植株内的硝酸盐含量随温度的升高而增加，但高温对硝酸盐的积累有一定的抑制作用。Cantliffe（1972）对生长在不同温度条件下菠菜硝酸盐的积累进行研究表明：无论施氮情况如何，在 5～25℃，菠菜中的硝酸盐含量随温度的升高而增加，但温度从 25℃增加到 30℃时，菠菜中的硝酸盐含量反而降低。但也有学者提出了不同的观点，黄建国和袁玲（1996）研究则认为，蔬菜硝酸盐含量与气温之间呈负相关关系，蔬菜硝酸盐含量在夏季(月均温 28.5℃)与冬季(10.5℃)可相差 5 倍左右；Vaast 等(1998)测定了不同温度条件下烟草的硝酸盐吸收情况，结果发现 NO_3^--N 吸收量在 4~16℃条件下从 0.05mmol/(g·h)增加到 1.01mmol/(g·h)，但温度在 16~22℃时，吸收量比之前增加了 3 倍，随着温度继续升高(最高达 40℃)，硝酸盐的吸收量则趋于稳定状态。也有研究表明，甜菜硝酸盐含量在温度从 8℃急升到 32℃时大大降低，当温度从 35℃缓慢降低到 17℃时硝酸盐含量却未发生变化。由此可见，蔬菜硝酸盐积累与温度的关系十分复杂，了解温度对硝酸盐积累的影响规律，研究温度与其他因素的相互影响对于降低蔬菜中硝酸盐积累有着十分重要的意义。

4. 水分

有研究报道，干旱通常导致硝酸盐含量的增加，这是由于植物体内的硝酸还原酶活性比植株对硝酸盐的吸收更易受到水分胁迫的抑制。此外，空气湿度低也会加速硝酸盐的积累。空气湿度过低引起大气干旱，大气干旱导致过分强烈的蒸腾作用，植物通过蒸腾作用失去的水分不能通过根系吸收得到弥补，植物因缺水而受害。由此可知，低空气湿度会对植物构成胁迫(Torre and Fjeld，2001)。而植物水分缺乏会影响植株同化作用进行，硝酸还原酶活性下降，导致植物体内积累大量的硝酸盐(黄东风等，2010)。

3 个土壤水分水平下不同施肥处理对莴笋茎、叶硝酸盐含量的影响不同(表 5-13)。同一施肥处理下，莴笋茎、叶中硝酸盐含量在三个水分水平表现出不同的变化规律。随土壤水分含量增加，$N_3P_1K_2$ 处理莴笋茎的硝酸盐含量递减，而 $N_2P_3K_1$、$N_2P_1K_3$、$N_1P_1K_1$ 和 $N_3P_2K_1$ 处理则先增加后减小；$N_3P_1K_2$ 和 $N_2P_1K_3$ 处理莴笋叶硝酸盐含量递减，$N_1P_1K_1$ 和 $N_3P_2K_1$ 处理则硝酸盐含量先增后减，$N_2P_3K_1$ 处理硝酸盐含量逐渐增加。可见，蔬菜是需水较多的作物，土壤水分供应和蔬菜硝酸盐积累密切相关，进一步将蔬菜生长与硝态氮的吸收、还原联系起来，研究水分对蔬菜硝酸盐积累的影响，可为减少硝酸盐积累提供新的思路。

表 5-13 不同处理莴笋茎、叶硝酸盐含量(李会合，2005)(单位：mg/kg)

处理	茎			叶		
	W15	W20	W25	W15	W20	W25
$N_3P_1K_2$	1342.0	996.5	873.7	915.3	723.4	484.4
$N_2P_3K_1$	844.3	913.5	553.6	634.8	649.7	650.5
$N_2P_1K_3$	609.0	1163.0	1024.0	896.9	649.6	567.5
$N_1P_1K_1$	733.6	872.0	692.0	502.0	1329.0	567.5
$N_3P_2K_1$	733.6	1287.0	401.4	723.4	1092.0	484.4

注：W15、W20 和 W25 分别表示土壤含水量为 150g/kg 土、200g/kg 土和 250g/kg 土，$N_3P_1K_2$ 表示 N：P_2O_5：K_2O 为 3：1：2(即 N、P_2O_5、K_2O 分别为 150mg/kg、50mg/kg、100mg/kg)，下同

5. 施肥

施肥是影响蔬菜硝酸盐含量的重要因素。目前造成蔬菜硝酸盐积累的重要因素是氮肥的施入量过大,特别是在蔬菜生长期间追肥的施入量和种类搭配不科学。通常,蔬菜中硝酸盐的含量随氮肥用量的增加而增加,其中以叶类蔬菜最为明显。近年来,国内外学者对氮肥与作物体内硝酸盐积累的关系做了大量的研究,结果表明,过量施用氮肥是作物体内硝酸盐含量过高的直接原因之一,栽培介质或土壤中的有效氮含量与植物硝态氮的吸收和积累呈线性关系,其相关系数为 $r = 0.603 \sim 0.999$(Urrestarazu et al., 1998)。王朝辉和李生秀(1996)的试验结果也表明,不结球白菜在施氮量为 0.20g/kg、0.40g/kg、0.60g/kg 和 0.80g/kg 时,硝态氮总量分别比不施氮肥时增加了 32.8 倍、204.7 倍、366.8 倍和 326.9 倍,而生长量仅分别增加了 4.2 倍、4.4 倍、4.9 倍和 3.1 倍。

除了氮肥用量,氮肥的形态对蔬菜硝酸盐含量也有显著的影响,其中影响最大的是铵态氮和硝态氮的比例。很多研究表明,在氮素用量等同时,营养液中氮肥形态不同可导致蔬菜 NO_3^- 含量的不同(杜永臣,1991),蔬菜体内的硝酸盐积累量随营养液中铵态氮比例的增加而降低。Stantamaria 等(1998)研究报道,营养液中铵硝比为 50∶50 时莴苣硝酸盐含量显著低于铵硝比为 0∶100 的处理。陈巍等(2004)的研究也发现,总体上 50∶50 硝铵比处理的小白菜体内硝酸盐含量较全硝处理的小,全铵培养下体内硝酸盐积累量极低。虽然使用铵态或酰胺态氮肥会明显降低蔬菜中的硝酸盐浓度,但是如果在水培液中施用大量铵态氮肥常常会导致植株中毒,进而使产量下降。蔬菜硝酸盐含量还与体内的磷、钾、钙、镁、硫、氯、钼等矿质养分的含量密切相关。贵州 20 种主要蔬菜的硝酸盐含量和部分样品的氮、磷、钾含量调查结果表明,同一类蔬菜中的钾(X)与硝酸盐(Y)含量呈显著的负相关关系,其数量关系可用以下回归方程表示:叶菜类 $Y_{NO_3^-} = 1654.8e^{-0.000238X}$($X$ 表示钾的总量,$r = -0.66$,$n = 5$);同种蔬菜中硝酸盐含量与氮含量呈显著正相关,与磷含量无显著相关性。而茄果类和瓜果类蔬菜的硝酸盐含量与钾含量呈线性负相关,硝酸盐含量随蔬菜中钾含量的增加而显著下降(肖厚军等,2001)。

第三节　蔬菜硝酸盐污染调控策略

一、低硝酸盐蔬菜种类与品种选育

蔬菜硝酸盐积累的品种间差异主要是由品种的遗传差异和积累机制不同造成的。蔬菜不同种类、品种及不同部位的硝酸盐含量差异明显,充分利用这些特性,可从遗传和生理生化的特异性及形态方面筛选低积累型的品种,并结合现代分子生物技术和基因工程等手段,尽快培育出硝酸盐含量低的蔬菜新品种。

(一)不同品种小白菜硝酸盐富集差异

我们课题组于 2013 年 12 月 20 日至 2014 年 4 月 1 日在西南大学资源环境学院玻璃温室内,采用水培试验比较了 10 个西南地区常栽培的小白菜(*Brassica chinensis*)品种(表 5-14)的硝酸盐积累差异。试验共设 3 个 $NO_3^--N：NH_4^+-N$ 处理,分别为 50：50(N1)、75：25(N2)、100：0(N3)。培养时间为 2014 年 2～4 月。营养液氮水平为 16mmol/L,其他大量元素和微量元素按霍格兰营养液配方配制,其中以二氰胺作为硝化抑制剂,营养液 pH 调至 5.8～6.0。将供试小白菜种子经过 75%乙醇消毒、洗净后于 25℃浸种一昼夜,在砂盘上育苗,3 片真叶时移栽至 30L 的水槽中培养,每个水槽种植 10 个基因型,每个基因型 6 株,每个处理重复 4 次,共 12 个水槽。水槽需用黑色塑料薄膜包裹。用 1/2 浓度营养液培养 7 天后,然后采用全浓度营养液培养,利用充气泵充氧,每 5 天换一次营养液,培养 8 周后取样测定。

表 5-14　供试小白菜品种

编号	小白菜品种
1	天津小白菜
2	香港春秀甜白菜(236)
3	揭研 5 号小白菜
4	新春甜白菜
5	大头清江白菜
6	正旺达 88
7	泰国四季小白菜
8	阳冠青白菜
9	香港特选奶白菜
10	揭农四号春白菜

由表 5-15 可知,小白菜叶、叶柄和根中的硝酸盐含量受到品种、硝铵比的影响,且差异达到极显著水平。而同一基因型小白菜植株中硝酸盐含量情况总是为叶柄＞叶＞根。

小白菜硝酸盐含量主要受品种的影响(表 5-15)。除 1 和 7 号品种,各供试小白菜叶中硝酸盐含量随硝铵比的增加而增大,各品种小白菜硝酸盐增加的幅度不同,相较于硝铵比为 50：50 处理,75：25 处理下各小白菜叶硝酸盐含量增幅为 1.0%～65.7%,硝铵比为 100：0 处理下的叶硝酸盐含量均高于 50：50 处理下的硝酸盐含量,增幅为 7.9%～78.0%。除品种 1、4、5 和 6 号,各小白菜叶柄中硝

表 5-15　硝铵比和品种对小白菜硝酸盐含量的影响　　（单位：mg/kg）

品种	硝铵比	叶	叶柄	根
1	N1	2993.12±268.72a	5019.83±97.13a	1348.61±7.76a
	N2	2008.10±149.74b	4555.24±9.71b	1211.66±25.10b
	N3	2819.10±36.42a	4826.39±4.05a	1142.17±15.85b
2	N1	2696.08±47.76a	4141.65±33.19b	1020.88±33.15c
	N2	2725.62±196.28a	4961.56±4.86a	1488.12±15.03b
	N3	2909.75±156.21a	4848.24±74.46a	1882.82±2.47a
3	N1	3489.28±29.95b	4765.88±104.75a	1039.16±6.62b
	N2	3552.41±84.99ab	4910.29±80.94a	881.66±35.66c
	N3	3948.48±243.00a	4909.24±70.68a	1614.73±18.62a
4	N1	2431.41±29.14b	4412.79±61.52c	876.28±18.40c
	N2	2602.99±1.62b	4752.73±12.95b	1624.61±55.80a
	N3	3210.04±97.13a	5045.73±29.14a	1397.01±19.43b
5	N1	3016.59±107.65b	4951.84±8.09a	1434.34±112.82a
	N2	3252.13±67.99b	4665.32±25.90b	1716.71±13.76a
	N3	3466.62±75.28a	4418.65±2.20c	1538.83±22.71a
6	N1	2669.37±17.81b	4765.68±66.37a	1190.61±0.81b
	N2	2938.89±0.81b	4726.03±31.57b	1342.97±119.44b
	N3	3735.33±157.83a	4922.71±22.67c	1694.05±26.71a
7	N1	3269.93±33.99b	4572.24±50.99c	737.18±68.49b
	N2	3600.16±25.90a	5289.36±10.53a	1178.47±145.69b
	N3	3477.95±73.66ab	4993.12±21.85a	2188.68±69.37a
8	N1	2004.86±73.66c	4118.17±0.00c	942.46±12.10b
	N2	3321.73±0.00b	4957.51±26.71a	1133.15±24.29b
	N3	3568.60±17.00a	4722.79±36.43b	2049.37±119.79a
9	N1	2597.33±31.57b	3882.62±36.67b	505.39±23.47c
	N2	2802.92±20.24a	4438.69±11.33a	734.70±36.43b
	N3	2940.51±49.37a	3893.38±142.73b	878.18±54.89a
10	N1	3179.28±8.09b	5193.85±25.09b	1201.19±16.13c
	N2	4103.60±95.51a	5365.14±99.86a	1319.31±35.62b
	N3	4146.50±21.85a	5448.81±64.76a	1961.15±0.81a
LSD$_{0.05}$	品种	**	**	**
	硝铵比	**	**	**
	硝铵比×品种	**	**	**

注：表中所列数据为平均值±标准误差

酸盐含量随着硝铵比的增加呈先增加后下降趋势，且 7 和 8 号在各硝铵比处理下的硝酸盐含量差异达到显著水平，但就总体而言，硝铵比为 50∶50 处理的叶柄硝酸盐含量最低，75∶25 和 100∶0 处理的各小白菜品种叶柄硝酸盐含量较 50∶50 处理增加的幅度分别为 3.0%～20.4%、0.3%～17.1%。除品种 1、3、4 和 5 号，各小白菜根中硝酸盐含量随硝铵比的增加而增大，相对于硝铵比为 50∶50 处理，各品种根硝酸盐含量在硝铵比为 75∶25 和 100∶0 时的增幅为 9.8%～59.9%、42.3%～196.9%。因此，增施一定量的硝态氮会增加小白菜各部位硝酸盐含量。由表 5-15 还可知，无论在何种硝铵比处理下，10 号品种的叶和叶柄硝酸盐含量总是最高，9 号品种叶柄中的硝酸盐含量最低。

　　小白菜硝酸盐含量还受到硝铵比的影响（表 5-15）。在硝铵比为 50∶50、75∶25、100∶0 时，各小白菜叶硝酸盐的含量范围分别为 2004.86～3489.28mg/kg、2008.10～4103.60mg/kg、2819.10～4146.50mg/kg，硝酸盐含量的最高值和最低值分别相差 74.0%、1.04 倍和 47.1%。叶柄硝酸盐的含量范围分别为 3882.62～5193.85mg/kg、4438.69～5365.14mg/kg、4418.65～5448.81mg/kg，硝酸盐含量的最高值和最低值分别相差 33.8%、20.9%和 23.3%。根硝酸盐的含量范围分别为 505.39～1434.38mg/kg、743.70～1716.71mg/kg、878.18～2188.68mg/kg，硝酸盐含量的最高值和最低值分别相差 1.84 倍、1.31 倍和 1.49 倍。由此可知，小白菜不同器官的硝酸盐含量范围较大，其中变化范围最大的为根，在任何硝铵比处理下硝酸盐最大值比最低值高出 1 倍多。由表 5-15 还可知，叶、叶柄和根中的硝酸盐含量均因硝铵比的不同而不同，最低值和最高值都随硝铵比的增加而增加。

（二）小白菜氮代谢关键酶与叶片硝酸盐含量的相关性

　　由表 5-16 可知，小白菜品种和外界硝铵比处理对叶片硝酸还原酶（NR）、亚硝酸还原酶（NiR）、谷氨酰胺合成酶（GS）、谷氨酸合成酶（GOGAT）和谷氨酸脱氢酶（GDH）产生了不同程度的影响。硝铵比对 4、5、6 和 7 号品种叶片 NR 有显著的影响，具体表现在硝铵比为 50∶50 时的 NR 活性显著高于硝铵比为 100∶0 时的 NR 活性，硝铵比为 100∶0 时的 NR 活性相较于 50∶50 处理分别降低了 67.4%、64.4%、51.4%、56.2%，而硝铵比对其他小白菜叶片 NR 活性的影响并不显著，但总体而言，NR 在硝铵比为 50∶50 时的活性高于硝铵比为 100∶0 时的活性。除 2、3、4 和 5 号品种，各小白菜叶片 NiR 活性整体随着硝铵比的增加而增加，且品种 1、7、8 和 9 号品种的 NiR 活性在硝铵比为 100∶0 时显著高于 50∶50 处理的活性，当硝铵比由 50∶50 增至 100∶0 时，1、7、8 和 9 号品种的 NiR 活性增加了 172.0%、292.8%、57.58%和 118.4%。而硝铵比对各品种小白菜 GS、GOGAT 和 GDH 活性并没有产生显著影响。

表 5-16　硝铵比和品种对小白菜叶片 NR、NiR、GS、GOGAT 和 GDH 活性的影响

品种	硝铵比	NR/ [μg/(g·h)]	NiR/ [μg/(g·h)]	GS/ [μmol/(g·h)]	GOGAT/ [μmol/(g·h)]	GDH/ [μmol/(g·h)]
1	N1	3.70±0.77a	8.32±0.00c	0.02±0.00b	5.56±0.88a	18.25±1.45a
	N2	3.52±0.98a	16.35±1.49b	0.04±0.01a	4.38±0.50a	8.22±0.90b
	N3	3.05±1.41a	22.63±0.24a	0.02±0.00b	4.52±0.33a	7.52±0.85b
2	N1	2.41±1.17a	17.77±0.91a	0.02±0.01a	7.51±3.82a	5.40±1.24a
	N2	2.13±0.32a	28.7±6.55a	0.02±0.00a	2.91±2.05a	3.80±1.66a
	N3	2.06±0.48a	25.12±1.22a	0.02±0.00a	4.44±1.35a	3.74±1.74a
3	N1	1.28±0.03a	33.74±0.45a	0.03±0.00a	4.25±0.95b	8.18±1.43a
	N2	1.15±0.35a	37.28±2.24a	0.02±0.00a	8.21±1.78a	5.97±0.98a
	N3	1.44±0.27a	36.34±0.50a	0.04±0.01a	4.34±0.84b	5.21±0.77b
4	N1	3.04±0.29a	18.60±1.42a	0.02±0.00a	9.41±3.67a	6.52±0.76a
	N2	1.82±0.29b	21.96±2.09a	0.03±0.01a	3.65±1.65b	5.59±0.92a
	N3	0.99±0.07b	20.32±0.62a	0.03±0.01a	9.58±2.98a	7.56±1.66a
5	N1	1.91±0.10a	19.92±1.15a	0.02±0.00a	4.53±0.79a	6.29±0.89a
	N2	1.71±0.37a	25.38±1.72a	0.03±0.01a	2.99±0.94a	8.87±1.99a
	N3	0.68±0.03b	24.71±1.32a	0.03±0.01a	4.86±0.69a	4.92±1.98a
6	N1	4.81±0.63a	21.45±0.39a	0.02±0.00a	2.38±0.85a	4.59±1.22b
	N2	0.85±0.02b	21.07±1.21a	0.02±0.00a	3.60±0.57a	15.24±2.31a
	N3	2.34±0.05b	27.48±3.22a	0.03±0.00a	2.40±1.03a	11.42±2.66a
7	N1	3.47±0.12a	6.94±5.58b	0.02±0.00a	4.45±1.33a	10.26±2.22a
	N2	2.71±0.27ab	21.40±0.49ab	0.03±0.01a	5.31±1.78a	9.45±1.80a
	N3	1.52±0.17b	27.26±3.69a	0.04±0.01a	2.73±2.59a	4.86±2.99a
8	N1	1.54±0.36a	16.62±1.73b	0.01±0.00a	3.45±0.94a	13.62±2.21a
	N2	0.61±0.26a	21.09±0.18ab	0.03±0.03a	4.51±1.11a	5.79±1.33a
	N3	0.56±0.05a	26.19±2.88a	0.01±0.00a	5.99±1.39a	5.40±0.95a
9	N1	3.16±0.82a	15.31±1.55c	0.02±0.00b	4.18±0.55a	7.56±0.37a
	N2	2.67±0.43a	24.08±2.83b	0.01±0.00b	3.74±0.78a	7.72±0.44a
	N3	2.32±0.03a	33.45±0.49a	0.04±0.01a	3.53±0.92a	5.44±0.69a
10	N1	1.55±0.50a	14.69±2.36a	0.03±0.00a	6.34±0.19a	8.20±0.77a
	N2	1.21±0.18a	15.44±0.00a	0.03±0.01a	6.33±0.39a	9.84±0.82a
	N3	1.14±0.05a	25.70±4.67a	0.02±0.00a	4.78±0.88a	6.37±0.91a

　　由图 5-3 可知，NR、NiR 和 GS 对各品种小白菜叶片硝酸盐含量有显著影响。NR 与叶片硝酸盐含量呈显著负相关关系，相关系数为 -0.435，即随着 NR 活性的增加，小白菜叶片硝酸盐含量降低。NiR 与硝酸盐含量呈显著正相关关系，相关系数为 0.362，即小白菜硝酸盐含量随 NiR 活性的增加而增加。GS 与硝酸盐含量

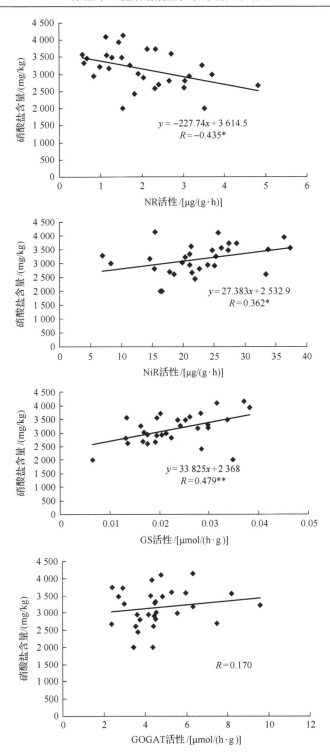

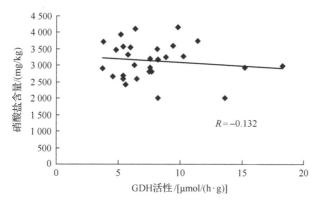

图 5-3　小白菜叶片硝酸盐含量与 NR、NiR、GS、GOGAT 和 GDH 相关性分析

呈正相关关系，相关系数为 0.479，且相关性达到极显著水平。而 GOGAT 和 GDH 与硝酸盐含量无显著相关性。由此可见，在此试验条件下，NR、NiR 和 GS 对小白菜硝酸盐含量的影响较大，而其他氮代谢酶对其影响较小，NR、NiR 和 GS 是影响小白菜叶片硝酸盐积累的主要氮代谢酶。

（三）小白菜 *NRT*1 亚细胞定位

为了研究 *NRT*1 在植物细胞中的作用部位，构建了原生质体表达载体，结果表明，*NRT*1 定位于原生质体细胞膜上（图 5-4）。

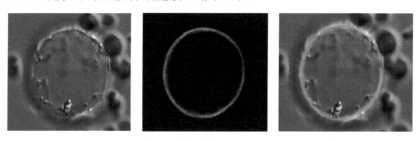

图 5-4　*NRT*1 在小白菜叶片原生质体中的亚细胞定位（彩图请扫封底二维码）

低亲和转运蛋白 *NRT*1 基因在两个小白菜品种中均显著表达，且高富集硝酸盐品种‘揭农四号春白菜’的表达量显著高于低富集硝酸盐品种‘香港特选奶白菜’的表达量。当外界 N 水平较高时，小白菜对硝酸盐的吸收转运主要是受低亲和转运蛋白影响，*NRT*1 表达量高，植株的硝酸盐含量高。*NRT*1 是一个定位于细胞膜上的低亲和硝酸盐转运蛋白基因。但对于 *NRT*1 在细胞膜上如何发挥转运作用，还需要进一步研究。

（四）小白菜 *NRT*1 基因表达分析

我们采用液体培养试验研究了 2 个品种小白菜硝酸盐转运蛋白（nitrate

transporter，NRT)基因的表达和亚细胞定位。小白菜品种为高富集硝酸盐小白菜品种‘揭农四号春白菜’(10号)和低富集硝酸盐小白菜品种‘香港特选奶白菜’(9号)。

分别提取‘香港特选奶白菜’和‘揭农四号春白菜’叶片部位的 RNA 进行实时荧光定量 PCR，结果表明(图 5-5)，低亲和硝酸盐转运蛋白基因(NRT1)在‘香港特选奶白菜’和‘揭农四号春白菜’叶片中均显著表达；‘香港特选奶白菜’品种 NRT1 的平均相对表达量的数值为 1，‘揭农四号春白菜’品种的 NRT1 的平均相对表达量为 2.47，‘揭农四号春白菜’品种的 NRT1 相对表达量显著高于‘香港特选奶白菜’品种，且 2 个小白菜品种叶片中 NRT1 表达量组内差异均较大。

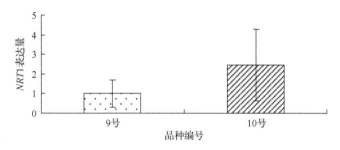

图 5-5　小白菜叶片中 NRT1 实时定量荧光 PCR 分析

二、光照强度、光质调控

(一)光照强度

我们在小白菜水培试验中发现，随着光照强度的增加，小白菜生物量呈增加趋势，且 6000lx 和 12 000lx 处理下的生物量显著高于 3000lx 处理时的生物量，但光照由 6000lx 增至 12 000lx 时，2 个小白菜的生物量并无显著变化，相对于 3000lx，光照强度增加到 6000lx 和 12 000lx 时，‘香港特选奶白菜’和‘揭农四号春白菜’的生物量分别增加了 7.7%和 12.6%、7.9%和 11.2%。由此可知，6000lx 和 12 000lx 是适合小白菜生长的光照强度。无论何种光照强度处理，‘揭农四号春白菜’品种生物量始终大于‘香港特选奶白菜’品种生物量，但差异不显著。随着光照强度的增加，2 个供试小白菜品种叶片硝酸盐含量显著降低(表 5-17)，说明叶片的硝酸盐含量对光照强度比较敏感。相较于 3000lx 处理，当光照强度增至 6000lx 和 12 000lx 时，‘香港特选奶白菜’和‘揭农四号春白菜’小白菜叶片中的硝酸盐含量分别降低了 22.3%和 36.7%、20.3%和 43.3%。同时无论在何种光照强度处理下，‘香港特选奶白菜’品种叶片硝酸盐含量始终大于‘揭农四号春白菜’品种，但差异不显著。

表 5-17 光照对小白菜硝酸盐含量的影响　　　　　　　　（单位：mg/kg）

光照	叶片		叶柄	
	香港特选奶白菜	揭农四号春白菜	香港特选奶白菜	揭农四号春白菜
3 000lx	1 920.04±146.63a	1 779.85±96.19a	2 405.22±69.13a	2 340.32±71.13a
6 000lx	1 492.42±27.33b	1 418.07±48.28b	2 204.05±22.80b	2 148.65±14.96a
12 000lx	1 216.22±92.20c	1 008.78±60.81c	1 868.33±94.35c	1 605.43±97.21b

由表 5-17 还可知，'香港特选奶白菜'品种叶柄硝酸盐含量随光照强度的增加而显著降低，而'揭农四号春白菜'品种虽然随着光照强度的增加，叶柄中硝酸盐含量呈下降趋势，且 12 000lx 处理下的硝酸盐含量显著低于 6000lx 和 3000lx 处理时的硝酸盐含量，但 6000lx 和 3000lx 处理下的叶柄硝酸盐含量差异并不显著，说明'香港特选奶白菜'品种叶柄硝酸盐含量较'揭农四号春白菜'品种对光照强度更加敏感。相较于 3000lx 处理，当光照强度增至 6000lx 和 12 000lx 时，'香港特选奶白菜'和'揭农四号春白菜'小白菜叶柄中的硝酸盐含量分别降低了 8.4%和 28.7%、8.2%和 45.8%。同时无论在何种光照强度处理下，'香港特选奶白菜'品种叶柄中的硝酸盐含量始终大于'揭农四号春白菜'品种叶柄中的硝酸盐含量，但差异不显著。光照强度对小白菜叶片和叶柄硝酸盐含量有极显著和显著影响（$P < 0.05$）（表 5-18）。

表 5-18 光照、温度、空气湿度对小白菜硝酸盐含量影响的方差分析（F 值）

因素	叶片		叶柄	
	香港特选奶白菜	揭农四号春白菜	香港特选奶白菜	揭农四号春白菜
光照	380.305**	4245.772**	97.455*	63.030*
温度	55.699*	338.801**	9.637	3.458
空气湿度	36.293*	96.127*	8.173	1.933

由表 5-19 可知，随光照强度的增加，两个小白菜品种叶片中的硝酸还原酶（NR）活性增强，且高光照强度能显著提高叶片中的 NR 活性，相较于光照强度为 3000lx

表 5-19 光照和品种对 NR、NiR、GS、GOGAT 与 GDH 的影响

光照	品种	NR/[μg/(h·g FW)]	NiR/[μg/(h·g FW)]	GS/[μmol/(h·g FW)]	GOGAT/[μmol/(h·g FW)]	GDH/[μmol/(h·g FW)]
3 000lx		21.40±3.58b	61.00±19.17a	0.02±0.00a	12.06±3.13a	43.09±10.14a
6 000lx	香港特选奶白菜	28.10±2.31b	62.82±14.51a	0.01±0.00a	14.04±1.72a	49.13±4.17a
12 000lx		40.56±1.69a	51.62±23.68a	0.02±0.00a	25.38±15.87a	29.23±5.42a
3 000lx		29.50±6.89b	67.37±18.51a	0.02±0.01a	26.52±14.87a	51.40±1.19a
6 000lx	揭农四号春白菜	31.77±1.29b	69.89±14.41a	0.02±0.00a	17.09±2.85a	52.82±12.09a
12 000lx		61.45±4.39a	49.28±16.24a	0.02±0.00a	11.84±0.53a	46.16±8.00a

时，当光照强度增至 6000lx 和 12 000lx 时，'香港特选奶白菜'和'揭农四号春白菜' NR 活性增加了 31.3% 和 89.5%、7.7% 和 108.3%。光照对 NiR、GS、GOGAT 和 GDH 活性并未产生显著影响。

（二）光质

刘文科等（2012）的研究表明，不同光质对蔬菜作物的硝酸盐积累影响巨大，不同的作物在相同光质下硝酸盐的积累情况有不同的表现。而摄入过量硝酸盐，其会在人体内转化为对人体有害的硝酸盐，对人体健康构成威胁。从图 5-6 可以看出，从青熟期到转色期，在绿色光质下，硝酸盐含量下降，在其余 4 种光质下，硝酸盐含量均有不同程度的增加，其中蓝色和黑色光质下硝酸盐增加量最高；从转色期到成熟期，在黑色和绿色光质下硝酸盐含量有所增加，在白色、蓝色和红色光质下，硝酸盐含量均有不同程度的降低，其中红色光质下硝酸盐含量降低效果最好。本研究发现，从转色期到成熟期，蓝色和红色光质可以有效降低番茄果实硝酸盐含量。这和蔡华（2016）的研究结果一致，红色光质对番茄果实硝酸盐含量的降低效果最好。

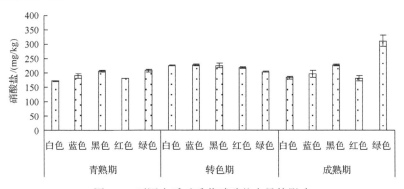

图 5-6 不同光质对番茄硝酸盐含量的影响

三、温度调控

我们在小白菜水培试验中发现，随着温度的增加，2 个供试小白菜品种叶片中的硝酸盐含量呈增加趋势（表 5-20）。'揭农四号春白菜'叶片硝酸含量在各温度处理下的差异达到显著水平，'香港特选奶白菜'品种在 15℃处理下的叶片硝酸含量显著高于 5℃处理下的含量，但温度由 15℃增至 25℃时，叶片中硝酸盐含量增加并不显著，因此可知，'揭农四号春白菜'品种叶片中硝酸盐含量较'香港特选奶白菜'叶片对温度的更为敏感。但就总体而言，温度对 2 个小白菜品种叶片硝酸盐含量有显著的影响（$P<0.05$）（表 5-20）。相对于 5℃条件的叶片硝酸盐含量，'香港特选奶白菜'和'揭农四号春白菜'品种在 15℃和 25℃时的硝酸盐含量分别增加了 15.0% 和 18.3%、6.7% 和 16.7%。同时无论在何种温度下，'香港特选奶

白菜'品种叶片中硝酸盐含量始终高于'揭农四号春白菜'品种，但差异不显著。温度对小白菜叶片硝酸盐含量有显著或极显著影响（$P<0.05$）（表 5-18）。

　　叶柄硝酸盐含量随着温度的增高而增加。温度为 25℃时的'香港特选奶白菜'叶柄硝酸盐含量显著高于 5℃处理下的含量，说明'香港特选奶白菜'品种叶柄的硝酸盐含量相较于'揭农四号春白菜'品种对温度更为敏感。同时无论在何种温度下，'香港特选奶白菜'品种叶柄中硝酸盐含量始终高于'揭农四号春白菜'品种，但差异不显著。

表 5-20　温度对小白菜硝酸盐含量的影响　　　　　（单位：mg/kg）

温度	叶片		叶柄	
	香港特选奶白菜	揭农四号春白菜	香港特选奶白菜	揭农四号春白菜
5℃	1388.48±177.04b	1300.89±217.51c	2082.70±204.37b	1969.54±253.74a
15℃	1596.95±179.78a	1388.29±203.07b	2143.71±109.81ab	1991.04±218.95a
25℃	1643.24±272.79a	1517.51±252.36a	2251.17±163.32a	2133.82±345.35a

四、水分调控

　　我们在小白菜水培试验中发现，空气湿度对小白菜叶片硝酸盐含量有显著影响（$P<0.05$）（表 5-18）。由表 5-21 可知，随着空气湿度的增加，叶片硝酸盐含量呈先增加后下降趋势，70%空气湿度处理下的硝酸盐含量显著高于 50%、90%处理时的含量，相对于空气湿度为 50%时，当空气湿度增至 70%时，'香港特选奶白菜'和'揭农四号春白菜'叶片中的硝酸盐含量增加了 9.6%和 5.9%，当空气湿度增至 90%时，硝酸盐含量分别下降了 4.5%和 2.3%。同时无论在何种空气湿度下，'香港特选奶白菜'品种叶片中硝酸盐含量始终高于'揭农四号春白菜'品种，但差异不显著。

　　空气湿度对小白菜叶柄硝酸盐含量并无显著影响（$P>0.05$）（表 5-18）。由表 5-21 可知，随着空气湿度的增加，叶柄硝酸盐含量呈先增加后下降趋势，但各处理差异并不显著，说明小白菜叶柄硝酸盐含量对空气湿度并不敏感。同时无论在何种空气湿度下，'香港特选奶白菜'品种叶柄中硝酸盐含量始终高于'揭农四号春白菜'品种，但差异不显著。

表 5-21　空气湿度对小白菜硝酸盐含量的影响

空气湿度	叶片/(mg/kg)		叶柄/(mg/kg)	
	香港特选奶白菜	揭农四号春白菜	香港特选奶白菜	揭农四号春白菜
50%	1516.92±260.35b	1385.62±258.45b	2079.60±201.36a	1954.48±248.44a
70%	1663.09±248.10a	1466.77±263.30a	2236.66±172.40a	2073.18±271.47a
90%	1448.66±123.15b	1354.30±156.90b	2161.33±106.47a	2066.75±142.05a

五、施肥调控

(一) 氮肥

1. 施用量

氮为植物结构组成元素，主要构成蛋白质、核酸、叶绿素、酶、辅酶、辅基、维生素、生物碱、植物激素等。氮是叶绿素合成所必需的，作为叶绿素分子的一部分，氮参与光合作用；氮是植物体内维生素和能量系统的组成部分；氮是氨基酸的必需组成部分，氨基酸生成蛋白质。作物体内氮的化合物主要以蛋白质形态存在，蛋白质的存在是生命存在的象征。氮肥对植物生长发育、产量形成与品质优劣有极为重要的作用。蔬菜硝酸盐含量的高低与硝酸盐的吸收、还原转化和蔬菜的生长密切相关。蔬菜的氮素营养水平影响着蔬菜的生长、NR的活性、硝酸盐的吸收和还原转化。提高氮素水平可促进蔬菜生长，增加 NR 活性，促进硝酸盐的吸收和还原。当硝酸盐的吸收量大于还原量时，吸收的硝酸盐不能及时还原而在蔬菜体内积累；当硝酸盐积累量超过蔬菜生长量时，由于养分的富集效应，蔬菜的硝酸盐含量将增加，反之，会因稀释效应而降低。在蔬菜的各种必需营养元素中，以氮素营养对蔬菜硝酸盐含量的影响最为直接，表现在氮肥用量、种类及形态配比、施用时期、施用方法和氮素的供应方式等方面 (Khan et al., 2006)。

氮肥的施用量与蔬菜体内的硝酸盐含量呈显著或极显著正相关，故偏施或滥用氮肥是蔬菜品质恶化的重要原因，科学控制施氮量是降低硝酸盐含量的首要措施。王正银等 (2003) 在研究氮肥用量对小白菜硝酸盐含量的影响试验中发现 (图 5-7)，无氮肥处理小白菜硝酸盐含量在 45 天内为 $617\sim2988mg/kg$，均值为 $2160mg/kg\pm728mg/kg$，变异系数较其他处理都大，达 33.70%；施氮 4 个处理的平均值为 $2667\sim2811mg/kg$，变异系数为 12.7%～20.7%。结果表明，施氮显著提高了小白菜的硝

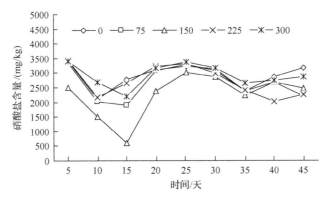

图 5-7　不同氮水平下收获天数与小白菜硝酸盐含量的关系

酸盐含量(23.5%~30.1%),且其提高作用不随生长天数增加发生较大变化(变异系数小),从而明显降低了小白菜的食用安全性。从不同取样时期看,在第 5 天、第 25 天和第 30 天取样,各处理硝酸盐含量高达 2900~3400mg/kg,均值大于3000mg/kg,变异系数也较低;而在第 10 天和第 15 天时,各处理硝酸盐含量的均值仅约为 2000mg/kg。这可能与植株生物量不同和气候发生变化有关。

2. 氮肥形态及配比

我们进行水培试验发现(表 5-22),在硝铵比为 50∶50、75∶25、100∶0 时,各小白菜叶硝酸盐的含量范围分别为 2004.86~3489.28mg/kg、2008.10~4103.60mg/kg、2819.10~4146.50mg/kg,硝酸盐含量的最高值和最低值分别相差74.0%、1.04 倍和 47.1%。叶柄硝酸盐的含量范围分别为 3882.62~5193.85mg/kg、4438.69~5365.14mg/kg、4418.65~5448.81mg/kg,硝酸盐含量的最高值和最低值分别相差 33.8%、20.9% 和 23.3%。根硝酸盐的含量范围分别为 505.39~1434.38mg/kg、743.70~1716.71mg/kg、878.18~2188.68mg/kg,硝酸盐含量的最高值和最低值分别相差 1.84 倍、1.31 倍和 1.49 倍。由此可知,小白菜不同器官的硝酸盐含量范围较大,其中变化范围最大的为根,在任何硝铵比处理下硝酸盐最大值比最低值高出 1 倍多。叶、叶柄和根中的硝酸盐含量均因硝铵比的不同而不同,最低值和最高值都随硝铵比的增加而增加。

表 5-22　硝铵比对小白菜硝酸盐含量的影响　　　　(单位：mg/kg)

品种	硝铵比	叶	叶柄	根
	N1	2993.12±268.72a	5019.83±97.13a	1348.61±7.76a
1	N2	2008.10±149.74b	4555.24±9.71b	1211.66±25.10b
	N3	2819.10±36.42a	4826.39±4.05a	1142.17±15.85b
	N1	2696.08±47.76a	4141.65±33.19b	1020.88±33.15c
2	N2	2725.62±196.28a	4961.56±4.86a	1488.12±15.03b
	N3	2909.75±156.21a	4848.24±74.46a	1882.82±2.47a
	N1	3489.28±29.95b	4765.88±104.75a	1039.16±6.62b
3	N2	3552.41±84.99ab	4910.29±80.94a	881.66±35.66c
	N3	3948.48±243.00a	4909.24±70.68a	1614.73±18.62a
	N1	2431.41±29.14b	4412.79±61.52c	876.28±18.40c
4	N2	2602.99±1.62b	4752.73±12.95b	1624.61±55.80a
	N3	3210.04±97.13a	5045.73±29.14a	1397.01±19.43b
	N1	3016.59±107.65b	4951.84±8.09a	1434.34±112.82a
5	N2	3252.13±67.99b	4665.32±25.90b	1716.71±13.76a
	N3	3466.62±75.28a	4418.65±2.20c	1538.83±22.71a

续表

品种	硝铵比	叶	叶柄	根
6	N1	2669.37±17.81b	4765.68±66.37a	1190.61±0.81b
	N2	2938.89±0.81b	4726.03±31.57b	1342.97±119.44b
	N3	3735.33±157.83a	4922.71±22.67c	1694.05±26.71a
7	N1	3269.93±33.99b	4572.24±50.99c	737.18±68.49b
	N2	3600.16±25.90a	5289.36±10.53a	1178.47±145.69b
	N3	3477.95±73.66ab	4993.12±21.85b	2188.68±69.37a
8	N1	3321.73±0.00b	4957.51±26.71a	1133.15±24.29b
	N2	3568.60±17.00a	4722.79±36.43b	2049.37±119.79a
	N3	2597.33±31.57b	3882.62±36.67b	505.39±23.47b
9	N1	2597.33±31.57b	3882.62±36.67b	505.39±23.47b
	N2	2802.92±20.24a	4438.69±11.33a	734.70±36.43a
	N3	2940.51±49.37a	3893.38±142.73b	878.18±54.89a
10	N1	3179.28±8.09b	5193.85±25.09b	1201.19±16.13c
	N2	4103.60±95.51a	5365.14±99.86a	1319.31±35.62b
	N3	4146.50±21.85a	5448.81±64.76a	1961.15±0.81a
LSD$_{0.05}$	品种	**	**	**
	硝铵比	**	**	**
	硝铵比×品种	**	**	**

(二) 磷肥

磷是核酸、核蛋白、磷脂、植素、ATP 和含磷酶的重要组成元素，以多种方式参与植物体内代谢过程。磷参与光合磷酸化作用，将光能储藏在 ATP 中，同时形成 NADPH，为硝酸盐还原同化提供能量和电子供体。磷促进呼吸作用，增加有机酸和 ATP，以容纳更多的铵盐来形成氨基酸。磷是磷酸吡哆醛的组成成分，磷酸吡哆醛是氨基酸转移酶的活性基团，催化氨基酸转移作用而合成各种氨基酸，促进蛋白质的形成。磷是 NR 和 NiR 的重要组成部分，直接参与硝酸盐的还原和同化，促进植物的氮素代谢。磷为植物生长发育的能量之源，在养分平衡中有重要作用。磷肥影响蔬菜生长和硝态氮的吸收与还原转化。

植物缺磷，根系中 ATP 浓度降低，抑制根系对硝酸盐的吸收和硝酸盐向地上部的转移，导致 NR 降低，磷酸烯醇丙酮酸(PEP)羧化酶活性上升，氨基酸在植物叶内积累，严重影响植物的生长和硝酸盐的吸收与同化。缺磷比增氮更容易引起叶菜组织内硝酸盐积累，原因是植物体内氮磷比大，磷素不足会抑制植物生长发育，使硝酸盐相对富集；磷素充足时会促进硝酸盐的吸收同化，从而降低硝酸盐含量。磷对蔬菜硝酸盐含量的影响比较复杂，与蔬菜对硝酸盐的吸收、还原同化以及作物的生长有关。当硝酸盐吸收量大于还原转化量时，蔬菜体内的硝态氮总量增加，如果增加量超过了生长量的增加，将导致蔬菜硝酸盐含量升高，表现为施磷促进硝酸盐积累。相反，如果增加量小于生长量的增加，则会因稀释效应引起蔬菜的硝态氮含量降低（郑世伟，2014）。

在重庆市两个试验点，不同磷肥用量条件下油麦菜硝酸盐含量范围分别为 2165～2465mg/kg 和 2866～3283mg/kg。造成这种差异的主要原因是植物的生长量与硝酸盐积累量不同步，当植物生长量大于硝酸盐积累量时，因稀释效应油麦菜体内硝酸盐含量降低，反之会因浓缩效应而增加（陈益等，2015）。所以，研究磷素营养与蔬菜硝酸盐的关系，必须考虑土壤的磷含量、氮钾的用量与量比以及栽培作物的种类和品种，方能发挥磷肥在降低蔬菜硝酸盐含量、改善其卫生品质方面的潜力。

（三）钾肥

钾与作物对硝态氮的吸收、还原以及氮素代谢过程密切相关。钾影响植物的光合能力和光合系统的活性，能促进光合作用和碳水化合物的运输，提高 CO_2 的同化率，有利于 ATP、NAD（P）H 和有机酸的形成，可为硝态氮还原同化提供能量、电子供体和碳骨架。钾能促进碳水化合物的运输，特别是从地上部向根系的运输，提高了根系的活力，从而增加根系对硝态氮的吸收，增加硝酸盐的积累。钾还是硝态氮在植物体内运输的伴随离子，以钾为伴随离子可以加速硝态氮由根部向地上部的转移，提高茎叶的硝态氮含量（Cantliffe，1973）。此外，钾是植物体内 60 多种合成酶、氧化酶和转移酶的活化剂，对植物碳、氮代谢有明显的调节作用。例如，钾是硝酸还原酶的激活剂，增加钾的供应可以显著提高 NR 的活性，加快硝酸盐的还原同化，减少硝酸盐的积累。钾还是氨基酰-tRNA 合成酶和多肽合成酶的活化剂，能促进核酸和蛋白质的合成，提高植物体内氮代谢的速率，间接影响硝酸盐的同化（Ruiz and Romero，2015）。可见，钾既能促进蔬菜对硝态氮的吸收，从而增加硝酸盐的积累；又能促进其还原转化，减少硝酸盐的含量。由此可见，钾肥与蔬菜硝酸盐积累的关系十分复杂，钾对蔬菜硝酸盐积累的影响是钾促进硝酸盐吸收与还原同化相平衡的结果。

1. 钾肥形态

大白菜大田试验于 2017 年 2 月 18 日至 5 月 19 日在重庆市璧山区八塘镇三元村进行，试验设置 3 个钾水平（K_2O），分别为 150kg/hm²、300kg/hm² 和 450kg/hm²，并设不施钾空白对照（CK），共 7 个处理，每个处理设 3 次重复，所有处理氮（N）、磷（P_2O_5）施用量相同，按照农户习惯，施肥用量为 750kg/hm² 氮磷复合肥（15-15-0）。由图 5-8 可知，大田试验'良庆'地上部硝酸盐含量随普通硅酸钾（OKSi）

和纳米硅酸钾(NKSi)施用量的增加呈逐渐升高的趋势，以 450kg/hm² OKSi 时含量最高，为 753mg/kg，较对照显著提高了 61.2%，但远低于欧洲国家允许交易大白菜的硝酸盐含量最高水平 1500mg/kg(Santamaria et al.，1997)。与对照相比，在施用量为 150kg/hm²、300kg/hm² 和 450kg/hm² 时，OKSi 和 NKSi 处理硝酸盐含量分别提高了 26.6%、54.4%、61.2% 和 6.85%、27.2%、45.2%；统计分析显示，施用 OKSi 大于 300kg/hm² 会显著提高 '良庆' 地上部硝酸盐含量，而在各 NKSi 施用量下，'良庆' 地上部硝酸盐含量有所提高但均升高不显著；'良庆' 地上部硝酸盐在所设施用量梯度下，OKSi 和 NKSi 之间差异不显著。

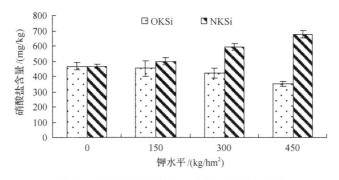

图 5-8　不同硅酸钾处理大白菜中硝酸盐含量

2. 钾肥种类

采用田间小区试验研究了不同种类和用量钾肥对硝酸盐的影响，除低量氯化钾处理外，各施钾肥处理均较不施钾肥处理降低了甘蓝(*Brassica oleracea*)可食部分的硝酸盐含量，降低幅度为 1.0%～12.3%，以高量硫酸钾的降低作用最大(金珂旭等，2014)，高量硫酸钾和中量硫酸钾+泥炭处理显著降低硝酸盐含量。表明在化肥基础上增施有机肥泥炭可以促进硝酸盐转化为氨基酸和蛋白质，减少硝酸盐的积累。此外，钾肥对甘蓝硝酸盐含量的降低作用也与氮磷肥用量有关，磷肥、钾肥与氮肥平衡施用是降低蔬菜硝酸盐含量的关键。在不同钾肥种类和施肥时期对叶类蔬菜硝酸盐积累影响的研究中发现，除氯化钾常规处理外，其余处理氯化钾分期施、硫酸钾常规施及硫酸钾分期施均使莴笋叶硝酸盐含量降低。

(四)中、微量元素

1. 钙

针对重庆郊区菜园土壤酸化严重影响蔬菜生长和品质提高的现状，研究施钙对酸性菜园土壤上不同品种莴笋产量和品质的影响，结果表明，钙与植物产量密切相关，可促进根系充分发育和叶片正常生长，消除一些有害物质，从而抑制蔬菜对有害物质的吸收，改善作物品质。酸性土壤上增施钙肥，提高了试验土壤的

pH，增加了土壤各种养分的有效性，有利于莴笋生长和对养分的吸收，从而使莴笋增产。在低肥条件下，5 种莴笋(除'尖叶'和'双尖'外)的硝酸盐含量随施钙增加 8.6%～18.8%，而高肥条件下均降低(表 5-23)。

表 5-23　不同品种和处理莴笋的硝酸盐含量

处理	双尖		润农		挂丝红		二白皮		尖叶	
	含量 /(mg/kg)	增减百分比/%	含量 /(mg/kg)	增减百分比/%	含量 /(mg/kg)	增减百分比/%	含量 /(mg/kg)	增减百分比/%	含量 /(mg/kg)	增减百分比/%
$N_{15}P_5K_{10}$	1601		1963		1513		1033		2782	
$N_{15}P_5K_{10}Ca_{37}$	1601		2332	18.8	1719	13.7	1122	8.6	1771	−36.26
$N_{20}P_5K_{15}$	1926		2597		1830		1218		2015	
$N_{20}P_5K_{15}Ca_{37}$	1874	−2.7	2192	−15.6	1675	−8.5	1210	−0.6	1919	−4.8

注：$N_{20}P_5K_{15}Ca_{37}$ 表示 N、P_2O_5、K_2O 和 CaO 分别为 200mg/kg、50mg/kg、150mg/kg 和 370mg/kg

2. 钼

通过盆栽试验研究了 3 种不同 pH 菜园土施钼对莴笋硝酸盐含量的影响(表 5-24)。结果表明，氮磷钾配施，除微酸性土莴笋叶硝酸盐含量较施氮增加 4.7%外，其余处理的茎、叶硝酸盐含量均降低，以对中性土莴笋效果最好，茎、叶硝酸盐含量分别降低 22.8%、28.9%，但该处理的茎硝酸盐含量仍为各处理之首(2706mg/kg 鲜重)，酸性土莴笋茎、叶硝酸盐含量分别减少 3.0%、10.0%，莴笋茎硝酸盐含量表现为中性土＞酸性土＞微酸性土，叶硝酸盐含量三种土壤差异不大。在氮磷钾基础上增施 DCD 和 Mo，使酸性土、微酸性土、中性土莴笋茎及中性土叶硝酸盐含量较施氮处理分别降低 15.2%、27.3%、24.0%和 10.2%，但酸性土、微酸性土莴笋叶硝酸盐含量增加了 13.4%、27.6%；莴笋茎硝酸盐含量为中性土＞微酸性土＞酸性土，三种土上莴笋叶的硝酸盐含量差异不大。微酸性土上，在氮磷钾基础上增施 DCD 和 Mo 处理的莴笋茎硝酸盐含量较低，但产量较高。

表 5-24　不同土壤施肥处理莴笋硝酸盐含量

处理	酸性土				微酸性土				中性土			
	茎/(mg /kg)	增减百分比/%	叶/(mg /kg)	增减百分比/%	茎/(mg /kg)	增减百分比/%	叶/(mg /kg)	增减百分比/%	茎/(mg /kg)	增减百分比/%	叶/(mg /kg)	增减百分比/%
N	2310		1646		2935		1500		3504		2068	
NPK	2240	−3.0	1478	−10.0	2015	−31.3	1571	4.7	2706	−22.8	1470	−28.9
NPK+DCD+ Mo	1960	−15.2	1866	13.4	2134	−27.3	1914	27.6	2662	−24.0	1857	−10.2

3. 硼

硼是植物正常生长发育必需的微量元素之一。硼参与植物碳水化合物运输和蛋白质代谢，可改善植物品质，增强其抗旱、抗病能力。我们课题组采用液体培养试验研究了硼对大白菜(品种为'华良早五号'和'脆甜白2号')硝酸盐含量的影响。液体培养试验于2018年9～12月在重庆西南大学1号玻璃温室进行。营养液参照日本园试营养液配制。试验共设5个处理：CK(0mg/L)、M1(0.5mg/L)、M2(1mg/L)、M3(2mg/L)和M4(4mg/L)，对照不施硼素。各处理重复3次，随机排列。营养液每7天更换一次。由图5-9可见，与对照组相比，在0.5mg/L、1mg/L、2mg/L和4mg/L的硼素处理下，'华良早五号'的硝酸盐含量分别减少了24.65%、1.11%、25.28%、28.92%，'脆甜白2号'的硝酸盐含量减少了20.83%、52.92%、30.08%、40.59%。说明硼对大白菜硝酸盐含量具有降低作用。

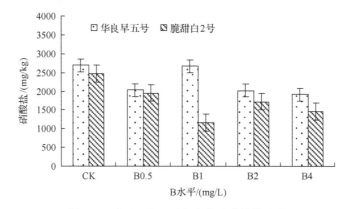

图5-9　不同硼水平对大白菜硝酸盐的影响

(五)缓控释肥与硝化抑制剂

大田试验在重庆市璧山区八塘镇三元村六社蔬菜基地进行。试验设置5个处理，即普通复合肥(OCF)、掺混肥(MCF)、商品包膜缓释肥(MSRF)、自制白菜包膜缓释肥两种(CSRF1和CSRF2)。其中自制白菜包膜缓释肥为西南大学研制，其主要由N、P、K、S及中微量元素组成的无机肥原料复混而成，N、P、K养分比例为13-8-7；原料中的氮素形态包括铵态氮、硝态氮、酰胺态氮等。除MSRF、CSRF1和CSRF2作基肥一次性施入菜地外，OCF和MCF都是按照农民的习惯施肥进行。试验作物为大白菜(*Brassica pekinensis*)，品种为'菊锦'，幼苗由重庆市璧山区八塘镇蔬菜基地提供。

从图5-10可以看出，与普通复合肥(OCF)相比较，掺混肥(MCF)、商品包膜缓释肥(MSRF)、两种自制白菜包膜缓释肥 (CSRF1和CSRF2)都不同程度降低了白菜茎中的硝酸盐含量，但仅CSRF1和CSRF2处理降低了白菜叶中的硝酸盐含量。在白菜叶中，CSRF1 的硝酸盐含量是 1062mg/kg，比 OCF 处理低 7.7%。在白菜茎中，CSRF1 和 CSRF2 的硝酸盐含量分别是 1238mg/kg 和 1468mg/kg，较 OCF 降低了 42.2%和 31.5%。CSRF1 处理的白菜叶和茎硝酸盐含量均低于 CSRF2 处理。在茄子、辣椒和黄瓜上分别施用专用缓释肥也得到了相似的结果，所有肥料处理中缓释肥对硝酸盐积累的抑制作用明显，这可能与肥料中添加的如双氰胺、脲酶抑制剂等缓释物质有关。

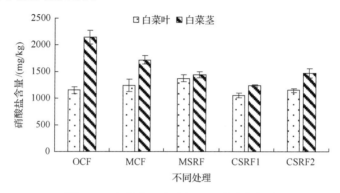

图 5-10　白菜大田试验各处理硝酸盐含量

为了降低和控制蔬菜的硝酸盐含量，目前国内外普遍采用氮肥配施硝化抑制剂来抑制土壤中硝化细菌的活性，从而有效地阻止硝化作用的发生，减少土壤和蔬菜的硝酸盐积累。在农业生产中施用效果较好的硝化抑制剂主要有双氰胺（DCD）、氮吡啉（CP）等，其中双氰胺以其无残留、易分解等特点被认为是一种理想的硝化抑制剂。使用 DCD 等硝化抑制剂，是控制植株中硝酸盐积累的一种有效途径。DCD 是一种氨基氢化盐类化合物，可抑制土壤中硝化细菌对铵态氮的硝化作用，其有效作用期约为 110 天，毒性随时间增加而降低，分解产物为氮化合物，极易为植物所同化（Goos and Johnson，1992）。德国 BASF 公司开发的新型硝化抑制剂 3,4-二甲基吡唑磷酸盐（DMPP）能提高作物品质、降低蔬菜作物（特别是叶类蔬菜）体内的硝酸盐浓度（Bañuls et al.，2001）。使用较普遍的硝化抑制剂 DCD、西砒（Nitrapyrin）、CP 和 DMPP 等化学抑制剂价格昂贵，有害物质多，易残留，已有专利的抑制剂中也有相当部分对环境是有影响的，如重金属进入土壤后不会分解，将在土壤中积累，长时间施用将会引起土壤的重金属污染，而有些硝化抑制剂如 DCD 会对作物产生毒害作用。因此选择成本低并且在一定时期内可以分解而不影响环境，同时对作物无害的硝化抑制剂非常重要（Wu et al.，2007）。一些植物材料可以作为硝化抑制剂，减缓氮肥在土壤中的硝化，减少氮肥损失。

李宝珍等（2002）比较了 2 种植物性硝化抑制剂（P_5 和 P_7）对莴笋叶片、茎硝酸盐含量的影响。分别在莴笋生长 35 天(前期)、45 天(中期)和 55 天(后期)时,取完全叶(心叶下第 3 叶)测定 NO_3^- 含量(表 5-25),结果表明,P_5 和 P_7 的不同用量处理中,前期莴笋叶片 NO_3^- 含量均较高,到中期明显降低,后期又急剧上升(表 5-25)。但与无肥处理(CK)比较,在前期,P_5 和 P_7 不同用量处理使叶片 NO_3^- 含量分别降低 43.4%～50.4%和 37.0%～46.3%,说明 P_5 和 P_7 确实可以抑制作物对 NO_3^--N 的吸收。在中期,P_5-L 使叶片 NO_3^- 含量增加 10.9%,P_5-M 无明显作用,P_5-H 可降低叶片 NO_3^- 含量达 40%;P_7 不同量处理中,除 P_7-L 使叶片 NO_3^- 含量降低 19%之外,P_7-M、P_7-H 反而使叶片 NO_3^- 含量分别增高 43.6%和 7.3%。在后期,各处理叶片的 NO_3^- 含量都明显比 CK 处理高,增幅为 11.0%～53.0%,原因可能是随着时间的推移,植物材料对硝化作用的抑制效果减弱,加之此时期气温升高,土壤硝化作用增强,因此植物吸收了更多的 NO_3^--N。

表 5-25 莴笋不同时期叶片硝酸盐含量(李宝珍等,2002)

处理	前期		中期		后期	
	NO_3^-含量 /(mg/kg)	增减百分比 /%	NO_3^-含量 /(mg/kg)	增减百分比 /%	NO_3^-含量 /(mg/kg)	增减百分比 /%
CK	435.9		171.9		222.8	
P_5-L	231.3	−46.9	190.7	10.9	247.7	11.0
P_5-M	246.8	−43.4	171.9		313.5	41.0
P_5-H	216.2	−50.4	103.1	−40.0	316.4	42.0
P_7-L	246.8	−43.4	139.2	−19.0	341.7	53.0
P_7-M	274.8	−37.0	246.8	43.6	285.5	28.0
P_7-H	234.4	−46.3	184.4	7.3	269.6	21.0

注:L、M、H 分别代表植物性硝化抑制剂为低量、中量和高量,下同

对莴笋施用植物性硝化抑制剂,各处理均能明显降低莴笋叶片可食部分的硝酸盐含量(P_7-H 除外),且 P_5 的作用大于 P_7,P_5 的三个用量处理可使硝酸盐含量降低达 26.6%～41.8%,以中量处理的降低作用最大;植物性硝化抑制剂对莴笋茎中硝酸盐含量的降低作用仍为 P_5 大于 P_7,试验各处理茎中硝酸盐含量以 P_5-L 处理最低,P_5-M 处理次之,分别较对照降低 37.3%和 26.1%;P_7 的三个处理中,仅 P_7-M 使茎中硝酸盐含量降低 4.6%,其余两个处理反而提高 35.4%和 45.7%(表 5-26)。从莴笋叶片和茎中硝酸盐含量的降低情况看,两种植物性硝化抑制剂以 P_5 的作用效果为好,并以中、低用量为宜;P_7 中量处理能明显降低莴笋茎、叶片的硝酸盐含量。此外,不同酸性菜园土壤上,氮肥配施硝酸盐复合控制剂(Mo、B、Zn、DCD、植物性硝化抑制剂 P_7)能显著降低莴笋茎、叶片的硝酸盐含量,改善其卫生品质。

表 5-26　莴笋可食部分硝酸盐含量的比较

处理	叶片		茎	
	NO_3^-含量/(mg/kg)	百分比/%	NO_3^-含量/(mg/kg)	百分比/%
CK	364.0	100	1485	100
P_5-L	267.1	73.4	931	62.7
P_5-M	211.7	58.2	1097	73.9
P_5-H	267.1	73.4	1803	121.4
P_7-L	322.5	88.6	2011	135.4
P_7-M	280.9	77.2	1416	95.4
P_7-H	391.7	107.6	2163	145.7

(六) 有机无机肥料优化配施

沼气发酵残留物，俗称沼气肥，是农作物秸秆、人畜粪便经厌氧发酵产生沼气后的剩余物。沼气发酵过程是 C、H、O 的分解转化过程，农村有机废弃物中的 C、H、O 经发酵转化为沼气(主要是 CH_4 和 CO_2)，大量的氮、磷、钾则保存于发酵残留物中，而且这些元素在发酵过程中被转化为简单的化合物，易于植物吸收。例如，有机废弃物中的有机氮，一部分被转化为 NH_4^+-N，相当于速效氮肥；另一部分则参与代谢或分解为氨基氮——游离氨基酸的形式，氨基酸是植物理想的氮素养分。合理利用沼气发酵残留物，不仅可以带来经济利益，而且具有社会效益；弃之不用或利用不当，势必造成资源浪费和环境污染。沼气发酵残留物中由于富集了有机废弃物中的大量养分和发酵过程中产生的生物活性物质，是一种具有很高应用价值的有机肥。

利用沼气发酵残留物制成的沼气肥是我国无公害蔬菜生产提倡施用的肥料之一。在氮磷钾肥基础上施用沼液可以增加莴笋、生菜、木耳菜(*Gynura cusimbua*)等叶类蔬菜的产量，其硝酸盐含量分别降低 13.8%～53.5%、31.8%～45.5%和5.4%～64.7%。沼液的来源、种类、施用量、施用方法等不同，对蔬菜产量、品质的影响也就不同。此外，在施用沼液、沼渣时，一定要注意其中的细菌、重金属等的含量，防止对蔬菜产量和品质造成负面影响，危害人体健康。

课题组采用盆栽试验，研究了不同沼液用量对莴笋、生菜硝酸盐含量的影响(表 5-27)。试验结果表明，沼液降低蔬菜叶片硝酸盐含量的效果最好。本试验条件下，不同沼液用量均明显降低了莴笋叶中硝酸盐含量(13.8%～53.5%)，以次高量处理的降低幅度最大，产量最高的高量处理降低最少；生菜硝酸盐含量较对照降低 31.8%～45.5%，也以产量最高的次高量处理降低幅度最大。此外，研究结果表明，沼液降低蔬菜硝酸盐含量的效果还受采收时间的影响。

表 5-27　不同沼液施用量对莴笋和生菜可食部分硝酸盐含量的影响（单位：mg/kg）

处理	莴笋叶	莴笋茎	生菜
CK	802.6	1037.7	913.3
沼液低量	677.9	954.7	622.6
沼液中量	470.4	1065.5	567.2
沼液次高量	373.5	1120.7	498.2
沼液高量	691.8	1328.4	595.1

此外，采用田间试验研究了不同沼液与化肥配施处理对榨菜（*Brassica juncea* var. *tumida*）硝酸盐含量的影响。结果表明，农家肥和沼液处理明显降低榨菜硝酸盐含量，分别降低 13.8%和 8.9%（李建勇等，2007）。

六、收获时期调控

蔬菜收获期也影响蔬菜的硝酸盐积累。课题组发现不同施氮水平下小白菜收获天数与硝酸盐积累量（生物量与硝酸盐含量之乘积）均呈极显著线性关系（表 5-28）。在 45 天内两种土壤上小白菜硝酸盐的积累量与施氮量间呈极显著的二次抛物线关系（表 5-29），随着生长的推进，小白菜硝酸盐的积累速率（b_1）整体递增。在 15 天前，积累速率以低肥力土壤为高；20 天后，中肥力土壤各时段的 b_1 值较低肥力土壤提高 8.4%～127.5%。显然，中肥力土壤上小白菜硝酸盐积累量显著高于低肥力土壤的原因在于其生物量大幅度增加。与中肥力土壤的情况不同，低肥力土壤上小白菜硝酸盐的最高含量出现在第 10 天和第 15 天，施氮肥各处理硝酸盐含量均在 3000mg/kg 以上，从第 20 天开始虽有所下降，但始终保持在较高水平。表明虽然低肥力土壤上植株吸收的硝态氮少，但因土壤综合肥力水平低，小白菜生物量低，进入植株体内的硝态氮难以被迅速还原，所以硝酸盐含量在生长中后期始终保持在很高水平。由此认为，提高菜园土壤的综合肥力水平是获得高卫生品质蔬菜的重要措施之一。

表 5-28　不同氮水平下小白菜收获天数（X）与硝酸盐积累量（Y）的线性回归关系（王正银等，2003）

氮水平/(kg/hm²)	中肥力土壤			低肥力土壤		
	b_0	b	R^2	b_0	b	R^2
0	−146.9	18.25	0.945	21.23	0.692	0.135
75	−280.3	37.35	0.922	41.54	8.31	0.906
150	−315.7	47.38	0.976	14.97	14.14	0.958
255	−503.5	61.30	0.947	23.77	19.10	0.974
300	−448.7	55.68	0.956	41.80	15.84	0.925

注：b_0 表示对生物量的影响；b 表示生物量增加速率

表 5-29 不同收获天数氮水平(X)与小白菜硝酸盐积累量(Y)的二次回归关系

收获天数	中肥力土壤				低肥力土壤			
	b_0	b_1	b_2	R^2	b_0	b_1	b_2	R^2
5	33.72	8.40	−0.308	0.968	−1.311	14.37	−0.541	0.984
10	26.01	15.08	−0.607	0.820	53.67	19.86	−0.637	0.984
15	22.78	29.50	−0.849	0.999	56.26	31.84	−0.827	0.973
20	172.25	72.47	−2.726	0.998	18.08	31.86	−0.692	0.948
25	316.95	61.51	−1.436	0.980	13.25	51.63	−1.491	0.944
30	388.77	98.70	−2.869	0.978	28.42	60.67	−1.941	0.985
35	536.76	134.88	−5.042	0.970	83.49	73.60	−2.197	0.980
40	575.16	167.51	−5.184	0.906	22.45	82.25	−2.223	0.986
45	693.66	106.32	−0.907	0.837	18.48	98.07	−3.202	0.978

注：b_1、b_2 表示施氮的增产效应

参 考 文 献

蔡华. 2016. 不同光质和营养液耦合对番茄生长、产量及品质的影响. 杨凌: 西北农林科技大学硕士学位论文, 22-28.

陈洁. 2009. 温度、光强与施肥量和品种互作对不结球白菜硝酸盐积累的影响. 南京: 南京农业大学硕士学位论文, 1-55.

陈书玉. 2001. 环境影响评价. 北京: 高等教育出版社.

陈巍, 罗金葵, 姜慧梅. 2004. 不同形态氮素比例对不同小白菜品种生物量和硝酸盐含量的影响. 土壤学报, 41(3): 420-425.

陈益, 王正银, 唐静, 等. 2015. 磷肥用量对石灰性紫色土壤油麦菜产量、品质和养分形态的影响. 草业学报, 24(10): 183-193.

陈永勤, 冯勃, 徐卫红, 等. 2016. 小白菜硝酸盐含量与光照强度及氮代谢关键酶相关性研究. 食品科学, 37(13): 183-188.

陈振德, 陈建美, 何金明, 等. 2002. 大白菜不同品种硝酸盐含量的分析. 中国蔬菜, 2(2): 40-43.

迟苏琳, 杨芸, 徐卫红, 等. 2015. 小白菜硝酸盐含量与 NH_4^+/NO_3^- 及氮代谢关键酶的相关性研究. 食品科学, 36(23): 70-77.

狄彩霞, 李会合, 王正银, 等. 2005. 不同肥料组合对莴笋产量和品质的影响. 土壤学报, 44(4): 652-659.

都韶婷. 2008. 蔬菜硝酸盐积累机理及其农艺调控措施研究. 杭州: 浙江大学博士学位论文, 13-88.

都韶婷. 2010. 蔬菜硝酸盐积累现状及其调控措施研究进展. 中国农业科学, 43(17): 3580-3589.

杜永臣. 1991. 无土栽培营养液中氮素及其调控. 中国蔬菜, (2): 52-55.

黄东风, 李卫华, 邱孝煊. 2010. 不同硝、铵态氮水平配施对小白菜生长及硝酸盐积累的影响. 土壤通报, 41(2): 394-398.

黄建国, 袁玲. 1996. 重庆市蔬菜硝酸盐、亚硝酸盐含量及其与环境的关系. 生态学报, 16(4): 383-388.

金珂旭, 王正银, 樊驰, 等. 2014. 不同钾肥对甘蓝产量、品质和营养元素形态的影响. 土壤学报, 56(6): 1369-1376.

李宝珍, 王正银, 李会合. 2002. 植物性硝化抑制剂对莴笋 NO_3^--N 和品质的影响. 西南农业大学学报, 24(3): 211-213.

李宝珍, 王正银, 李会合, 等. 2004. 叶类蔬菜硝酸盐与矿质元素含量及其相关性研究. 中国生态农业学报, 12(4): 113-116.

李会合. 2005. 氮钾对酸性菜园土壤莴笋品质的效应及机理研究. 重庆: 西南大学博士学位论文, 13-18.

李会合, 王正银, 罗云云, 等. 2005. 肥水互作对莴笋产量和硝酸盐含量的影响. 西南农业学报, 8(1): 66-69.

李建勇, 王正银, 李泽碧, 等. 2007. 沼液与化肥配施对茎瘤芥产量和品质的效应. 中国沼气, 25(6): 31-47.

李彦华, 杨芸, 徐卫红, 等. 2018. 不同小白菜品种硝酸盐含量、氮代谢关键酶活性及 NRT1 表达和亚细胞定位. 食品科学, 39(9): 78-84.

林观捷, 林家宝, 陈火英. 1995. 影响蔬菜硝酸盐含量积累因素的探讨. 上海农学院学报, 13(1): 47-52.

刘文科, 杨其长, 魏灵玲. 2012. LED 光源及其设施园艺应用. 北京: 中国农业科学技术出版社.

卢春玲, 周根娣. 1989. 上海地区蔬菜硝酸盐含量状况及食用卫生评价. 上海农业科技, (4): 15-16.

马瑾, 杨国义, 利育盛, 等. 2004. 东莞市蔬菜硝酸盐污染现状研究. 生态环境, 13(3): 330-331.

秦玉芝, 陈学文, 刘明月, 等. 2000. 芹菜硝酸盐积累变化的研究. 湖南农业大学学报, 26(2): 100-101.

沈明珠, 翟宝洁, 东惠茹, 等. 1982. 蔬菜硝酸盐积累的研究—I. 不同蔬菜硝酸盐、亚硝酸盐含量评价. 园艺学报, 9(4): 41-48.

宋丽菊. 1978. 饮食与胃癌的病因. 北京医学院学报, (1): 52-60.

唐建初, 刘钦云, 吕辉红, 等. 2005. 湖南省蔬菜硝酸盐污染现状调查及食用安全评价. 湖南农业大学学报(自然科学版), 31(6): 672-676.

田园. 2006. 小白菜硝酸盐积累的基因型差异及生理基础研究. 南京: 南京农业大学硕士学位论文, 1-4.

汪李平, 向长萍, 王运华. 2004. 白菜不同基因型硝酸盐含量差异的研究. 园艺学报, 31(1): 43-46.

汪李平. 2001. 小白菜硝酸盐含量基因型差异及其遗传行为的研究. 武汉: 华中农业大学博士学位论文, 6-96.

王朝辉, 李生秀. 1996. 蔬菜不同器官的硝态氮与水分、全氮、全磷的关系. 植物营养与肥料学报, 2(2): 144-152.

王正银, 李会合, 李宝珍, 等. 2003. 氮肥、土壤肥力和采收期对小白菜体内硝酸盐含量的影响. 中国农业科学, 6(9): 1057-1064.

肖厚军, 阎献芳, 彭刚. 2001. 贵阳市主要蔬菜硝酸盐含量状况与氮磷钾养分的关系. 农业环境保护, 20(6): 449-451.

杨芸. 2015. 不同小白菜品种硝酸盐积累差异及光照、温度和湿度调控机理研究. 重庆: 西南大学硕士学位论文.

杨芸, 王崇力, 徐卫红, 等. 2014. 重庆市菜园土壤与蔬菜硝酸盐和亚硝酸盐含量及相关性研究. 食品科学, 35(14): 136-140.

姚春霞, 陈振楼, 陆利民, 等. 2005. 上海市郊菜地土壤和蔬菜硝酸盐含量状况. 水土保持学报, 19(1): 84-88.

张鹏, 张然然, 都韶婷. 2015. 植物体对硝态氮的吸收转运机制研究进展. 植物营养与肥料学报, 21(3): 752-762.

郑世伟. 2014. 大气氮沉降背景下的天目山森林生态系统水文特征的研究. 杭州: 浙江农林大学硕士学位论文, 3-6.

周晚来, 刘文科, 杨其长. 2011. 光对蔬菜硝酸盐积累的影响及其机理. 华北农学报, 26(增刊): 125-130.

朱祝军, 蒋有条. 1994. 不同形态氮素对不结球白菜生长和硝酸盐积累的影响. 植物生理学通讯, 30(3): 198-201.

Annette P, Soren S. 1999. Nitrate and nitrite in vegetables on the Danish market: content and intake. Food Additives & Containants, 16(7): 291-299.

Aslam M, Travis R L, Huffaker R C. 1992. Comparative kinetics and reciprocal inhibition of nitrate and nitrite uptake in roots of uninduced and induced barley seedlings. Plant Physiology, 99: 1124-1133.

Babik I, Elkner K. 2002. The effect of nitrogen fertilization and irrigation on yield and quality broccoli. Acta Horticulturae, 564: 33-44.

Bañuls J, Quiñones A, Primo-Millo E, et al. 2001. A new nitrification inhibitor(DMPP) improves the nitrogen fertilizer efficiency in citrus-growing systems. Plant Nutrition, 762-763.

Benbi D K, Biswas C R, Kalkat J S. 1991. Nitrate distribution and accumulation in an ustochrept soil profile in a long tern fertilizer experiment. Fertilizer Research, 28: 173-177.

Boink A, Speijers G. 2001. Health effects of nitrates and nitrites, a review. Acta Horticulturae, 563: 29-36.

Bryan N S, Alexander D D, Coughlin J R, et al. 2012. Ingested nitrate and nitrite and stomach cancer risk: an updated review. Food & Chemical Toxicology, 50(10): 3646-3665.

Burns I G. 2002. A simple model for predicting the effect of leaching of fertilizer of nitrate during the growing season on the nitrogen fertilizer need of crops. Soil Science, 31: 175-185.

Cantliffe D J. 1973. Nitrate accumulation in table beets and spinach as affected by nitrogen, phosphorus, and potassium nutrition and light intensity. Agronomy Journal, 65(4): 563-565.

Cantliffe D J. 1972. Nitrate accumulation in vegetable crops as affected by photoperiod and light duration. Amer Soc Hort Sci J, 1(1): 414-418.

Catsburg C E, Gago-Domingue M, Yuan J M, et al. 2014. Dietary sources of N-nitroso compounds and bladder cancer risk: findings from the Los Angeles bladder cancer study. Int J Cancer, 134(1): 125-135.

Coulter J A, McCarthy H O, Xiang J, et al. 2008. Nitric oxide-an novel therapeutic for cancer. Nitric Oxide, 19(2): 192-198.

Crawford N M, Glass A D M. 1998. Molecular and physiological aspects of nitrate uptake in plants. Trends in Plant Science Reviews, 3(10): 389-395.

Forman D. 1987. Dietary exposure to N-nitroso compounds and the risk of human cancer. Cancer Surv, 6(4): 719-738.

Frerart F. Lobysheva I, Galliz B. 2009. Vascular caveolin deficiency supports the angiogenic effects of nitrite, a major end product of nitric oxide metabolish in tumors. Mol Cancer Res, 7(7): 1056-1063.

Goos R J, Johnson B E. 1992. Effect of ammonium thiosulfate and dicyandiamide on residual ammonium in fertilizer bands. Commun Soil Sci Plant Anal, 23: 1105-1117.

Gruda N. 2005. Impact of environmental factors on product quality of greenhouse vegetables for fresh consumption. Critical Reviews in Plant Sciences, 24(3): 227-247.

Gunes A. 1996. Reducing nitrate content of NTF grown winter onion plant by partial replacement of NO_3 with amino acid in nutrient solution. Scientia Horticulture, 65: 203-208.

Hunagfu C S, Shi Q, Li Y H. 2010. Harm-benefit analysis of nitrite relative to human health. J Environ Health, 27(8): 733-736.

Khan N K, Watanabe M, Watanabe Y. 2006. Effect of partial urea application on nutrient absorption by hydroponically grown spinach (*Spinach oleracea* L.). Soil Sci Plant Nutr, 46(1): 199-208.

Knekt P, Järvinen R, Dich J, et al. 1999. Risk of colorectal and other gastro-intestinal cancers after exposure to nitrate, nitrite and N-nitroso compounds: a follow-up study. Int J Cancer, 80(6): 852-856.

Kraft G J, Stites W. 2003. Nitrate impacts on groundwater from irrigated-vegetable systems in a humid north-central US sand plain. Agriculture, Ecosystems and Environment, 100: 63-74.

Liu K H, Huang C Y, Tsay Y F. 1999. CHLl is a dual-affinity nitrate transporter of *Arabidopsis* involved in multiple phases of nitrate uptake. Plant Cell, 11(5): 865-874.

Marsaretha B Z. 1989. Nitrate accumulation in vegetables and its relationship to quality. Association of Applied Biologists, 115(3): 553-561.

Montemurro F, Captorti G, Lacerateosa G, et al. 1998. Effects of urease and nitrification inhibitors application on urea fate in soil and nitrate accumulation in lettuce. J Plant Nutr, 21(2): 245-252.

Muntané J, la Mata M D. 2010. Nitric oxide and cancer. World J Hepatol, 2(9): 337-344.

National Toxicology Program. 2001. Toxicology and carcinogenesis studies of sodium nitrite(CAS No.7632-00-0)in F344/N rats and B6C3F1 mice(drinking water studies). Natl Toxicol Program Tech Rep Ser, 495: 7-273.

Ruiz J M, Romero L. 2015. Relationship between potassium fertilisation and nitrate assimilation in leaves and fruits of cucumber(*Cucumis sativus*)plants. Annals of Applied Biology, 140(3): 241-245.

Santamaria P, Elia A, Gonnella M. 1997. Changes in nitrate accumulation and growth of endive plants during light period as affected by nitrogen level and form. Journal of Plant Nutrition, 20(10): 1255-1266.

Siddiqi M Y, Glass A D, Ruth T J, et al. 1990. Studies of the uptake of nitrate in Barly. Plant Physiology, 93(4): 1426-1432.

Stantamaria P, Elia A, Serio F. 1998. Fertilization strategies for lowering nitrate contents in leafy vegetables: Chicory and rocket salad cases. J Plant Nutr, 21: 1791-1803.

Suh J, Paek O J, Kang Y W, et al. 2013. Risk assessment on nitrate and nitrite in vegetables available in Korean diet. Journal of Applied Biological Chemistry, 56(4): 205-211.

Tlustos P, Matousch O, Semenov V M, et al. 1991. The effect of nitrification inhibitors on growth and nitrate accumulation in spinach. Zahradnictvi, 18(1): 51-56.

Toderi M, Powell N, Seddaiu G, et al. 2007. Combining social learning with agro-ecological research practice for more effective management of nitrate pollution. Environmental Science & Policy, (10): 551-563.

Torre S, Fjeld T. 2001. Water loss and postharvest characteristics of cut roses grown at high or moderate relative air humidity. Scientia Horticulturae, 89(3): 217-226.

Urrestarazu M, Postigo A, Salas M, et al. 1998. Nitrate accumulation, reduction using chloride in the nutrient solution on lettuce growing by NFT in semiarid climate condition. Journal of Plant Nutrition, 21(8): 1705-1714.

Vaast P, Zasoski R J, Bledsoe C S, et al. 1998. Effects of solution pH, temperature, nitrate/ammonium rations, and inhibitions on ammonium and nitrate uptake by Arabic coffee in short-term solution culture. Journal of Plant Nutrition, 21(7): 1551-1564.

Vanin A F, Bevers L M, Slama-Schwok A, et al. 2007. Nitric oxide synthase reduces nitrite to NO under anoxia. Cell Mol Life Sci, 64(1): 96-103.

Ward M H, deKok T M, Levallois P, et al. 2005. International society for environmental epidemiology. Drinking water nitrate and health: recent findings and research needs. Environ Health Perspect, 113(11): 1607-1614.

Ward M H, Rusiecki J A, Lynch C F, et al. 2007. Nitrate in public water supplies and the risk of renal cell carcinoma. Cancer Causes Control, 18(10): 1141-1151.

White J W. 1975. Relative significance of dietary sources of nitrate and nitrite. Agricultural and Food Chemistry, 23(5): 886-891.

Wu S F, Wu L H, Shi Q W, et al. 2007. Nitrate uptake kinetics of grapevine under root restriction. Scientia Horticulturae, 111: 358-364.

Zhou Z Y, Wang M J, Wang J S. 2000. Nitrate and nitrite contamination in vegetables in China. Food Review International, 16(2): 61-76.

Zirklea K W, Nolanb B T, Jonesc R R, et al. 2016. Assessing the relationship between groundwater nitrate and animal feeding operations in Iowa(USA). Sci Total Environ, 10(1): 1062-1068.

第六章　蔬菜抗生素污染与调控策略

近年来，新型有机污染物抗生素在土壤-水-植物中的吸附、迁移和转化成为国内外研究的热点。抗生素被广泛用于保护人类健康、减少疾病以及畜禽养殖业。各种环境中，农田是抗生素的主要释放场所（Kemper，2008；Wang et al.，2018），而畜禽粪便作为有机肥施入农田被认为是抗生素进入土壤的最主要途径之一。我国每年产生约 19 亿 t 畜禽粪便，80%的粪便未经综合处理便施入农田，对农田生态环境产生危害（Qiu et al.，2013）。四环素类抗生素在土壤中的持久性最强，并容易积累，对生态系统和人体健康都有潜在的威胁（鲍艳宇，2008）。在我国，在施用畜禽粪肥的土壤 0～40cm 表层，检测到金霉素的残留高达 26.4mg/kg（何家香，2003）。Hamscher 等（2008）在长期施用猪粪尿的土壤中检测残留的抗生素，其中四环素（tetracycline，TC）在 0～10cm 土壤中平均浓度为 86.2μg/kg，10～20cm 为 198.7μg/kg，20～30cm 为 171.7μg/kg；在施用过液体肥料的表层土壤（0～30cm）中检测到土霉素（oxytetracycline，OTC）、四环素、金霉素（chlorotetracycline，CTC）的最高浓度分别为 27μg/kg、443μg/kg、93μg/kg，在 14 个取样点中至少有 3 个样点四环素类含量超过欧盟医药产品排放基准值（100μg/kg）（Sarmah et al.，2006）。土壤中抗生素长期暴露会对环境中的动植物产生危害，且可能通过植物吸收转移到人体之中，危害人类健康。

各种抗生素的大规模应用推动了抗生素抗性细菌（ARB）的全球传播，特别是对多种药物有抗性的"超级细菌"（Martinez，2009）。Yang 等（2014）在研究中发现施加畜禽粪肥的芹菜、小白菜等蔬菜中有一定量抗生素抗性细菌存在。许多对抗生素有耐药性的细菌已被检测到并从土壤样品中分离（Brandt et al.，2009），这些抗性细菌可能直接来自于人或者饲养动物的肠道系统，也可能是经土壤中抗生素胁迫产生。由动物粪肥中的抗生素残留诱导产生的抗生素抗性细菌很有可能从植株根际进入内部进行传播，进而通过食物链进入人体，导致人抗药性的产生，不难想象，这将对人类健康构成巨大的威胁（朱孔方，2009），如果抗生素抗性持续增加，人类和动物的大量疾病将无法医治。

由于土壤具有复杂性，对抗生素污染农田的修复还任重道远，尽管政府倡导和监督对畜禽粪便进行无害化处理，但目前还没有绝对安全高效的方式可用来处理大量的畜禽粪便。只要我们还依赖于密集的产业化农产品，抗生素的使用和畜禽粪便的安全问题就依然会存在（Tasho and Cho，2016）。

第一节　菜田抗生素的来源、种类及危害

抗生素在养殖业发挥着重要的作用，全球范围内的许多地区都通过添加各种抗生素来达到增加动物产品产量、提高经济效益的目的。据统计，2010～2013年全球抗生素的使用量增加67%，从63 151t±1560t增加到105 596t±3605t。中国是抗生素生产和消费最多的国家，每年约有6000t抗生素用于畜禽养殖。抗生素在动物体内不能被完全吸收和代谢，大部分以母体形式通过粪便和尿液排出体外，进入环境中。在众多的抗生素中，四环素类抗生素(表6-1)是应用最为广泛的抗生素之一，四环素类抗生素为人畜共用抗生素，对革兰氏阴性需氧菌和厌氧菌、支原体及某些原虫等有抗菌作用，能影响细菌蛋白质的合成，包括四环素(TC)、土霉素(OTC)和金霉素(CTC)等。

表 6-1　三种四环素类抗生素的分子结构与理化特性

种类	化学结构	分子形式	相对分子量	水分配系数(Log K_{ow})	酸度系数(pK_a)	水溶性/(g/L)
土霉素(OTC)		$C_{22}H_{24}N_2O_9$	460.4	−0.90	3.22-7.46-8.94	0.231 (13*)
四环素(TC)		$C_{22}H_{24}N_2O_8$	444.4	−1.30	3.32-7.78-9.58	0.031 (500*)
金霉素(CTC)		$C_{22}H_{23}Cl_1N_2O_8$	478.9	−0.62	3.33-7.55-9.33	0.630 (160*)

*表示其盐酸盐在水中的溶解度

一、目前我国畜禽粪便和农田土壤抗生素含量状况

已有大量研究报道在畜禽粪便中检测到四环素的残留，其含量高达98.2～354.0mg/kg，即便经过生产成为有机肥，四环素含量也高达15.87～72.79mg/kg。中国每年产生约190 000万t畜禽粪便，其中80%直接施入农田。在一些有机蔬菜种植基地土壤中四环素含量高达242.6μg/kg，土霉素最高可达8400μg/kg，水稻土中的四环素类抗生素含量达29.70～344.74μg/kg。研究发现，畜禽粪便中大量

携带抗性基因的抗生素抗性细菌会水平转移到土壤中，土壤微生物群落的结构会受到影响，使土壤中多重抗性细菌的多样性增加。四环素类抗生素在土壤内的存在，会诱导土壤中产生抗性增加数倍的多重抗性细菌，抗生素从土壤向植物迁移，在植株内富集，同时会使植物体内抗性菌数成倍增加。

(一)畜禽粪便中抗生素含量

我国浙北地区禽畜粪便样品中四环素、土霉素和金霉素残留量分别在检测限以下至 16.75mg/kg、29.60mg/kg、11.63mg/kg。江苏地区畜禽粪便中磺胺类药物的检出率普遍较高，其中奶牛粪便中磺胺类含量最高，母猪粪便中最低。张树清(2005)分析了我国多个省、市的典型规模化养殖畜禽粪中四环素类抗生素含量，发现土霉素、四环素、金霉素在猪粪中的含量平均分别为 9.1mg/kg、5.2mg/kg 和3.6mg/kg，在鸡粪中的含量平均分别为 6.0mg/kg、2.6mg/kg 和 1.4mg/kg(表 6-2)。80%以上的畜禽粪便没有经过合理处理，因此，含抗生素的动物粪便作有机肥施用到农田，是抗生素进入土壤环境的重要途径。

表 6-2　畜禽粪便中四环素类抗生素含量(张树清，2005)

采样点地区	样品特征	样品数量	检出率/%			平均值/(mg/kg)			参考文献
			土霉素	四环素	金霉素	土霉素	四环素	金霉素	
浙江北部	规模化鸡猪牛	39	NA	NA	NA	3.4	3.8	6.5	张慧敏等，2008
	散养鸡猪牛	54	NA	NA	NA	0.3	0.3	0.7	
山东、江苏等省	猪	61	41	NA	42.6	2.7*	NA	1.2*	Zhao et al.，2010
	牛	28	35.7	NA	82.1	1.2*	NA	2.2*	
	鸡	54	27.8	NA	42.6	1.6*	NA	1.1*	
天津	冬季×2	4	100	100	100	NA	NA	NA	Hu et al.，2010
	夏季×2	4	100	100	100	NA	NA	NA	
四川彭州	沼液	9	66.7	100	88.9	3.7	4.2	29.0	张林，2011
	粪样	14	78.6	92.9	71.4	0.6	0.6	4.2	
东北三省	奶牛	18	27.8	33.3	55.6	5.1	1.1	1.0	Li et al.，2013
	鸡	18	38.9	44.4	50	6.5	1.8	1.3	
	猪	18	50.0	50.0	61.1	11.8	5.3	3.2	
北京	猪	35	45.5	90.9	18.2	0.4	6.6	1.9	张丽丽等，2014
北京	粪便	17	100	88.2	94.1	2.1	0.4	2.5	Li et al.，2015

注：NA 表示文献中未具体报道；*表示中位值，下同

重庆是我国面积最大、人口最多的直辖市，地属西南地区，面积 8.24 万 km²，2017 年年末户籍人口 3390 万人；地势以山地、丘陵为主；属中亚热带温润季风

气候区，光热同季，雨量充沛，年均气温 18.4℃，年均总降水量 1196.2mm；农作物播种面积 360 万 hm²，其中蔬菜播种面积 76 万 hm²，蔬菜产量 1947 万 t；养殖业较发达，年出栏肉猪 2000 万头(重庆市统计年鉴，2017)。规模化养殖场产生的畜禽粪便大都作为有机肥出售给周边的农户。2014 年 9 月我们课题组以重庆市北碚区、合川区、长寿区、渝北区、璧山区、荣昌区、江津区、綦江区、南川区、大足区、永川区、涪陵区 12 个区域内规模化养殖种植场，共计 12 家养鸡场、14 家养猪场、11 个蔬菜生产基地作为采样点进行调查，重庆市养殖场畜禽粪便中的四环素类抗生素含量特征见表 6-3。在所调查的 14 个猪粪样品和 12 个鸡粪样品中，TC 检出率均达到 100%，其次是 CTC 和 OTC，在猪粪和鸡粪样品中的检出率分别为 85.7%、85.7% 和 91.7%、58.3%，总体检出率(三种四环素类抗生素检出率的平均值)猪粪(90.5%)＞鸡粪(83.3%)。从含量来看，土霉素、四环素和金霉素在猪粪中的最低含量为低于检测限(ND)～1.04mg/kg，最高值分别为 53.71mg/kg、427.39mg/kg、493.26mg/kg，平均值分别为 13.05mg/kg、91.81mg/kg、62.48mg/kg；在鸡粪中的最低含量为低于检测限(ND)～0.12mg/kg，最高值分别为 23.02mg/kg、23.01mg/kg、163.76mg/kg，平均值为 4.25mg/kg、4.0mg/kg、28.55mg/kg；猪粪的四环素类抗生素总含量平均值为 167.34mg/kg，鸡粪的四环素类抗生素总含量平均值为 37.40mg/kg，猪粪是鸡粪的 4.5 倍。残留量最高的样品来自綦江区的一家母猪养殖场，OTC、TC 和 CTC 残留分别高达 10.92mg/kg、313.39mg/kg、493.26mg/kg，残留量最低的样品是长寿区一家大型养鸡场(存栏量约 20 万只)发酵处理过的鸡粪，OTC、TC 和 CTC 残留量分别为 ND、0.68mg/kg、ND。总体来看，三种四环素类抗生素的污染程度为猪粪＞鸡粪，猪粪中 TC＞CTC＞OTC，鸡粪中 CTC＞TC＞OTC。

表 6-3　猪粪、鸡粪中四环素类抗生素残留情况

四环素类抗生素	猪粪(n=14)			鸡粪(n=12)		
	检出率/%	范围值/(mg/kg)	平均值/(mg/kg)	检出率/%	范围值/(mg/kg)	平均值/(mg/kg)
OTC	85.7	ND～53.71	13.05	58.3	ND～23.02	4.25
TC	100	1.04～427.39	91.81	100	0.12～23.01	4.60
CTC	85.7	ND～493.26	62.48	91.7	ND～163.76	28.55
四环素类抗生素总量(∑TCs)	90.5	1.04～817.58	167.34	83.3	0.22～168.58	37.40

注：ND 表示未检出，按 0 计算平均值

在调查的样品中，有 2 个猪粪是进行了发酵处理的，3 个鸡粪样品是进行了腐熟处理的，其余 12 个猪粪样品和 10 个鸡粪样品为未经任何处理的新鲜样品。OTC、TC、CTC 和四环素类抗生素总量(∑TCs)在发酵猪粪样品中的平均含量分别为 7.62mg/kg、7.79mg/kg、50.81mg/kg 和 66.21mg/kg，在新鲜猪粪样品中为

10.20mg/kg、105.81mg/kg、60.26mg/kg 和 176.28mg/kg，发酵猪粪样品 OTC、TC、CTC 和∑TCs 含量是新鲜猪粪样品的 74.7%、7.4%、84.3%和 37.6%；OTC、TC、CTC 和∑TCs 在腐熟鸡粪中的平均含量分别为 0.64mg/kg、0.56mg/kg、2.63mg/kg 和 3.83mg/kg，而在新鲜鸡粪中为 5.45mg/kg、5.95mg/kg、37.19mg/kg 和 48.58mg/kg，腐熟鸡粪样品中的 OTC、TC、CTC 和∑TCs 含量是新鲜鸡粪样品的 11.7%、9.4%、7.1%和 7.9%（图 6-1）。四环素类抗生素在经腐熟发酵处理的猪粪和鸡粪样品中的含量均比新鲜的猪粪和鸡粪要大幅度减少，其中鸡粪中含量减少幅度大于猪粪。虽然有的粪样检测不到抗生素残留，但残留水平高达数十甚至数百毫克每千克水平的样本时常可以检测到。不同样品间的四环素类抗生素含量显示出较大的差异，这主要是因为受到养殖场规模和光温条件、抗生素用量及种类偏好、取样时距给药时间长短等因素影响。在腐熟的鸡粪和发酵的猪粪样品中检测出的抗生素含量低于新鲜的样品，这是因为抗生素在腐熟发酵过程中受到微生物和光照等因素影响而发生了分解。

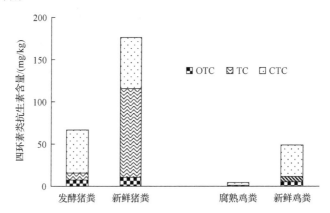

图 6-1　腐熟发酵与新鲜的猪粪和鸡粪中四环素类抗生素含量

(二)农田土壤中抗生素含量及抗性菌数量

1. 土壤中抗生素含量

抗生素通过粪肥施用进入土壤环境，连续的施用导致抗生素持续残留，在土壤中不断积累，造成土壤抗生素污染，土壤中抗生素残留浓度范围为 μg/kg 到 mg/kg 级（Wang et al.，2018）。早在 1981 年，Warman 和 Thomas 就在施用鸡粪的土壤中检测到了金霉素。之后，关于土壤中抗生素的研究不断有报道。李彦文等 (2009)分析了广州、深圳等地菜地土壤中四环素类抗生素含量，四环素、土霉素、金霉素的含量范围分别为 ND～74.4μg/kg、ND～79.7μg/kg、ND～104.6μg/kg，平均值分别为 44.4μg/kg、9.6μg/kg、34.1μg/kg。尹春艳等(2012)调查了山东某地区设施蔬菜基地土壤抗生素含量，土霉素、四环素、金霉素、强力霉素的含量平均值分别为 107.15μg/kg、29.30μg/kg、71.24μg/kg、66.31μg/kg。张慧敏等(2008)在调查浙北地区农田土壤中四环素类抗生素时发现，土霉素、四环素和金霉素在施用粪肥农田表层土壤中的平均残留量分别为未施粪肥农田的 38 倍、13 倍和 12 倍。近年来随着人们对生存环境的日益关注和有机农业的发展，尤其在蔬菜种植产业，有机肥料的施用重新受到重视。然而，经畜禽粪便等有机肥进入土壤中的抗生素不断积累，目前四环素类抗生素在土壤中的污染状况已较为严峻(表 6-4)，亟须加强相关的检测和有机肥合理施用的相关研究。

表 6-4　农田土壤四环素类抗生素含量　　　　(单位：μg/kg)

采样地区 (采样点数量)	土霉素(OTC)	四环素(TC)	金霉素(CTC)	∑TCs	参考文献
浙北地区 (n=48)	350(ND~5172)	107(ND~553)	119(ND~588)	576	张慧敏等，2008
珠江三角洲 (n=31)	9.6(ND~79.7)	44.1(ND~74.4)	31.1(ND~104.6)	84.8	李彦文等，2009
广东东莞 (n=37)	8.95(ND~103.40)	1.32(ND~7.24)	5.13(ND~76.00)	15.40	邰义萍等，2011a
珠江三角洲 (n=216)	9.6(ND~79.7)	44.1(ND~74.4)	31.1(ND~104.6)	84.8	Li et al.，2011
珠江三角洲 (n=21)	2.74(0.71~11.62)	0.63(ND~4.90)	0.87(ND~4.35)	4.24	邰义萍等，2011b
四川彭州 (n=25)	185(52~1051)	262(13~984)	908(ND~5325)	1355	张林，2011
上海(n=3)	890(410~4240)	2233(1870~2450)	NA(NA)	3123	Ji et al.，2012
上海崇明 (n=15)	17.1(NA)	21.7(NA)	42.4(NA)	81.2	Zheng et al.，2012
山东(n=20)	107.20 (6.06~332.02)	29.30 (2.11~139.20)	71.24 (1.82~391.30)	207.74	尹春艳等，2012
福建(n=28)	2.38(0.04~31.85)	2.67(0.16~25.66)	14.50(0.29~161.50)	19.55	Huang et al.，2013
天津(n=25)	9.3(ND~105.6)	28.9(ND~196.7)	89.9(ND~477.8)	128.1	张志强等，2013
辽宁沈阳 (n=70)	608.82* (17.62~1398.47)	240.69* (29.51~976.2)	717.57* (8.29~1590.16)	NA	An et al.，2015
北京(n=56)	80.0(NA~423)	5.2(NA~22)	17.0(NA~120)	102.2	Li et al.，2015
北京(n=11)	13.0(NA~42.0)	2.6(ND~5.4)	3.9(ND~14)	19.5	Li et al.，2015
上海青浦 (n=11)	13.4(2~47.3)	1.2(1~1.5)	1.5(1.3~1.8)	16.1	Zhang et al.，2016
江苏徐州 (n=33)	397.6(1~8400)	27.4(1.3~249)	8.3(1.3~98)	433.3	Zhang et al.，2016
江苏(n=23)	34.4*(ND~3511)	26*(ND~763)	256*(ND~4723)	NA	Wei et al.，2016
广东广州 (n=69)	2.38(0.04~31.90)	2.67(0.16~25.66)	14.50(0.29~161.50)	19.55	Xiang et al.，2016

注：ND 表示低于检测限

重庆地区菜田土壤中四环素类抗生素的含量特征见表 6-5。在调查的 11 个土壤样品中，OTC、TC 和 CTC 的检出率分别为 36.4%、27.3% 和 45.6%，总体检出率为 36.4%。OTC、TC 和 CTC 在土壤中的最高含量分别为 46.70μg/kg、69.50μg/kg、267.75μg/kg，平均含量为 10.88μg/kg、13.52μg/kg、51.46μg/kg，总体含量最高值和平均值分别为 267.75μg/kg 和 75.87μg/kg。三种抗生素在土壤中的污染程度为 CTC > TC > OTC。

表 6-5 土壤中四环素类抗生素残留情况

土壤四环素类抗生素	检出率/%	范围/(μg/kg)	平均值/(μg/kg)
OTC	36.4	ND~46.70	10.88
TC	27.3	ND~69.50	13.52
CTC	45.5	ND~267.75	51.46
∑TCs	36.4	ND~267.75	75.87

检测的 3 种四环素类抗生素 OTC、TC 和 CTC 的平均含量为 10.88μg/kg、13.52μg/kg、51.46μg/kg，这一调查结果与我国类似的报道接近。例如，广州、深圳等地菜地土壤中 3 种四环素类单个化合物检出率为 19.4%~96.8%，平均含量为 9.6~44.1μg/kg（李彦文等，2009）；东莞长期使用养殖场粪肥的蔬菜基地土壤中 OTC 平均含量为 9.0μg/kg，CTC 平均含量为 5.1μg/kg（郈义萍等，2011a）。不同地区土壤调查结果差异明显的原因很多，既与有机肥本身残留水平存在差异有关，也与作物不同、土壤施用有机肥数量差异巨大有关，还与有机肥的分解速率以及抗生素在不同气候、土壤条件下在微生物群系中的积累特点不同也有关（沈颖等，2009）。奥地利的研究发现，虽然粪肥中 CTC、OTC 和 TC 含量分别高达 46mg/kg、29mg/kg 和 23mg/kg，但施用该粪肥土壤中检测不到 OTC 和 TC，而 CTC 含量却高达 391μg/kg（Martínez-Carballo et al.，2007）。不同蔬菜根际理化特征有差异，导致根际微生物种群结构与功能不同，对不同抗生素的降解、吸收和积累特征不同（Cai et al.，2008），同一基地种植不同蔬菜，土壤中检测出的四环素类抗生素组成特征也会不同（郈义萍等，2011a）。由于四环素类抗生素在我国养殖业中使用普遍，虽然不同地区施用有机肥后土壤中四环素类抗生素残留特征和残留水平不同，但是其检出率普遍较高。

土壤中残留的抗生素不仅抑制微生物的生长和活性，还对植物产生毒性效应。蔬菜生产需要大量的有机肥，使蔬菜作物暴露于抗生素胁迫下。蔬菜遭受抗生素残留危害后，会影响蔬菜的产量和品质，蔬菜吸收富集的抗生素会通过食物链影响人体健康。另外，抗生素还可诱导产生抗性菌和抗性基因，通过基因的水平扩散，对人类健康构成巨大威胁。

2. 土壤中抗生素抗性菌数量

我们长期定位监测的结果显示，施用猪粪的土壤中四环素类抗生素抗性菌的数量均显著高于对照处理(图 6-2),在施用猪粪的土壤中检测到了大量抗性菌,其丰度为 anti-OTC>anti-TC>anti-CTC,各抗生素抗性菌占细菌总数的百分比也为 anti-OTC>anti-TC>anti-CTC,与土壤中 OTC 的残留量最高相似,anti-OTC 的含量也最高,这表明 OTC 在土壤中可能较难降解,并能够诱导其抗性菌产生。施用腐熟猪粪(CPM)和新鲜猪粪(CFPM)的土壤 anti-TC、anti-OTC 与 anti-CTC 数量分别比对照高 490.6%和 319.2%、363.0%和 167.5%、73.2%和 205.6%。由图 6-2 可知,不同抗性菌占细菌总数比例仍以 anti-OTC 最高,表现出与抗性菌数量相同的趋势,为 anti-OTC>anti-TC>anti-CTC。同样,施用腐熟猪粪的土壤抗性菌占细菌总数的比例较高,anti-OTC 分别比新鲜猪粪土壤和 CK 显著高 163.1%和 307.1%,anti-CTC 显著高于对照 52.3%,anti-CTC 与其他 2 个处理间无显著差异。

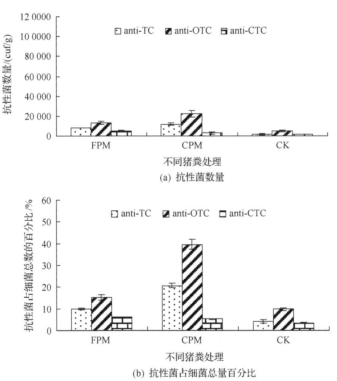

(a) 抗性菌数量

(b) 抗性菌占细菌总量百分比

图 6-2　不同猪粪处理对土壤四环素类抗生素抗性菌数量的影响

anti-TC 表示四环素抗性菌,anti-OTC 表示土霉素抗性菌,anti-CTC 表示金霉素抗性菌

3. 畜禽粪便和土壤中四环素类抗生素环境潜在风险评估

土壤中高浓度的抗生素会给生态环境尤其是土壤微生物和作物带来不利的影响,畜禽粪便作为有机肥施入到农田的过程中,抗生素也会随之转移到土壤中,按照欧盟的标准(EMEA,2006),如果畜禽粪便中的抗生素含量超过 100μg/kg,

就要对其进行风险评估，本次调查中大部分畜禽粪便中的抗生素含量超过 100μg/kg，因此有必要对其进行风险评估。

土壤中抗生素的生态风险通常用风险系数（hazard quotient，HQ）来表示（Park and Choi，2008）：

$$HQ = PEC / PNEC$$

畜禽粪便的风险系数可以通过畜禽粪便施入土壤后土壤中抗生素的含量来计算，土壤中抗生素的预测环境浓度（the predicted environmental concentration，PEC）通过下式计算（Hu et al.，2010）：

$$PEC = (C_m \times M) / (D + M)$$

式中，C_m 代表畜禽粪便中抗生素的浓度（mg/kg）；M 代表畜禽粪便的施入量（kg/hm²），我们取常规施用量猪粪 1.5t/亩[①]，鸡粪 1t/亩；D 代表土壤质量（kg/hm²），通常用单位面积（1hm²）耕层土壤（0～20cm）的质量，这里按土壤容重平均值 1500kg/m³ 计算（Spaepen et al.，1997）。

土壤环境中的抗生素预测无影响浓度（the predicted no-effect concentration，PNEC）根据下式计算（Li et al.，2013）：

$$PNEC = EC_{50} / AF$$

式中，EC_{50}（median effective concentration）代表半数有效浓度，OTC 的 EC_{50} 值为 50mg/kg（Vaclavik et al.，2004），TC 和 CTC 的 EC_{50} 值分别为 270mg/kg 和 53mg/kg（Thiele-Bruhn and Beck，2005）；AF（assessment factor）代表评估因子，急性毒性测试的评估因子为 1000，慢性毒性测试的评估因子 100（EMEA，2006），在评价抗生素时通常用 1000（Li et al.，2013）。那么，OTC、TC 和 CTC 在土壤中的 PNEC 值分别为 50μg/kg、270μg/kg 和 53μg/kg。

计算得到的四环素类抗生素的 PNEC 值，猪粪、鸡粪中四环素类抗生素的 PNEC 值，猪粪、鸡粪和土壤的 HQ 值列入表 6-6。

表 6-6 猪粪、鸡粪和土壤中四环素类抗生素的风险评估

四环素类抗生素	EC₅₀/(mg/kg)	PNEC/(μg/kg)	PNEC/(mg/kg)		HQ		
			猪粪	鸡粪	猪粪	鸡粪	土壤
OTC	50[a]	50[a]	0.097	0.021	1.94	0.42	0.22
TC	270[b]	270[b]	0.683	0.022	2.53	0.08	0.05
CTC	53[b]	53[b]	0.465	0.142	8.78	2.68	0.97

a 表示引自 Vaclavik et al.，2004；b 表示引自 Thiele-Bruhn and Beck，2005

---

① 1 亩≈666.7m²

　　根据 HQ 值的大小可以将风险系数分为 3 类，即 HQ＞1 属于高风险，1≥HQ＞
0.1 属于中等风险，HQ≤0.1 属于低风险（Li et al.，2012；Park and Choi，2008）。
如图 6-3 所示，猪粪样品中 OTC、TC 和 CTC 属于高风险的比例为 50%、43% 和
43%，属于中等风险的比例为 21%、43% 和 36%。Li 等（2013）调查的东北三省的
畜禽粪便中 OTC、TC 和 CTC 的 HQ 值为 15.75、1.40 和 7.60，相比较而言，重
庆地区畜禽粪便的总体 HQ 值要低于东北三省，但 TC 和 CTC 略高于东北三省。

　　经有机肥带入土壤中的四环素类抗生素残留不容忽视。目前，虽然已有一些
关于四环素类抗生素在畜禽粪便和土壤中降解特征的研究，但是有机肥-土壤-植
物体系中抗生素的研究还不够系统，如由有机肥带入的抗生素与土壤中抗生素残
留之间的关系；不同抗生素残留水平下作物对抗生素的吸收情况；畜禽粪肥施入
土壤后给人类带来的健康风险以及有机肥的安全用量等方面还有待研究。

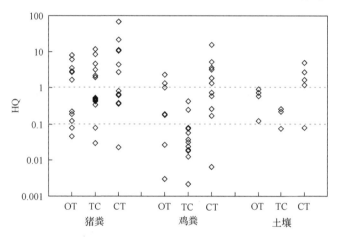

图 6-3　猪粪、鸡粪和土壤中的四环素类抗生素风险系数等级

二、土壤和蔬菜中抗生素的主要种类及含量

（一）土壤中抗生素的主要种类及含量

　　目前农业生产中广泛使用的抗生素按其化学结构可分为四环素类、β-内酰胺
类、磺胺类、喹诺酮类、大环内酯类、氨基糖苷类和多肽类等。四环素类抗生素
是由链霉菌产生的一类广谱抗生素，其价格低廉，抗菌谱广，包括四环素、金霉
素、土霉素等，是目前使用最广泛、用量最大的抗生素种类之一（杨晓芳等，2014）。

　　在我国，在施用畜禽粪肥的土壤 0～40cm 表层，检测到金霉素的残留高达
26.4mg/kg。在长期施用猪粪便的土壤中检测残留的抗生素，其中四环素在 0～
10cm 土壤中平均浓度为 86.2μg/kg，10～20cm 为 198.7μg/kg，20～30cm 为
171.7μg/kg；在施用过液体肥料的表层土壤中（0～30cm）中检测到土霉素、四环素、

金霉素的最高浓度分别为 27μg/kg、443μg/kg、93μg/kg(加和超过欧盟医药产品排放基准值 100μg/kg)。土壤中抗生素长期暴露会对环境中的动植物产生危害,且可能通过植物吸收转移到人体之中,危害人类健康。

我们于 2015 年 3 月至 2016 年 4 月在重庆市合川区云门镇金滩村蔬菜基地进行了长期定位监测(表 6-7),发现施用腐熟猪粪和新鲜猪粪的土壤四环素类抗生素 TC、OTC、CTC 与总量分别比对照增加了 22.9%、1684.5%、105.3%、319.2%(腐熟猪粪)和 59.7%、1273.6%、266.9%、339.7%(新鲜猪粪),土壤四环素类抗生素残留总量为 FPM>CPM,3 种四环素类抗生素土壤残留量为 OTC>CTC>TC。

表 6-7 施用不同猪粪处理 1 年后土壤四环素类抗生素残留量 (单位:μg/kg)

处理	TC	OTC	CTC	总量
CK	4.792±0.145c	1.830±0.088c	5.042±0.211c	11.664±0.805c
腐熟猪粪	5.888±0.258b	32.657±0.945a	10.351±0.747b	48.896±1.232b
新鲜猪粪	7.653±0.219a	25.137±0.893b	18.499±0.531a	51.289±2.438a

施用腐熟与新鲜猪粪 1 年后土壤四环素类抗生素 TC、OTC、CTC 和总量均显著高于 CK,这表明猪粪作为肥料会将抗生素转移到土壤中,其会在土壤中富集,这与刘健龙(2016)的研究一致。在施用猪粪的土壤中 OTC 的残留比 CTC、TC 高,这可能是由于 CTC、TC 较 OTC 更容易降解。CPM 的 OTC 比 FPM 高了 1.3 倍,原因可能是 OTC 在腐熟过程中更易富集,在新鲜猪粪中 OTC 较容易降解(Wang et al.,2018)。使用新鲜猪粪的土壤中 TC 和 CTC 及总量大于使用腐熟猪粪的土壤,说明猪粪在腐熟过程中抗生素会有一定程度的降解,可能是腐熟过程中厌氧菌分解了猪粪中部分抗生素。

(二)蔬菜中抗生素的主要种类及含量

不同种类蔬菜对抗生素的积累能力存在差异(迟苏琳等,2018)。我们课题组于 2015 年 4 月 10 日至 2015 年 6 月 10 日采用根袋法土培试验研究了 3 种四环素类抗生素(TC、OTC、CTC)对蔬菜生长的影响。每种抗生素设置了 3 个处理,分别为 0mg/kg、50mg/kg 和 150mg/kg。根据我们的土培试验结果(图 6-4),使用畜禽粪便的小白菜地上部和根的四环素类抗生素含量均高于生菜,分别是生菜的 1.11~1.25 倍和 1.16~3.55 倍。除小白菜的金霉素 150mg/kg 处理外,生菜和小白菜的根抗生素含量较高,分别比地上部高 27.27%~167.63%。在相同处理浓度下,生菜和小白菜的金霉素含量均最高,分别比四环素和土霉素显著高 10.44%~103.22%和 88.24%~197.43%;在同种抗生素处理下,生菜和小白菜的四环素类抗生素含量总体上以 150mg/kg 四环素类处理显著高于 50mg/kg 四环素类处理。

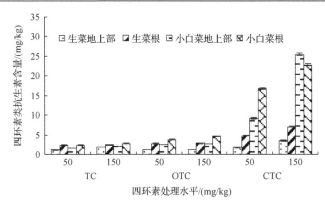

图 6-4 生菜和小白菜不同部位四环素类抗生素含量

三、菜田抗生素污染对植物的危害

(一)对蔬菜生长发育的影响

根据我们的根袋法土培试验结果(表 6-8),与对照(CK)相比,施加 OTC、TC 和 CTC 处理地上部生物量分别降低 13.2%～36.6%、10.6%～41.6%、11.2%～47.0%,根系生物量分别降低 21.3%～39.6%、21.1%～44.9%、9.3%～33.4%,总生物量分别降低 14.2%～36.1%、11.8%～42.0%、11.1%～45.4%;与对照相比,不同浓度的四环素类抗生素处理地上部生物量分别降低 10.6%～13.2%、10.2%～27.7%、20.7%～36.6%、35.7%～47.0%,根系生物量分别降低 9.6%～21.3%、19.3%～35.0%、27.5%～37.7%、33.4%～44.9%;除了地上部 CTC 在 150mg/kg、OTC 在 1350mg/kg、根系 OTC 在 450mg/kg,其余处理生菜地上部和根系生物量都随着抗生素浓度的升高而降低。同等浓度下,三种抗生素对生菜生物量的抑制作用也表现出一些差异性,在 50mg/kg 四环素类抗生素水平下,CTC 对根系生物量的抑制低于 OTC 和 TC,在 150mg/kg 四环素类抗生素水平下,OTC 对地上部和根系的抑制高于 TC 与 CTC,在 450mg/kg 四环素类抗生素水平下,CTC 对地上部的抑制低于 OTC 和 TC,在 1350mg/kg 四环素类抗生素水平下,CTC 对地上部的抑制显著高于 OTC,TC 对根系的抑制显著高于 CTC。

表 6-8 不同浓度四环素类抗生素对生菜生物量的影响

四环素类抗生素种类	浓度/(mg/kg)	地上部/(g FW/盆)	根系/(g FW/盆)	总植株/(g FW/盆)
CK	0	92.50±1.95a	11.83±1.30a	104.33±2.93a
OTC	50	80.25±4.60b	9.31±0.87c	89.56±5.41b
	150	66.89±3.95d	7.69±0.20ef	74.58±3.93d
	450	58.67±5.56ef	8.22±0.70de	66.89±4.97e
	1350	59.50±3.61ef	7.14±0.55fg	66.63±3.56e

四环素类抗生素种类	浓度/(mg/kg)	地上部/(g FW/盆)	根系/(g FW/盆)	总植株/(g FW/盆)
TC	50	82.71±4.63b	9.33±0.60c	92.04±4.58b
	150	82.16±3.90b	8.80±0.53cd	90.96±3.46b
	450	62.57±3.90de	7.84±0.45def	70.41±3.74de
	1350	53.99±4.50fg	6.52±0.35g	60.51±4.62f
CTC	50	82.04±2.18b	10.73±0.59b	92.77±2.18b
	150	83.05±4.38b	9.55±0.89c	92.60±4.53b
	450	73.38±4.19c	8.58±0.29cde	81.95±4.20c
	1350	49.06±3.19g	7.88±0.44def	56.94±3.49f

不同种类蔬菜对四环素类抗生素的响应也不同。四环素类抗生素对生菜的生物量总体上表现出降低作用(表 6-9)。除在土霉素 50mg/kg 处理外,生菜地上部和地下部生物量比对照低 1.56%～26.84%和 17.36%～51.04%;小白菜地上部生物量在各四环素类抗生素处理间无显著差异,小白菜地下部生物量在 50mg/kg 四环素类抗生素处理下比对照高 30.22%～82.22%。生菜地上部(四环素处理除外)和小白菜地下部的生物量均表现为 150mg/kg 四环素类抗生素处理显著低于 50mg/kg 四环素类抗生素处理。生菜在不同水平四环素类抗生素处理下的生长整体受到抑制,较小白菜对四环素类抗生素更为敏感。这表明不同种属的作物对抗生素的耐受性不同。小白菜地下部的生长在土壤四环素类抗生素水平为 50mg/kg 时受到促进作用,这在一定程度上反映了四环素类抗生素对植物生长的双向作用,即低浓度促进生长而高浓度抑制生长。

表 6-9　四环素类抗生素对生菜和小白菜生物量的影响

抗生素	抗生素浓度/(mg/kg)	生菜生物量/(g FW/盆)			小白菜生物量/(g FW/盆)		
		地上部	地下部	植株	地上部	地下部	植株
对照	0	106.05±5.29b	3.86±0.13a	109.90±5.16b	239.23±11.70a	2.25±0.11d	241.48±11.81a
四环素	50	77.59±3.52c	2.46±0.09ab	80.05±3.43d	250.08±3.89a	3.24±0.16c	253.32±3.73a
	150	96.90±4.14b	3.19±0.13ab	100.09±4.00c	248.05±12.23a	2.32±0.11d	250.37±12.35a
金霉素	50	104.40±4.26b	3.09±0.15ab	107.49±4.41bc	235.06±11.52a	4.10±0.19a	239.16±11.32a
	150	81.52±1.27c	3.18±0.21ab	84.70±1.07d	256.80±12.83a	3.72±0.18b	260.52±13.01a
土霉素	50	119.33±5.09a	1.89±0.09b	121.22±4.99a	252.17±11.61a	2.93±0.14c	255.10±11.47a
	150	79.54±3.46c	3.06±0.15ab	82.60±3.32d	255.28±12.47a	2.56±0.13d	257.84±12.60a

(二)对蔬菜光合特性的影响

我们进行根袋法土培试验发现,四环素类抗生素处理抑制了生菜的净光合速率(Pn),生菜的 Pn 随四环素类抗生素浓度水平的升高整体降低,与对照相比,

OTC、TC 和 CTC 处理的 Pn 分别降低了 0~54.6%、14.5%~45.5%、11.5%~54.8%；对于生菜的 Pn，在 50mg/kg 四环素类抗生素处理水平时为 OTC>CTC>TC，在 150mg/kg 和 450mg/kg 四环素类抗生素处理水平时为 CTC 显著高于 OTC 和 TC，在 1350mg/kg 四环素类抗生素处理水平时为 TC 显著高于 OTC 和 CTC。生菜的胞间二氧化碳浓度（Ci），与对照相比，在 OTC 和 TC 为 50mg/kg、150mg/kg 浓度水平时均显著降低，在 CTC 为 150mg/kg 和 1350mg/kg 水平时显著降低，而在 50mg/kg 和 450mg/kg 水平时与 CK 差异不显著。生菜的气孔导度（Gs）和蒸腾速率（Tr），随 TC 浓度增加，OTC 和 TC 处理表现出先升高（50~450mg/kg）再降低（450~1350mg/kg）的趋势，在 CTC 为 50mg/kg 和 450mg/kg 时显著高于 CK，而在 150mg/kg 和 1350mg/kg 时显著低于 CK（图 6-5）。

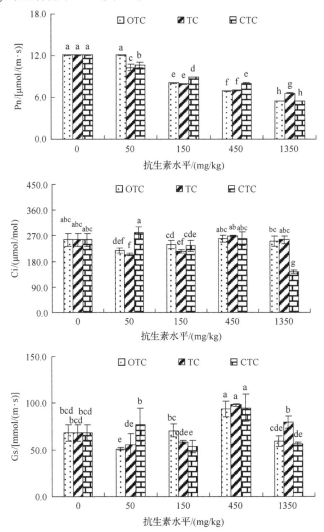

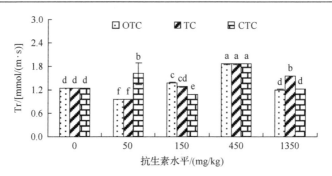

图 6-5　不同浓度的四环素类抗生素对生菜 Ci、Pn、Gs、Tr 的影响

　　不同四环素类抗生素对生菜和小白菜光合系统参数产生不同的影响。如图 6-6 所示，四环素类抗生素对生菜和小白菜胞间二氧化碳(Ci)的影响不明显。生菜的净光合速率(Pn)在四环素类抗生素处理下降低(50mg/kg 的金霉素除外)，比对照降低 32.43%~82.43%，其中在四环素处理下的变化最明显。生菜的气孔导度(Gs)在四环素类抗生素处理下呈现明显的下降趋势；在四环素类抗生素处理下，小白菜的 Gs 整体较对照增加。生菜和小白菜的蒸腾速率(Tr)在四环素类抗生素处理下分别比对照增加 70.45%~143.18%和 17.21%~71.31%；生菜在土霉素处理下的变化最大，而小白菜在金霉素处理下变化最大。

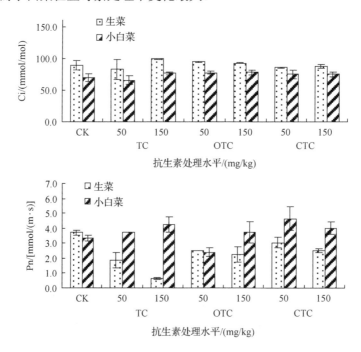

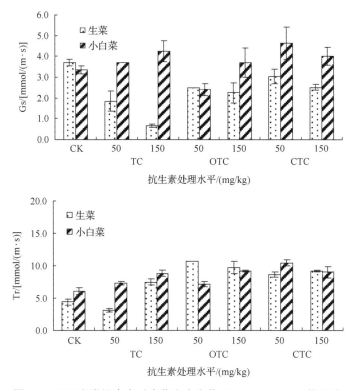

图 6-6 四环素类抗生素对生菜和小白菜 Ci、Pn、Gs、Tr 的影响

生菜的 Gs 和 Tr 在四环素类抗生素的处理下整体增加，但 Pn 总体上降低。这可能是由于四环素类抗生素能够影响光合电子传递速率以及光合色素的合成。四环素类抗生素进入植物体后存在于气孔细胞中，也是其影响光合作用的可能原因之一。3 种四环素类抗生素中，OTC 对生菜 Pn 的降低作用最强，可能是属于同类抗生素的不同抗生素含有不同的官能团，因而可不同程度地抑制光合过程中某些关键酶的活性。生菜较小白菜的光合系统参数对四环素类抗生素更敏感，表明四环素类抗生素对两种作物的光合作用影响不同，这可能是因为小白菜光合特性与生菜存在差异，也可能是由于生菜生长受到抑制。

(三)对蔬菜抗氧化酶活性和丙二醛(MDA)含量的影响

抗氧化酶如超氧化物歧化酶(SOD)、过氧化物酶(POD)和过氧化氢酶(CAT)活性升高可以反映生菜对四环素类抗生素污染在生理上的抵抗。我们的根袋法土培试验显示，不同四环素类抗生素处理下，生菜抗氧化酶活性变化如图 6-7 所示。在低浓度水平(50mg/kg)时，SOD、POD 和 CAT 含量与对照相比大部分未出现显著增加，而在浓度水平高于 50mg/kg 时，所有四环素类抗生素(除 POD 在 OTC 150mg/kg)处理的 3 种抗氧化酶均显著高于对照处理，且随着四环素类抗生素水平

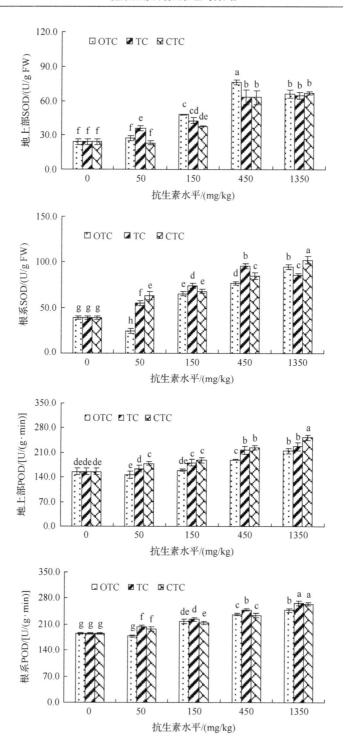

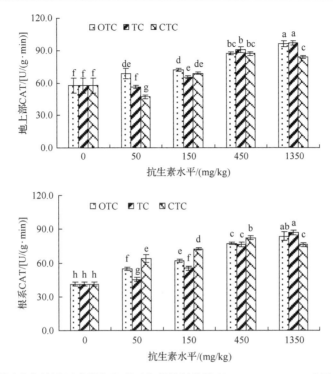

图 6-7 不同浓度的四环素类抗生素对生菜抗氧化酶（SOD、POD、CAT）活性的影响

的增加，3 种抗氧化酶活性也增加。不同酶的活性增长幅度不同，不同水平四环素类抗生素处理下 SOD 的增长幅度地上部和根系分别为 19.5%～179%和 22.4%～143%，POD 的增长幅度分别为 5.1%～49.4%和 4.2%～40.0%，CAT 的增长幅度分别为 0～59.9%、32.6%～99.2%，总体上看所有四环素类抗生素处理下各种酶的增长幅度为 POD＞CAT＞SOD，生菜不同部位的敏感度为根系＞地上部。

我们研究发现，生菜和小白菜抗氧化酶活性与 MDA 含量在不同四环素类抗生素处理水平下的变化不同，且不同部位的敏感性不同。如图 6-8 所示，四环素类抗生素对生菜和小白菜的 SOD 活性有不同程度的抑制作用，均以土霉素的作用最强。生菜地上部和根的 SOD 活性比对照降低 29.17%～94.19%，小白菜根的 SOD 活性比对照降低 33.94%～223.12%。在四环素类抗生素处理下，小白菜和生菜根的 POD 活性分别比对照降低 32.63%～104.34%和 1.28%～253.32%。四环素类抗生素对小白菜和生菜地上部的 POD 活性总体上表现出抑制作用，且以土霉素的作用最明显。生菜地上部和根的 CAT 活性在土霉素处理下比对照降低 18.90%～44.04%。小白菜地上部的 CAT 活性在四环素类抗生素处理下增加，且表现为150mg/kg 四环素类抗生素处理高于 50mg/kg 四环素类抗生素处理，而小白菜根 CAT 活性总体上比对照低 8.22%～60.43%（四环素 50mg/kg 处理除外）。除生菜地

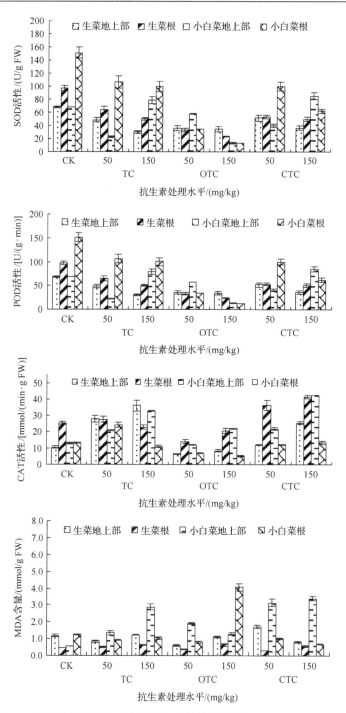

图 6-8　四环素类抗生素对生菜和小白菜抗氧化酶(SOD、POD、CAT)
活性与丙二醛(MDA)含量的影响

上部外,生菜根、小白菜地上部和根的 MDA 含量均在 150mg/kg 四环素类抗生素处理时达到最高值,生菜根比对照增加 27.27%～43.22%,小白菜地上部是对照的 2.37～6.26 倍,且以土霉素和金霉素的影响最明显。

植物受到胁迫时会产生过量的活性氧自由基(ROS),从而破坏细胞内氧化和抗氧化之间的平衡,进而损害其生理和生化功能,导致膜脂质过氧化和 MDA 的产生。Xie 等(2010)研究发现四环素类抗生素浓度大于 5mg/L 即会增加 MDA 含量,并认为该浓度是发生四环素类抗生素胁迫的生物指标之一。我们研究发现,生菜和小白菜 MDA 含量在 150mg/kg 四环素类抗生素处理时显著增加,表明外源四环素类抗生素胁迫下产生的 ROS 已经超过了两种蔬菜对其的清除能力。植物受到胁迫的另一个指示指标为抗氧化酶活性降低,其中 SOD 将 ROS 转化为 H_2O_2 和 O_2,POD 和 CAT 等酶能够将 H_2O_2 分解为无害的 H_2O。我们的研究显示,生菜和小白菜的 SOD 活性均有不同程度的降低,且与土壤四环素类抗生素残留量、植物的四环素类抗生素含量呈(极)显著负相关,进一步表明了土壤中四环素类抗生素残留量大于 50mg/kg 时会对生菜和小白菜产生一定程度的毒害作用。Riaz 等(2017)研究发现高浓度的氟喹诺酮类抗生素(100mg/L 和 300mg/L)使小麦的 MDA 含量和 SOD 活性显著增加。Ma 等(2016)也发现在土壤中添加的土霉素浓度为 25mg/kg 时,空心菜根的 SOD 活性显著增加。而 Liu 等(2013)发现土霉素溶液浓度大于 1μg/L 时,芦苇的 SOD 活性即显著受到抑制。这些研究在一定程度上表明植物对抗生素的敏感性因抗生素种类、浓度以及培养介质等因素的不同而异,且植物抗氧化系统的作用具有一定的限度。我们研究发现四环素类抗生素对生菜和小白菜不同部位 POD 与 CAT 活性的影响有差异,可能是由于抗生素会损害呼吸电子传递链中的正常电子流等代谢过程,也会诱导产生 H_2O_2 而干扰 POD 和 CAT 的活性。四环素类抗生素会对植物生长产生氧化胁迫,但其作用机制和影响因素还需要进一步的研究。

第二节 抗生素在蔬菜体内的积累与降解途径

长期存在于土壤环境中的抗生素会对植物产生毒害,而目前关于不同种类抗生素对植物生理代谢影响的研究还很有限。有研究发现抗生素会影响植物(如小麦、黄瓜、莴苣等)的生长,抑制其光合作用,产生氧化胁迫等。抗生素不仅对植物生长产生影响,还会在植物体内富集,通过食物链对人类健康构成威胁。目前关于抗生素在植物富集、转运的报道不一。Hu 等(2010)发现植物不同部位的抗生素含量分布为叶＞茎＞根,而 Michelini 等(2012)则认为抗生素主要集中在植物根部。关于植物对抗生素的积累特征还需要更深入的研究。

一、蔬菜对四环素类抗生素的富集转运特征

根据我们的根袋法土培试验结果(表 6-10)，小白菜对四环素类抗生素的富集系数和转运系数较高，分别是生菜的 0.93～7.35 倍和 1.15～2.25 倍。2 种蔬菜不同部位的富集系数以地下部略高(小白菜的金霉素 150mg/kg 处理除外)，是地上部的 1.07～2.71 倍。在同一水平抗生素处理下，生菜和小白菜对金霉素的富集能力较强，均在 50mg/kg 金霉素水平时最高；生菜对四环素的转运能力最强，其转运系数比土霉素和金霉素高 9.17%～78.68%，小白菜在金霉素 150mg/kg 处理时转运系数最高。在同一抗生素处理下，生菜和小白菜在 50mg/kg 处理下的富集系数显著高于 150mg/kg，而生菜和小白菜对四环素类抗生素的转运系数在 150mg/kg 处理时显著高于 50mg/kg 处理(生菜的土霉素处理除外)。

表 6-10　生菜和小白菜对四环素类抗生素的生物富集系数(BCF)与转运系数(TF)

抗生素种类	抗生素水平/(mg/kg)	生物富集系数				转运系数	
		生菜		小白菜		生菜	小白菜
		地上部	地下部	地上部	地下部		
四环素	50	0.023±0.002b	0.047±0.002c	0.033±0.001d	0.055±0.002d	0.500±0.062b	0.592±0.001d
	150	0.012±0.000c	0.016±0.001d	0.014±0.000e	0.015±0.000f	0.788±0.048a	0.910±0.022b
土霉素	50	0.025±0.001b	0.054±0.002b	0.049±0.002c	0.074±0.002c	0.458±0.046bc	0.662±0.004c
	150	0.008±0.000d	0.019±0.000d	0.018±0.000e	0.031±0.001e	0.441±0.011bc	0.585±0.02de
金霉素	50	0.035±0.001a	0.095±0.002a	0.183±0.003a	0.336±0.004a	0.374±0.002c	0.546±0.004e
	150	0.023±0.001b	0.047±0.000c	0.169±0.002b	0.152±0.002b	0.497±0.025b	1.116±0.029a

注：植物对四环素类抗生素的富集可以用生物浓缩系数 BCF 值表示，计算公式为：BCF = 抗生素在植物不同部位的浓度 / 抗生素在土壤环境中的浓度；四环素类抗生素从植物地下部向地上部的转运能力用转运系数 TF 值表示，计算公式为：TF = 地上部抗生素含量 / 地下部抗生素含量

生菜和小白菜地下部对四环素类抗生素的富集能力大于地上部，该结果与 Michelini 等(2012)和 Liu 等(2013)的报道一致。但早前 Hu 等(2010)发现蔬菜中抗生素含量的分布为叶＞茎＞根。存在这种差异可能是由于外源添加抗生素的营养液或土壤等培养介质中，抗生素浓度(0～1000μg/L 和 10～200mg/kg)远大于自然条件下农田中的抗生素浓度(0.1～2683μg/kg)，介质中的抗生素通过被动扩散进入地下部。抗生素从地下部转运到地上部的能力有限，因而抗生素在地下部积累，也可能与植物培养和生长时间不同有关。我们的研究中，小白菜的富集能力大于生菜，生菜和小白菜在 50mg/kg 四环素类抗生素处理的富集系数较高和对金霉素的富集能力较强。这证明了作物对抗生素的吸收取决于抗生素的物理化学性质以及土壤中抗生素的浓度，作物种类和生长阶段也会影响抗生素的积累与分布。同时，Pan 等(2017)认为仅仅考虑抗生素母体化合物而忽略植物体中抗生素的代谢物，可能会导致对植物摄取和积累抗生素能力的低估。因此，关于蔬菜对抗生

素的积累特征还需要更深入的研究。

小白菜对 3 种四环素类抗生素的转运能力高于生菜,其 TF 值是 0.546～1.116,与 Pan 等(2014)的结果相似。抗生素通过被动扩散被蔬菜吸收时,可以通过根系中的凯氏带运输,然后通过木质部和韧皮部分别转运至茎叶和果实。因此,TF 主要受作物蒸腾速率的影响,蒸腾速率增加会加快蔬菜对土壤中抗生素的吸收,还与抗生素的浓度和物理化学性质(如疏水性)等因素有关。我们的研究显示,添加四环素类抗生素会增加生菜和小白菜的 Tr(在金霉素处理下显著增加),这可能是小白菜转运系数大于生菜,且金霉素转运系数较高的原因之一。我们还发现在收获期两种蔬菜中金霉素含量最高,而土壤中金霉素残留量最低,这可能是由于金霉素较易被蔬菜吸收转运而其在土壤中的残留量减少。土霉素结构更稳定,难以被吸收和降解,可能是我们研究中土壤土霉素残留量较高的原因。因此,土霉素和金霉素在土壤-蔬菜系统中的风险较高。

二、四环素类抗生素在土壤和蔬菜中含量与蔬菜生理指标的相关性

相关性分析的结果进一步表明,在土壤中添加不同水平的四环素类抗生素对生菜和小白菜的影响不同(表 6-11)。土壤四环素类抗生素残留量与生菜的地下部

表 6-11　土壤和两种蔬菜不同部位中四环素类抗生素含量与其生理生化特性的相关性

生理指标		四环素类抗生素水平					
		生菜			小白菜		
		土壤	地上部	地下部	土壤	地上部	地下部
生物量	地上部	0.040	−0.329	−0.200	0.455	0.332	0.373
	地下部	−0.534*	−0.007	−0.133	−0.024	−0.231	−0.148
光合特性	Ci	0.342	−0.013	−0.147	0.447	0.163	0.197
	Ti	0.485	0.457	0.515	0.564*	0.447	0.633*
	Gs	0.270	0.333	0.431	0.801**	0.288	0.365
	Pn	−0.632*	−0.389	−0.065	0.319	0.304	0.430
抗氧化性	叶 SOD	−0.818**	−0.729**	−0.667**	0.117	−0.586*	−0.491
	根 SOD	−0.644*	−0.892**	−0.923**	−0.576*	−0.814**	−0.905**
	叶 POD	−0.016	−0.331	−0.473	0.103	−0.521	−0.589*
	根 POD	0.552*	0.160	−0.025	0.829**	0.355	0.269
	叶 CAT	0.444	−0.110	−0.351	0.786**	−0.141	−0.237
	根 CAT	0.139	−0.369	−0.376	−0.332	−0.638*	−0.684**
	叶 MDA	−0.087	−0.076	−0.221	0.515	−0.254	−0.192
	根 MDA	0.770**	0.502	0.288	0.370	0.905**	0.710**

注:**表示在 $P < 0.01$ 水平(双侧)上显著相关;*表示在 $P < 0.05$ 水平(双侧)上显著相关,下同;小白菜和生菜标本量均为 21

生物量呈显著负相关（$r=-0.534$，$P<0.05$），而与小白菜生物量间无显著相关性（$P>0.05$）。土壤四环素类抗生素残留量与生菜的 Pn 呈显著负相关（$r=-0.632$，$P<0.05$），与小白菜的 Tr 和 Gs 呈显著和极显著正相关（$r=0.564$，$P<0.05$；$r=0.801$，$P<0.01$）。生菜和小白菜的 SOD 活性与土壤四环素类抗生素残留量及不同部位的抗生素含量总体上呈显著或极显著负相关。土壤四环素类抗生素残留量分别与生菜和小白菜根的 POD 活性呈显著和极显著正相关（$r=0.552$，$P<0.05$；$r=0.829$，$P<0.01$）。生菜根的 MDA 含量分别与土壤抗生素残留量及小白菜不同部位抗生素含量呈极显著正相关（$r=0.770$，$P<0.01$；$r=0.905$，0.710，$P<0.01$）。

第三节　蔬菜抗生素污染与调控策略

蔬菜生产需要大量的有机肥，而使蔬菜作物暴露于抗生素胁迫下。Pruden 等（2013）认为研究不同施肥方式和不同种类粪肥对抗生素在环境中的影响，有望低成本或零成本控制抗生素对环境的污染，对目前的农业生产具有重要意义。

一、不同施肥方式对土壤中四环素类抗生素残留量的影响

根据我们长期定位监测的结果（图 6-9），施用低量新鲜鸡粪（L-FCM）、高量新鲜鸡粪（H-FCM）、低量腐熟鸡粪（L-CCM）、高量腐熟鸡粪（H-CCM）一年后土壤中的四环素总量分别比对照增加了 176.5%、217.9%、168.5%、191.5%，其中以高量新鲜鸡粪处理的抗生素总量最高，为 13.069μg/kg，TC 和 OTC 的残留量增幅最高，分别为 3.216μg/kg、5.575μg/kg；高量鸡粪处理的土壤抗生素残留量比低量鸡粪处理高 8.5%～15.0%，相对于对照增加了 2 倍左右，主要体现在 OTC 的残留量；新鲜鸡粪处理的土壤抗生素残留量相较腐熟处理高 3.0%～9.1%。总体而言，L-CCM 处理的土壤四环素残留量最低，H-FCM 处理的残留量最高。

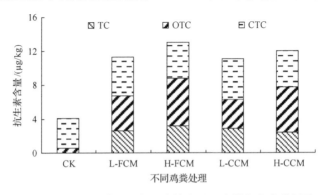

图 6-9　不同处理施用一年后土壤中四环素类抗生素残留量

腐熟和新鲜鸡粪土壤中抗性菌数量均表现为 anti-OTC＞anti-TC＞anti-CTC

（图 6-10a）。施用鸡粪的土壤中不同四环素类抗性菌数量均高于对照，腐熟鸡粪均显著高于新鲜鸡粪处理的抗性菌，且低量腐熟鸡粪的抗性菌数量均最高，如 anti-OTC、anti-TC 和 anti-CTC 分别比其他处理高 11.6%～339.6%、127.0%～635.4% 和 32.2%～130.9%，可能是由于 L-CCM 处理的细菌总数较高，因此计算了不同抗性菌占细菌总数的比例（图 6-10b）。

施用鸡粪会提高土壤细菌中抗性菌的比例（图 6-10b），anti-TC 在不同处理下均显著高于对照，比对照高 42.9%～102.2%；新鲜鸡粪和高量腐熟鸡粪处理的anti-OTC 均显著高于对照；anti-CTC 的百分比以高量新鲜和腐熟鸡粪处理较高，而 L-CCM 处理的 anti-OTC 和对照并无显著差异，anti-CTC 的百分比比对照低 54.8%。

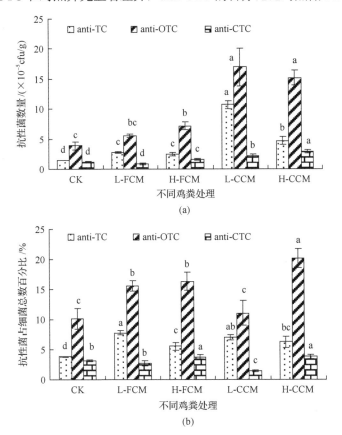

图 6-10　施用不同鸡粪处理对土壤四环素类抗性菌的数量和比例的影响

不同小写字母表示同种抗性菌在不同处理下差异显著（$P<0.05$）

土壤微生物和酶是土壤生化特性的重要组成部分，在营养物质转化、有机质分解等方面发挥着重要作用。土壤酶一般来源于细菌、真菌、植物根系分泌物等，是土壤生态系统的重要组成部分，是评价土壤生态环境质量优劣和土壤肥力高低的重要指标。我们的研究发现,施用鸡粪有机肥能显著提高过氧化氢酶的活性,但新鲜和腐熟鸡粪处理之间并无显著差别。土壤含有大量过氧化氢酶可明显减少由于生物呼吸过程和有机物的生物化学氧化反应而长期积累的过氧化氢,通过酶促反应减轻其对植物的毒害作用。我们的研究显示,相较腐熟鸡粪处理,施用新鲜鸡粪的土壤脲酶活性较低,可能是由于新鲜鸡粪一般呈现强酸性,而土壤脲酶的适宜 pH 在 6.5~7.0 或 8.8~9.0,施用新鲜鸡粪影响了土壤酸碱度而使得土壤脲酶活性低于腐熟鸡粪处理。同时,新鲜鸡粪的养分多为有机态或缓效态,不能被植物直接吸收和利用,肥效较慢,从而影响脲酶活性。另外施用高量新鲜鸡粪时脲酶活性降低最大,由此可知,施用腐熟鸡粪更有利于土壤中脲酶活性的提高。土壤微生物与土壤酶活性息息相关,且其种类和数量是衡量土壤肥力的指标之一,在土壤中发挥着重要的作用。我们的研究发现,施用鸡粪有机肥能显著地提高土壤的细菌数量,且腐熟鸡粪处理均高于新鲜鸡粪处理,可能是由于新鲜鸡粪的强酸性与肥效释放慢影响了土壤酶的活性,从而导致土壤细菌数量低于腐熟鸡粪处理的土壤;并且各处理中高量施肥处理都高于低量施肥处理,表明有机肥施用量影响着土壤细菌数量。施用腐熟鸡粪能够显著提高土壤的放线菌数量,而新鲜鸡粪反而降低了放线菌的数量;并且低量施用鸡粪反而有利于抗性菌的生长。施用鸡粪有机肥的土壤真菌数量降低,但是高量腐熟有机肥处理的真菌数量仍较高,可能是由于鸡粪中的碱解氮抑制了真菌的生长,但高量腐熟鸡粪有大量有机质且释放较快,为真菌的生长提供了营养。综合来看,施用腐熟鸡粪更有利于土壤细菌和放线菌的生长,同时又能抑制真菌的生长,因此适量的腐熟鸡粪更有利于土壤的微生物生长,同时减少对植物产生危害的真菌。

相比于对照处理,施用了鸡粪有机肥的土壤中抗性菌数量均有提高,且腐熟鸡粪处理比新鲜鸡粪处理的增幅更大,主要体现在 anti-TC 和 anti-OTC,尤其是施用低量腐熟鸡粪的土壤,抗性菌数量提升最大,可能是由于腐熟鸡粪中抗生素降解的产物对抗性菌影响更大,或者是由于使用了腐熟鸡粪,土壤中的细菌数目增加量比施用新鲜鸡粪有机肥的土壤多。因此,计算了不同抗性细菌占细菌总数的比例,发现施用了低量腐熟鸡粪的土壤 anti-OTC 占土壤细菌总数的百分比和对照并无显著差异,anti-CTC 甚至有所降低,而适量的腐熟鸡粪可以降低土壤中土霉素抗性菌的比例。施用有机肥土壤的 anti-TC 数量和比例均高于对照;而金霉素抗性菌以高量鸡粪处理所占比例较高,可能是因为施用高量有机物质改善了土壤的理化性质,改变了土壤对金霉素的吸附能力,从而影响了 anti-CTC 的比例。我们的研究显示,低量腐熟鸡粪处理的 anti-OTC 和 anti-CTC 所占比例较低,而且从总体来看,低量鸡粪处理与高量相比大大降低了土壤中抗性菌的比例,而不经处理的新鲜鸡粪会提高土壤抗性菌的数量和比例,所以适量地施用腐熟鸡粪,可减少对土壤有影响的抗性菌比例。

二、畜禽粪便施用量与土壤四环素类抗生素残留量的相关性

由表 6-12 可知，供试 3 种四环素类抗生素总量分别与 TC、OTC 和 CTC 残留量呈正相关，相关系数分别为 $r = 0.874(P<0.01)$、$r = 0.959(P<0.01)$ 和 $r = 0.645$ $(P<0.05)$；粪肥施用量与抗生素总量呈极显著正相关($r = 0.880$)，TC 和 OTC 残留量分别与施用量呈正相关($r = 0.648$，$P<0.05$；$r = 0.936$，$P<0.01$)，但 CTC 的残留量与施用量间无相关性。

表 6-12　鸡粪施用量与土壤四环素类抗生素残留的相关性

	粪肥施用量	TC	OTC	CTC	∑TCs
粪肥施用量	1				
TC	0.648*	1			
OTC	0.936**	0.714*	1		
CTC	0.323	0.716*	0.458	1	
∑TCs	0.880**	0.874**	0.959**	0.645*	1

根据我们的大田长期定位监测结果，鸡粪施用一年后，土壤中抗生素总量显著增加，其中新鲜鸡粪处理的抗生素残留高于腐熟鸡粪处理，可能是因为新鲜鸡粪呈现强酸性。而 Figueroa 等(2004)发现，随着 pH 和离子强度的增加，土壤对四环素类抗生素的吸附降低，因此，腐熟鸡粪处理的土壤中四环素类抗生素易迁移。高量鸡粪处理的抗生素残留量高于低量鸡粪处理，可能是因为土壤对抗生素的吸附量和有机质含量呈正相关，所以高量鸡粪处理的土壤抗生素残留量更高，因此，适量的腐熟鸡粪对土壤环境的抗生素污染风险较小。从鸡粪施用量与土壤四环素类抗生素残留量的相关性分析来看，抗生素残留量与施用量呈极显著正相关，即施用量越高其残留量越高，但 CTC 残留量与施用量间无显著相关性，这可能是由于受到 CTC 与粪肥种类或土壤中的本底值含量等其他因素的影响，具体结果还需要长期进一步研究。

三、蔬菜栽培模式对土壤中四环素类抗生素残留量的影响

不同作物种植方式也会对土壤抗生素残留产生影响，相比旱作种植模式，淹水种植可能会加重土壤四环素类抗生素残留。根据我们的大田长期定位监测结果(图 6-11a)可知，空心菜收获时相比种植前，L-FCM、H-FCM、L-CCM、H-CCM 处理的土壤中四环素类抗生素总量分别增加了 7.3%、27.5%、19.4%、3.6%，以高量新鲜鸡粪处理的含量最高，主要增加的是 OTC 和 CTC 含量，TC 有所下降；施用低量和高量新鲜鸡粪处理的土壤中 OTC 含量分别增加了 25.2%、32.8%，而施用高量腐熟鸡粪的处理 OTC 含量有所降低；施用鸡粪处理的 CTC 含量都有增加，

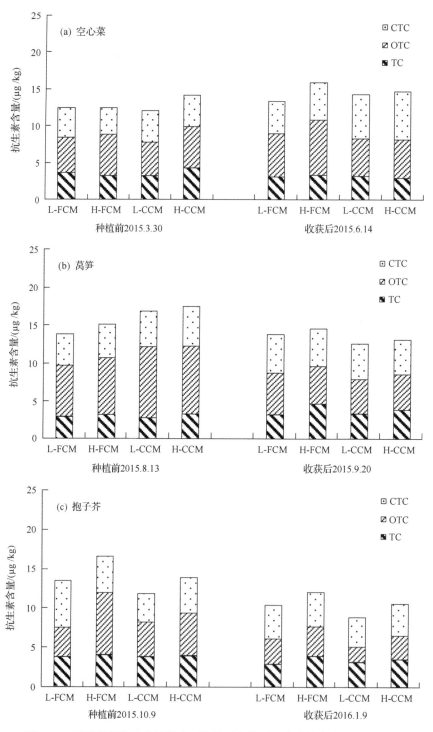

图 6-11　不同蔬菜作物种植模式下收获后土壤四环素类抗生素含量的变化

其中施用高量腐熟鸡粪处理增加最多，达到了 52.2%。

由图 6-11b 可知，种植莴苣的土壤，在收获时四环素总量比种植前均有所下降，但施用新鲜鸡粪处理的变化不大，而施用低量和高量腐熟鸡粪处理的土壤抗生素总量分别降低了 33.6% 和 32.7%，其中最主要的是 OTC 发生变化，以施用腐熟鸡粪处理的变化最大，高量和低量处理分别降低了 47.3% 和 52.2%。

由图 6-11c 可知，抱子芥收获时土壤中四环素含量比种植前有所降低，L-FCM、H-FCM、L-CCM、H-CCM 处理分别降低了 22.6%、26.6%、24.9%、24.2%，其中TC 和 CTC 变化不大，OTC 分别下降了 14.7%、52.1%、55.5%、45.1%。

我们的研究显示，施用鸡粪有机肥一年中，分别栽培了三季作物，分别是空心菜、莴苣和抱子芥。两种种植模式中，淹水种植空心菜后测得土壤抗生素含量有所增加，而旱作的莴苣和抱子芥种植后土壤中的抗生素残留量都有所下降，其中主要是 OTC 发生变化，可能是因为空心菜种植在四五月份，且需水量大，需采用漫灌方式保持田间湿润，所以土壤表面积水，抗生素随土壤积水往耕作层迁移较少，耕作层抗生素含量增加，也有可能是灌溉水中含有一定量的抗生素。莴苣和抱子芥收获后土壤抗生素含量降低，可能是旱作模式下土壤中水分下渗和蒸发严重，抗生素随水下渗到耕作层以下，或者是由于水分缺少，改变了土壤的一些理化性质，从而影响了土壤中抗生素的含量。

参 考 文 献

鲍艳宇. 2008. 四环素类抗生素在土壤中的环境行为及生态毒性研究. 天津: 南开大学博士后出站报告.

迟荪琳, 王卫中, 徐卫红. 2018. 四环素类抗生素对不同蔬菜生长的影响及其富集转运特征. 环境科学, 39(2): 935-943.

何家香. 2003. 原料乳中抗生素残留的现状与对策. 当代畜禽养殖业, (8): 54-55.

李彦文, 莫测辉, 赵娜, 等. 2009. 菜地土壤中磺胺类和四环素类抗生素污染特征研究. 环境科学, 30(6): 1762-1766.

沈颖, 魏源送, 郑嘉熹, 等. 2009. 猪粪中四环素类抗生素残留物的生物降解. 过程工程学报, 9(5): 962-968.

邰义萍, 莫测辉, 李彦文, 等. 2011a. 东莞市蔬菜基地土壤中四环素类抗生素的含量与分布. 中国环境科学, 31(1): 90-95.

邰义萍, 莫测辉, 李彦文, 等. 2011b. 长期施用粪肥菜地土壤中四环素类抗生素的含量与分布特征. 环境科学, 32(4): 1182-1187.

杨晓芳, 杨涛, 王莹, 等. 2014. 四环素类抗生素污染现状及其环境行为研究进展. 环境工程, 32(2): 123-127.

尹春艳, 骆永明, 滕应, 等. 2012. 典型设施菜地土壤抗生素污染特征与积累规律研究. 环境科学, 33(8): 2810-2816.

张慧敏, 章明奎, 顾国平. 2008. 浙北地区畜禽粪便和农田土壤中四环素类抗生素残留. 生态与农村环境学报, 24(3): 69-73.

张丽丽, 直俊强, 张加勇, 等. 2014. 北京地区猪粪中四环素类抗生素和重金属残留抽样分析. 中国农学通报, 30(35): 74-78.

张林. 2011. 彭州菜地土-肥体系中四环素类抗生素检测及其污染性状分析. 成都: 四川农业大学硕士学位论文, 23-24.

张树清. 2005. 规模化养殖畜禽粪有害成分测定及其无害化处理效果. 北京: 中国农业科学院博士后出站报告.

张志强, 李春花, 黄绍文, 等. 2013. 土壤及畜禽粪肥中四环素类抗生素固相萃取-高效液相色谱法的优化与初步应用. 植物营养与肥料学报, 19(3): 713-726.

朱孔方. 2009. 抗生素暴露对土壤微生物和土壤酶活性的影响. 郑州: 河南师范大学硕士学位论文.

An J, Chen H, Wei S, et al. 2015. Antibiotic contamination in animal manure, soil, and sewage sludge in Shenyang, northeast China. Environmental Earth Sciences, 74(6): 5077-5086.

Brandt K K, Sjoholm O R, Krogh K A, et al. 2009. Increased pollution-induced bacterial community tolerance to sulfadiazine in soil hotspots amended with artificial root exudates. Environmental Science & Technology, 43(8): 2963-2968.

Cai Q Y, Mo C H, Zeng Q Y, et al. 2008. Potential of *Ipomoea aquatica* cultivars in phytoremediation of soils contaminated with di-n-butyl phthalate. Environmental and Experimental Botany, 62(3): 205-211.

European Medicines Agency(EMEA). 2006. Guideline on environmental impact assessment for veterinary medicinal products. In support of the VICH guidelines GL6 and GL38, 38-39.

Figueroa R A, Leonard A, Mackay A A. 2004. Modeling tetracycline antibiotic sorption to clays. Environmental Science & Technology, 38(2): 476-483.

Hamscher G, Sczesny S, Höper H, et al. 2002. Determination of persistent tetracycline residues in soil fertilized with liquid manure by high-performance liquid chromatography with electrospray ionization tandem mass spectrometry. Analytical Chemistry, 74(7): 1509.

Hu X G, Zhou Q, Luo Y. 2010. Occurrence and source analysis of typical veterinary antibiotics in manure, soil, vegetables and groundwater from organic vegetable bases, northern China. Environmental Pollution, 158(9): 2992-2998.

Huang X, Liu C, Li K, et al. 2013. Occurrence and distribution of veterinary antibiotics and tetracycline resistance genes in farmland soils around swine feedlots in Fujian Province, China. Environmental Science and Pollution Research, 20(12): 9066-9074.

Ji X, Shen Q, Liu F, et al. 2012. Antibiotic resistance gene abundances associated with antibiotics and heavy metals in animal manures and agricultural soils adjacent to feedlots in Shanghai, China. Journal of Hazardous Materials, 235: 178-185.

Kemper N. 2008. Veterinary antibiotics in the aquatic and terrestrial environment. Ecological Indicators, 8(1): 1-13.

Li W, Shi Y, Gao L, et al. 2012. Occurrence of antibiotics in water, sediments,aquatic plants, and animals from Baiyangdian Lake in North China. Chemosphere, 89: 1307-1315.

Li C, Chen J, Wang J, et al. 2015. Occurrence of antibiotics in soils and manures from greenhouse vegetable production bases of Beijing, China and an associated risk assessment. Science of the Total Environment, 521: 101-107.

Li Y W, Wu X L, Mo C H, et al. 2011. Investigation of sulfonamide, tetracycline, and quinolone antibiotics in vegetable farmland soil in the Pearl River Delta area, southern China. Journal of Agricultural and Food Chemistry, 59(13): 7268-7276.

Li Y X, Zhang X L, Li W, et al. 2013. The residues and environmental risks of multiple veterinary antibiotics in animal faeces. Environmental Monitoring and Assessment, 185(3): 2211-2220.

Liu L, Liu Y H, Liu C X, et al. 2013. Potential effect and accumulation of veterinary antibiotics in Phragmites australis under hydroponic conditions. Ecological Engineering, 53(2): 138-143.

Ma T, Chen L K, Wu L, et al. 2016. Toxicity of OTC to *Ipomoea aquatica* Forsk. and to microorganisms in a long-term sewage-irrigated farmland soil. Environmental Science and Pollution Research, 23(15): 15101-15110.

Martinez J L. 2009. Environmental pollution by antibiotics and by antibiotic resistance determinants. Environmental Pollution, 157(11): 2893-2902.

Martínez-Carballo E, González-Barreiro C, Scharf S, et al. 2007. Environmental monitoring study of selected veterinary antibiotics in animal manure and soils in Austria. Environmental Pollution, 148(2): 570-579.

Michelini L, Reichel R, Werner W, et al. 2012. Sulfadiazine uptake and effects on *Salix fragilis* L. and *Zea mays* L. plants. Water Air & Soil Pollution, 223(8): 5243-5257.

Pan M, Chu L M. 2017. Fate of antibiotics in soil and their uptake by edible crops. Science of the Total Environment, 599-600: 500-512.

Pan M, Wong C K C, Chu L M. 2014. Distribution of antibiotics in wastewater-irrigated soils and their accumulation in vegetable crops in the Pearl River Delta, Southern China. Journal of Agricultural and Food Chemistry, 62(46): 11062-11069.

Park S, Choi K. 2008. Hazard assessment of commonly used agricultural antibiotics on aquatic ecosystems. Ecotoxicology, 17(6): 526-538.

Pruden A, Larsson D G, Amezquita A, et al. 2013. Management options for reducing the release of antibiotics and antibiotic resistance genes to the environment. Environmental Health Perspectives, 121(8): 878-885.

Qiu H G, Liao S P, Jing Y, et al. 2013. Regional differences and development tendency of livestock manure pollution in China. Environmental Science, 34(7): 2766-2774.

Riaz L, Mahmood T, Coyne M S, et al. 2017. Physiological and antioxidant response of wheat(*Triticum aestivum*) seedlings to fluoroquinolone antibiotics. Chemosphere, 177: 250-257.

Sarmah A K, Meyer M T, Boxall A B. 2006. A global perspective on the use, sales, exposure pathways, occurrence, fate and effects of veterinary antibiotics(VAs) in the environment. Chemosphere, 65(5): 725.

Spaepen K R I, van Leemput L J J, Wislocki P G, et al. 1997. A uniform procedure to estimate the predicted environmental concentration of the residues of veterinary medicines in soil. Environmental Toxicology and Chemistry: An International Journal, 16(9): 1977-1982.

Tasho R P, Cho J Y. 2016. Veterinary antibiotics in animal waste, its distribution in soil and uptake by plants: a review. Science of the Total Environment, s563-564: 366-376.

Thiele-Bruhn S, Beck I C. 2005. Effects of sulfonamide and tetracycline antibiotics on soil microbial activity and microbial biomass. Chemosphere, 59(4): 457-465.

Vaclavik E, Halling-Sørensen B, Ingerslev F. 2004. Evaluation of manometric respiration tests to assess the effects of veterinary antibiotics in soil. Chemosphere, 56(7): 667-676.

Wang W Z, Chi S L, Xu W H, et al. 2018. Influence of long-term chicken manure application on the concentration of soil tetracycline antibiotics and resistant bacteria variations. Applied Ecology and Environmental Research, 16(2): 1143-1153.

Warman P R, Thomas R L. 1981. Chlortetracycline in soil amended with poultry manure. Canadian Journal of Soil Science, 61(1): 161-163.

Wei R, Ge F, Zhang L, et al. 2016. Occurrence of 13 veterinary drugs in animal manure-amended soils in Eastern China. Chemosphere, 144: 2377-2383.

Xiang L, Wu X L, Jiang Y N, et al. 2016. Occurrence and risk assessment of tetracycline antibiotics in soil from organic vegetable farms in a subtropical city, south China. Environmental Science and Pollution Research, 23(14): 13984-13995.

Xie X, Zhou Q, Lin D, et al. 2010. Toxic effect of tetracycline exposure on growth, antioxidative and genetic indices of wheat(*Triticum aestivum* L.). Environmental Science and Pollution Research, 18(4): 566-575.

Yang Q, Ren S, Niu T, et al. 2014. Distribution of antibiotic-resistant bacteria in chicken manure and manure-fertilized vegetables. Environmental Science and Pollution Research, 21(2): 1231-1241.

Zhang H, Zhou Y, Huang Y, et al. 2016. Residues and risks of veterinary antibiotics in protected vegetable soils following application of different manures. Chemosphere, 152: 229-237.

Zhao L, Dong Y H, Wang H. 2010. Residues of veterinary antibiotics in manures from feedlot livestock in eight provinces of China. Science of the Total Environment, 408(5): 1069-1075.

Zheng W, Zhang L, Zhang K, et al. 2012. Determination of tetracyclines and their epimers in agricultural soil fertilized with swine manure by ultra-high-performance liquid chromatography tandem mass spectrometry. Journal of Integrative Agriculture, 11(7): 1189-1198.